图书在版编目（CIP）数据

坚持探索：中国石化“十三五”油气风险勘探实践/马永生，蔡勋育编著．—北京：中国石化出版社，2023．3
ISBN 978－7－5114－6997－7

Ⅰ．①坚…　Ⅱ．①马…②蔡…　Ⅲ．①油气勘探－文集　Ⅳ．①TE1－53

中国国家版本馆CIP数据核字（2023）第041287号

中国石化出版社出版发行

地址：北京市东城区安定门外大街58号
邮编：100011　电话：（010）57512500
发行部电话：（010）57512575
http：//www.sinopec-press.com
E-mail：press@sinopec.com
北京科信印刷有限公司印刷
全国各地新华书店经销
*
787×1092毫米16开本17.75印张434千字
2023年4月第1版　2023年4月第1次印刷
定价：188.00元

前言

勘探的真正价值在于发现，是实践、认识，再实践、再认识的创新性工作，这个过程就是不断探索未知和追求真理的过程。以中国古生代海相层系油气勘探为例，能有今天的成绩来之不易。1922 年，以美国斯坦福大学布莱维尔德为代表的一批西方地质学家提出中国贫油论，认为“中国缺石油可归因于三个地质条件：中、新生代没有海相沉积；古生代大部分地层不能生成石油；除西部和西北部某些地区外，几乎所有地质时代的岩石遭受强烈的褶皱、断裂，并受到火成岩不同程度的侵入”。但一大批找油的仁人志士始终坚定在中国海相层系能找到大油气田的信念，一代接着一代干，经过几十年的探索，中国古生代海相层系勘探开发取得了辉煌的战果，实现了几代石油人的梦想，也铸就了中国油气勘探家的精神与灵魂。

勘探家是油气勘探工作的组织者、管理者和油气勘探活动的实践者。他们多出身于地质学家，但又不等同于地质学家。随着勘探工作的深入，勘探所需技术和方法越来越复杂，勘探工作所涉及的专业和学科已经远远超过了地质学家所掌握的范围。根据现代勘探的要求，勘探家是掌握石油地质学及相关学科理论、熟悉勘探技术、灵活应用勘探方法、精通勘探管理的专门人才。有成就的勘探家都具有一定的特质，一方面他们具有坚定的找油信心而且敢于实践善于实践，另一方面具有思维的敏感性。成功的勘探活动需要理论上的坚定性和勘探实践中的敏感性相结合。理论上的坚定性是克服勘探困难和挫折的信心来源。细节决定成败，敏感性是对勘探过程每一个细节的把握和分析，麻木和不负责任是勘探活动的大敌，会使我们错失发现的机会。同时，他们具有不盲从、不附和，实事求是、理性分析、开放合作、谦虚宽容、质疑、创新的科学精神。人们总是有惯性思维，高估自己已经掌握的知识，有些“常识”至今仍误导着我们的认识与实践。对知之甚少的领域自我设置禁区，将极大延误油气的发现。“在一个新的地区、新的盆地，用老的方法会有新的发现；在一个老的探区，没有新的思路，肯定不会有新发现。”从全球油气发展现状和趋势来看，油气勘探正不断向更细、更深、更广、更难、更具挑战的领域发展，已全面进入常规和非常规油气、陆域和海域并重，从浅层到特深层全方位、全领域勘探的新常态。勘探家要进一步解放思想，敢于突破传统的思维定式，敢于突破已有的评价结论，敢于突破勘探禁区，用创新的理论、开放的思维做引导，客观认识勘探发现规律，转变勘探思路，找准勘探方向，努力寻求勘探新发现。

油气勘探有其自身的发展规律，坚持科学的勘探程序就显得尤为重要，即使在快速发展的时期也要如此。经过我国油气勘探工作者长期实践，总结出“阶段不能逾越，程序不能打乱，节奏可以加快，效益必须提高”的科学勘探程序的基本原则。一个盆地、一个凹陷或者一个地区的勘探，从早期区域勘探和盆地评价开始，重点是选凹定带，明确勘探潜力和重点方向。随后进入区带评价和圈闭预探阶段，重点是明确油气聚集的重点区带，选好突破的重点圈闭和目标实施钻探。在取得勘探发现后，迅速进入油气藏评价阶段，开展评价勘探，落实含油面积，确定油气藏类型、边界等。油气藏评价勘探提交探明储量后，并不等于油气田勘探工作的结束。由于油气田的复杂性，从一个区块到另一个区块的勘探开发过程中，均有一个反复认识、多轮次勘探的过程，甚至存在一个区块投入全面开发后，在新认识的启发下，在开发区块中探索新的层系、新类型油气藏的过程。实践证明，对于复杂地质条件下的油气田，勘探工作将贯穿于勘探开发全过程，绝对不能简单认为，进入开发阶段，勘探工作就全部结束了。

油气的发现过程中充满了大量不确定因素，在油气发现过程中不要轻言否定与放弃！在认识不到位时不要急于打井，欲速则不达。在勘探工作顺利时，要保持冷静的头脑，坚持勘探程序，减少风险，抓住有利时机，积极准备后备领域，保持勘探工作稳定可持续发展。在勘探中遇到挫折时，要把握大的原则，在基本成藏条件具备的前提下，坚定信心，百折不挠，认真总结失败教训，扎实做好各项基础工作，深化认识，不断探索，必然会实现新突破、新发现。四川盆地在历经半个世纪勘探之后，发现一批超大型气田就是很好的例证。

必须始终坚持高质量勘探。如何走好高质量勘探之路？首先是所有勘探人员、技术人员都要有经济效益的观念。在勘探指导思想上要始终坚持以效益为中心；在部署上要深化地质综合研究，把握规律，择优部署，提高勘探成功率；在组织实施上要推广先进实用的技术，抓好每一个环节，打一口井成一口井；要强化勘探与开发的有机结合，抓好关键衔接点，注重整体效益。要研究物探、预探和评价勘探的工作量、投资的合理结构，研究石油勘探、天然气勘探工作量、投资的合理结构，研究新区、老区勘探的合理结构，保障勘探健康有序可持续发展。要加强勘探全过程经济评价，实现预探目标、储量品质和结构的优化。其次是要提高部署质量。勘探井位的提出是转变思路、扎实严谨研究取得的结果。在勘探工作中，坚持取全、取准各项资料是勘探的基础性问题。在找油过程中要组织开展大量扎实基础工作，加强基础地质研究，为勘探实践提供有力指导。立足盆地整体评价认识勘探潜力，紧紧抓住构造、储层、烃源岩和成藏等关键要素，深化油气成藏富集规律认识，强化区带评价，优选有利目标。在高勘探成熟区要做到“三个重新认识”，即“重新认识勘探历程，重新认识资源潜力，重新认识勘探目的层”，研究上要做到“多个精细”，如“沉积相带精细、储层预测精细、圈闭描述精细”等。最后是提高管理水平。对分段的费用，进行精确计算和管理。降低成本不是降低定额费用，而是提高效率，这是降低成本的最好办法。要求勘探上加大推进新区突破，立足大盆地，争取大突破，寻找规模储量，降低发现成本，提高勘探效益。要改善储量考核办法，把经济可采储量作为勘探重要指标，推进勘探开发一体化，加强规模建产，使产能、工作量与投资增长匹配，提高规模效益。

“十三五”伊始，面对矿权面积大幅度减少，勘探对象不断向深层超深层、非常规油气、复杂构造与特殊岩性油气领域发展的现实，中国石化以保障国家能源安全为己任，持续加大油气勘探投入，持续加强综合基础地质研究，持续加大工程技术攻关，持续加大新区新领域新类型风险勘探。在常规油气勘探方面，通过加强东部成熟探区精细勘探，加快推进中西部及海域大盆地整体勘探，积极推进致密油气攻关探索，立足大盆地富油气区，持续推进理论技术创新，创新形成东部断陷盆地精细勘探理论技术，创新塔里木盆地断溶体油气成藏认识；探索形成了“坚持加大力度、转变观念、强化基础、科技创新、管理提质”等五个坚持的高质量勘探新举措。“十三五”期间取得了一系列油气勘探成果，在东部成熟探区、海相碳酸盐岩、中西部碎屑岩等领域相继发现培育了塔里木盆地顺北十亿吨级规模的大型油气田，形成了渤海湾盆地济阳坳陷、准噶尔盆地西缘、鄂尔多斯盆地北缘、四川盆地多区带（川西海相、川西坳陷陆相）等五个亿吨级规模效益增储阵地，开拓了渤海湾盆地济阳坳陷内幕潜山、东部断陷盆地“三新”领域、鄂尔多斯盆地古生界、松辽盆地南部断陷层、东海陆架盆地西湖凹陷、四川盆地多层系多类型、银额盆地、东部断陷盆地陆相页岩油等八个勘探新领域。累计新增探明石油地质储量 4.20×10^{8}t、天然气地质储量 $4701\times10^{8}m^{3}$，为中国石化上游高质量发展奠定了资源基础。

“十三五”是中国石化页岩气实现跨越式发展的五年。按照“加快开发志留系，攻关突破新类型，积极准备新区新层系”页岩气发展思路，加强勘探开发一体化、地质工程一体化和技术经济一体化，加大关键技术攻关。高效开发北美以外最大的页岩气田——涪陵页岩气田，实现了储量产量规模持续增长。深层、常压页岩气领域攻关取得重大突破，探明国内首个深层页岩气田——威荣页岩气田，实现国内首个常压页岩气规模商业发现，落实了深层、常压5个千亿立方米资源规模新阵地。侏罗系陆相页岩油气、二叠系海相页岩气、中扬子新区新层系勘探取得新发现。页岩气地质理论认识不断深化，深层页岩气富集机理、常压页岩气富集规律研究取得新认识，创新形成了海相页岩气提高采收率技术、3800m深层页岩气开发技术、常压页岩气低成本技术体系，助推页岩气储、产量快速增长，持续引领国内页岩气发展。截至2020年，累计探明页岩气地质储量 $9400\times10^{8}m^{3}$，较2015年增长2.47倍，2020年页岩气产量 $84.6\times10^{8}m^{3}$，较2015年增长2.5倍，实现了页岩气跨越式发展，走出了一条理论创新、技术自主、装备国产、绿色发展的勘探开发一体化发展之路，将页岩气打造成为油气资源产业发展的一张亮丽名片。

“十四五”油气勘探任重道远，使命光荣。使命呼唤担当，实干铸就伟业。中国石化深入贯彻习近平总书记“四个革命、一个合作”能源安全新战略和端牢能源饭碗的殷殷嘱托，全力推进七年行动计划落实落地，油气勘探上持续深化东部富油气盆地精细勘探，持续加大向中西部叠合盆地新区勘探，加快攻关致密油、突破页岩油，大幅增加优质规模储量。新时期油气勘探呈现出整体评价、全过程分析、寻找全类型油气的发展新趋势。

为全面系统地总结中国石化“十三五”以来油气风险勘探重要成果及勘探关键技术，加快油气勘探大突破大发现，马永生、蔡勋育等总体筹划并组织编写了《坚持探索——中国石化“十三五”油气风险勘探实践》一书。全书共分为八章：第一章总结了风险勘探内涵、中国石化油气风险勘探历程、油气风险勘探评价技术与风险勘探亮点成果。第二章至第八章是中国石化风险勘探典型案例剖析。其中，第二、三章聚焦中西部克拉通盆地海相深层、超深层领域，重点选择塔里木顺北奥陶系油气田和四川盆地川西雷口坡组海相气田，论述了海相勘探继塔河油田、普光与元坝气田后，勘探思路转变带来的油气大发现和勘探开发实践，主要突出顺北奥陶系断控油气藏和川西雷口坡组潮坪相白云岩气藏相关的理论新认识与关键勘探技术；第四章聚焦中西部致密碎屑岩领域的风险勘探，选择鄂尔多斯盆地北部东胜气田，主要阐述了盆缘过渡带千亿立方米级致密砂岩气田探索与发现过程、高效探明、油气成藏新认识与勘探关键技术；第五章针对东部断陷成熟探区如何创新认识实施风险勘探这一行业关注话题，突破束缚，创新认识，东部老区实现“三新”领域新突破，选择了济阳坳陷，论述了新发现桥东油田、再上潜山获突破、深层砂砾岩创辉煌的勘探战例，系统总结了高勘探程度老区开展风险勘探实现资源基础硬稳定的经验，重点突出了以资源潜力评价为前提、转变思路突破勘探禁区、创新地质认识拓展勘探领域的理念；第六章针对火山岩特殊类型油气藏勘探，选择松辽盆地南部探区，系统总结了龙凤山气田的勘探历程与勘探发现、火山岩气田特征、地质新认识与勘探关键技术；第七章聚焦海域盆地新区勘探，重点阐述了南海北部涠洲油田的发现、勘探实践、海域复杂断块油田新认识和千万吨级储量阵地的前景；第八章聚焦南方非常规油气勘探拓展问题，围绕四川盆地继涪陵志留系页岩气田之后“走出涪陵、走向深层与常压”的发展战略、勘探前景及遇到的难题，系统总结了威荣深层、丁山深层和南川常压力三个千亿立方米级页岩气田的探索与发现、勘探开发实践、新的理论认识与配套工程工艺技术，呈现了南方页岩气跨越式发展的图景。并总结阐述了风险勘探的启示与展望。

本书旨在总结中国石化“十三五”以来风险勘探评价技术、勘探实践、勘探成果和管理经验。参加本书编写的人员主要为中国石化参加油气风险勘探组织、研究、部署及实施的管理人员和技术人员。马永生、蔡勋育提出了本书的主体构架、思路并组织编撰。前言由马永生、蔡勋育、刘金连、张明利编写，第一章由闫相宾、刘金连、蔡利学、杨双、边瑞康、张仲培、张明利、高波、金晓辉、李朋威等编写；第二章由马永生、漆立新、曹自成、李海英、虎北辰、韩强、朱秀香、毛庆岩、马庆佑、韩俊、马学军、丁勇、罗攀登等编写；第三章由郭彤楼、李书兵、隆轲、宋晓波等编写；第四章由何发岐、张威、袁志祥、安川、范玲玲等编写；第五章由刘惠民、王永诗、张宇、郝雪峰、景安语、方旭庆、尚冰、刘晓林、孙超、刘鑫金、张波、唐东、周爱华、孙远锋等编写；第六章由牟汉生、李瑞磊、李忠博、洪雪、李宁、朱建峰等编写；第七章由周荔青、赵勇、杨彩虹、牛华伟、江东辉、朱立新、张百涛、张萍、刘峰、崔强等编写；第八章由蔡勋育、魏志红、何希鹏、唐建明、赵培荣等编写，其中，第一节由石油勘探开发研究院彭勇民、李鹏等编写，第二节由西南油气分公司唐建明、魏力民、王幸蒙、王峻峰、朱礼平和勘探分公司李宇平、魏祥峰、刘珠江、袁桃、陈斐然、魏富彬等编写，第三节由华东油气分公司何希鹏、刘明、何贵松等编写，结束语由闫相宾、刘金连、程喆等编写。全书由马永生、蔡勋育、刘金连、闫相宾统稿，刘文汇、王毅、叶德燎、张明利、张宇、赵培荣、张仲培、李朋威等参加了统稿和编审工作。

本书是在中国石化各单位“十三五”油气勘探成果总结的基础上提炼升华形成的，是油气勘探系统集体智慧的结晶。在本书编写过程中，广大科技、生产工作者提供了大量第一手资料和经验，相关领导和专家给予了无私的帮助和精心指导。本书编撰得到了股份有限公司刘宏斌高级副总裁，股份有限公司副总地质师郭旭升院士，油田勘探开发事业部郭洪金总经理的关心、指导和帮助，得到了油田勘探开发事业部，石油勘探开发研究院，胜利、西北、江汉、西南、华北、华东、东北、上海油气分公司，勘探分公司，石油物探技术研究院的大力支持，在此一并表示衷心感谢。由于油气风险勘探的复杂性及作者水平有限，书中难免存在不足之处，敬请批评指正。

目 录

第一章　绪论

油气勘探是一项高风险业务，特别是新盆地、新区块的油气勘探，投资大、风险高，其勘探成功率直接影响油气公司未来的发展。自21世纪以来，全球油气勘探发现不断向陆地深层、深海和非常规油气资源发展，被动陆缘深水、克拉通碳酸盐岩和前陆冲断带深层成为常规油气探明储量增长主体，技术的不断进步拓展了油气资源勘探开发的领域，非常规油气已成为油气增储上产的重要领域之一。与此同时，我国的油气自主供应能力不足，虽然油气资源基础雄厚，勘探领域十分广阔，但勘探发展环境受到一定制约，油气资源劣质化趋势明显，规模发现难度不断增大，新增储量规模小，单井储量规模下降，部署难度大，同时还存在理论技术制约、重点突破领域久攻不克、规模资源不能效益动用等挑战。我国油气对外依存度持续攀升，近年来石油对外依存度已进入安全警戒线，如果持续发展下去，势必影响国家能源安全。

为了寻找更多接替储量，油气勘探向着“更深、更复杂、更低品位”等新领域不断推进，这就给油气勘探工作带来“更难、更复杂”的理论难题与技术瓶颈，造成无论在地质理论认识还是在战略选区与目标评价方法上存在更大不确定性，油气勘探风险更加凸显。

为此，国内油气公司为了解决油气勘探重大接替领域准备不足的严峻问题，大力实施资源战略，针对制约上游资源发展瓶颈问题，尤其是如何加快新区与老区三新领域的战略突破，尝试设立专项资金，启动风险勘探管理模式。多年来，实施风险勘探成为油公司发现油气、拓展资源阵地的重要举措。

第一节　风险勘探概述

中国石化自2006年实施风险勘探专项计划以来，聚焦新区、新领域，以重大目标的战略性发现和突破为核心，针对风险勘探工作中遇到的各类新的难题和瓶颈，积极探索，勇于创新，敢于攻坚克难，不断地在发现新问题、研究新问题和解决新问题中前进。尤其是“十三五”以来，取得了一批勘探新成果和新认识，对风险勘探的理解不断深化，管理体系与工作流程规范不断完善，既保障了过去工作的顺利开展，也为未来更高质量发展奠定了坚实基础。

一、风险勘探内涵

风险勘探是指在油气资源领域，对油气资源型公司上游发展具有重大战略导向意义，有望取得重大油气勘探突破、重大基础地质认识或重大技术进步的勘探项目。其目的是加快实现资源战略目标，寻求重大发现，开辟油气勘探新领域。勘探对象主要在地质或工程风险比较大的新地区、新层系和新类型等油气“三新”领域。勘探任务是在具有战略引领意义的勘探领域中，加快查明其地质条件，落实油气资源，推进工程进步。

风险勘探项目包括风险探井和勘探重大技术攻关项目。风险探井是指对油气资源型公司具有战略突破和科学探索意义，存在较大地质风险或工程风险的探井。主要包括新区、新领域的区域探井和老区“三新”领域的预探井。勘探重大技术攻关项目包括风险勘探领域关键地震技术攻关或工程技术攻关试验。

风险勘探具有四个突出特点：一是突出引领作用，具有战略性、全局性、前瞻性；二是突出“三新”领域探索，明确了新地区、新层系、新类型是风险勘探主要领域；三是突出关键技术攻关，集中优势兵力，开展联合攻关；四是突出战略价值，具有风险大、回报更大的特点。

二、中国石化风险勘探历程

截至2006年底，中国石化石油与天然气资源的探明率分别为22.9%和4.9%，剩余待发现资源总量依然很大，仍具备继续寻找大中型油气田的客观条件。但当时探井井位的选择却有“老虎吃天、无从下口”之难，“找米下锅”的问题严重，急需加大新区新领域的勘探力度，改变勘探管理体制，有效整合勘探相关资源，集中力量深化地质认识、加强技术攻关，努力实现新区新领域重大突破，把待发现资源变成现实可动用的储量，以解燃眉之急。为快速开拓资源阵地，支撑实现“东部硬稳定、西部快上产、天然气大发展”和“稳油增气降本”的油气资源战略，实施风险勘探势在必行。

在近16年的勘探实践中，风险勘探充分发挥了勘探战略导向作用，在东部老区、中西部新区及非常规等风险领域获得多项重大油气突破，发现了多个大中型油气田和储量阵地，影响了中国石化在重大接替领域勘探思路和勘探方向的选择。总结起来，经历了三个阶段。

（一）探索东部“三新”领域，实现老区新发现

早期的风险勘探率先在东部推行。经过半个多世纪大规模的勘探开发，东部油区18个富油凹陷虽然已经进入成熟勘探阶段，但是仍然具有较大的剩余油气资源量和较高的剩余油气资源丰度，具备持续增储的资源基础。18个富油凹陷中，剩余资源丰度大于$10\times10^4t/km^2$的凹陷有6个：渤海湾盆地的东营凹陷、沾化凹陷、车镇凹陷、惠民凹陷、东濮凹陷、南襄盆地的泌阳凹陷。根据当时的战略需要，聚焦东部老区“三新”领域，包括砂砾岩体、滩坝砂、浊积岩体、前古近系古潜山、复杂断块群、东部深层等领域以及外围新区，先后部署27口风险探井，占当时集团公司风险勘探部署总井数的84%，其中11口井获工业油气流，钻探成功率为34%。先后推动了东营北带利津洼陷深层砂砾岩体、深洼区滩坝砂岩的重大发现与突破。成功拓展了岩性油气藏勘探的深度和广度，并带动了潜江、苏北缓坡带滩坝砂岩的勘探。高邮凹陷陡坡砂砾岩扇体取得勘探突破，开辟了苏北盆地岩性勘探增储新阵地。

这一阶段先后发现了渤海湾盆地桥东油田、青南油田，并实现了东营砂砾岩体、车镇

潜山领域的油气新发现，为东部老区的勘探开辟了新局面。之后，一系列的探索突破了深层高产油气流关，解决了勘探信心问题；推进了咸化湖盆资源评价，解决了资源潜力问题；突破了有效储层深度下限，解决了储层分布问题；发现了深层规模地质储量，解决了资源接替问题。

（二）加快新区探索，实现战略新突破

中国石化在中西部四大盆地拥有的广大新区领域众多，资源丰富，但勘探程度很低。2009—2012 年，为加快新区探索，风险勘探聚焦于陆相致密碎屑岩、海相碳酸盐岩与山前带领域，探索川东北二叠系礁滩相、川西深层须家河组、川西南海相下组合、川东南綦江高陡构造、塔里木奥陶系内幕和准北缘山前带，共部署风险探井 36 口，占当时部署总井数的 56%，获工业油气流井 19 口，钻探成功率达 30%，新增三级地质储量石油 3294×10^4t，天然气 1.2×10^{12}m^3，基本实现了战略新突破。

一是元坝 6 井礁滩相勘探取得重大进展，扩大了礁滩复合体勘探场面，元坝地区立体勘探取得重大进展，为大型气田的诞生奠定了基础。二是塔里木海相碳酸盐岩新区战略性突破，开辟了勘探增储新阵地。玉北 1 井获突破，实现了塔西南麦盖提斜坡带奥陶系岩溶储层原油勘探的首次突破。巴探 5 井在巴楚隆起鹰山组岩溶储层获得工业气流，打开了巴楚隆起几十年勘探徘徊不前的困难局面。三是在川东地区，继兴隆 1 井在二叠系礁滩相突破后，在綦江复杂高陡构造带部署的隆盛 1 井，在茅口组不整合面岩溶缝洞领域获得高产气流，打开了川东南勘探的新局面，为四川天然气新建产能基地指明了方向。四是在川西海相，2013 年在金马—鸭子河构造带部署钻探的鸭深 1 井、彭州 1 井取得重大突破，历经 7 年曲折的勘探后，川西海相实现了从无到有的跨越性突破，发现了川西气田。之后加强川西雷口坡组成藏系统研究，在川西东坡部署的马井 1 井又获得突破，进一步揭示了川西凹陷雷口坡组具有整体含气、分带富集的特点，实现了从山前带向坳陷区的拓展。五是在页岩气领域，中国石化加强了南方海相页岩气理论与技术攻关，通过勘探实践和理论创新，在较短时间内实现了页岩气勘探由南方海相向四川盆地、再由四川盆地向川东南聚焦的“两大转移”，2012 年在涪陵焦石坝地区部署钻探焦页 1 井，在上奥陶统五峰组—下志留统龙马溪组发现了中国首个大型页岩气田——涪陵页岩气田。

（三）加强深层—超深层及非常规领域攻关，助力天然气大发展

多年来，中国石化一直围绕深层—超深层领域进行攻关与探索。继“十一五”发现普光气田和元坝气田后，持续加强天然气富集规律研究与关键勘探开发技术攻关，加大风险勘探力度，以战略突破发现推动天然气的大发展。2015—2019 年，紧盯四川盆地、塔里木盆地、鄂尔多斯盆地及海域，深化基础研究，精细目标评价，科学论证部署，大打勘探进攻战，部署风险探井 43 口，其中天然气风险探井 26 口，占当时部署总井数的 60%，主要分布于塔里木、四川、鄂尔多斯、松辽等盆地，加大了天然气的探索力度，目前已有结论井 13 口，4 口获工业油气流，钻探成功率为 31%。“十三五”以来，在海相页岩、海相碳酸盐岩、中西部致密碎屑岩等领域取得了一系列的重要发现，探明了涪陵、威荣、东胜、川西等 4 个千亿立方米级气田，并在四川盆地、鄂尔多斯盆地、塔里木盆地培育了 6 个千

亿立方米级天然气增储阵地，实现了多地区、多领域、多类型天然气勘探的有效拓展，新增天然气探明地质储量 $1.0068 \times 10^{12} m^3$。

与此同时，非常规领域的探索力度也在不断加大。“十三五”以来，继续加大涪陵页岩气田的外扩探索。在该气田西北部江东区块焦页 9 井区、南部平桥区块焦页 8 井区的五峰组—龙马溪组不断获得突破。发现并探明了中国首个深层页岩气田——威荣页岩气田。2016 年永页 1HF 井在永川区块深层页岩气勘探取得积极进展，2019 年开展井组试验，实现了永川区块深层页岩气勘探商业发现。持续加强新区新层系探索，2019 年，在川东红星地区部署钻探的红页 1HF 井在二叠系吴家坪组二段试获日产气 $8.9 \times 10^4 m^3$，取得了四川盆地二叠系页岩气勘探的重大发现。

三、中国石化风险勘探成果

2006 年以来，中国石化加大风险勘探力度，在碳酸盐岩、东部“三新”领域、中西部致密碎屑岩等风险领域获得多项重大油气突破，发现了多个大中型油气田和储量阵地。

（一）油气成果

1. 转变思路，突破禁区，海相碳酸盐岩领域实现新发展

自 1984 年沙参 2 井在塔里木盆地取得我国海相古生界油气勘探重大发现以来，中国石化对海相碳酸盐岩领域的探索一直未停止过。1997 年发现塔河特大型海相古生界油田，继塔河之后，按照“三个塔河”的战略方针，以“主攻古隆起、古斜坡”为重点的勘探思路，上巴麦、进塔中，由于复杂的地下地质条件，仅在玉北、顺南地区取得了一些零星发现，未能形成战略接替场面。直到“十二五”末。通过加强盆地基础研究攻关，建立了塔里木盆地“低地温、大埋深、高压力”条件下的海相烃源岩生烃抑制模式，提出了在埋深 10000m 左右仍然存在液态烃的关键认识；同时认识到走滑断裂构造破裂作用是断控缝洞型储集体的主要成因机制，建立了超深断溶体油气藏成藏模式，创新形成了将勘探方向由碳酸盐岩古隆起地区转向碳酸盐岩古斜坡的下斜坡和盆地内部，由中深层向超深层拓展的勘探思路。在“走滑断裂带控储控藏控富”认识指导下，2015 年部署在顺托果勒低隆起地区的顺托 1 井获得工业油气流，从而发现了顺北油田。通过勘探开发一体化，实现了顺北的快速探明和建产，目前估算断裂带资源量 $17 \times 10^8 t$ 油当量，保有三级储量 $3.63 \times 10^8 t$。顺北油田的发现形成了超深断溶体油气成藏理论，丰富了中国海相油气成藏理论。

对川西中、下三叠统雷口坡组、嘉陵江组的勘探思路从探索是否存在台缘滩和台内滩转变到以雷口坡组顶不整合岩溶储层为勘探目标，2013 年彭州 1 井雷口坡组试油获 $114.9 \times 10^4 m^3/d$ 的高产气流，标志着龙门山前带海相天然气勘探取得新突破。

2. 整体部署，逐步推进，中西部致密碎屑岩探明千亿立方米级大气田

中国石化在鄂尔多斯盆地历经六十余年的勘探实践，经历了从早期（1955—1996 年）盆缘构造到中期（1997—2015 年）盆内岩性油气藏和近期（2016 年以来）盆缘多类型气藏三大迂回曲折的发展阶段。2016 年以来，按照整体部署、分区推进、精细评价的思路，逐步逼近盆缘复杂构造带，终于实现油气勘探的战略突破。

针对鄂尔多斯盆地盆缘成藏条件苛刻、油水关系复杂等难题，从构造—沉积演化出

发，加强盆缘转换带成藏要素差异配置与天然气差异聚集规律研究，认识到杭锦旗地区存在三种成藏模式，实现了从“气水过渡带”到“天然气差异富集带”的转变；针对不同类型气藏特征建立差异化圈闭评价方法，更加注重“构造精细刻画”和“河道精准预测”，实现了从“找河道”到“找富集”、从“找圈闭”到“找甜点”的转变，推动鄂尔多斯盆地致密气勘探由盆内大型生烃中心向盆缘复杂构造区拓展，在伊盟隆起斜坡带上发现了千亿立方米级东胜气田。发现之后，勘探开发一体化加快推进，东胜气田评价勘探全面拓展，形成了独贵加汗、新召、什股壕、十里加汗4个千亿立方米级储量阵地，新增探明天然气地质储量 $1311.23\times10^8m^3$，三级地质储量 $1.01\times10^{12}m^3$，新建产能 $18\times10^8m^3$。

3. 攻关技术，精雕目标，松南断陷火山岩新层系新类型首获突破

针对松辽盆地长岭断陷火山岩勘探前期失利的情况，采取二维攻关与新采集三维地震相结合，开展盆地结构、烃源岩分布与生烃潜力、成藏条件等重新研究，围绕资源基础较落实的生烃洼陷，评价与烃源岩对接有利的火山机构，重新选区，并不断完善火山岩相地震识别技术，落实圈闭，部署北213井获商业突破，从而发现龙凤山次凹火石岭组中—基性火山岩气田，实现松南断陷新层系（火石岭组）、新类型（中—基性火山岩）勘探的首次突破。

4. 突破束缚，创新认识，东部老区实现潜山领域新突破

针对渤海湾盆地济阳坳陷前古近系低位古潜山领域，克服早期勘探思路与地质认识的束缚，提出“挤拉滑剥”共控成山新认识，建立了复杂潜山构造解释模式和“岩性—构造—流体”三元控储模式，明确了复杂潜山储层的发育规律，指导发现了一批新圈闭，并提出油气沿断层走向输导、高压下排与老断层封堵机理，部署实施的风险探井车古27获得重大突破，古生界试油日气 $5.3\times10^4m^3$，资源规模 1×10^8t 油当量，拓展了济阳坳陷源下潜山勘探新空间，实现了潜山油气勘探领域的突破。

5. 曲折探索，追源找脊，南海北部自营区勘探终获大突破

南海北部湾盆地西部涠西探区走过了近源占高—沿断下洼—追源找脊的曲折道路，2015年在探区西块实施涠4井测试获最高日产油 $1458m^3$，创中国石化海上单井测试日产最高纪录，次年在南块实施涠6井测试最高日产油 $682.2m^3$，发现了涠洲油田，提交三级石油储量 1366.35×10^4t，气 $14.24\times10^8m^3$，实现了中国石化海域自营油气勘探的重大突破，对中国石化尽快建成北部湾海域石油能源接替阵地具有十分重要的战略意义。

6. 创新认识，稳步拓展，四川盆地页岩气勘探再结硕果

在四川盆地资源摸底、评价选区和地震部署的基础上，优选威荣勘探有利目标区，2014年部署风险探井威页1HF井获重大突破，在加强深层页岩气地质综合研究与目标评价的基础上，2016年部署实施的5口评价井测试获日产气 $(12.5\sim26)\times10^4m^3$，2018年提交探明储量 $1247\times10^8m^3$，发现并探明了中国首个深层页岩气田——威荣气田。通过落实南川地区构造格局及构造特征，开展甜点目标评价，优选南川断鼻为Ⅰ类勘探有利区带。2016年至今，部署焦页10等探评井15口，实现勘探突破，落实平桥、东胜、阳春沟3个千亿立方米级增储区带，提交探明储量近 $2000\times10^8m^3$，取得四川盆地周缘复杂构造区常压页岩气勘探的重大突破，永川、丁山、东溪、新场地区深层页岩气勘探取得重要进展。四川盆地页岩气勘探从涪陵地区向外稳步拓展，成果不断。

（二）理论认识与技术成果

多年实践与研究攻关形成的新认识与新技术拓展了主力油气区三新领域与低品位资源的勘探潜力。深层碳酸盐岩油气成藏理论揭示了中西部三大盆地深层资源潜力，致密碎屑岩“甜点”一体化评价技术推动了“低品位”资源有效开发，断陷盆地多类型圈闭有序分布新认识拓展了东部老区“空白区”资源潜力。

1. 理论认识进展

在三大克拉通盆地海相碳酸盐岩领域，针对深层的碳酸盐岩与膏盐岩组合，创新建立了缓坡和潟湖相两类烃源岩发育模式，提出早寒武世全球广泛性海侵，缓坡相带发育优质烃源岩应用，呈广覆式分布；潟湖相烃源岩发育受高盐度缺氧环境控制，分布受盐洼控制。明确了与膏盐岩共伴生的白云岩储层形成机理，提出颗粒滩相白云岩优质储层受早期云化、早期溶蚀控制；低能潟湖相膏盐岩—白云岩组合发育的含膏白云岩和白云岩两类储层均可形成规模性储集体。提出高效的源—储配置是海相碳酸盐岩成藏的关键，可形成三种类型的规模油气藏。一是顺北—塔河奥陶系下生上储、高陡走滑断层控储控藏控富的断控油气藏；二是川东平桥构造寒武系以志留系为烃源岩、页岩气抬升释放、源储依靠断层侧向对接供烃的“新生古储”油气藏；三是川西坳陷雷口坡组广泛发育的潮坪相白云岩大型气藏，具有“多源多期供烃、白云岩溶蚀控储、早期运移聚集、晚期调整定型”的成藏特点，发育构造、构造—地层、岩性3种油藏类型。

在东部断陷盆地，创建了陆相“咸化富烃”模式，突破了传统湖相烃源岩生烃认识，丰富和发展了陆相生油理论。创建了深层“酸碱控储”模式，突破了断陷盆地深层碎屑岩缺乏有效储层的认识，拓展了勘探空间。创建了油气“有序成藏”模式，突破了断陷盆地油气成藏规律认识的局限，发展了陆相油气成藏理论。提出东部断陷盆地结构、沉积充填、圈闭类型、输导体系、动力结构的连续性，决定了平面及纵向油藏类型分布的有序性。多期多样式构造共控成山新认识，推动多类型潜山带新发现。深部层系源—聚成藏体系新认识，指导深部沙四下亚段—孔店组层系新发现。

在页岩气领域，通过深层、常压海相页岩气富集机理的研究，明确深层页岩仍然能够发育优质储层，具有“高压、高孔、高含气量”的特征，且以游离气为主；“石英抗压保孔”和“储层流体超压”是深层优质页岩高孔隙度发育的关键，形成盆内高陡构造带向斜和盆缘低缓断鼻构造斜坡2种超压富气模式。提出改造期次、改造强度、埋深、分布面积等是盆外残留向斜保存条件差异的主要控制因素，建立了常压背斜型、斜坡型、向斜型和逆断层下盘型4种页岩气藏聚散模式，认为盆外常压页岩气存在宽缓向斜构造富集型、逆断层遮挡向斜富集型和复向斜洼中隆富集型3类富集模式。

2. 技术成果

风险勘探是工程技术发展的“加速器”。面对不同勘探发展阶段的前沿接替领域，地质工程联合部署攻关，一方面聚焦油气富集规律与分布，一方面持续在超深层海相碳酸盐岩、致密碎屑岩和深层页岩气领域开展技术攻关，发展完善了三大配套技术，实现了勘探瓶颈技术的突破发展，支撑了上游发展。

一是在东部深层，突破了4500m致密砂岩地震储层预测与钻完井技术。东部古近系深层、前古近系潜山油藏类型多，井深均在4000m以上，地质条件复杂，储层测井识别难。经过多年攻关，实现了低孔低渗致密储层评价与地震预测技术，突破了有效储层深度下限，突破了深层高产油气流关，为利津、义171块等规模储量发现提供了技术支撑。

二是在中西部深层碳酸盐岩领域，突破了8000m复杂储层地震预测技术和高温高压高含硫气藏安全优快钻井技术。塔里木、四川海相层系8000m以上的超深层存在区域性高压气层和地层高温（最高207℃），针对高温定向难、井涌井漏同存、安全钻井和快速钻井难等难题，攻关形成了高压致密地层大尺寸钻完井技术、超深层钻井工程地质环境评价技术、配套超深井钻完井关键工程技术，多次刷新了亚洲陆上最深井纪录（2018年6月川深1井达8420m、2018年8月顺北蓬1井达8450m、2019年顺北鹰1井达8588m、2020年塔深5井达9017m），为元坝茅口组与塔北寒武系盐下重大油气发现、顺北油田的规模建产提供了技术保障。

三是在深层页岩气领域，攻关形成4000m以深长水平井优快钻完井技术，形成了以“射孔簇优化、暂堵转向、三超加砂、多级支撑、大排量降阻水连续加砂”为核心的密切割强加砂压裂技术，成功研制世界首台3000型压裂泵车、超大功率电动成套压裂装备、连续油管作业车、易钻复合桥塞等配套装备和工具，有力保障了山地环境下长时间、高压力、大功率压裂施工。

（三）管理成果

中国石化风险勘探从无到有，在探索实践中，逐步建立起了一套风险勘探工作机制、工作流程和管理规范，极大提升了风险勘探发展成效和质量。

1. 搭建了一个统一的风险勘探创新平台。

一是组织了一支风险勘探队伍。在股份公司层面组成了一支思想活跃、多专业一体化的新区新领域勘探力量，打破了传统的两级管理体制。油田勘探开发事业部负责项目管理，组织风险勘探领域研究、井位论证部署、地质工程设计审查、重大工程技术决策；油田分公司、勘探分公司、石油勘探开发研究院和物探技术研究院等负责风险领域研究和风险井位的提出；油田勘探开发事业部组织集团公司专家组负责目标地质总体评价并作出最终部署决策；油田分公司、勘探分公司负责现场组织实施。

二是明确了论证决策流程。形成了股份公司一级决策，分公司和总部层面两级论证，分公司—研究院—油田部三级把关，统一平台优选的决策流程。

三是建立了风险勘探工作流程。明确了各层级职责分工，建立了“宏观方向把握—井位提出—井位优选—井位论证—井位最终审定—钻井工程设计—现场具体实施”的一套完整风险勘探工作流程。

2. 形成了“四统一”的风险勘探运行机制。

为充分发挥中国石化整体优势，把握风险勘探研究及部署方向，保障风险勘探顺利实施及油气发现，中国石化责成油田部制定并规范了风险勘探管理“四统一”运行机制，即统一组织重大风险勘探领域研究，统一组织重大关键技术攻关，统一组织地质方案平行论证、统一组织工程设计及重大措施方案决策，打破了各油田“画地为牢”，矬子里拔将军的固有格局。

一是统一组织重大风险勘探领域研究。统一组织研究项目规划立项，加强研究项目顶层设计及研究工作组织协调，专门设立风险领域研究项目；每年定期组织召开各探区风险勘探领域、区带及目标研讨会。

二是统一组织关键技术攻关。专门组织相关单位及技术骨干，通过设立针对性课题、技术研讨等方式，集中优势兵力，开展联合攻关，确保了关键技术攻关的重要突破，不仅为地质目标的实现提供了强有力的保障，更重要的是开拓了一批新的勘探领域。

三是统一组织地质方案平行论证。组织各相关单位采用背靠背、平行及合作研究等方式，充分发挥油田公司、石油勘探开发研究院、物探技术研究院和石油工程技术研究院各自技术优势与专长，各单位既分工又协作，深度融合，充分发挥不同专业人员的学科优势、积极性和创造性，使勘探目标数量及质量大幅提高。

四是统一组织工程设计及重大措施方案决策。统一组织风险探井工程设计及其变更审查，统一组织风险探井测试方案论证，对实施过程中的重大措施方案，专门组织专家论证会，确保工程实施方案科学有效。

3. 形成了风险勘探管理制度。

制订形成了涵盖风险勘探全生命周期的《中国石化风险勘探项目管理办法》。主要内容包括：

一是设立风险勘探专项资金。风险勘探专项资金不列入油田分公司效益考核，勘探成果归探区所属油田分公司。

二是明确了风险勘探提质管理举措。加强风险井部署论证，把总部直属三大研究院纳入进来，鼓励石勘院、物探院提出风险井位，工程院进行支撑保障，开展风险目标平行论证和工程设计平行编制；工程实施明确工程设计要求和队伍选择资质，加强跟踪和监督，关键时间节点上井督导；加强后评估，突出风险勘探专家组作用。

三是明确了考核与激励。股份公司对风险勘探项目的研究、部署、实施和运行管理等工作进行考核，对优秀成果在集团公司年度勘探重大发现奖中予以奖励。

第二节　油气风险勘探评价技术与决策

一、常规油气风险勘探评价技术与决策

20 世纪 80 年代开始由 Peter Rose 倡导的地质风险分析和投资决策理念在国际石油公司中广泛应用，通过短短 30 多年 150 余家国际石油公司的应用完善，钻探目标的风险分析技术在规避或降低风险方面成效明显，技术日趋成熟。国内石油公司大多仍只注重圈闭的含油气性评价，主要是对成藏的“生、储、盖、圈、运、保”要素进行定性分析或定量打分评价，对圈闭资源量和相关参数的定量研究不够，很少开展经济评价，难以实现圈闭的统一评价和优选排队。

通过对比分析国际石油公司关于圈闭评价优选决策的方法，结合中国石化勘探管理理念，中国石化风险勘探团队建立了风险勘探目标含油气评价方法，量化了含油气概率赋值

原则标准，构建了资源量计算参数概率分布模型有效性检验方法，提出了风险勘探目标（群）的地质资源量预测方法，建立了风险勘探目标勘探开发全过程的经济评价方法，以及最小商业储量规模计算方法，为实现不同地区、不同领域的风险勘探目标统一评价优选决策奠定了基础。

（一）地质风险评价方法及赋值标准

含油气性评价是勘探风险评估的重要内容，而有利含油气区带评价优选是钻探目标含油气性预测的基础。首先，梳理目标区带地理位置、构造位置、区域地质概况、勘探开发历程，评价地震等资料品质，开展区域背景分析；进而从区带的基底特征、断裂发育特征和褶皱作用特征等三个方面来进行区带构造模式的研究，并从沉积层序、沉积体系与沉积相、储盖组合特征等三个主要方面开展沉积模式的研究；同时，开展区带石油地质条件分析，主要进行烃源岩评价、储层评价、盖层评价以及区带的油气聚集条件、储盖组合类型、成藏匹配关系与油藏保存条件分析，明确油气分布规律和成藏模式，指出可能存在的圈闭类型及其分布。

含油气性定量评价的核心是用风险概率法定量表征圈闭的含油气性。圈闭含油气概率是指在有利含油气区带内，预测圈闭钻探发现油气的地质可能性。通常圈闭的含油气概率越高，圈闭的地质风险越小；反之亦然。

1. 评价方法及参数体系

1）单层圈闭含油气概率表征

根据油气成藏系统理论，认识和分析油气生成、运移、聚集和保存的成藏动态过程，尽管不同地区的地质特征不同，但对于有利区带内的圈闭目标，如想钻探获得工业油气流，必须同时具备圈闭形成、储层发育、烃源充注和后期保存四项成藏条件。该四项条件互相独立、缺一不可，并且要保证其有效性，即相关条件务必满足其评价下限值。根据概率论原理，相互独立事件同时发生的概率等于每一事件单独发生概率的乘积（乘法定理）。通过对圈闭四项成藏条件的地质分析和概率赋值，可以定量评价单层圈闭的含油气性。单层圈闭的含油气概率表征为：

$$P_g = P_{圈闭} \times P_{充注} \times P_{储层} \times P_{保存} \tag{1-1}$$

2）多层圈闭含油气概率表征

在有利的含油气区带内，通常圈闭包含多个目的层。这些目的层的成藏条件可能是互相独立的，也可能在成藏过程中某些成藏条件是相关的。一个圈闭中地质因素的相关性是普遍存在的，尤其是烃类的充注和圈闭因素。因此在计算多目的层圈闭的含油气概率时，首先要判断各层之间的相关性，即各个目的层有无共同地质风险或是否有共享的概率因子。

多层圈闭的含油气概率用至少一层发现油气的概率来表征。若各层圈闭相互独立，则计算公式如下：

$$P_g = 1 - \prod P_{i失败} \tag{1-2}$$

若各层圈闭之间具有相关性，即有共享的风险概率因子，则其含油气概率表征如下：

$$P_g = P_{共享}\ (1 - \prod P_{i失败}) \tag{1-3}$$

式中，P_g 为圈闭含油气概率；$P_{共享}$ 为共享因子发生概率；$P_{i失败}$ 为第 i 层圈闭的失败概率

（风险概率）。

例如圈闭 A（图 1－1）有两个层圈闭 A－1、A－2，经地质分析认为油气充注和圈闭是这两个层圈闭成藏的共同地质风险，即该圈闭的充注概率和圈闭概率具有相关风险，且各层的概率主因子赋值见表 1－1，则圈闭 A 的 $P_{共享}=P_{圈闭}\times P_{充注}=0.6\times0.8=0.48$。

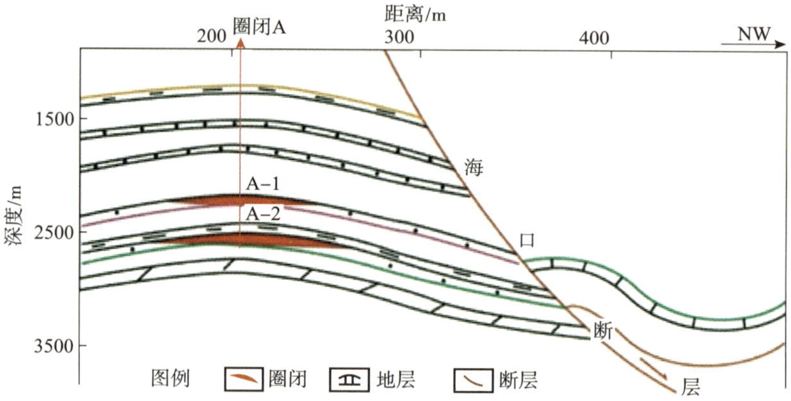

图 1－1　圈闭 A 示意图

表 1－1　圈闭 A 各层圈闭概率因子表

层圈闭	圈闭概率	充注概率	储层概率	保存概率
A－1	0.6	0.8	0.8	0.7
A－2	0.6	0.8	0.5	0.6

层圈闭 A－1 独立因子的成功概率为：$P_{储层A-1}\times P_{保存A-1}=0.8\times0.7=0.56$，则 $P_{A-1失败}=1-0.56=0.44$。

层圈闭 A－2 独立因子的成功概率为：$P_{储层A-2}\times P_{保存A-2}=0.5\times0.6=0.30$，则 $P_{A-2失败}=1-0.30=0.70$。

则根据公式（1－3），计算圈闭 A 的含油气概率为：$P_{共享}\times(1-P_{A-1失败}\times P_{A-2失败})=0.48\times(1-0.44\times0.70)=0.33$。

3）含油气概率参数体系

按照含油气评价参数体系设计的科学性、系统性、可操作性及层次性要求，结合影响圈闭成藏的“生、储、盖、圈、运、保”六大要素，从油气成藏的过程出发，将圈闭含油气评价分解为圈闭、充注、储层和保存四项主因子，可以看出每项成藏条件主因子均由存在和有效两个必要因素构成。因此，把四项主因子分解成存在和有效两类子因子（表 1－2）。

表 1－2　圈闭含油气概率参数体系

主因子	子因子	关键参数
圈闭条件	a. 圈闭存在 b. 圈闭有效性	圈闭面积和幅度等落实程度 圈闭顶底板条件、侧向封堵条件
充注条件	a. 有效烃源岩存在 b. 有效运移聚集	有机质丰度与成熟度 有效的运移通道、时空配置关系

续表

主因子	子因子	关键参数
储层条件	a. 储层存在 b. 储层有效性	有利相带分布 储层厚度、储层物性（孔渗条件）
保存条件	a. 盖层存在 b. 后期破坏作用	盖层厚度及其分布区域 后期破坏作用强度

根据木桶短板效应原理，通过子因子概率计算主因子概率时，若子因子参数各自独立，采用各参数概率乘积表示主因子的概率，例如充注概率必须是有效烃源岩、有效运移、时空配置的概率乘积；若子因子参数具有相关性，则用其中参数概率最小的概率值表示主因子或子因子的概率，例如圈闭存在概率中的资料品质及控制程度参数和井—震关系匹配性、正反演模型吻合度以及圈闭相关图件的精度有极大相关性，对圈闭存在子因子概率赋值必须用最小的参数概率值表示。

含油气评价参数的选择将影响圈闭风险预测的可靠程度，子因子的关键参数在圈闭评价中有较大不确定性，不同地区不同类型圈闭又有所不同，子因子参数体系的构建是圈闭含油气性评价的基础和重点，也是不同油公司勘探风险分析的难点与核心。中国石化所建立的圈闭含油气概率评价方法是一个基于四项主因子、八项子因子及其参数体系的递级层次三级系统，真正实现了用统一风险分析处理准则对不同地区圈闭的含油气性进行定量评估。

2. 含油气评价标准

1）含油气概率赋值原则

成藏条件主因子和子因子发生的概率，取决于各成藏地质条件中主要因素是否存在以及对其有效性的判断，这种判断是基于资料控制程度上的主观认识，资料越丰富，质量越好，证据越直接，可信度越高，预测越客观。因此资料的相关程度、丰富程度、控制程度和质量评价就是资料置信程度评价，决定了含油气概率赋值原则。

由于勘探对象和勘探程度的不同，获得资料的置信程度也有差异，已有资料对各成藏条件主因子和子因子的证实程度就不同，从而影响对成藏条件主因子和子因子发生概率的预测。预探圈闭附近若已有油气田发现或油气显示，则说明预探圈闭所在区带具备油气源条件，证实该圈闭烃源条件有利；若过预探圈闭的二维地震测网密度大或为三维地震控制，资料品质又好，解释对比合理，又有钻井控制，则说明圈闭可靠，圈闭要素准确。因此，资料置信程度在地质风险分析和含油气概率赋值中起着重要的作用。

根据对成藏条件的认识程度和资料的丰富程度，将含油气概率赋值划分为五个区间，总的赋值原则如下：①有充足的地质资料证实某条件很可能存在且有效，赋值范围［0.8，1］；②有一定的地质资料证实某条件有可能存在且有效，赋值范围［0.6，0.8）；③现有的资料条件下，不能肯定也不能否定某条件是否存在或是否有效，赋值范围［0.4，0.6）；④有地质资料证实某条件有可能不存在或无效，赋值范围［0.2，0.4）；⑤有地质资料证实某条件很可能不存在或无效，赋值范围［0，0.2）。

2）含油气概率赋值标准

圈闭评价资料大致概括为钻井、地震、化探、重磁和其他等5类数据资料。这5类数据的相关程度、控制程度和质量对成藏特征描述和成藏因素预测的可靠程度有所不同。因此，根据不同资料的置信程度，进一步对圈闭含油气概率主因子和子因子详细赋值标准进行了量化（表1-3）。

表1-3　圈闭含油气概率赋值标准

赋值区间	$P_{圈闭}$	$P_{充注}$	$P_{储层}$	$P_{保存}$
[0.8，1]	①剖面一级品率达到90%以上，圈闭被地震测线完全控制，面积大于三维地震面元或二维地震测网。 ②井—震关系匹配好，可准确标定目的层和进行储层预测。 ③正演模型结构合理，正演结果与地震剖面特征相似性大于90%。 ④解释合理，图件精度高且齐全。证明圈闭存在	①钻井和地震资料证实烃源岩存在。 ②有效的运移通道显然存在，几何形态和有效性在地震剖面上十分清楚。 ③圈闭是在排烃主幕前形成	①根据多口钻井和地震资料有效储层显然存在。 ②储层的厚度、物性明显好于资源评价设定的下限值（或者明显大于计算资源量概率在 P_{90} 时的厚度等）	①钻井和地震资料表明盖层显然存在。 ②圈闭顶部盖层为整合封挡，无须底封或侧封。 ③按照压力预测值，盖层未发生破裂。未见构造破裂的证据
[0.6，0.8)	①剖面一级品率达到80%～90%，目的层段地震剖面中有50%以上的相位能够连续追踪。有“十”字测线通过圈闭，地震资料基本满足边界刻画要求。 ②井—震关系匹配较好，较准确标定目的层和进行储层预测。 ③正演模型可靠，正演结果与地震资料可比性较好，符合率70%以上。 ④解释较合理，图件精度较高且齐全。证明圈闭可能存在	①钻井和地震资料证实烃源岩可能存在。 ②有效的运移通道可能存在，几何形态和有效性在地震剖面上十分清楚。 ③圈闭是在排烃主幕前形成	①储层的存在至少为1口井的资料证实。地震资料证实勘探目标中有储层存在。 ②储层的厚度、物性大于或等于资源评价设定的下限值（或者大于或等于计算资源量概率在 P_{90} 时的储层厚度等）	①盖层的存在至少为1口井的资料证实。按照地震资料，勘探目标中有盖层存在。 ②在最不利的情况下，构造破裂的风险依然很小。后期破坏作用较弱
[0.4，0.6)	①剖面一级品率低于50%，目的层段地震剖面中可连续追踪的相位50%以下。 ②有一条或两条平行的测线通过的圈闭。井—震关系匹配较差，不能准确标定目的层和进行储层预测。 ③地震切片不能反映岩性地层等非构造类圈闭的沉积模式，圈闭的边界无法确定。 ④解释基本合理，图件基本齐备	①钻井和地震资料不能肯定也不能否定烃源岩是否存在。 ②有效的运移通道可能存在也可能不存在，几何形态和有效性在地震剖面上不清楚。 ③无法确定圈闭是否在排烃主幕前形成	①钻井、地震资料和相关的沉积、成岩模式既不能肯定也不能否定有效储层的存在。 ②不能确定储层厚度、物性是否大于资源评价设定的下限值（或者无法确定是否大于计算资源量概率在 P_{90} 时的储层厚度等）	①按钻井或者地震资料，不能肯定也不能否定盖层的存在。 ②发育压性或扭压断层、张性断层。后期破坏作用中等

续表

赋值区间	$P_{圈闭}$	$P_{充注}$	$P_{储层}$	$P_{保存}$
[0.2，0.4)	①剖面一级品率达到80%～90%，目的层段地震剖面中有50%以上的相位能够连续追踪。有"十"字测线通过圈闭，地震资料基本满足边界刻画要求。 ②井—震关系匹配较好，较准确标定目的层和进行储层预测。 ③正演模型可靠，正演结果与地震资料可比性较好，符合率70%以上。 ④解释较合理，图件精度较高且齐全。证明圈闭可能不存在	①钻井和地震资料证实烃源岩可能不存在。 ②有效的运移通道可能不存在，几何形态和有效性在地震剖面上不十分清楚。 ③圈闭可能不是在排烃主幕前形成	①钻井、地震资料及沉积和成岩模式表明，储层有可能缺失。 ②储层的厚度、物性小于资源评价设定的下限值（或者小于计算资源量概率在P_{90}时的储层厚度等）	①根据钻井和地震资料盖层有可能缺失。储层压力资料说明盖层的封盖能力可能变差。 ②盖层也可能因构造作用而发生破裂。后期破坏作用强烈
[0，0.2)	①剖面一级品率达到90%以上，圈闭被地震测线完全控制，面积大于三维地震面元或二维地震测网。 ②井—震关系匹配好，可准确标定目的层和进行储层预测。 ③正演模型结构合理，正演结果与地震剖面特征相似性大于90%。 ④解释合理，图件精度高且齐全。证明圈闭不存在	①钻井和地震资料证实烃源岩不存在。 ②有效的运移通道不存在，几何形态和有效性在地震剖面上十分不清楚。 ③圈闭不是在排烃主幕前形成	①据钻井和地震资料有效储层不存在。 ②厚度、物性明显小于资源评价设定的下限值	钻井和地震资料表明盖层显然缺失或盖层因构造作用而发生破裂，后期破坏作用强烈

圈闭含油气性评价就是分析资料的置信程度和成藏条件发生的可能性。以往对资料因素在勘探风险中的重要程度没有足够认识，将资料置信程度作为一个主要因素，参与到圈闭含油气概率的预测中，强化了资料因素在各成藏条件主因子和其子因子评级中的作用，加强了勘探风险分析技术的应用，使得圈闭含油气性评价更科学、客观、有效。

3. 含油气风险等级划分

由于圈闭含油气概率是指圈闭钻探发现油气的地质可能性，因此圈闭含油气概率越高，圈闭地质风险越小，而圈闭含油气概率越小，则圈闭地质风险越大。为了便于在实际生产应用中对风险进行统一管控，将圈闭含油气概率划分成五个等级。其中，极低风险圈闭的含油气概率大于0.50，该类目标一般圈闭落实非常可靠，油气成藏条件优越；低风险圈闭的含油气概率为0.25～0.50，该类目标一般圈闭落实可靠，油气成藏条件好；中等风险圈闭的含油气概率为0.10～0.25，该类目标一般圈闭落实可靠，成藏条件较好，或者是圈闭落实较可靠、成藏条件好；高风险圈闭的含油气概率为0.05～0.10，一般圈闭落实较可靠，成藏条件较好；极高风险圈闭的含油气概率小于0.05，圈闭落实程度差或者至少有一项成藏条件差。

（二）风险勘探目标资源量估算

1. 计算参数分布模型与不确定性分析

1）参数样本数字特征的计算

参数样本数字特征是指从统计学的角度，用于描述圈闭资源量参数样本的特征值。这些描述性的特征值是进行参数分布模型选择、有效性检验和不确定性赋值的基础。常用的参数样本数字特征包括衡量数据集中趋势的众数、中位数、平均数，衡量数据离散程度的方差、标准差以及样本的 P_{10}、P_{90} 值等。

2）概率分布模型的选择

概率分布模型是用以表述随机变量取值的概率规律理论模型。在圈闭资源量计算中，应根据样本的统计情况，选择最能反映客观实际的参数概率分布模型。结合各种圈闭资源量参数的地质学和数学特征，总结了圈闭资源量参数常用的概率分布模型及其适用性（表 1－4）。

圈闭资源量参数概率分布模型的选择应以表 1－4 所示的常用概率分布模型为基础，结合圈闭目标的实际情况，从中优选出最适合的模型。其具体的选择方法如下。

表 1－4　圈闭资源量参数常用的概率分布模型及适用条件

分布模型	分布曲线	模型参数	表达公式	性质	适用参数
正态分布		•均值：μ •标准差：σ	$f(x)=\dfrac{1}{\sqrt{2\pi}\sigma}e^{-(x-\mu)^2/2\sigma^2}$	•大多自然现象服从的分布 •均值两侧具有对称性 •众数、均值、中值相同	•面积 •有效厚度 •孔渗饱等参数
对数正态分布		•位置：L •均值：μ •标准差：σ	$f(x,L,\mu_{\log},\sigma_{\log}^2)=$ $\dfrac{1}{\sigma\sqrt{2\pi}(x-L)}e^{-[\ln(x-L)-\mu_{\log}]^2/2\sigma_{\log}^2}$	•油气勘探领域最常用的分布 •正偏斜式分布 •均值大于中值大于众数	•面积 •有效厚度 •孔渗饱等参数
Beta 分布		•最大值：Max •最小值：Min •Alpha：α •Beta：β	$f(x)=\dfrac{z^{(\alpha-1)}(1-z)^{(\beta-1)}}{\beta(\alpha,\beta)}$ 其中：$z=\dfrac{x-\text{Min}}{\text{Max}-\text{Min}}$	•分布在 0～1 范围内 •描述百分数的理想分布	•充满系数 •孔渗饱等参数
BetaPERT 分布		•最大值：Max •最小值：Min •最可能值：Likeliest	$f(x)=\begin{cases}\dfrac{h(x-\text{Min})}{\text{Likeliest}-\text{Min}} & \text{if Min}<x<\text{Max}-\text{Likeliest}\\ \dfrac{h(\text{Max}-x)}{\text{Max}-\text{Likeliest}} & \text{if Likeliest}<x<\text{Max}\\ 0 & \text{otherwise}\end{cases}$	•利用 Beta 分布方程代替众数两侧的线性外推 •类似三角分布，但峰值下降得更平滑	•面积 •有效厚度 •孔渗饱等参数
三角分布		•最大值：Max •最小值：Min •最可能值：Likeliest	$f(x)=\begin{cases}\dfrac{h(x-\text{Min})}{\text{Likeliest}-\text{Min}} & \text{if Min}<x<\text{Max}-\text{Likeliest}\\ \dfrac{h(\text{Max}-x)}{\text{Max}-\text{Likeliest}} & \text{if Likeliest}<x<\text{Max}\\ 0 & \text{otherwise}\end{cases}$	•赋值简单方便 •对尾部频数可能估计过高	•面积 •有效厚度

（1）实际观测值法。

当圈闭资源量参数样本达到一定数量时（例如正态分布通常要求样品数量至少达到 15 个），可以通过构建实际观测数据的频率直方图，直接判断参数模型的最优分布。由于地质勘探通常存在高度的不确定性，因此若样本的数量能够满足要求，且具有较好的代表性，使用实际观测值构建参数模型最能反映圈闭资源量参数的客观情况。

（2）类比统计法。

当圈闭目标资源量参数缺乏样本数据，或者样本数据较少，无法反映资源量参数客观情况时，可以通过研究与圈闭目标处于同一地区的已开发圈闭类比，统计圈闭类比资源量或储量计算参数的分布规律，代替圈闭目标的参数模型。油气勘探早中期的圈闭资源量参数模型大多通过此种方法建立。

（3）经验模型法。

在圈闭资源量参数缺乏样本数据，也无法找到合适的圈闭类比情况下，可以借鉴经验的统计模型，进行参数模型的选择。大量统计表明，圈闭含油气面积、有效厚度总体上符合对数正态分布或正态分布，孔隙度、饱和度、采收率通常符合 Beta 分布或对数正态分布。

此外，在参数模型的选择过程中，可以充分利用概率分布的数学性质辅助模型的选择。例如当随机过程由多个单因素组成，根据中心极限定理可以认为其分布是正态的；多个正态分布相加，结果仍符合正态分布；多个对数正态分布相乘，结果仍符合对数正态分布；等等。而圈闭资源量计算的过程本身就可以看成多个资源量参数相乘的结果。

3）参数模型的不确定性赋值

参数模型的不确定性赋值是指利用已知的样本数据或人为设置的分位数，对选择好的参数模型进行赋值，以得到最终的参数概率分布。

（1）参数不确定性赋值的方式。

参数不确定性赋值的方式可分为两大类，即模型参数法和分位数法。模型参数法首先通过样本数字特征计算，得到模型理论表达式中的各项参数（各模型对应的参数见表 1－4，例如正态分布的模型参数为均值 μ 和标准差 σ），再利用其对分布模型进行赋值。而分位数法是通过设置若干分位数（例如 P_{10}、P_{50}、P_{90} 等）值，利用分位数值间接计算模型理论表达式中的各项参数，以达到最终赋值的目的。

（2）不确定性赋值方式的选择。

参数不确定性赋值方式的选择，应综合考虑样本的数量和取样情况。一般来说，在样本数量较多的情况下，应优先考虑模型参数法。该方法可以充分发挥样本的数量优势，直接通过样本信息计算模型参数值，获得较为精确的概率分布。但在其样本数字特征计算过程中，应考虑到样本的取样情况。例如，勘探早期成功的钻井取样可能带有倾向性，此类样品比例过高，可能导致乐观的预测结果。在样本数量较少的情况下，可以优先选择分位数法。该方法简单方便，对样本数量要求不高，但由于模型参数是通过两至三个样本分位数值间接计算，因此如果分位数值设置不当，可能导致误差相对较大。

此外，在不同资源量参数赋值过程中，还应考虑到参数之间的相关性。通常，忽略参数之间已存在的相关性，会导致计算结果的不确定性偏低。

4）参数模型的有效性检验

参数模型的有效性检验主要有两方面作用。一是为主观选择的参数模型进行客观的检验，验证参数模型的有效性；二是当模型选择比较困难时，借助有效性检验的指标值与假设模型进行对比，得到最优的分布模型。参数模型的有效性检验分为数学假设检验和地质含义检验两种。

（1）数学假设检验。

①参数模型的拟合优度检验。

参数模型数学假设检验方法是以统计学中的拟合优度检验为基础。所谓拟合优度检验，是指统计学中用来检验来自总体中的一类数据其分布是否与某种理论分布相一致的统计方法。相对于基于样本统计直方图的粗略判断，利用拟合优度检验等数学假设检验方法具有较为可靠的数学理论基础。将拟合优度检验应用到圈闭资源量参数的概率分布模型检验中，可以获得更加客观、准确和定量化的参数分布结论。

统计学中的拟合优度检验方法有很多种，不同检验方法的检验侧重点各有不同，适用于不同的应用领域。结合资源量参数的特点，从各类拟合优度检验方法中优选出 K－S 检验、A－D 检验、χ^2 检验作为圈闭资源参数概率模型的检验方法，并对其优缺点和适用性进行了总结（表 1－5）。

表 1－5　资源量参数模型常用数学假设检验方法及适用条件

方法	优　点	缺　点	适用条件
K－S 检验	适用于小样本 具有分布无关性 稳健性好	对尾部数据不敏感 不适用于离散分布	圈闭目标或者圈闭类比样本较少
A－D 检验	适用于小样本 比 K－S 检验敏感	不具备分布的无关性 不适用于离散分布	使用 K－S 检验不敏感，且假设分布为正态分布等特定分布
χ^2 检验	直接利用原始数据进行检验 对大样本数据检验效果好 同时适用于连续分布、离散分布	不适用于小样本 依赖于数据分组方式	圈闭目标或者圈闭类比有较多样本（通常样本容量不小于 50，且 20% 的单元理论频数不能小于 5）

②参数模型的数学检验流程。

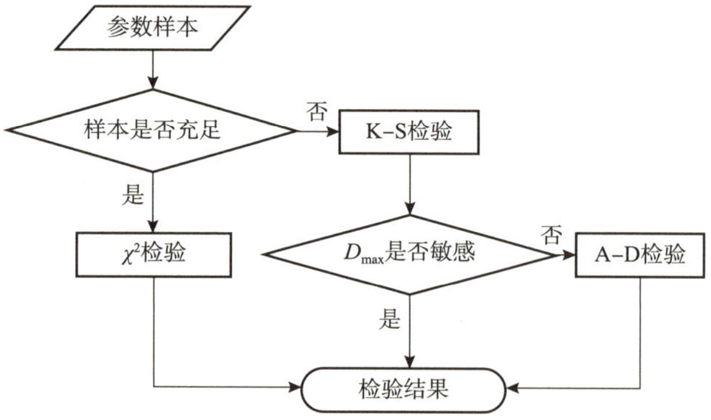

图 1－2　资源量参数模型的数学检验流程

以优选出的 K－S 检验、A－D 检验、χ^2 检验为基础，设计了圈闭资源量参数模型的数学检验流程（图 1－2）。该检验流程综合考虑了资源量参数的地质学特征、参数样本的数量，以及不同假设检验方法的数学特性。

首先，在圈闭目标或者圈闭类比有较多样品的情况下（如类比区为已开发的老油田），可以考虑优先使用 χ^2 检验，发挥其在大样本拟合度测试中的优势。如果圈闭目标或者圈闭类比样品较少，则可以采用 K－S 检验，充分利用其分布无关性以及适用于小样本的特点。但由于 K－S 检验的敏感性较差，在模型优选时经常出现两种假设 D_{max} 值相同的情况，因此如果假设分布为正态分布等特定分布，可以进一步采用敏感性更强的 A－D 检验。

（2）地质含义检验。

地质含义检验是利用圈闭资源量参数的地质含义，对参数模型的有效性性进行评判的一类方法。端值检验法、类比检验法和 P_{10}/P_{90} 检验法是三种常用的地质含义检验手段。

①端值检验法。

在假设分布模型基础之上，利用求得的样本数字特征，可以推出计算参数的 P_1 和 P_{99} 值。该 P_1 和 P_{99} 值不应超出资源量参数理论上可能的范围。例如求得的含油气面积 P_1 值若已超出圈闭的闭合面积，则意味着应该对此假设模型进行调整。

②类比检验法。

以假设模型为基础，计算出最终的圈闭资源量分布后，将其与同一地区相似圈闭的资源量或者类似油气藏的储量类比，或者与所在地区油气田（藏）规模分布进行类比，若两者差异较大，则有必要对假设的参数模型进行检查。

③P_{10}/P_{90} 检验法。

通常用 P_{10} 与 P_{90} 的比值来反映资源量参数或结果的不确定性。P_{10} 与 P_{90} 的比值越高，说明不确定性越大。对于有效孔隙度、含油（气）饱和度等资源量参数分布的 P_{10}/P_{90} 值一般应低于 10，否则应考虑样本是来自不同的地质相或样本数目过少。而对于资源量的 P_{10}/P_{90} 值，不确定性较小的圈闭一般在 2 ~ 5 之间，预探井等风险较高的目标可能会达到 25 左右。如果利用假设的参数模型得出的资源量 P_{10}/P_{90} 值过高，或者与圈闭的风险程度差距过大，则有理由怀疑所选参数概率分布的正确性。

除了利用 P_{10}/P_{90} 值，对于某些特定的分布，还可以利用其自身的数学特征来进行分位数比值的检验。例如假设样本服从对数正态分布，则其 P_{10}/P_{50} 与 P_{50}/P_{90} 的值应大致相等。

2. 发现资源量/储量的蒙特卡罗模拟

1）单层圈闭资源量计算方法

概率法是基于对储量参数值范围的认识和评估，从而计算出对应的油气地质储量。该方法的基本步骤是，首先根据现有资料计算出各个变量的概率分布函数，这些概率分布函数可以反映出参数的整个范围，包括最小值、最大值、期望值或概率分布类型，然后通过蒙特卡罗模拟（运用容积法计算公式），对随机变量进行抽样，并将各随机变量的抽样值相乘，并乘以公式中常数，得到储量的一个抽样值，统计储量的多个抽样值，生成储量的累计概率分布曲线，并求出低值（P_{90}）、中值（P_{50}）、高值（P_{10}）和均值，不同级别的储量与不同的概率值相对应。

运用概率法计算地质资源量时，采用概率分布函数量化参数的不确定性，运用蒙特卡罗模拟抽取模型内的每个输入的概率分布，得到多次迭代的迭代值，模型输出值的分布反映了某个资源量值的概率，从而对地质储量的不确定性进行评估，其流程见图 1 – 3。

2）多层圈闭资源量的计算

概率法（蒙特卡罗法）计算具有多目的层圈闭资源量时，并不是将各层资源量简单相加，而是通过分析各目的层之间的地质相关关系，即无地质相关、部分地质相关和完全地质相关三种情况，在结合各层含油气概率基础上，分别计算出至少有一层成功的含油气概率，通过各层资源量概率加权反推得到多层圈闭资源量。

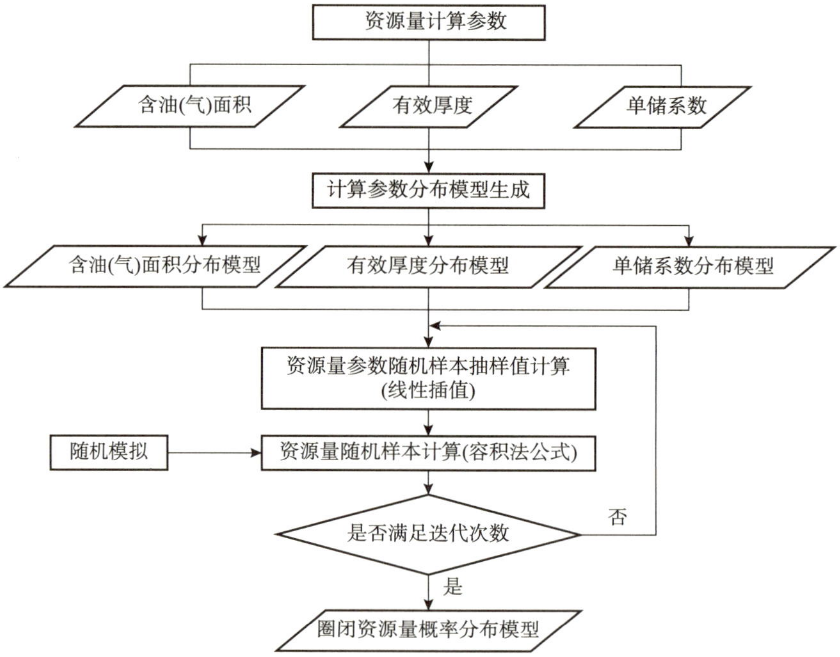

图 1－3　蒙特卡罗法资源量计算流程

以层圈闭 A、B 的最简单情况为例（图 1－4），其含油气概率和资源量情况见表 1－6。

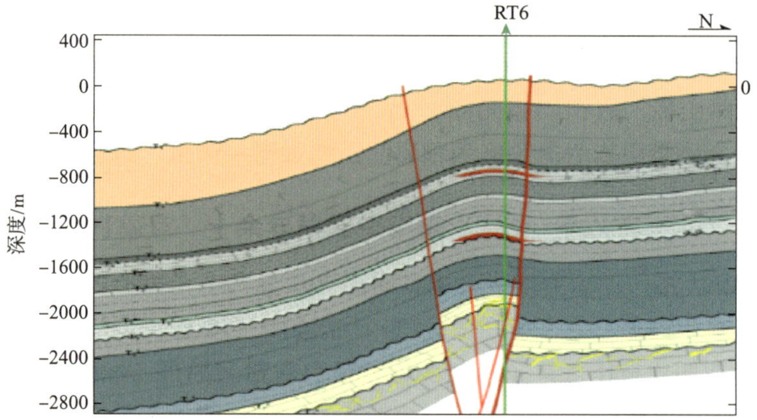

图 1－4　层圈闭 A、B 剖面图

表 1－6　层圈闭 A、B 资源量情况表

层圈闭	圈闭概率	充注概率	储层概率	保存概率	含油气概率	资源量均值/10^4t
A	0. 70	0. 70	0. 80	0. 75	0. 294	540
B	0. 75	0. 70	0. 80	0. 8	0. 336	160

（1）无地质相关性。

无地质相关性指多个层圈闭在油气成藏体系上是相互独立的。如层圈闭 A、B 在圈闭、储层、充注和保存方面各成体系，这也意味着层圈闭 A 的钻探结果对层圈闭 B 的钻探结果没有影响。此情况在概率论中属于相互独立事件，因此其“至少有一层成功”的情况也可以通过“所有层均失败的补集”表示。

由此可导出该情况下的资源量和含油气概率的一般数学表达式为公式（1－4）、公式（1－5）：

$$Q = \sum_{j=1}^{n} \frac{(P_j \times Q_j)}{[1 - \prod_{j=1}^{n} (1 - P_j)]} \tag{1-4}$$

$$P = 1 - \prod_{j=1}^{n}(1 - P_j) \tag{1-5}$$

式中，Q 为圈闭资源量，$\times 10^4$t 或 $\times 10^8$m^3；P_j 为第 j 层圈闭含油气概率；Q_j 为第 j 层圈闭资源量，$\times 10^4$t 或 $\times 10^8$m^3。

由此可得层圈闭 A、B 在“至少有一个成功”情况下的资源量为 400.08×10^4t，其含油气概率为 0.53。由于本例中所含层圈闭只有两个，也可以通过解析的方法进行计算和验证（表 1－7）。

表 1－7　公式（1－4）、公式（1－5）的解析过程

情况	含油气概率	资源量/10^4t	含油气概率 × 资源量/10^4t
A、$\overline{B}$	0.1952	540	105.408
AB	0.2372	160	37.952
B、$\overline{A}$	0.0988	700	69.16
合计	0.5312		212.52
至少有一个成功的资源量：212.52/0.5312 = 400.08×10^4t			

（2）部分地质相关。

部分地质相关性指多个层圈闭在油气成藏体系上存在部分依赖。如层圈闭 A 和层圈闭 B 部分相关的情况：在充注、储层方面具有依赖性，在圈闭和保存方面相互独立。在此情况下，若层圈闭 A 获得油气发现，则意味着 A 与 B 的相关因子（充注和储层）一定成功，即概率为 1。由此可对公式（1－1）、式（1－2）进一步归并，结果如公式（1－6）、公式（1－7）所示（其中，dep 表示相关因子，indep 表示独立因子）。

$$Q = \sum_{j=1}^{n} \frac{(P_j \times Q_j)}{\{P_{\text{dep}}[1 - \prod_{j=1}^{n} (1 - P_{(\text{indep})j})]\}} \tag{1-6}$$

$$P = P_{\text{dep}}[1 - \prod_{j=1}^{n} (1 - P_{(\text{indep})j})] \tag{1-7}$$

由此可得其资源量为 468.52×10^4t，含油气概率为 0.45，其解析过程如表 1－8、表 1－9 所示。

表 1－8　四级层圈闭 A、B 的相关因子及独立因子

四级层圈闭名称	独立因子（圈闭 & 保存）	相关因子（充注 & 储层）
A	成功 0.7 × 0.75 = 0.525 失败 1 － 0.525 = 0.475	成功 0.70 × 0.80 = 0.56 失败 1 － 0.56 = 0.44
B	成功 0.75 × 0.8 = 0.6 失败 1 － 0.6 = 0.4	

表1－9　公式(1－6)、公式（1－7）的解析过程

情况	含油气概率	资源量/10^4t	含油气概率×资源量/10^4t
A、$\overline{B}$	0.1176	540	63.504
AB	0.1596	160	25.536
B、$\overline{A}$	0.1764	700	123.48
合计	0.4536		212.52
至少有一个成功的资源量：212.52/0.4536＝468.52×10^4t			

（3）完全地质相关性。

完全地质相关性指多个层圈闭在油气成藏体系上是完全依赖的，如层圈闭A、B具有相同的圈闭、储层、充注和保存等成藏要素。这种情况通常意味着如果层圈闭A成功则层圈闭B成功、层圈闭A失败则层圈闭B也失败。因此，“至少有一层成功”情况下的资源量即是A与B同时成功情况下的资源量，其含油气概率就是A或B的成功率，如公式（1－8）、公式（1－9）所示。

$$Q = \sum_{j=1}^{n} Q_j \tag{1-8}$$

$$P = P_j \tag{1-9}$$

通过层圈闭A、B的实例可以得到以下认识：相互依赖性增加导致含油气概率降低，但是获得平均可采资源量增加，其中，完全相关平均可采资源量最大，无地质相关平均可采资源量最小，部分相关平均可采资源量介于二者之间。但不管勘探目标地质相关性有多大，其资源量概率加权平均值保持恒定。其次，随着层圈闭层数的增加，“至少有一个成功”情况的复杂度会大幅提高，应采用公式（1－1）～（1－6）代替解析法计算多层圈闭的资源量。

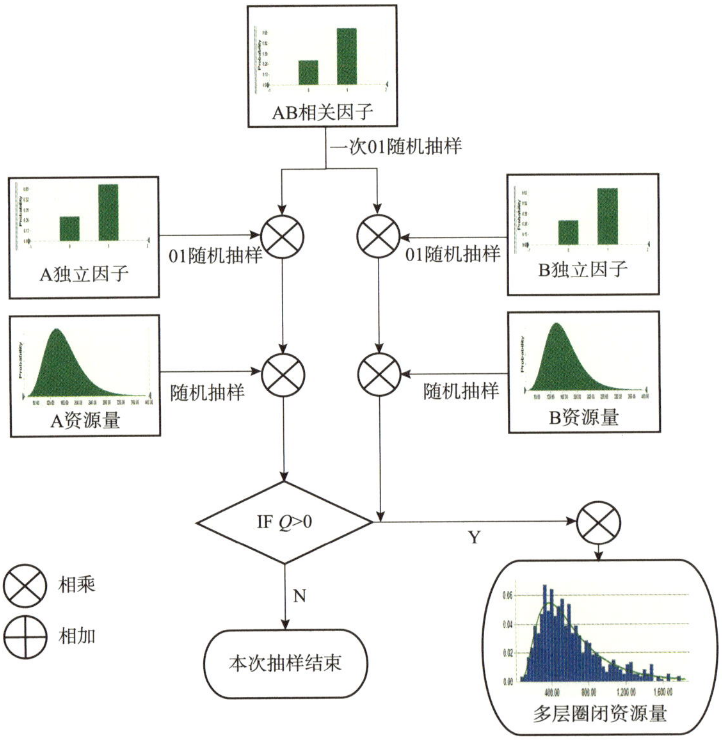

图1－5　“至少有一个成功”情况的资源量随机模拟

以此为基础，若已知各层圈闭资源量的概率分布，可以进一步利用蒙特卡罗法模拟上述计算过程，以多层圈闭部分相关情况为例，其随机模拟方案设计如图1－5所示，运行1000次的模拟结果如图1－6所示。

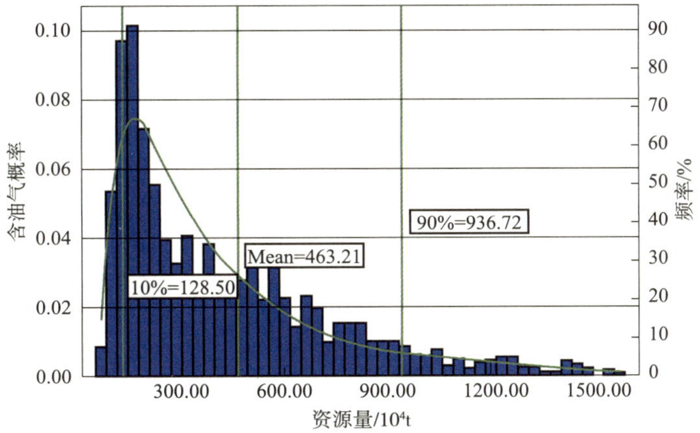

图 1-6 “至少有一个成功”情况的资源量分布

(三) 油气风险勘探目标优选与部署决策

风险勘探目标优选和部署决策是风险勘探过程中一项必不可少的重要研究工作，主要包括两个方面：一是确定哪些勘探目标值得钻探；二是在投资有限的条件下，优先钻探哪些目标。因此，风险勘探目标优选和部署决策是在有利区带评价的基础上，根据已有勘探成果，进行目标分析、优选和排队，比较准确地选择勘探投资方向，为下步勘探决策提供依据。

随着油气勘探目标日益复杂和经济形势的不断变化，各油公司已把“突出资源战略，注重油气发现和商业发现，走高效勘探之路”作为油气勘探新要求。勘探目标优选与部署决策一直是油气勘探管理者的中心工作，新的油气勘探形势对油气风险勘探目标优选与部署决策有了更高层次的要求：一是把经济评价融入风险勘探目标评价中，贯彻“以经济效益为中心，以寻找商业储量为目标”的指导思想，达到降低油气发现成本和提高勘探效益的目的；二是对不同地区、不同领域风险勘探目标进行统一评价排队，择优部署，确保勘探投资向效益好的地区倾斜，提高油公司的总体经济效益。

1. 目标评价优选方法

风险目标综合优选研究是油公司制订年度勘探计划、中长期规划和勘探项目管理的基础与关键，其核心就是对公司探区范围内的风险勘探目标进行含油气概率计算、资源量估算和经济评价，最终进行综合优选，指明勘探的重点和次序，为钻探目标确定和勘探规划计划制订提供科学依据。

油气风险勘探作为一项高风险、高投入、高回报的长周期的经济活动，我们不仅要考虑近期内勘探可能探明的储量及其经济效益，还要注重企业长远发展目标及其战略价值。只有以扎实的地质评价和资源评价为基础，才能得到可靠的战略价值评价，从而做出正确的投资决策。

1）战略价值评价

随着油气勘探形势的发展，我国在新区新领域的风险勘探目标优选和部署决策中，开始体现经济效益因素，对油气勘探经济评价方法进行了探讨。目前，主要应用现金流法（DFC）进行勘探价值的预测。而新区新领域勘探风险大，不确定因素多，传统现金流法对新区新领域勘探价值的评价存在很大缺陷，会给新区新领域勘探决策工作带来实际的操作困难，甚至造成错误的勘探投资决策。根据实际工作经验，针对新区新领域风险勘探目标优选的特点，提出了战略价值评价，应用战略价值系数参与风险勘探目标优选，简单而有效，可为勘探决策提供可靠的依据。

（1）传统现金流法在风险勘探决策中应用的局限性。

目前，在勘探目标优选和项目投资决策中，普遍应用净现值方法即现金流法。而新区新领域风险勘探目标经济评价是勘探早期的钻前评价，由于缺少资料，其地质不确定因素影响明显，产能预测风险较大，经济参数预测不确定性更强。因此，对于勘探程度较低的新区新领域勘探，传统的全过程现金流经济评价方法具有局限性。

①以往人们倾向回避风险，未考虑新区新领域勘探战略意义。

以往，人们采用传统的财务投资理论用净现值（NPV）作为投资决策最主要的判断标准，其基本原则是：在资源量（或储量）评价的基础上，预测某勘探目标或项目在油气勘探开发各阶段所需要的所有工作量，从而计算现金流入量与流出量的现值差额，即净现值，若 NPV 大于零，则该目标或项目可继续勘探，若 NPV 小于零，则放弃该勘探目标或项目。若是多目标（或项目）优选，还需要比较 NPV 大小，选 NPV 大者。

但是，面对越来越激烈的竞争，企业在充满机会但也充满不确定性和风险的环境中，都希望透过有效的勘探投资决策，增加企业的竞争优势和公司的价值，决策的重点也从一般决策转移到战略决策。尤其风险勘探的目的在于油气突破和发现，重点在于开辟新战场，为可持续发展开拓勘探新空间，更着重于长远的战略部署，而传统现金流法未考虑风险勘探的战略意义。

②传统现金流法计算参数多，不适应新区新领域快速评价的要求。

勘探是一项经济活动，传统现金流法对勘探价值的评价是基于对可采储量的从勘探到开发全过程的经济评价，需要完成地质综合评价、油藏工程评价、经济预测、财务评价等工作，最后才能进行投资决策。而对于勘探程度低、资料少的新区新领域而言，风险勘探的主要任务是证实风险目标的含油气性，初步研究油气富集成藏规律。传统的现金流法所需参数较多，油藏工程参数和全过程经济评价参数难以获得，预测依据不足，可靠性较差，实际操作烦琐，无法有效实现新区新领域钻探目标的快速优选，很难为决策提供可靠的依据。

③传统现金流法往往易低估新区新领域风险目标的勘探价值。

传统的财务现金流理论比较注重风险的回避，而未认识到不确定性的价值，新区前期勘探投入较大，一般要投资 3 ~5 年储量才能被探明，若要开发则在 10 年以后才能见到效益，而应用传统现金流法预测净现值往往为负。

例如，某圈闭位于塔里木盆地，其邻近区块的近期勘探成果表明，该构造区带具有良好的油气勘探前景。但是由于该圈闭埋深大于6000m，储层以溶蚀缝洞型碳酸盐岩、次生孔隙及裂缝型白云岩为主，尽管预测储量规模较大，但所类比采收率低，加之单位完全成本和费用又较高，应用传统现金流法，按当时 25 美元/bbl 的油价计算净现值小于零，没有效益。后来随着油价的上涨和技术的进步，几大公司在该地区的勘探竞争日益激烈。说明新区新领域勘探的目的重在发现，一个点上的油气突破极有可能会带动一个新的勘探场面。新区新领域风险目标钻探作为一种选择的机会，它本身是具有价值的，即战略价值。若考虑到战略价值，风险目标就会有价值、值得去钻探。

因此，传统现金流法具有局限性，不适用于新区新领域风险勘探目标优选和投资决策。为了注重钻探成功率，突出战略意义，构建了风险分析—战略价值风险目标评价优选模型，采用风险后战略价值进行目标排序。因此，风险勘探目标优选和部署决策需要在经济评价的基础上，开展战略价值评价。

（2）战略价值评价。

风险勘探目标优选主要从油气发现概率与资源战略价值两个方面进行评价，油气发现概率主要考虑地质认识程度和工程技术的适应性。而资源战略价值是风险领域优选和部署更需要重视的角度。因此，针对风险勘探目标优选，提出了“战略价值”评价，从而可以快速、科学地对风险勘探目标的价值作出正确的判断。

①战略价值定义。

“战略”是指油气勘探中重大的、决定全局的谋划。所谓的战略价值侧重于油气勘探长远的宏观谋划，其目的是发现油气，寻找后备资源接替领域，为公司的可持续发展奠定基础。因此，油公司在激烈的市场竞争中，为了达到可持续发展的目的，进行勘探目标选择和寻找潜在发展机会，而这种机会能够为企业战略目标的实现奠定基础。这种勘探选择是有价值的，除了目标钻探可发现油气外，还可以带动一个地区的勘探，发现更多的油气，从而使公司能够保持合理的资源序列和一定的储采比。

②战略价值计算公式。

风险勘探目标钻探的目的重在油气发现突破，因此，风险目标优选除考虑钻探本身可能发现的资源量外，还要着重考虑风险目标勘探一旦突破所能带动的区域勘探前景。风险勘探目标优选是在含油气概率、资源量估算和经济评价的基础上开展的，其核心是为勘探决策服务，尤其是经济评价，是对风险勘探目标“是否值得钻探、优先钻探哪个”的问题的回答。但勘探决策者的重点不仅仅是优选钻探哪些圈闭或目标，更为关键的是优选钻探哪些区带上的圈闭或目标，从而以点带面引领勘探方向、打开勘探场面。因此，区带评价是圈闭评价和风险探井优选决策的前提和基础，风险勘探战略意义是一项重要的优选决策指标。

因此，在地质风险分析、潜在资源量估算及其经济评价的基础上，根据某一地区的战略价值系数赋值标准确定风险目标的战略价值。战略价值计算公式如下：

$$V_s = NPV \times K_s \tag{1-10}$$

式中，V_s 为战略价值，万元；NPV 为税后净现值，万元；K_s 为战略价值因数。

根据公司的战略目标和价值观，将战略价值分为四类，相应的战略价值系数赋值标准见表 1－10。

表 1－10　战略价值系数赋值标准

赋值区间	战略意义描述
(0.75，1]	一旦突破，将取得重大地质认识和圈闭资源量升级，并带动全区地质勘探，具有全局（股份公司）性的重大战略意义。资源规模：老区：油≥1000×10^4t、气≥50×10^8m^3；新区：油≥2000×10^4t、气≥200×10^8m^3

续表

赋值区间	战略意义描述
(0.5，0.75]	一旦突破，将取得新的地质认识和圈闭资源量升级，并带动多个区带的目标地质勘探，具有较大战略意义。资源规模：老区：油（500～1000）$\times10^4$t、气（25～50）$\times10^8$m^3；新区：油（1000～2000）$\times10^4$t、气（100～200）$\times10^8$m^3
(0.25，0.5]	一旦突破，将带动多个目标突破和圈闭资源量升级，具有区带展开的战略意义。资源规模：老区：油（250～500）$\times10^4$t、气（15～25）$\times10^8$m^3；新区：油（500～1000）$\times10^4$t、气（50～100）$\times10^8$m^3
(0，0.25]	一旦突破，单目标可新增地质储量小，展开勘探余地小。资源规模：老区：油<250$\times10^4$t、气<15$\times10^8$m^3；新区：油<500$\times10^4$t、气<50$\times10^8$m^3

a. 重大战略价值。一旦突破，将取得重大地质认识和圈闭资源量升级，并带动全区地质勘探，具有全局性的战略意义，赋值范围（0.75，1]。

b. 较大战略价值。一旦突破，将取得新的地质认识和圈闭资源量升级，并带动多个区带的目标地质勘探，具有全区性的战略意义，赋值范围（0.5，0.75]。

c. 一般战略价值。一旦突破，将带动同一区带上的多个目标突破和圈闭资源量升级，具有区带展开的战略意义，赋值范围（0.25，0.5]。

d. 较小战略价值。一旦突破，单目标可新增地质储量，但展开勘探余地小，赋值范围（0，0.25]。

2）“风险分析—战略价值”法

（1）优选模型方法。

以勘探风险分析技术和经济评价为依据，建立以“风险分析—战略价值”为核心的评价优选决策模型和指标体系（图1－7、图1－8），利用预期收益和风险后价值对风险勘探目标在统一平台上优选决策。首先是依据战略价值的正、负决定油气目标是否值得钻探评价；然后是依据预期收益和风险后战略价值大小对优选出的目标进行排队，用预期收益和风险后战略价值对众多目标优选排队时通常首选位于第一象限的目标（即预期收益、风险后战略价值均大于零目标），如公司承担风险能力较大时也可优选部分位于第四象限的目标（即预期收益小于零但风险后战略价值较大的目标），一般不会优选钻探评价第三象限的目标（即税后净现值小于零目标，即使钻探成功仍无战略意义和效益）。影响风险勘探目标优选决策的关键因素是公司发展战略、预探目标成功概率、钻井成本和成功后的净现值及分布。

在风险探井优选时，针对钻探目标，优选采用目标钻探成功概率—战略价值二维模型。首先，通过初选的钻探目标进行资源战略价值分析，并根据资源战略价值系数赋值标准，确定预探目标的战略价值系数，结合经济评价后所得的税后净现值，将二者相乘获得资源战略价值；然后利用预探井成功概率—资源价值对众多预探目标优选，通常首选位于第一象限预探井成功概率、资源战略价值均较大的目标进行钻探。

在风险探井排序时，采用预期收益—风险后战略价值排序法。预探目标优选和投资决策是油气勘探战略决策的重要内容，侧重于油气勘探长远的宏观谋划，其目的是发现油气，寻找后备资源接替领域，为公司的可持续发展奠定基础，为了避免目前流行的现金流法对新区、新领域的勘探价值评价的局限性，完全体现预探目标选择和投资决策所能获得的潜在发展机会的价值，系统采用了预期收益—风险后战略价值对风险勘探目标进行排序。首先，用预期收益≥0 对所有风险勘探目标进行初选；其次，计算风险后战略价值（目标钻探成功概率与资源战略价值的乘积），并按风险后战略价值进行排序；最后，根据预探投资和储量任务，依据预探目标储量指标预测进行预探目标决策。优选决策时，一般首选那些位于第一象限预期收益、风险后战略价值均≥0 的目标，若企业还有一定的风险承担能力，还可优选那些位于第四象限预期收益 <0，但风险后战略价值 >0 的目标。

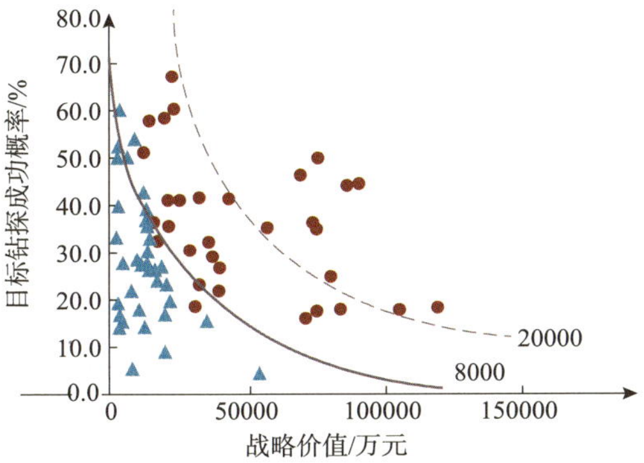

图 1－7　预探井成功概率—战略价值模型

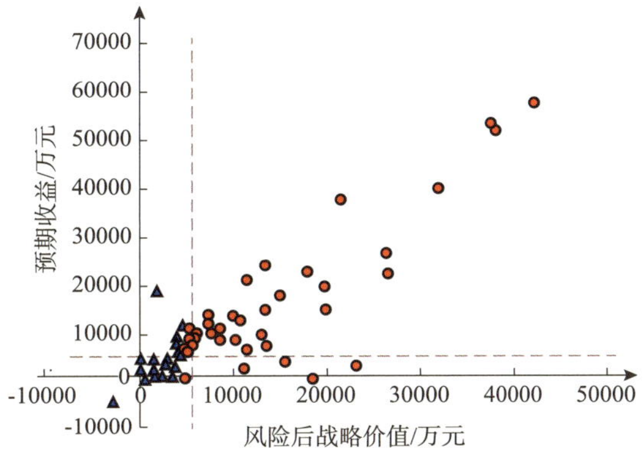

图 1－8　预期收益—风险后战略价值模型

（2）目标优选参数。

①风险勘探目标钻探成功概率。

首先计算圈闭含油气概率，由于圈闭、充注、储层和保存条件是油气成藏的相互独立、缺一不可事件，故圈闭的含油气概率用圈闭、储层、保存和油气充注四个主因子各自概率的乘积表示，即：$P_g = \sum_{i=1}^{n} P_i$，含油气概率越大，地质风险（$1-P_g$）越低。对纵向上由多个圈闭组成的勘探目标含油气概率是指至少有一个圈闭发现油气的概率，计算需注意不同圈闭是否有共同风险即完全相关、部分相关、完全不相关的差异。其次根据勘探目标钻探时工程工艺技术适应性计算出其工程工艺成功概率；然后由目标的含油气概率和钻探工程工艺成功概率相乘求出风险目标的钻探成功概率。

②风险勘探目标可采资源量。

对仅有一个圈闭组成的风险勘探目标用蒙特卡罗模拟方法计算出圈闭可采资源量即可。其计算精度与可信度取决于相关参数（含油面积、厚度、采收率等）的数值和模型（对数正态分布、正态分布、三角分布、Beta 分布等）。但对多个圈闭组成的风险勘探目标资源量是指至少有一个圈闭发现油气后的资源量及分布，其大小与分布是在各圈闭的资源量与含油气概率计算基础上的“概率加和”（各圈闭的含油气概率贯穿并参与计算全过程），不能简单算术相加。风险勘探目标资源量计算结果合理性检验从三个方面考虑，一是计算参数分布模型合理性检验，二是计算参数的端值校验，三是用资源量的 P_{10}/P_{90} 比值。

③风险勘探目标税后净现值。

以风险勘探目标可采资源量为基础，通过类比分析确定对应的勘探、开发投资和产能指标后用现金流方法计算评价目标的净现值、预期收益、内部收益率、最小经济可采资源规模。影响其合理性的关键参数是单井初始日产、产量模式、油气价格等。

④风险勘探目标预期收益。

风险勘探目标的预期收益是其钻探成功概率乘钻探成功时的税后净现值减去目标的风险概率乘钻探成本。其中风险勘探目标的钻探成功概率加其风险概率等于1。

⑤风险勘探目标的价值因数。

是指钻探该目标后对油公司相对而言的战略意义大小，通常有两种划分方案，一是按预探目标钻探属性是新区还是老区“三新”领域；二是按钻探成功后对所在含油气区带的带动意义以及发现的资源规模大小。

⑥风险后的战略价值。

是指风险勘探目标的钻探成功概率与其税后净现值及战略价值因数的乘积，表示在对不同风险勘探目标进行优选排队时需要考虑其风险、效益、意义等多因素。

该方法为了充分体现风险勘探目标钻探风险大，其勘探目的除了发现商业油气外，还有带动地区勘探和推动更多油气发现的作用，从而使公司能够保持合理的资源序列和储采比，根据实际工作经验，针对风险勘探目标优选的特点，提出了具有特色的风险—战略价值优选、预期收益—风险后战略价值排序法，使目标优选简单而有效。

3）特尔菲专家评价法

目前在预测工作中全面应用数学手段仍有一定的困难，主要表现在数据的获取、数据的质量、信息的定量化、信息的广泛性及模型的广适性等方面。专家的直观经验预测法一直是一种简单、广适且行之有效的预测方法。所谓的专家评价法是以专家为索取信息的对象，并且依靠专家的经验、知识和综合判断能力进行预测的方法。由于此法可以集中人类的智慧和创造性思维能力，因此，能够对影响因素多、关系错综复杂的系统作出多种可能性的预测。专家评估大体可以分为个人判断、专家会议、未来脚本法、头脑风暴法、特尔菲法和交叉影响法等。其中，特尔菲法是最实用和有效的优选决策方法之一。

（1）特尔菲专家评价法特点。

特尔菲法始于20世纪50年代初，美国著名软科学研究机构兰德公司与道格拉斯公司协作进行了代号为“Delphi”预测的研究，“Delphi”有聪明智慧之意，后来推广应用于各个领域的预测。针对风险勘探目标优选决策过程和主要内容，我们提出了风险探井特尔菲专家评价法，把特尔菲法引入到风险勘探目标优选和部署决策工作中，从而充分发挥专家作用，筛选目标，甄别其是否具备上钻条件，这对年度风险探井规划部署具有重要意义，是提高勘探成功率的重要环节。

特尔菲专家评价法具有以下特点：

①主题明确地反馈意见，使得收集的专家意见更具针对性和可靠性。

首先，特尔菲专家评价法是专家会议预测法的一种发展，针对风险勘探目标优选和部署决策，明确了咨询的主题，使熟悉该主题的专家能清晰地理解问题的性质、内容和范围。

其次，以会议的形式征询意见，保留了专家相互启发的优点，同时也难以避免心理因素的不利影响，例如：屈从权威意见而随大流，或逆反心理作怪而固执己见，或碍于情面而不愿意公开意见等。为了克服这些弊端，采用了背靠背填写意见和打分，从而消除了不利心理因素的影响，有利于形成统一的正确意见。

②充分发挥专家的作用，使得风险勘探目标优选和部署决策更具专业性和合理性。

特尔菲法不同于民意测验，要找到一批经验丰富而又熟悉该地区或领域的风险勘探专家，特别是这些专家中具有代表性的人物，在整个过程中要有反馈，需要统计出初审时的不同意见结果，并将各种不同的论证意见反馈发给下一轮与会的每个专家，从而达到相互启发的目的，以供进行下一轮专家评价时参考，经过专家独立发表意见、多次反馈和统计汇总，可以定量评价预测结果并进行目标排序，使得专家论证更充分、评价结果更科学适用。

（2）特尔菲专家评价法步骤。

根据特尔菲专家评价法特点和优选评价的要求，以及实施风险勘探以来行之有效的试行做法，特尔菲专家评价法流程如下：

首先，风险探井初步审查。在风险探井油田分公司、石勘院筛选的基础上，根据风险探井的特点，突出评价目标的资源战略意义、油气成藏地质风险和工程技术适应性等三因素，选资源战略意义、成藏条件和工程技术风险作为评价的主要指标，重点审查战略意义、成藏条件、工程技术风险以及材料齐全规范程度，确定下步可提交井位论证会的风险探井。

其次，风险勘探评价标准确定。根据指标的重要程度，确定资源战略意义、成藏条件（风险）、工程技术风险三项指标的评价标准（表 1－11）。对于风险探井，为了突出战略意义，最大限度地降低钻探风险，战略意义评价标准为 50 分、成藏条件评价标准为 40 分，工程技术风险评价标准为 10 分。

表 1－11　风险探井特尔菲专家评价表

战略意义 [0，50]	成藏条件分析 [0，40]				工程技术风险 [0，10]	下步工作建议	最终意见（上/补/否）
	烃源及其疏导 [0，10]	圈闭可靠程度 [0，10]	储层及有利相带 [0，10]	保存条件 [0，10]			

说明：专家评价结果 0～75 分为不同意上钻，75～90 分为补做工作或暂缓实施，90～100 分为同意上钻。

再次，风险探井专家审查打分。邀请专家审查资料，针对上述三项指标（战略意义、成藏条件和工程技术风险）进行评价，同时，根据实际情况进行打分，并针对存在的问题提出下步具体工作建议，然后，给出该目标钻探建议。

最后，专家评价意见汇总。将专家打分进行平均加权，得出专家评价值，进行专家打分综合排队。

2. 风险探井部署决策

1）目标综合优选

（1）综合优选方法。

首先，通过对比分析国内外钻探目标评价优选决策的方法，结合中国石化勘探经营理念，主要采用以“风险分析—战略价值”为核心的二维优选决策模型，建立了以“圈闭含油气概率—可采资源量（/税后净现值）”为主的圈闭评价优选方法和以“钻探成功概率—资源战略价值”为主的风险探井评价优选方法，以及以“预期收益—风险后战略价值”的风险探井优选排序法，实现不同地区的风险勘探目标的统一评价优选和部署决策。

其次，充分发挥专家的作用，采用特尔菲专家评价法主要针对风险钻探目标的资源战略意义、成藏条件（风险）、工程技术风险三项指标进行评价，得到专家打分排序。

最后，将“风险分析—战略价值”法和特尔菲专家评价法二者结果各取50%的权重相加排序，考虑公司勘探战略和投资额度，实现不同地区不同领域风险目标统一优选和部署决策。

（2）综合优选工作流程。

风险勘探目标评价优选决策流程包括圈闭含油气性评价、可采资源量计算、经济评价、目标优选排序。

风险勘探目标评价优选决策工作流程如图1－9所示。

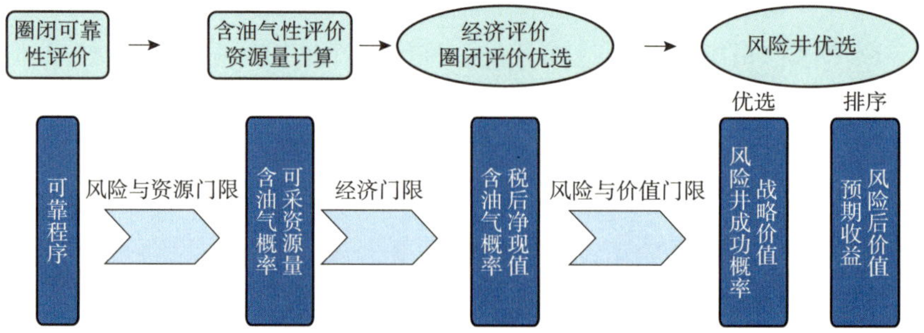

图1－9　风险勘探目标评价优选决策工作流程图

①地质风险概率预测。

在综合研究油气成藏要素的基础上，从地质角度分析勘探目标含油气的可能性和相对优劣。通过对资料可信度、圈闭形态等进行评价，确定圈闭的可靠性。在目标识别及其可靠性评价基础上，进行成藏条件风险评价，研究目标含油气可能性，为勘探决策奠定基础。

②钻探发现资源量估算。

对含油气面积、有效厚度、单储系数等计算参数分别进行论证，采用容积法和蒙特卡罗模拟对资源量预测，估算地质资源的分布和可采资源量（可采储量）分布，提供预期可采资源量。

③经济评价。

进行成本、价格、税金等经济参数研究，采用现金流方法计算最小商业或经济储量、税后净现值等经济指标。经济评价是通过对预期勘探目标的经济效益评估，为决策者提供目标实施可能获得的收益情况。

④战略价值评价与综合优选。

在圈闭含油气性评价、资源量估算、经济评价的基础上进行勘探目标综合评价，结合工程风险和战略价值系数，利用目标钻探成功概率和战略价值对风险探井进行优选，采用预期收益和风险后战略价值对预探井进行排序，从而提高勘探成功率，以保证把风险降到最低，获取当时经济技术条件下的最大经济效益。

最后，将“风险分析—战略价值”法和特尔菲专家评价法二者结果各取50%的权重相加排序，若有目标排序相同，则以专家意见为主，实现了不同地区不同领域风险目标统一优选和部署决策。

2）部署决策

风险勘探是中国石化突出资源战略、加强资源储备的一项重大战略性举措，其指导思想是以战略性、全局性和前瞻性的新区及已知油气区“三新”领域为靶区，以寻求重大目标的战略性发现和突破为目的，为中国石化上游中长期稳定发展起到战略引领作用。因此，风险勘探要做到“三个突出”部署原则，坚持“五个条件”决策要点。

（1）部署原则。

①突出引领作用：战略性、全局性、前瞻性；

②突出“三新”领域：新地区、新层系、新类型；

③突出“风险—价值”：资源规模大，战略意义大，风险虽较大但可控。

（2）决策要点。

风险探井部署应着重从勘探领域、资源规模、关键地质问题等方面进行论证决策，原则上应具备下列条件：

①勘探区带在前期已有工作基础上具有地质新认识；

②油气资源规模大，具备形成大中型油气田的条件或具有引领、带动作用；

③风险勘探领域方向明确，目标有待进一步落实；

④具备效益勘探开发条件，一旦突破开发可快速跟进；

⑤能够解决制约勘探的关键地质问题或关键工程技术问题。

（3）决策流程。

为了加强风险勘探项目管理，确保统一组织、科学论证、有序实施、规范操作，提高风险勘探的运行质量和成效，决策流程实行三级管理。

首先，分公司负责辖区的风险领域研究与目标评价，并在油田部统一组织下，注重风险目标的前期研究，梳理风险勘探领域的潜力，提交年度风险勘探计划和风险勘探目标部署方案。

其次，石勘院风险勘探项目部在分公司风险勘探计划和领域研究基础上，着眼总部层面战略接替意义，开展风险领域整体评价和突破区带优选，明确中长期风险勘探主攻方向，并统一评价优选有利风险勘探目标，提出部署建议。

最后，股份公司负责风险勘探项目决策把关。股份公司为风险勘探决策层，油田勘探开发事业部为执行管理部门，主要负责风险勘探项目的立项和投资决策。

总之，根据风险勘探目标钻探目的和特点，针对传统现金流法在新区勘探决策中应用的局限性，提出了战略意义及战略价值评价系数，并建立了以“风险分析—战略价值”为核心的、与特尔菲专家评价法相结合的风险勘探目标优选和部署决策方法，并对年度风险勘探目标进行评价优选，提出部署建议，不仅能有效提高风险勘探决策的效率，同时还能兼顾勘探的长远效益。

二、页岩气勘探评价技术与决策

在多旋回构造—沉积演化过程中，中国含油气盆地发育了海相、陆相和海陆过渡相多类型、多层系富有机质页岩，形成多套页岩油气富集层段。“十三五”期间非常规油气已进入创新突破与快速发展阶段，成为中国油气储量产量的重要增长点。其中，页岩气已进入发展的快车道，储量产量实现了快速的规模增长。截至2020年底，在四川盆地海相页岩层系发现了涪陵、威荣、长宁、威远、昭通和永川6个大中型页岩气田，累计探明地质储量超$2\times10^{12}m^3$，2020年产量为$200\times10^8m^3$，占全国天然气产量的10.5%。

与常规油气不同，页岩气具有自生自储、大面积连续分布、低孔特低渗、圈闭界限不明显、无自然工业产量、达西渗流不明显、需要通过水平井分段压裂技术才能取得经济效益开发的特点，因此页岩气评价的重点是要明确富有机质页岩的“生气能力、储气能力、产气能力”，寻找页岩气有利区、甜点区（邹才能，2015）。页岩气与常规天然气地质条件不同，决定了页岩气的资源、选区评价技术与常规油气存在较大的差异，本次对中国石化在页岩气勘探实践过程中形成的勘探评价技术进行介绍。

（一）页岩气资源评价技术

页岩气作为一种主要以游离态和吸附态赋存于富有机质页岩层系中的非常规天然气，其赋存机理及开发方式与常规天然气存在较大的差异，因此在资源评价中既要考虑地质因素的不确定性，也要考虑技术、经济上的不确定性（邹才能等，2013）。美国地质调查局（USGS）在以往工作的基础上发展了适合于美国地质条件下的页岩气定量评价方法，可分为静态法和动态法两大类（董大忠等，2009；张金川等，2012）。其中，静态法主要包括体积法、类比法、成因法、统计法，方法操作简单，但估算精度低于动态法，主要适用于勘探早期，或中低勘探程度的地区；动态法包括物质平衡法、递减曲线分析法、数值模拟法等，需要有一定的实际生产数据，估算精度高，但需要经常计算来校正数据，主要适用于高勘探程度的地区。不同勘探开发阶段适用的方法不同，关键参数不同，参数获取方式不同，资源估算结果也有一定的差异。

中国石化近年来围绕页岩气风险勘探，针对我国页岩气勘探程度实际情况，探索了不同方法的适应性，提出了适合我国页岩气风险勘探的资源评价思路和方法。

1. 页岩气资源评价思路

页岩气资源评价可以分为以下几个步骤，主要包括评价区基础地质条件研究、评价单元划分、关键参数确定、评价方法选择、资源量计算、资源量分级评价及分类评价、资源量可信度评价等几个方面，具体见流程图（图1－10）。

关于评价单元划分，在进行资源评价时，应该对评价的对象—评价单元有明确的限定，即在平面上和纵向上均有明确的界定和说明。

评价单元平面划分是在平面上以盆地为基本实体单元，并根据盆地具体情况进行评价单元的进一步细化。单元的细化要遵守页岩气生成和聚集的客观规律，以泥页岩展布特征确定范围。对于大型盆地，评价单元按一级构造单元或（和）次一级构造单元、区带进行细分，在此基础上对某一层系的页岩开展系统评价。

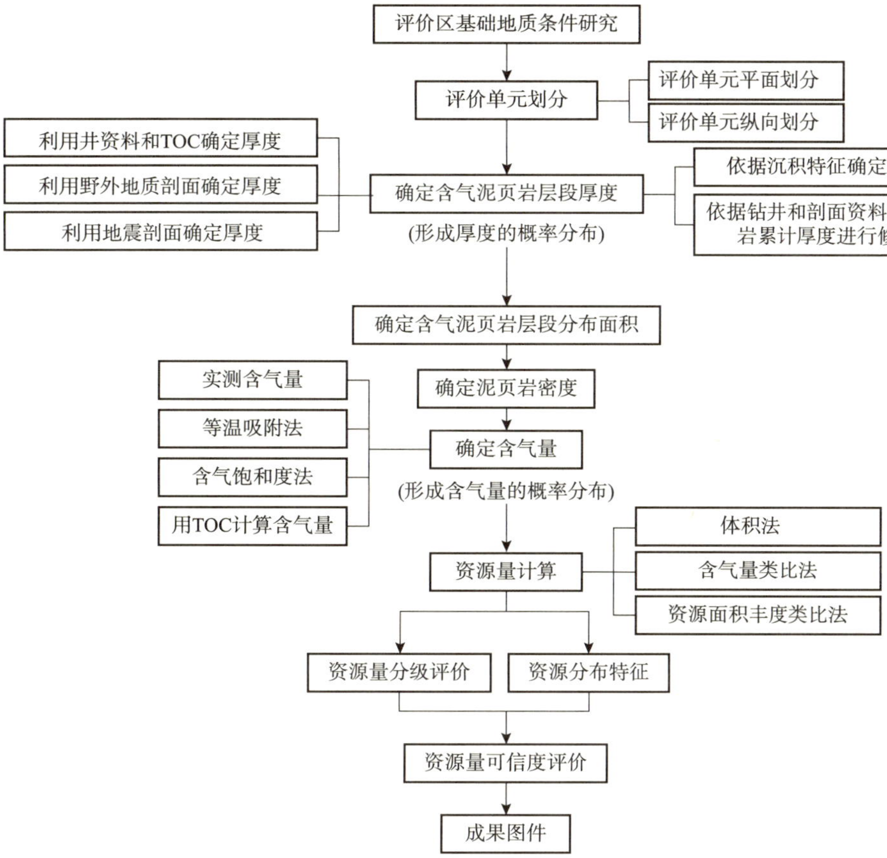

图 1－10　页岩气资源评价流程图

评价单元纵向划分上，如果勘探程度相对较高，且资料较丰富，建议按照泥页岩层段进行评价单元划分，纵向上寻找富含页岩气层系，并在其中划分出多个评价单元。

评价单元纵向划分的依据：

（1）含气泥页岩层段是以富有机质页岩为主的含气层段，内部可以有砂岩、碳酸盐岩夹层，连续厚度一般大于 30m。评价单元内富有机质页岩 TOC 大于 1.0% 且具有一定的分布规模。夹层单层厚度小于 1m，夹层总厚度不超过含页岩气层段厚度的 30%。含气量大于 $0.5m^3/t$。

（2）顶、底板为致密岩层，内部无明显水层。

（3）气测曲线上有明显的异常。

（4）伽马、电阻率、声波时差、密度等测井曲线具有含气泥页岩特征。

（5）在同一地层压力系统内。

如果钻井资料不完备，也可考虑露头资料，以富有机质页岩发育段为目标层进行评价单元划分。

在存在多口井或多个露头剖面的情况下，依照上述原则进行逐井或露头纵向评价单元的划分和对比，为整个评价区准确刻画提供参考和依据。

2. 页岩气资源评价方法

对于某一评价区采用哪种具体的评价方法，应该根据该评价区的资料丰富程度进行区分。根据收集资料的丰富程度可以分为资料相对较丰富的地区、资料相对中等的地区和资料相对缺乏的地区等三大类评价区。根据资料的丰富程度，以及这些资料对整个评价单元中关键参数的刻画情况，确定资源评价方法（表 1－12）。资料相对较丰富的地区一般采用体积法和成因法，资料相对中等的地区采用体积法、类比法和成因法，资料相对缺乏的地区采用类比法。

表 1－12　页岩气资源评价方法选取表

勘探程度	探井资料	分析测试资料	关键参数资料	评价方法
资料相对较丰富的地区	探井较多，能在各个构造部位及方位上控制地层的分布特征，常规测井资料齐全	分析资料丰富，能很好地建立起目的层的地球化学剖面和岩相剖面，能很好地标定测井资料	能很好地控制住关键参数的空间分布情况	体积法、成因法
资料相对中等的地区	探井较少，不能在评价单元内控制目的层的分布特征	分析资料较少或分布不均，不能系统标定测井资料	部分关键参数不系统，不能刻画其空间分布特征	体积法、类比法、成因法
资料相对缺乏的地区	无钻遇目的层的探井	分析资料缺乏	关键参数缺乏	类比法

1）体积法

体积法计算公式：

$$Q = S \cdot H \cdot \rho \cdot G/100 \qquad (1-11)$$

式中，Q 为页岩气总地质资源量，10^8m^3；S 为评价单元面积，km^2；H 为含气泥页岩段厚度，m；ρ 为泥页岩密度，t/m^3；G 为总含气量，为游离气含量与吸附气含量之和，m^3/t。

在式中，计算范围面积 S 是常数，而厚度 H、总含气量 G 两个参数都是在其参数总体中的一个随机抽样值。假设共有 M 个评价单元，则总资源量 Q 为：

$$Q = \sum_{i=1}^{M} Q_i \qquad (1-12)$$

2）含气量类比法

含气量类比法是以含气量作为主要的类比参数进行类比，其总资源量基本计算公式为：

$$Q = \sum_{i=1}^{n} (S_i \cdot H \cdot \rho \cdot G \cdot \alpha_i) \qquad (1-13)$$

式中，Q 为页岩气总地质资源量，$10^{10}m^3$；S_i 为评价单元面积，km^2；H 为含气泥页岩段厚度，m；G 为类比标准区总含气量，m^3/t；α_i 为预测区类比标准区的类比相似系数，由下式计算得到：

$$\alpha_i = \frac{\text{预测区地质类比总分}}{\text{标准区地质类比总分}} \qquad (1-14)$$

式中，i 为预测区子区的个数（i 块或 i 层）。

影响含气量的主要参数、权重、取值标准见表 1－13。

表 1－13　含气量类比法取值标准

参数类型	参数名称	权重	分值			
			[0.75，1.0]	[0.5，0.75)	[0.25，0.5)	[0，0.25)
生烃条件	页岩厚度/m	0.2	≥40	[20，40)	[10，20)	<10
	有机碳含量/%	0.2	≥4	[2，4)	[1，2)	<1
	干酪根类型	0.1	Ⅰ型	$Ⅱ_1$ 型	$Ⅱ_2$ 型	Ⅲ型
	成熟度/%	0.1	[1.3，3.0]	[1.1，1.3) 或 (3.0，3.5]	[0.7，1.1) 或 (3.5，4.0]	<0.7 或 >4.0
储集条件	孔隙度/%	0.1	≥4	[2，4)	[1，2)	<1
	微裂缝发育程度	0.1	发育	较发育	发育一般	不发育
保存条件	构造复杂程度	0.1	断裂不发育、褶皱宽缓	断裂较少、褶皱较宽缓	断裂较发育或褶皱较紧闭	断裂发育、褶皱紧闭
	埋藏深度/m	0.1	≥2500	[1500，2500)	[500，1500)	<500

3）成因法

成因法主要是从泥页岩生、排、滞留烃演化过程出发，通过计算待评价区泥页岩生/排油、气量和原油裂解气量，得到泥页岩中残余天然气量。成因法主要包括地球化学法和盆地模拟法两种（林腊梅，2013）。成因法是目前我国常规油气资源评价中计算生烃量的主要方法，但前期在页岩气资源评价中较少采用，其主要原因是难以准确预测泥页岩在地质历史时期的生—排—滞留烃演化过程，进而准确计算泥页岩层系中的残留烃量。近年来，随着生—排烃模拟实验和盆地模拟技术的发展，使得在成因法应用基础上发展起来的盆地模拟法计算页岩气资源量成为可能。“十三五”期间，中国石化开展了不同类型有机质泥页岩生—排—滞留烃演化模式和页岩气存滞系数的研究，为成因法计算页岩气资源量奠定了基础，提出了基于存滞系数的页岩气资源评价新方法。计算公式如下：

$$Q_s = 10^{-4} S \cdot H \cdot \rho \cdot \mathrm{TOC} \cdot f \cdot R_{源内} \tag{1-15}$$

$$Q = k \cdot Q_s \tag{1-16}$$

式中，Q_s 为源内生气量（理论最大滞留气量），$10^8 m^3$；S 为有效泥页岩分布面积，km^2；H 为有效泥页岩厚度，m；ρ 为泥页岩密度，t/m^3；TOC 为泥页岩总有机碳含量，%；f 为有机碳恢复系数，无量纲；$R_{源内}$ 为有机碳源内气生成产率，m^3/t；Q 为页岩气总地质资源量，$10^8 m^3$；k 为页岩气存滞系数。

在高勘探程度区，页岩气存滞系数可通过实测含气量或探明储量反算获得，再采用盆地模拟法的思路评价页岩气资源量及空间展布；中低勘探程度区，页岩气存滞系数可通过类比获得，借鉴成因法和小面元法的思路开展评价（宋振响等，2020）。

3. 页岩气资源评价关键参数

页岩气资源评价涉及的参数主要有厚度、面积、密度、含气量等。

1）确定含气泥页岩层段厚度

在评价单元划分的基础上，确定含气泥页岩层段厚度，统计每口井含气泥页岩层段

（系统）的厚度，并绘制含气泥页岩厚度等值线图。在计算厚度及其相关参数时，需按泥页岩、砂岩、碳酸盐岩三类岩石分别统计计算。

典型举例：

以含气泥页岩层段（系统）为单元按泥页岩、砂岩和碳酸盐岩三种岩石类型分别进行统计（图1－11），泥页岩类厚度 $H = h_1 + h_2 + h_5 + h_7 + h_8 + h_9$，砂岩类厚度 $H = h_3 + h_6$，碳酸盐岩类厚度 $H = h_4$。

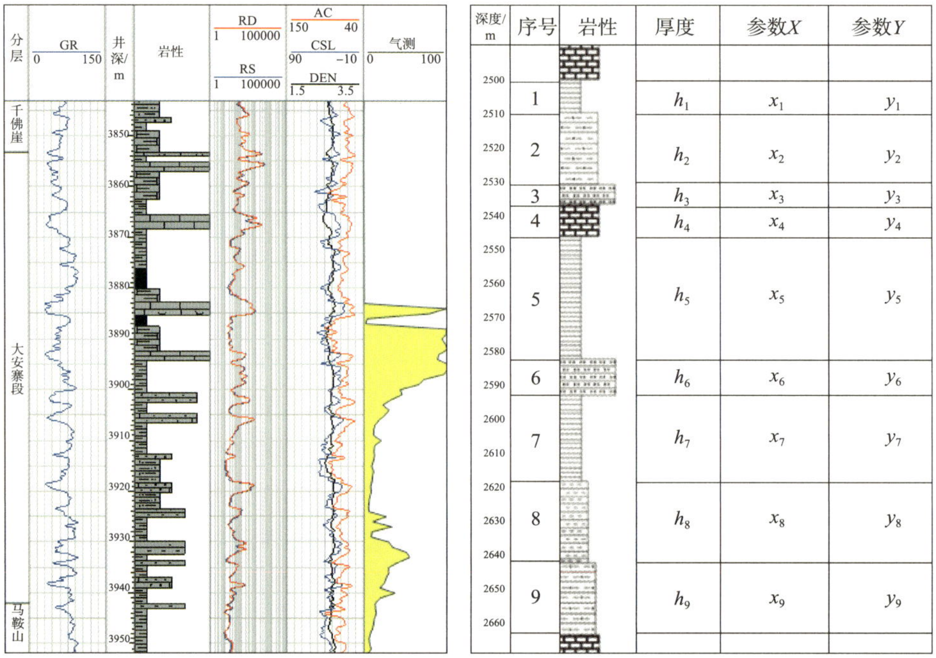

(a)YB11井纵向评价单元划分　　(b)含气泥页岩层段纵向统计

图1－11　含气泥页岩层段划分

泥页岩类计算它的游离气和吸附气含量，砂岩类和碳酸盐岩类计算它们的游离气含量，并且每种岩性对应的各种参数可以采取加权平均法来获得：

$$\Delta x = \frac{\sum_{i=1}^{m}(h_i \cdot X_i)}{\sum_{i=1}^{m} h_i},\ X_i = \frac{1}{n}\sum_{1}^{n} X_i n \qquad (1-17)$$

式中，Δx 为目的层段某参数加权平均值；h_i 为第 i 小层厚度；X_i 为第 i 小层参数平均数；m 为小层的个数；n 为第 i 小层中测试点的数目。

2）确定含气泥页岩层段分布面积

依据厚度等值线图，按单一含气泥页岩层段厚度所圈定的面积作为有效面积。页岩气为一种典型的连续性非常规气藏，在含气页岩厚度和含气量确定的情况下，含气页岩的面积决定着页岩气的资源规模。

3）确定泥页岩密度

泥页岩密度是进行页岩气资源评价的一项重要参数，可采用实测、测井曲线、地震或类比方法获取。

泥页岩的密度一般取值约为 2.5 ~ 2.8t/m³，如果有实测值，尽量应用实测值进行计算。

4）确定含气量

含气量的确定需进行可靠性分析，按照数据的可靠性程度来选择确定含气量的方法。岩石中的含气量等于游离气含量、吸附气含量和溶解气含量之和，见下列公式。

含气量计算公式：

$$G_{总} = G_{游} + G_{吸} + G_{溶} \tag{1-18}$$

式中，$G_{总}$ 为含气量，m^3/t；$G_{游}$ 为游离气含量，m^3/t；$G_{吸}$ 为吸附气含量，m^3/t；$G_{溶}$ 为溶解气含量，m^3/t。

由于高演化程度的海相页岩中所含的溶解气量极少，故其含气量可近似表示为游离气含量与吸附气含量之和。

$$G_{总} \approx G_{游} + G_{吸} \tag{1-19}$$

式中，$G_{游}$ 为游离气含量，m^3/t；$G_{吸}$ 为吸附气含量，m^3/t。

（二）页岩气区带评价技术

北美地区页岩气选区评价方法主要有三种：以 BP 公司、新田公司为代表的综合风险分析法（CCRS 方法），以埃克森·美孚为代表的边界网络节点法（BNN – Boundary Network Node），以雪佛龙公司、HESS 公司、哈丁·歇尔顿能源公司等为代表的地质参数图件综合分析法（刘超英等，2013）。其中，BP 公司的页岩气综合风险分析法主要考虑了构造格局和盆地演化、有机相、厚度、原始总有机碳、镜质体反射率、脆性矿物含量、现今深度和构造、地温梯度、温度等 9 项参数；雪佛龙公司的地质参数图件综合分析方法考虑了总有机碳含量、热成熟度、黑色页岩厚度、脆性物质含量、深度、压力、沉积环境、构造复杂性等 8 项参数。北美页岩气主要发育于古生界海相页岩层系，已发现的页岩气盆地主要分布于被动大陆边缘演化为前陆盆地的区域和古生界克拉通地台区，地质构造相对较为简单；与之不同，中国发育海相、陆相和海陆过渡相多种类型的富有机质页岩，因多期次构造作用的叠加改造，地质构造较为复杂，保存条件是页岩气能否富集的一项关键因素。中国石化借鉴国内外页岩气选区评价经验，根据评价区规模和评价目的，将选区评价分为两个级别，即区带评价和目标评价。

1. 页岩气区带评价思路

区带评价是页岩气评价早期以区带为基本评价单元的选区评价。区带评价可以是对单一区带进行平面分级评价，也可以是对不同区带进行对比优选评价。页岩气区带评价的内容主要包括区带基础地质条件研究、评价关键参数确定、有利区带分级评价，以及有利区带对比优选等几个方面，具体见流程图（图 1 – 12）。

受原始地质条件分布差异性影响，同一区带内可形成不同级别的页岩气富集区，因此可根据具体参数指标刻画有利区带级别，从而评价出Ⅰ类有利区、Ⅱ类有利区和Ⅲ类有利区（图 1 – 13）。不同区带之间，可根据区带评价的分级情况，按照最优类型及其规模占比来开展横向对比和优选。

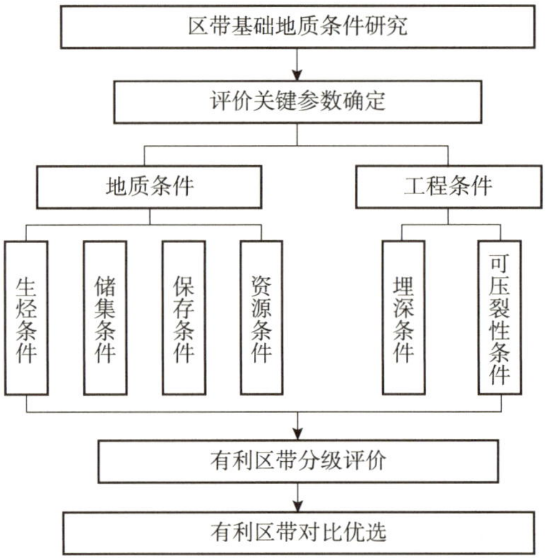

图 1－12　页岩气区带评价流程图

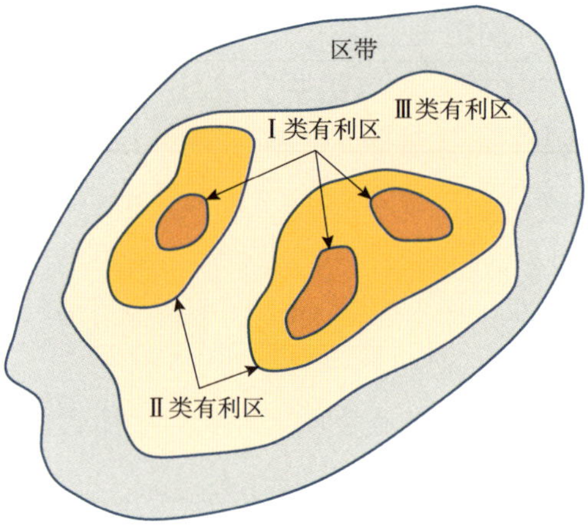

图 1－13　页岩气区带分级评价示意图

2. 页岩气区带评价参数体系

鉴于致密页岩储层需人工改造才能获得工业气流的特殊性，因此在页岩气区带评价时除了考虑富集条件的地质参数外，还应考虑影响压裂效果的工程参数。同时，考虑到区带评价是页岩气选区评价的早期阶段，评价区勘探程度一般较低，因此参数选取时要兼顾典型性和获取程度。

以海相页岩气为例，区带评价所采用的关键参数包括两类，即地质条件参数和工程条件参数。地质条件参数控制了页岩气的生成与富集，包括生烃条件、储集条件、保存条件和资源条件四个方面的参数，具体参数包括 TOC≥1.0% 含气页岩连续厚度、成熟度、孔隙度、含气量、构造复杂程度、顶底板条件、资源丰度等。工程条件参数控制了页岩的压裂改造程度，具体参数包括埋深和脆性矿物含量等（表 1－14）。

表 1－14　海相页岩气区带评价参数及分级评价标准

评价参数			Ⅰ类有利区带	Ⅱ类有利区带	Ⅲ类有利区带
地质条件	生烃条件	TOC≥1.0% 含气页岩连续厚度/m	≥40	[20，40)	<20
		成熟度 R_o/%	[1.3，3.0]	[1.1，1.3) 或 (3.0，3.5]	<1.1 或 >3.5
	储集条件	孔隙度/%	≥4	[2，4)	<2
		含气量/(m^3/t)	≥4	[2，4)	<2
	保存条件	构造复杂程度	断层断距小，未断穿目的层，褶皱形态宽缓	断层断距较小，断穿目的层，但未断穿上下地层，褶皱形态较宽缓	断层断距大，断穿目的层及上下地层，褶皱形态紧闭
		顶底板条件	顶底板为非渗透性岩层，厚度≥20m	顶底板为非渗透性岩层，厚度介于 10～20m	顶底板为非渗透性岩层，厚度<10m
	资源条件	资源丰度/($10^8m^3/km^2$)	≥5	[2，5)	<2

续表

评价参数			Ⅰ类有利区带	Ⅱ类有利区带	Ⅲ类有利区带
工程条件	埋深	埋深/m	[1500，3500]	[1000，1500）或（3500，4500]	<1000 或 >4500
	可压裂性条件	脆性矿物含量/%	≥60	[45，60)	<45

（三）页岩气目标评价技术与部署决策

1. 页岩气目标评价思路

目标评价是在区带评价基础上对勘探目标的评价与优选，可为探井部署提供直接支撑。目标评价的思路与区带评价大致相同，但评价参数更多，要充分考虑地质、工程、经济条件，主要包括目标基础地质条件研究、评价关键参数确定、有利目标定量评价，以及有利目标排队优选等几个方面，具体见流程图（图1－14）。在评价时将各参数定量化，并采用一定的赋值标准将评价结果定量化，根据定量评价结果，可将单一目标进行评价分类，也可将不同目标进行排队优选。

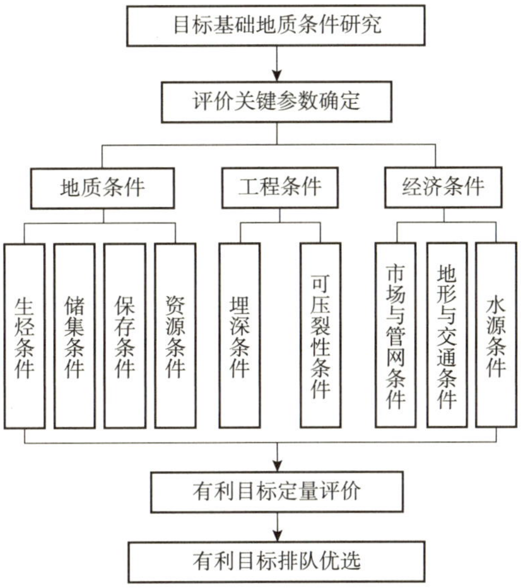

图1－14　页岩气目标评价流程图

2. 页岩气目标评价参数体系

由于目标评价的结果直接支撑钻井上钻部署，因此在评价参数体系上增加了经济条件的内容，从而形成地质条件—工程条件—经济条件完整的评价参数体系。地质条件和工程条件虽然与区带评价在大类上具有一致性，但具体参数更为多样和精细，如地质条件内生烃条件中将 TOC≥1.0% 含气页岩连续厚度替换为 TOC≥2.0% 含气页岩连续厚度和 TOC≥3.0% 含气页岩连续厚度；保存条件中将构造复杂程度和顶底板条件替换为压力系数；资源条件中增加目标面积；工程条件内增加地应力条件（水平应力差异系数），可压裂性条件中增加脆性指数。增加的经济条件主要由市场与管网条件、地形与交通条件、水源条件组成（表1－15）。

3. 页岩气目标优选方法与部署决策

1）目标定量评价与优选方法

借鉴常规圈闭含油气概率评价方法，同时针对页岩气藏具有连续性和大面积含气的特点，满足简单易操作的工作需求，建立了适用于页岩气勘探目标的归一化加权求和的定量评价方法[公式（1－20）]，以达到对页岩气勘探目标开展定量评价与优选的目的。利用该方法对表1－15中的二级条件和一级条件分别进行定量计算，二级条件中的各参数依据相对应的赋值标准进行赋值，其计算结果作为一级条件定量计算的依据。利用同样方法，进一步对勘探目标进行定量计算。

$$P = \sum_{i=1}^{n} k_i \cdot P_i \tag{1-20}$$

式中，P 为计算结果，无因次，介于 [0，1]；P_i 为第 i 个参数的赋值，无因次，介于 [0，1]；k_i 为第 i 个参数的计算权重，无因次，介于 [0，1]，且 $\sum_{i=1}^{n} k_i = 1$。

表 1－15　海相页岩气目标评价参数及赋值标准

一级条件	二级条件	评价参数	[0.75，1.0]	[0.5，0.75)	[0，0.5)
地质条件	生烃条件	TOC≥2.0% 含气页岩连续厚度/m	≥30	[10，30)	<10
		TOC≥3.0% 含气页岩连续厚度/m	≥20	[5，15)	<5
		成熟度 R_o/%	[1.3，3.0]	[1.1，1.3) 或 (3.0，3.5]	<1.1 或 >3.5
	储集条件	孔隙度/%	≥4	[2，4)	<2
		含气量/(m^3/t)	≥4	[2，4)	<2
	保存条件	压力系数	≥1.2	[1，1.2)	<1
	资源条件	目标面积/km^2	≥100	[50，100)	<50
		资源丰度/($10^8 m^3/km^2$)	≥5	[2，5)	<2
工程条件	埋深条件	埋深/m	[1500，3500]	[1000，1500) 或 (3500，4500]	<1000 或 >4500
	可压裂性条件	脆性矿物含量/%	≥60	[45，60)	<45
		脆性指数%	≥50	[35，50)	<35
	地应力条件	水平应力差异系数	≤0.2	(0.2，0.3]	>0.3
经济条件	市场与管网条件	市场条件	市场需求大	市场需求一般	市场需求小
		管网条件	管网设施齐全	管网设施较齐全	管网设施不齐全
	地形与交通条件	地形条件	地形高差小，以平原和丘陵为主，占到评价区面积的 75% 以上，有利于钻井和压裂等工程作业的开展	地形高差较小，平原和丘陵面积占到评价区面积 50% 以上，较有利于钻井和压裂等工程作业的开展	地形高差大，以山地、高原等为主，不利于钻井和压裂等工程作业的开展
		交通条件	各级道路均有，交通便利，不需要新建道路	临近各级道路，交通较便利，需要短距离新建道路	远离各级道路，交通不便，需长距离新建道路
	水源条件		具有充足的水源，满足钻井和压裂等工程作业的需求	具有一定的水源，可满足钻井作业的需求，不满足压裂等工程作业的需求，需部分外调	水源缺乏，不满足钻井和压裂等工程作业的需求，需外调水源

2）部署决策

与常规油气风险勘探相同，页岩气风险勘探目标在部署决策前也需要开展综合优选。

首先，利用建立的目标定量评价与优选方法对分公司上报的风险勘探目标开展统一评价，根据定量评价结果将目标划分为Ⅰ类目标、Ⅱ类目标和Ⅲ类目标，分别对应于有利勘探目标、较有利勘探目标和不利勘探目标：

Ⅰ类目标（有利勘探目标）：$P \geqslant 0.75$，属于落实的、可供风险勘探的目标；

Ⅱ类目标（较有利勘探目标）：P 介于 [0.5，0.75)，属于较落实的、进一步工作后可供风险勘探的目标；

Ⅲ类目标（不利勘探目标）：$P < 0.5$，属于目前经济技术条件下不宜进一步开展勘探工作的目标。

其次，中国石化组织专家组开展风险勘探目标上会论证。相关专家主要从“风险系数”和“勘探价值”两方面针对各目标进行评价与打分，给出部署初步建议。

最后，中国石化决策部门根据综合优选原则作出最终部署决策。综合优选原则包括三个方面：①定量评价优选结果为Ⅰ～Ⅱ类目标；②赞同部署专家超过二分之一；③结合新区、新领域突破的勘探需求和节奏。

第二章　塔里木盆地顺北油气田的发现

塔里木盆地是一个极为复杂的含油气盆地，油气勘探的实践一直是在研究新问题和不断克服困难中前进，对塔里木盆地的地质特征及油气成藏条件的认识也经历了几次大的转变，进而影响到勘探思路和勘探重点的转移。中国石化西北油田分公司在塔里木盆地的油气勘查工作自 20 世纪 70 年代开始，历经 40 余年艰苦的探索，在盆地内取得了具有三个里程碑意义的重大油气突破和发现（图 2 – 1）。

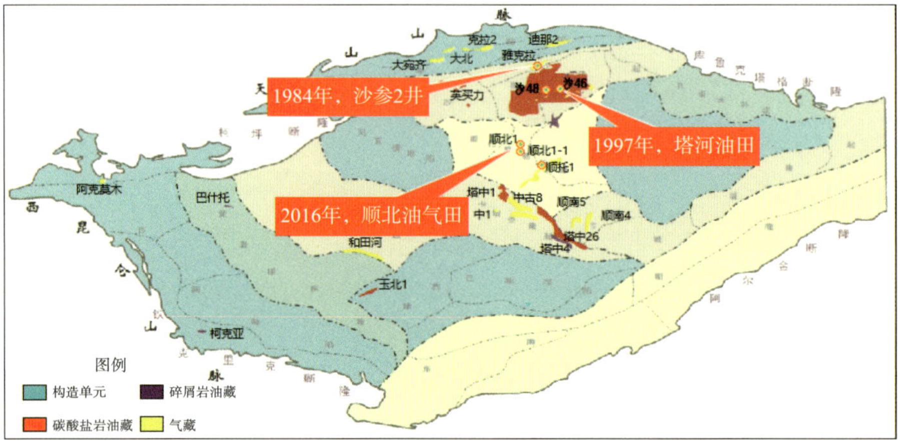

图 2 – 1　塔里木盆地油气勘探成果图

1984 年 9 月 22 日，部署在沙雅隆起雅克拉古潜山构造上的沙参 2 井，在井深 5391m 奥陶系白云岩中获高产油气流，日产原油 $1000m^3$、天然气 $200\times10^4m^3$，实现了中国古生代海相油气的首次重大突破，开创了中国古生代海相油气勘探的新纪元，成为中国油气勘探史上一个重要里程碑。

沙参 2 井的历史性突破，拉开了塔里木盆地新一轮的石油大会战，为新疆建立国家能源接替区开辟了广阔前景。1997 年部署在沙雅隆起阿克库勒凸起艾斜克 1 号奥陶系潜山构造上的沙 46 井、沙 48 井先后在奥陶系获高产油气流，沙 46 井初产 $215m^3/d$，沙 48 井初产 $5705m^3/d$，宣告塔河油田发现。经过 20 多年的发展，目前塔河油田探明含油气面积近 $3000km^2$，成为我国第一个超十亿吨级古生界海相碳酸盐岩整装大油田。标志着塔里木盆地海相碳酸盐岩油气勘探的全面展开。

以塔河油田的模式在塔里木盆地广大的台盆区碳酸盐岩领域大规模展开后，虽然在不同地区、不同领域获得好的油气成果，但一直没有形成规模发现。经过几轮的勘探与反思，逐步认识到塔里木盆地勘探的复杂性。2013—2016 年，西北油田利用三年时间，应用新的大量钻井、物探资料，建立盆地区域骨架大剖面，抓住“源、储、藏”等关键地质问题，在顺托果勒低隆起上靠近断裂带论证部署了顺北 1 井和顺托 1 井。顺托 1 井获高产油气流，见到轻质油，认识到在顺托果勒低隆起北部有晚期轻质油充注。顺北 1 井见到油气，进一步坚定了勘探信心，相继实施评价井顺北 1－1 井获得高产。迅速以顺北 1 井断裂带作为目标类型，实施 7 口滚动评价井，全部获得百吨高产，实现了具有里程碑意义的超深断控型油藏——顺北油气田的突破与发现。

顺北油气田的油气藏类型完全有别于塔河油田，发现过程充满了曲折和艰辛，是新时代勘探工作者们践行初心使命、勇于担当作为的真实写照。顺北油气田的发现，开启了塔里木盆地海相油气勘探的新篇章，标志着塔里木盆地海相碳酸盐岩油气勘探开发进入了新时代，进一步丰富和完善海相碳酸盐岩油气藏成藏理论和配套技术系列。同时，也是西北油田分公司向实现“三个塔河”战略构想迈出的重要一步，将顺北轻质油勘探和顺托—顺南天然气勘探列入“十三五”增储上产主阵地，必将为中国石化石油天然气工业的发展作出更大贡献，对加快新疆经济建设、保持新疆社会稳定、保障国家能源安全均具有重要的战略意义。

第一节　征战新区谋发展　走出塔河迎挑战

雄关漫道真如铁，而今迈步从头越。西北油田分公司自 1978 年进疆，从塔西南转战到沙雅隆起，从碎屑岩转战到碳酸盐岩，经过 40 多年艰苦卓绝的拼搏，从沙参 2 井重大突破，到塔河油田发现（图 2－2），这一步步走来，正是我们这一代石油人“锲而不舍，金石可镂”的精神见证。塔河油田整体探明以后，为进一步扩大油气成果，勘探团队再次踏上探索之路，以塔河油田取得的成功经验，按照碳酸盐岩古隆起、古斜坡和古岩溶模式，勘探从塔北地区向整个盆地拓展。

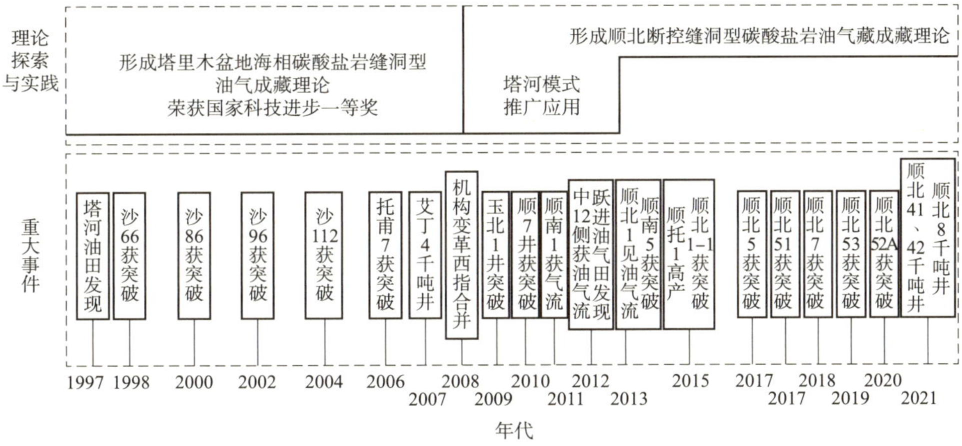

图 2－2　西北油田海相碳酸盐岩勘探历程图

一、转战玉北首告捷，展开评价遇挫折

巴楚隆起区广泛发育加里东期岩溶，与塔河油田具有相似的地质条件。2008 年开始，

先后在巴楚隆起区部署一批探井，虽然巴探5井、玛北1井等见到了油气，但是整体效果差。失利原因主要是隆起区晚期活动剧烈构造反转，油气藏遭受改造、调整、破坏，保存条件差，再加上深部缺乏烃源，油气晚期充注不足等诸多不利因素，将勘探区带转向认为油气保存条件相对较好的麦盖提斜坡区。

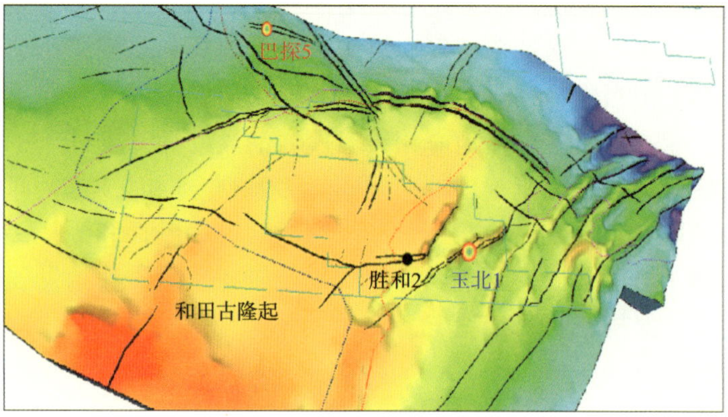

图2－3　和田古隆起奥陶系构造立体图

玉北1井传喜讯。在隆起区勘探效果不佳，认为麦盖提斜坡区（玉北地区）早期位于和田古隆起有利部位（图2－3），具备发育加里东中期—海西早期岩溶储层地质条件，保存条件相对较好，更邻近南部烃源区。2008—2009年重新展开了对老井复查再认识，通过对2003年钻探的胜和2井资料梳理和分析认为，玉北主体区普遍缺失上奥陶统，石炭系直接覆盖于鹰山组之上，并且该井在鹰山组钻遇较好储层（放空10m），测试见少量黑色液体、天然气和硫化氢，说明具备发育岩溶储层与成藏条件；通过对新的地震解释和地质综合研究，重新认识和田古隆起形态，开展成藏地质条件评价，在斜坡区以奥陶系为目的层，在新落实玉北1冲断带岩溶缝洞型圈闭上，以“串珠”为钻探目标，论证部署了玉北1井。该井钻揭奥陶系鹰山组顶面风化壳并发生井漏，油气显示极为活跃（图2－4），当即进行中途DST测试，6mm油嘴，折算日产原油31.36m^3，但在完井5次测试求产过程中封隔器多次座封失败，封隔器破损等，完井试油中止，未能有效改善储层，测试及求产累计产油1717t后封井；随后在玉北1井北部部署了1口评价井，测试获高产油流，初期日产128m^3，产能稳定。

玉北1油藏的发现是麦盖提斜坡区在奥陶系领域首次获得重大突破，钻井揭示鹰山组顶面存在长期暴露，发育风化壳岩溶缝洞型储层，石炭系泥岩为区域优质盖层，地质条件与“塔河极为相似”。给当时的勘探带来无比的喜悦，认为又找到了一个“塔河”，随即加大了地震和钻井工作量投入。

展开评价成效差。玉北1井突破后，增强了勘探人员在斜坡区勘探的信心，快速展开部署。在2010—2013年期间，先后部署玉北1、玉东两块三维地震，在进一步落实玉北1号构造带的基础上，在玉北1号构造带上滚动评价多口井钻获油气，但效果不尽如人意，均不能高产、稳产，10口井累产油5.33×10^4t，后期因供液不足，也全部停产关井。同时，利用二维、三维资料，针对奥陶系在地震上“串珠、板状、弱反射、杂乱反射”等不同的目标类型，向玉北1井区东西两侧构造带、断洼区和平台区甩开实施多口探井。钻井揭示，奥陶系浅层鹰山组顶部储层较致密，岩溶缝洞储层欠发育；奥陶系深部鹰山组内幕—蓬莱坝组虽然发育较好白云岩储层，但测试结果均为水层，勘探效果不甚理想。

成藏特征新认识。虽然在斜坡区的勘探最终没有实现规模油气发现，但玉北1井区油藏的发现及多口钻井取得的成果，对后续油气勘探还是提供了很多新启示和经验。认为整个巴楚隆起—麦盖提斜坡区由于古隆起演化变迁，尤其是喜山期的构造反转，油藏普遍遭受了后期的调整、改造、破坏，油气成藏条件复杂（图2－5）。再加上玉北地区地表沙丘较高，地震资料采集信号能量弱、信噪比低、层间多次波发育，地震资料成像品质差，严重影响了碳酸盐岩储层成像精度，制约了勘探进程。但也得到诸多启示：一是塔里木盆地离开隆起区，在斜坡区可以成藏，并能富集；二是多期构造运动，特别古隆起演化反转，造就了复杂的油气成藏条件，但也存在局部富集成藏；三是斜坡区处在深水陆棚—浅水陆棚相沉积环境，具备发育寒武系下统玉尔吐斯组烃源岩条件，存在晚期轻质油气充注条件；四是钻井揭示，奥陶系碳酸盐岩储层发育程度和后期溶蚀改造作用相关，靠近断裂附近储层发育程度高，断裂破碎带可能是储层发育的有利位置。这些认识的取得为后来转战顺托果勒低隆区勘探提供了重要依据。

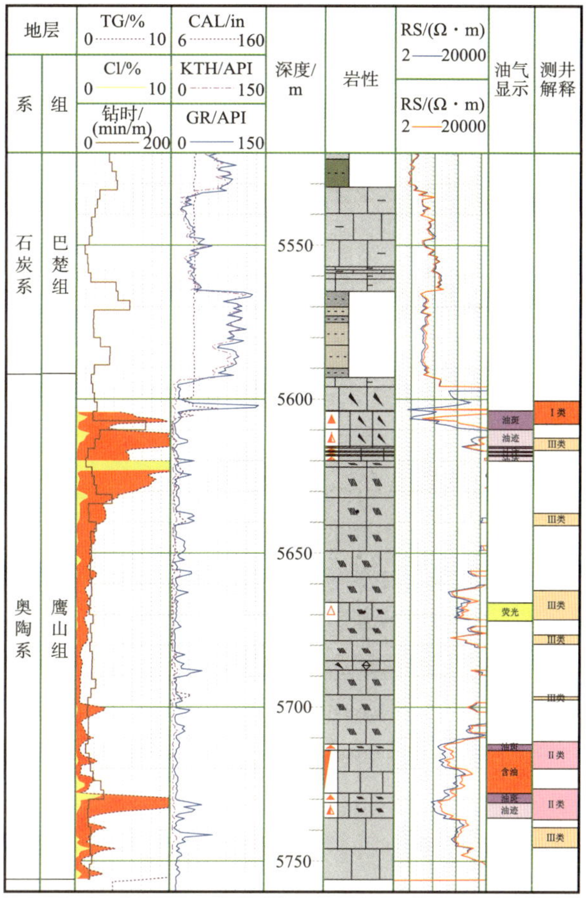

图2－4 玉北1井奥陶系综合柱状图

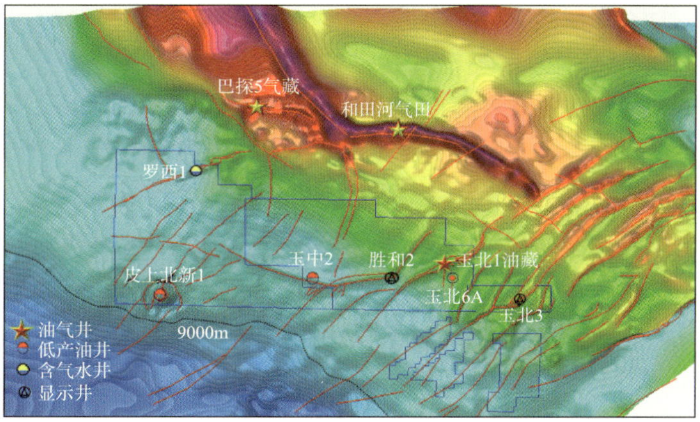

图2－5 玉北地区中下奥陶统顶面构造图

二、再战塔中有发现，成藏规律难厘定

玉北地区勘探受挫“回头看”，勘探人员将目光再次转向塔中隆起区。塔中隆起区的油气勘探始于20世纪80年代，塔里木油田分公司已发现塔中Ⅰ号亿吨级大油气田。中国

石化在2000年初开展油气勘查工作，虽然也有多口井获得高产油气，但总体来说，由于油水关系复杂，成藏原因复杂，并未形成规模油气发现，主要经历以下几个阶段。

首探：2003年利用二维地震资料在卡塔克1区块发现奥陶系构造圈闭，认为在奥陶系良里塔格组和鹰山组之间存在不整合岩溶界面，具备规模储层发育和油气富集的条件，钻探了中1井（图2-6），在奥陶系鹰山组中段5432.50~5452.80m常规测试，日产天然气$6.5\times10^4m^3$；在奥陶系鹰山组顶部5349.50~5373.50m酸压测试，折日产原油$5.38m^3$。证实了塔中地区普遍缺失一间房组，良里塔格组直接覆盖在鹰山组之上，发育不整合岩溶控制的缝洞型储层。

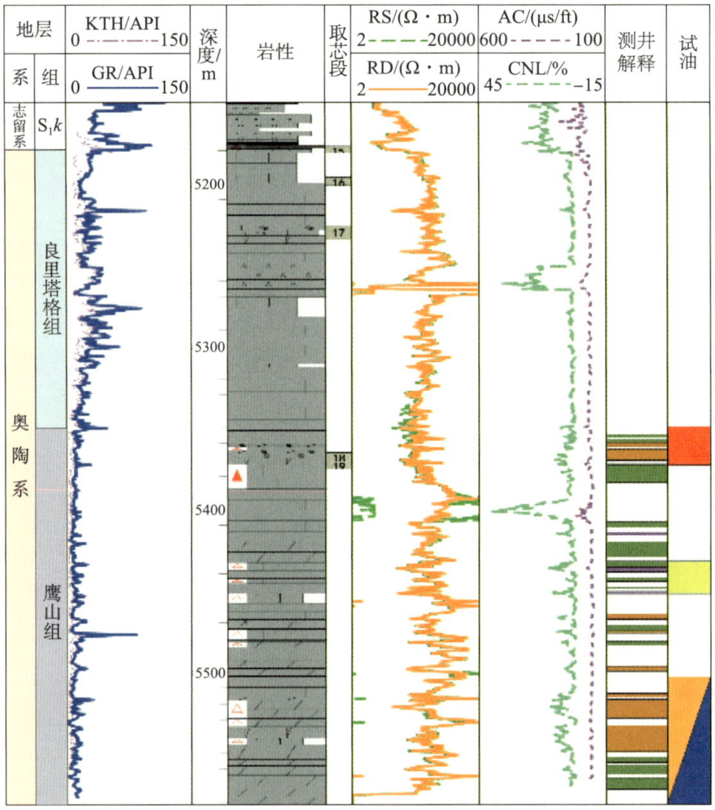

图2-6 中1井奥陶系综合柱状图

展开：中1井获得油气突破后，当时研究认为，塔中隆起区奥陶系鹰山组发育不整合岩溶缝洞储层，奥陶系良里塔格组发育台缘礁滩相储层，具备油气成藏条件，应是油气富集有利区带（图2-7）。2003年，在中1井三维区内先后钻探中11井、中12井、中15井、中17井、中18井、中19井等。除中17井测试为含气水层，其余钻井均因储层差而失利。同时，在二维地震资料基础上落实的奥陶系鹰山组潜山、良里塔格组台缘礁滩相构造圈闭，先后部署了中2井、中3井、中4井、顺2井、顺3井、顺4井、顺5井、顺6井等探井（表2-1），与中1井周边勘探效果类似，并不如愿，除少数钻井出水外，大多数钻井虽见较好油气显示，但均因储层较差，未能获得油气突破，塔中勘探进入低谷。

再探：通过中1井之后的探索，认识到塔中地区成藏条件较为复杂，塔中Ⅱ号构造带以北是油气富集区，储层发育程度是最为关键的控制因素。2009 年以来，开展了针对性的地震资料目标处理解释，在中 1 井三维区、顺 6 井三维区内普遍发育“串珠状”异常反射，按照塔河的岩溶模式，应该是规模储层的响应特征，围绕中 1 井构造带、顺西塔中 I 号断裂带富油气区先后部署上钻中 12CX 井、顺 7 井、顺西 1 井，均获得油气突破。其中，中 12CX 井鹰山组顶部 5606.2 ~ 5680m 酸压测试，4mm 油嘴，油压 45MPa，日产原油 $16m^3$、天然气 $51238m^3$（图 2－8）。至此，塔中地区的勘探多点获得油气突破。

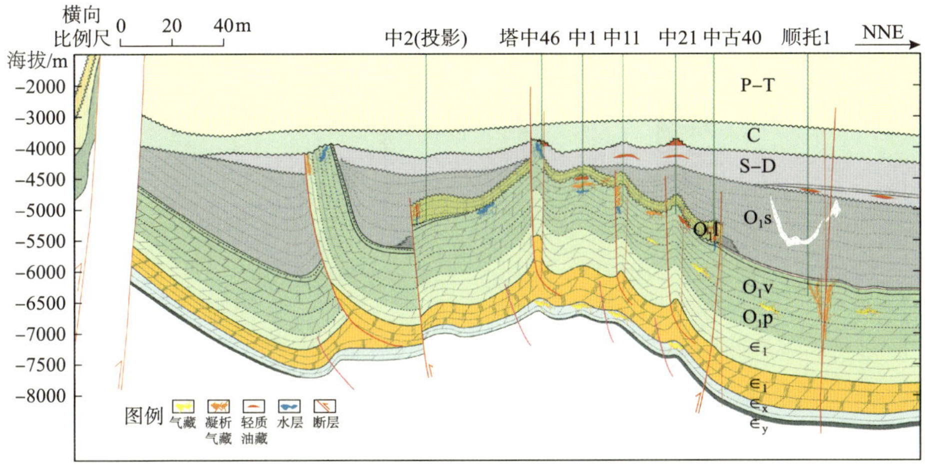

图 2－7　塔中隆起区南北向油气藏预测剖面图

表 2－1　塔中隆起区 2003—2009 年度钻井测试情况表

井号	完钻时间	完钻层位	完钻井深/m	测试成果			
				测试层段/m	油产量/(m^3/d)	气产量/(10^4m^3/d)	水产量/(m^3/d)
中 11	2004. 4. 29	$O_{1-2}y$	5680	5586. 42 ~ 5680. 5	少量油	—	—
中 12	2004. 4. 6	$O_{1-2}y$	5850	5605. 4 ~ 5621. 8	—	—	—
中 15	2010. 2. 10	$O_{1-2}y$	5600	5517. 77 ~ 5600	—	—	—
中 17	2003. 12. 21	$O_{1-2}y$	5850	5542. 00 ~ 5559. 0	—	微量气	8. 9
中 18	2008. 11. 10	$O_{1-2}y$	5850	5528 ~ 5680	—	—	—
中 19	2010. 1. 16	$O_{1-2}y$	5680	5477. 29 ~ 5600	—	—	10
中 2	2007. 4. 7	$O_{1-2}y$	6735	5514. 13 ~ 5829. 13	—	—	5. 03
中 3	2005. 1. 1	O_1p	5405	3815. 47 ~ 4973. 30	—	—	138. 86
中 4	2003. 12. 15	O_1x	7220	4897. 00 ~ 4907. 00	—	—	—
顺 2	2004. 7. 29	O_3l	6900	6711. 66 ~ 6900	油花	—	—
顺 3	2009. 6. 28	$O_{1-2}y$	6938	6725 ~ 6830	—	—	—
顺 4	2009. 6. 21	$O_{1-2}y$	7100	6507 ~ 7100	—	—	—
顺 5	2010. 6. 7	$O_{1-2}y$	6798	6640 ~ 6710	—	—	—
顺 6	2007. 5. 19	O_3l	6735	6676. 2 ~ 6683. 4	—	微量气	128

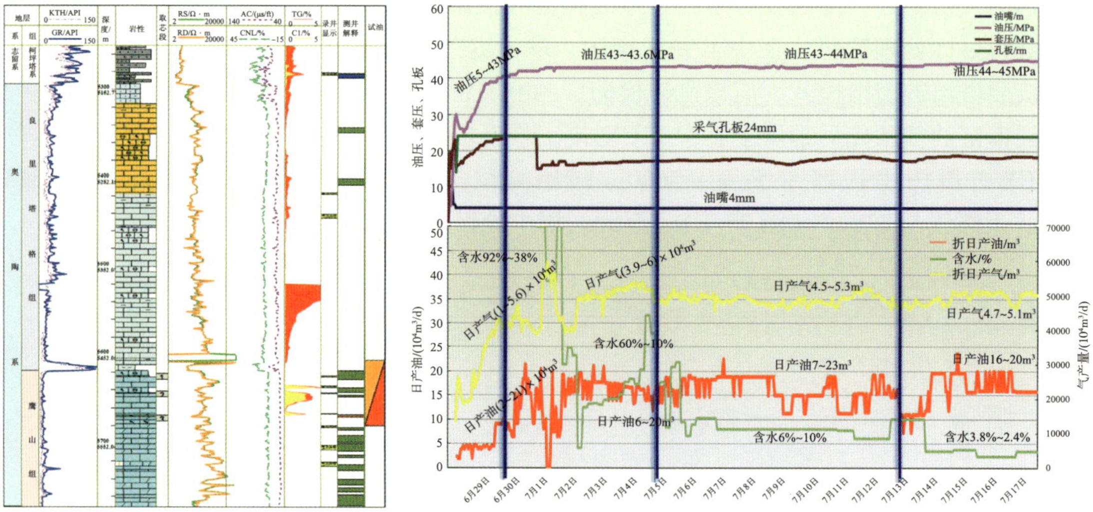

图 2-8　塔中地区中 12CX 井奥陶系测试评价图

评价：借着中 12CX 井、顺西 1 井等井获得高产油气的东风，按照岩溶储层控制油气富集的思路，围绕中 1 井—中 12CX 井构造带、塔中Ⅰ号断裂带西段及周边地区，选择奥陶系良里塔格组、鹰山组“串珠状”异常反射清楚的目标，先后钻探中 101 井、中 121 井、中 122 井、顺西 101 井 4 口评价井（表 2-2）。其中仅顺西 101 井获低产油流，但很快见水。中 101 井测试为干层。中 121 井、中 122 井测试出水。通过本轮次的评价，进一步认识到塔中隆起区油气成藏条件的复杂性，塔中的油气勘探再次进入“瓶颈期”。

表 2-2　塔中隆起区 2010—2013 年度钻井测试情况表

井号	完钻时间	完钻层位	完钻井深/m	测试成果			
				测试层段/m	油产量/(m^3/d)	气产量/(10^4m^3/d)	水产量/(m^3/d)
中 101	2012. 5. 10	$O_{1-2}y$	5915	5506～5640	—	—	—
中 121	2012. 7. 15	$O_{1-2}y$	5751	5467～5653	—	—	149. 2
中 122	2012. 7. 21	$O_{1-2}y$	5930	5588～5930	—	—	23. 68
顺西 101	2013. 3. 4	O_3l	6725	6444. 82～6600	9. 78	—	—

三、古隆跃进同时探，油气突破现曙光

玉北、塔中的勘探虽然没有获得规模油气发现，但西北油田分公司在塔里木盆地寻找大油气田的信心没有变。他们砥志研思，认为古隆起到古斜坡区具备发育加里东中期Ⅰ幕（T_7^4 面）风化壳岩溶储层地质条件，古隆起的围斜区应该是油气运移的指向区，也是油气聚集的有利区。勘探向古城墟隆起东部和沙雅隆起阿克库勒凸起南翼跃进区块展开。

探索古隆有收获。古城墟隆起是加里东晚期形成的继承性古隆起，在加里东晚期—海西早期受区域构造应力的作用，该区大面积褶皱隆升，局部构造形成，其构造高部位遭受

削蚀夷平，应该发育加里东中期Ⅰ幕（T_7^4 面）风化壳岩溶储层。该区东部紧邻满加尔凹陷烃源区，认为应具备良好的油气成藏地质条件。通过二维地震资料解释，在奥陶系落实了6个低幅度背斜构造，构造形成时间为加里东中期—海西早期。2006年在古隆1号圈闭上钻探古隆1井，该井在奥陶系多个层段见到了良好的油气显示，对该井奥陶系一间房组—鹰山组6252.8～6619m井段中途测试，日产天然气10067m^3；对6355～6430m完井试油，日产天然气1150m^3，为低产气层。为继续探索古城墟隆起油气资源潜力，部署了200km^2三维地震，开展三维地震处理解释，落实多个奥陶系构造圈闭。优选目标，钻探了古隆2井、古隆3井。古隆2井在奥陶系一间房组与鹰山组顶部见良好气测显示，节流循环排多次后效，点火成功，火焰高8m；古隆3井全井录井共见气测异常52m/5层，目的层取芯段获得了高含沥青质泥晶灰岩，沥青反射率高（2.76%～2.85%），说明油气发生过聚集，后期遭受高温裂解（表2－3）。

表2－3　古隆地区钻井钻探测试情况表

井号	完钻时间	完钻层位	完钻井深/m	测试层段/m	日产液/(m^3/d)	水产量
古隆1	2005年10月	鹰山组	6619	一间房组—鹰山组	10067	
古隆2	2010年6月	鹰山组	6009	一间房组—鹰山组	4.8	0
古隆3	2011年6月	鹰山组	6270	三类封井		

跃进勘探获惊喜。距离塔河油田托甫台地区仅12km的跃进区块位于沙雅隆起哈拉哈塘凹陷南翼（图2－9），位于隆起斜坡低部位，过去一直认为潜力不大，没有投入任何工作量，直到2000年后，由于塔河油田不断外扩，南部托甫台地区勘探取得巨大成功，认识到整个沙雅隆起应该是盆地油气最富集的地区，具整体连片含油的特征。2011年，在跃进区块实施了一块88km^2三维地震，从而落实了3组南北向走滑断裂带。通过振幅属性雕刻，在断裂带附近“串珠状”异常反射特征丰富，储层响应特征明显（图2－10）。2012年以靠近断裂带的“串珠”为主要目标类型，钻探跃进1X井、跃进2X井、跃进3X井，均获高产工业油气流。目前已提交探明储量石油一千多万吨，建成了20×10^4t原油生产基地。

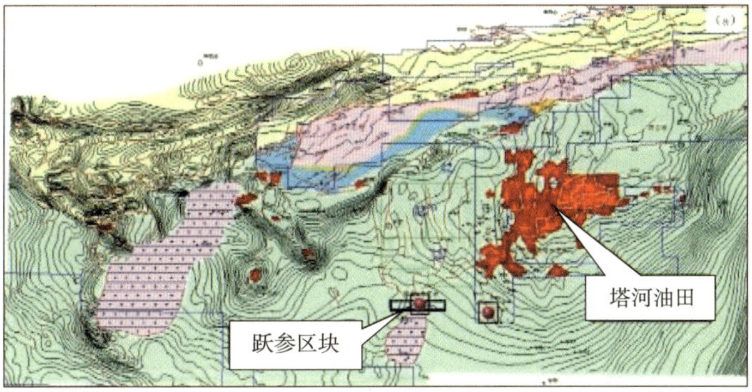

图2－9　跃进区块分布位置图

跃进油气田的发现意义重大，给我们带来三个重要启示。一是进一步证实沙雅隆起是塔里木盆地油气最富集的地区，整体连片含油；二是断裂带对油气富集具有较明显的控制作用；三是存在晚期轻质油气充注，并能富集。从而给我们带来了重要的认识转变。从过去只重视风化壳岩溶储层转变为开始关注与断裂相关的储层；从过去隆起区以海西晚期为主成藏期的重质油藏勘探转变为南部斜坡区以喜马拉雅期为主成藏期的轻质油气勘探。这些认识的转变，拓展了勘探思路，对后续勘探部署起到了重要的指导作用。

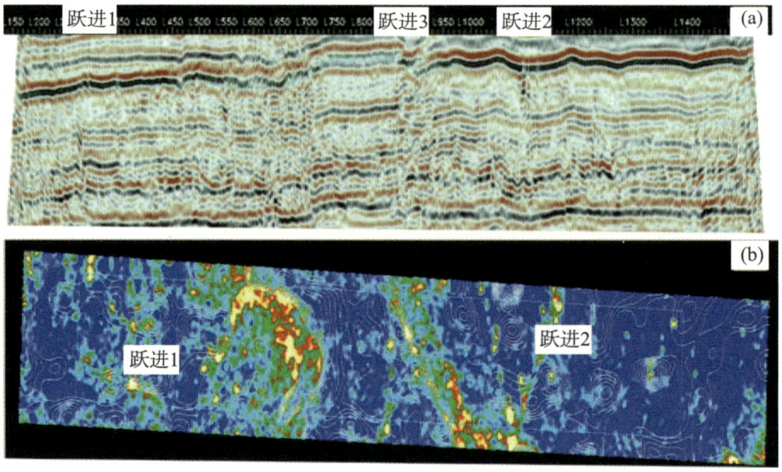

图2－10　跃进区块奥陶系储层预测储层分布图

第二节　转变思路新征程　顺北油气大发现

从巴楚隆起向麦盖提斜坡受挫，再战塔中也未获得规模油气，直到跃参区块获得突破，勘探人员认识到以塔河油田的模式指导盆地勘探存在诸多问题，需要静下心来认真思考，必须找到制约盆地勘探的关键地质问题，抓住叠合盆地“源—储—藏”等油气成藏关键地质因素系统开展攻关研究，重新认识盆地。

一、夯实基础明方向，锁定顺托低隆带

为推进盆地基础研究，针对制约盆地勘探关键地质问题，中国石化西北油田分公司充分利用国家油气重大专项和中国石化先导项目等科研成果，联合各大专业院校、企业、社会科研团队，耗时三年，开展盆地基础地质编图，取得了四个重要认识和进展，为最终锁定顺托果勒低隆起为有利区带提供了依据。

盆地玉尔吐斯组优质烃源岩广泛分布。对烃源岩的认识，是制约勘探认识的关键问题，对塔里木盆地的烃源岩认识，一直都是大家争论的热点，不同学者都有不同的认识和观点。大多数学者认为塔里木盆地台盆区主要发育中上奥陶统和中下寒武统两套烃源岩，但对于主力烃源岩存在争议。中国石化西北油田分公司一直认为中下寒武统是盆地主力烃源岩，有效烃源岩主要分布在盆地相满加尔坳陷，油气沿不整合面或断裂侧向运移到隆起部位聚集，油气形成期主要为海西晚期，喜山期已进入高成熟期或“死亡期”。2007 年，部署在沙雅隆起西部的星火 1 井，钻揭下寒武统玉尔吐斯组泥质岩，视厚度为 31m，有机碳含量最高达 9.43%，氯仿沥青“A”含量平均为 307.3μg/g，总烃含量为 295μg/g，为一套好烃源岩，但当时并没有引起高度重视。直到 2011 年起，开始对盆地烃源岩开展系统研究，通过盆地西北缘阿克苏、柯坪地区多条露头剖面资料，结合盆地实钻井资料和区

域地震大剖面，开展岩相古地理基础编图，恢复了盆地早寒武世的古地理格局与演化过程，认识到早寒武世盆地广泛发育陆棚—盆地相沉积，建立深水陆棚—浅水陆棚沉积模式，明确了塔里木盆地台盆区内下寒武统玉尔吐斯组为一套古老的优质烃源岩，分布广泛（图 2－11）。这一认识，为扩大盆地勘探范围提供了物质基础。

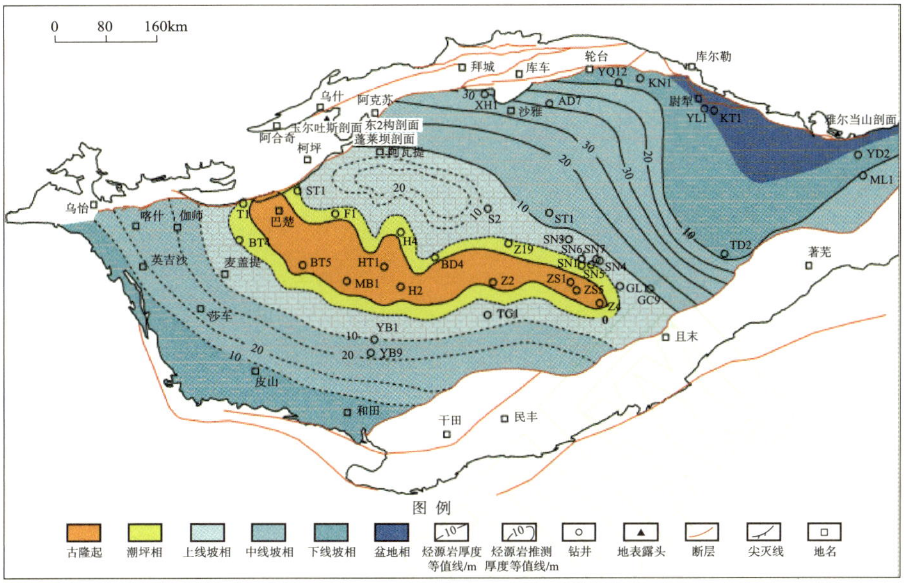

图 2－11　塔里木盆地寒武系下统烃源岩分布图

埋深万米烃源岩仍具晚期生烃条件。2005 年完钻的塔深 1 井于埋深大于 7500m 之下的寒武系见到“液态烃”，打破了常规埋深超万米之下不可能“有油”的认识，这也为在特定地质条件下“液态窗下限”下移提供了实物证据。2011 年通过生烃模拟实验、埋藏史与热演化史恢复，认为顺托果勒低隆长期处于构造稳定沉降阶段，下寒武统玉尔吐斯组烃源岩在“低地温、大埋深、高压力”条件下，可以延缓烃源岩的热演化进程，导致液态生油窗大大延长。这套广泛分布的陆棚相玉尔吐斯组烃源岩，热演化程度 R_o 值在 1.5～1.8 之间，印支期—喜马拉雅期仍处于生凝析油气和湿气阶段（图 2－12）。这一成果认识，为在陆棚相沉积范围内，立足原地烃源岩，寻找晚期轻质油气藏提供了坚实的理论基础。

走滑断裂体系控制晚期成藏。早期对盆地断裂体系零零星星开展过一些工作，主要是针对控制盆地边界和作为油气输导体系来研究的，对控制古隆起形成的轮台、亚南、塔中Ⅰ号、色力布亚等十余条逆冲断裂带研究比较多。2009 年开始认识到断裂带对油气成藏过程具有重要的控制作用，断裂在整个成藏过程中应扮演了更多的“角色”。通过多条野外露头剖面踏勘，发现盆地周缘阿尔金、喀喇昆仑、兴地等大型边界逆冲断裂带均兼具走滑性质，分析认为盆内应该发育不同成因类型、多种性质、规模不一的断裂体系。结合区域二维地震大剖面和三维地震、钻井资料，系统开展盆地断裂体系研究，塔北主要发育挤压逆冲—纯剪走滑“X”形断裂体系、中央隆起带主要发育逆冲挤压—单剪走滑“井”字形断裂体系（图 2－13），规模较大断裂向下断穿至基底、向上至碎屑岩。运用走滑断裂模型，重点对沙雅隆起—顺托果勒低隆起—塔中隆起走滑断裂进一步细化梳理，划分出“六大”走滑断裂体系，塔北中部对称共轭体系、塔北东部非对称共轭体系、顺北西部近 NW

向单剪体系、顺北中部近 NE 向单剪体系、顺北南部多类型复合体系、塔中中部近 NE 向调节体系，认为这些断裂带具有走滑性质。顺北油气田的发现和勘探实践，进一步证实走滑断裂具有良好通源性，不仅是很好的输导体系，也是储层发育程度、油气富集的主要控制因素。

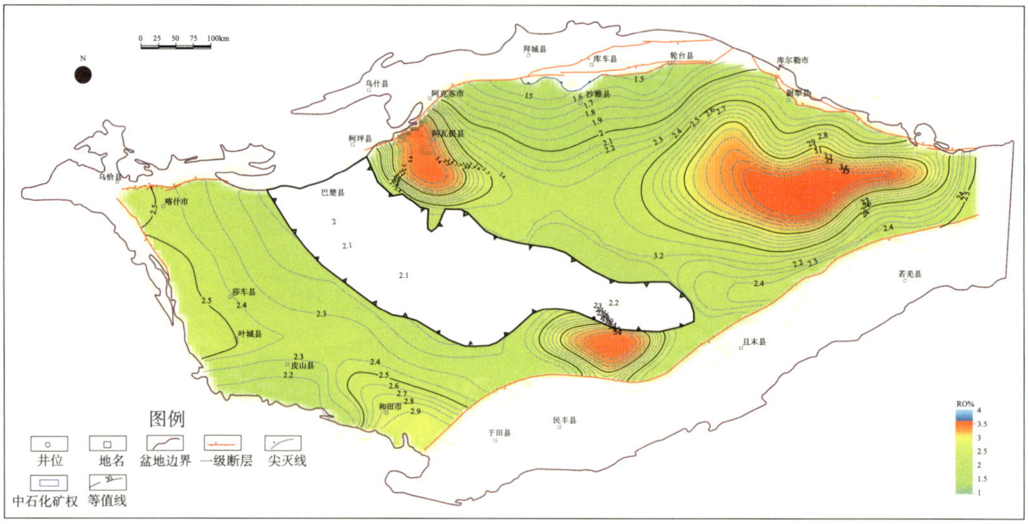

图 2-12 玉尔吐斯组喜山晚期等效反射率 R_o 分布

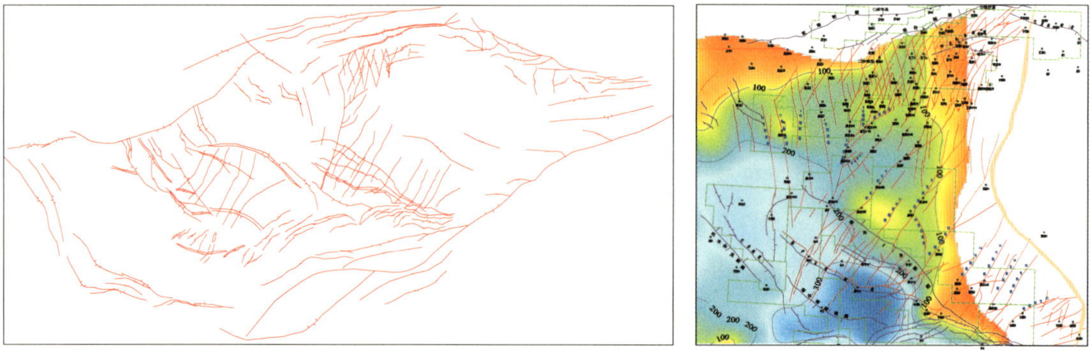

图 2-13 中下奥陶统顶面断裂分布图

下古生界碳酸盐岩发育多类型储集体。塔河岩溶模式勘探取得巨大成果之后，向塔河外围甩开主要是以塔河岩溶的模式向外寻找储层，虽然钻遇岩溶储层，但都未见到规模优质储层。通过系统总结前期钻井资料，重新认识盆地下古生界碳酸盐岩储层成因，逐渐认识到盆地下古生界碳酸盐岩在表生岩溶、热液溶蚀、构造破裂作用下，可以形成多类型成因的储集体（图 2-14）。塔中、沙雅两大古隆起长期抬升，导致碳酸盐岩台地普遍遭受暴露溶蚀，普遍发育与沉积间断相关的不整合和表生岩溶作用，形成了广泛的风化壳岩溶缝洞型储层。而顺托果勒低隆起夹持在南、北两大古隆起之间，处在相对较低的部位，岩溶改造条件弱，表生岩溶缝洞储层不发育（图 2-14）。认为在顺托果勒低隆起上奥陶统覆盖区，中—下奥陶统碳酸盐岩储层受断裂控制作用强，储层发育规模与断裂演化特征、性质、活动期次和规模等相关，储集空间类型主要为断裂破碎带形成的洞穴、孔洞、裂缝，这一认识坚定了在顺托果勒低隆起寻找其他类型的碳酸盐岩规模储集体的信心。

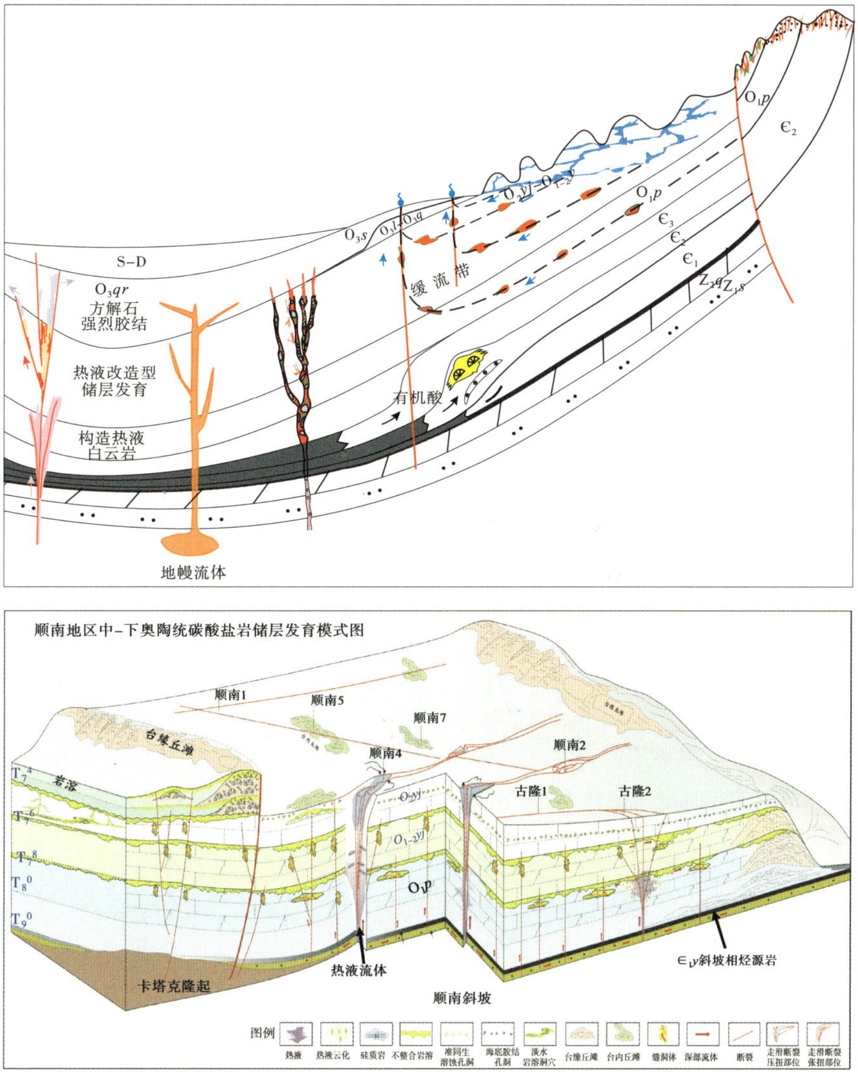

图 2 – 14　沙雅隆起—顺托果勒低隆起碳酸盐岩储层发育模式图

二、风险探索谋突破，顺托一井展新篇

新认识新思路，勘探再次把目光聚焦到顺托果勒低隆起的顺南地区。顺南地区位于塔里木盆地卡塔克隆起塔中Ⅰ号断裂带下盘北部斜坡区，虽然长期处于斜坡部位，但经历了加里东中期—海西期多期构造运动，区内断裂发育，并且受多期构造运动和海平面升降的影响，具备发育奥陶系碳酸盐岩多类型储层背景。该区紧邻满加尔烃源灶，应是油气聚集有利区。

锲而不舍战顺南，明确断裂控输导。顺南地区位于顺托果勒低隆的东南部，奥陶系埋藏 6000m 左右。对顺南地区的勘探最早要追溯到 2011—2012 年，以塔河岩溶模式，用二维地震资料解释出了多条断裂带，并在断裂附近以不同“异常”反射特征为勘探目标先后部署顺南 1 井、顺南 2 井、顺南 3 井（图 2 – 15）。仅顺南 1 井测试获油气流，顺南 2 井、顺南3井均失利。顺南1井在奥陶系一间房组—鹰山组顶部，对井段6528.24～6690m进行携砂酸压测试，5mm油嘴，孔板31.75mm，油压27.0MPa，折日产原油4m^3、天然气38714m^3，累产原油6.34m^3、天然气27.8×10^4m^3，后因储层规模小，未获高产。顺南1井首次在顺托果勒低隆见到原油，证实顺南地区有过成藏。但未获得规模发现的主要原因是二维地震资料落实碳酸盐岩储层难度较大。2013年，在顺南1井区部署三维地震1995km^2。通过三维在奥陶系勘探目的层落实了一批“串珠状”异常体目标，沿北东向断裂部署实施的顺南4井、顺南5井获高产气流（图2－15）。随后勘探开发一体化展开评价，先后部署了一批探评井（表2－4）。大多数钻井在钻井过程中气显示都极为活跃，也发生泥浆大量漏失，测试初期也均获得天然气发现。但总体表现为初始产量高，压力下降快，稳产难度大的特点。再加上井底温度超高，达181～220℃，压力超高，大于77MPa，对钻井工程带来极大的挑战，顺南地区的天然气勘探只好暂时搁置起来。

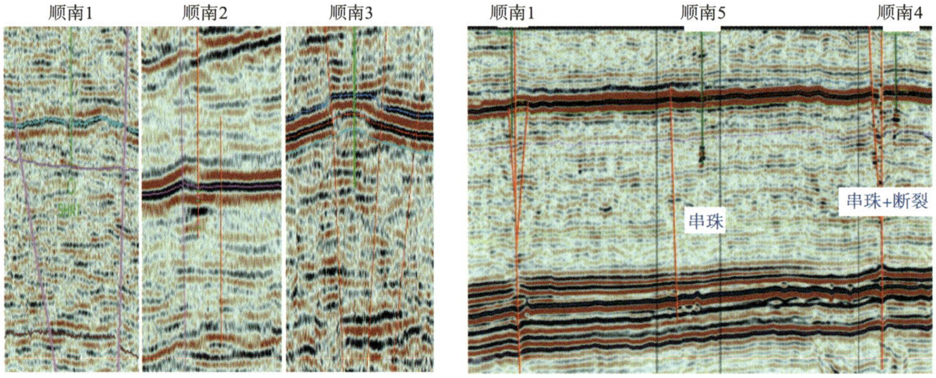

图2－15　顺南地区过顺南1—顺南2—顺南3—顺南4—顺南5连井地震时间剖面

表2－4　顺南地区典型钻井测试产量与累产统计表

产层	钻井	漏失泥浆/m^3	泥浆密度/(g/cm^3)	油嘴/mm	测试日产气/10^4m^3	累产气/10^4m^3
一间房组—鹰上段	顺南1	—	—	5	3.8	40.17
	顺南4	6615.7	1.3～1.48	6	26	1193
	顺南401	3947.1	1.3～1.6	6	17	102.8
鹰下段	顺南5	1152.5	1.63～1.91	无阻	120	未计量
	顺南5－1	403.8	1.56～1.81	连续油管冲砂解堵返出黑色固相，未建产		
	顺南6	7601.1	1.83～2.24	8	6.8～1.1	16.4
	顺南7	3375.9	1.5～2.03	8	33.7	722.8
	顺南501	1357.1	1.51～1.91	8	18.7	338.18
	顺南5－2	1158	1.67～2.0	6	33.5	631.58

转战阵地风险探，顺托1井展新篇。跃进轻质油、顺南地区天然气的发现，坚定了对顺托果勒低隆起勘探的信心。利用2013年以志留系为目的层采集的顺1井三维地震资料（面积868km^2），在靠近断裂带以落实“串珠”为主要勘探目标类型，论证部署了风险探井顺托1井（图2－16）。部署依据主要有两点，一是目标位于顺托果勒低隆起中部，东

西分别毗邻满加尔与阿瓦提断陷，烃源岩条件好，且加里东晚期—海西晚期一直处于排烃阶段。前期多井证实走滑断裂带发育缝洞型储集体。二是上奥陶统区域性泥岩盖层厚度大，保存条件好。该区断裂虽多期活动，但断距小、未使泥岩发生明显错断，泥岩封盖性好，下部碳酸盐岩油气藏并未发生大规模的调整破坏，仅有少量油气运移至志留系成藏，奥陶系具有良好的勘探前景。但对油气资源类型，存在两种观点。一种观点是奥陶系埋深超过7500m，比顺南地区埋深大，应该以天然气资源为主；另一种观点是顺托地区地温梯度（2.278～2.320℃/100m）比顺南地区低（2.519～2.880℃/100m），原油含量会增加，应该为凝析气藏。

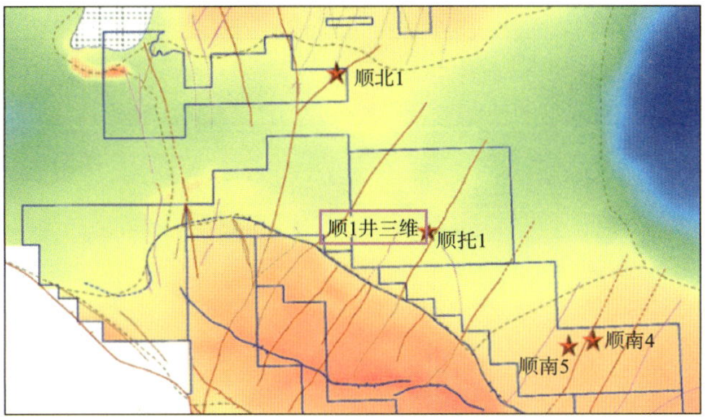

图2－16　顺托1井平面位置图

顺托1井2014年4月开钻，2015年2月钻至鹰山组7874m发生溢流后放喷点火成功并完钻。整个钻井过程中，目的层奥陶系一间房组—鹰山组上段7660～7874m多层均见良好气测显示（图2－17），在鹰山组上段钻遇两次溢流，在成功压井后，采气四通两翼放喷点火，泄压试采，放喷初期估算最高日产天然气$358\times10^4m^3$；采气树放喷，初期日产天然气$41\times10^4m^3$。截至2015年8月3日，该井8mm油嘴，日产天然气$1.1\times10^4m^3$，日产液$11.4m^3$，含原油8%，累产原油$413.37m^3$、天然气$2425.22\times10^4m^3$，累产液$4274.58m^3$，取得重大油气突破。

顺托1井获得重大油气突破，其意义重大。归纳为五点：一是进一步证实了顺托果勒低隆起奥陶系整体含油气；二是在7500m以下深度见到凝析油，证实顺托果勒低隆起资源类型存在轻质油气的观点；三是存在晚期油气充注，且充注强度大；四是靠近断裂带“串珠”状反射特征是规模储层地震响应特征；五是认识到北东向走滑断裂带对储层发育程度与油气富集程度具一定控制作用。

三、顺北三维定目标，断控圈闭新类型

顺托1井获得油气突破后，进一步坚定了在顺托果勒低隆起下古生界碳酸盐岩寻找大油气田的信心。早在2012年3月，中国石化油田事业部组织多家单位讨论顺托果勒低隆起的勘探部署方案，初步形成两套部署方案：一是在二维资料基础上，针对断裂带附近的串珠状异常反射部署风险探井；二是先部署三维地震勘探再实施钻井。借鉴塔河油田超深碳酸盐岩勘探三维地震先行成功的经验，认为面对超深碳酸盐岩缝洞型油气藏这种复杂的勘探目标类型，仅仅利用二维地震资料实施钻井，风险极大。通过进一步深入讨论，最后敲定实施第二套方案。主要考虑了三方面因素，一是顺北区块构造位置有利，处于区域油气运移的路径上，发育寒武系优质烃源，通源断裂发育，具备优越的油气成藏条件无须置疑；二是区内二维测线显示中下奥陶统碳酸盐岩发育“串珠”状异常反射，推测顺北区块东部具备缝洞型储集体，同时顺北区块发育NE、NW向高角度走滑断裂，需要三维资料

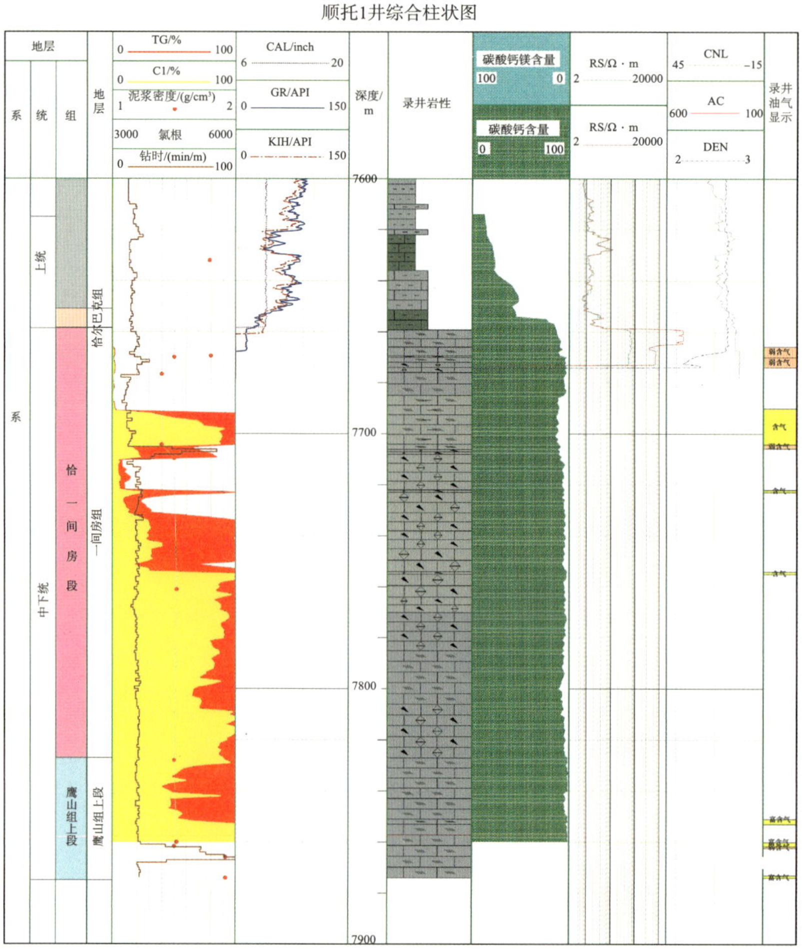

图 2－17　顺托 1 井综合柱状图

图 2－18　顺北三维工区位置图

进一步落实；三是顺北区块东部浅层古生界碎屑岩是兼顾勘探层系，低幅度构造和地层岩性圈闭需三维资料落实。2012 年 3 月在顺托果勒低隆起的顺北区块东部，原二维资料解释有断裂带，且奥陶系顶面构造埋深小于 8000m，优选一块实施了顺北三维（图 2－18），满叠覆盖面积 302km^2。顺北三维是在中国石化油田事业部组织下，走出塔河、拓展新区，在顺托果勒低隆起部署的首块针对奥陶系缝洞型油气藏的三维地震，这块三维为顺北油田的大发现奠定了基础。

2013 年 1 月完成顺北三维的采集、处理和解释工作。通过趋势面、相干、相干增强（AFE）、曲率、蚂蚁体、likelihood 等不连续性地震属性处理解释，精细落实了顺北 1 号断裂带（图 2－19），该断裂为 NE 向单剪走滑断裂，具明显分段性，可分为平移段、拉分段和挤压段，多期活动，对成藏具明显控制作用。利用振幅能量、分频能量、叠前裂缝检测、叠后波阻抗反演、叠前弹性参数反演等属性叠合技术，开展碳酸盐岩储层预测，发现奥陶系中下统“串珠”等地震异常反射沿北东向走滑断裂带分布，表明储集体受断裂控制明显，北东向走滑断裂带是碳酸盐岩缝洞型储层发育的有利部位。进一步利用梯度结构张量、最大似然属性、地层膨胀系数等地震属性落实圈闭边界，发现了和走滑断裂相关的奥陶系碳酸盐岩断控缝洞型圈闭，落实了 4 个圈闭，面积 112.96km^2，圈闭资源量石油 3732.35 × 10^4t，这种圈闭类型完全有别于塔河油田岩溶缝洞型圈闭（图 2－19）。优选目标，以“走滑断裂带”+“串珠”为目标类型，在顺北 1 号断裂带上的顺北 1 号圈闭上实施顺北 1 井。

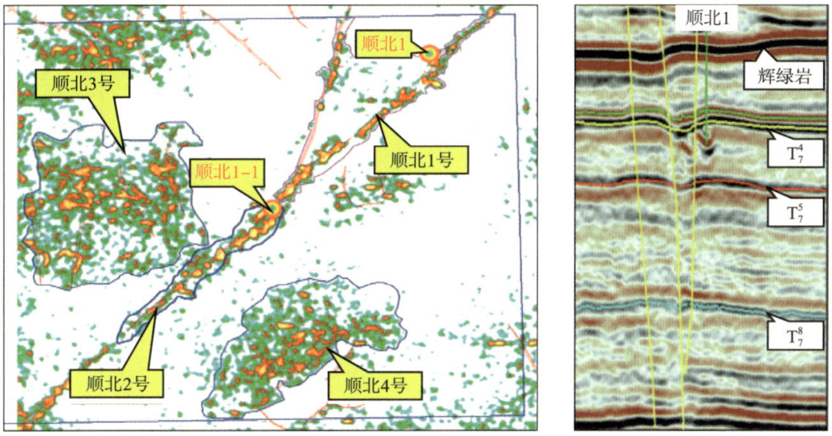

图 2－19　振幅变化率与过井地震剖面图

四、滚动评价一号带，规模增储快上产

顺北 1 井 2013 年 4 月 16 日开钻，2014 年 5 月 26 日完钻，完钻井深 7450m（图 2－20），耗时 300 多天。顺北 1 井钻进奥陶系一间房组 7312m 见油迹显示，继续钻进至奥陶系鹰山组 7407.08m 发生钻井液漏失，累计漏失钻井液 1374.42m^3。对漏失段进行中途试油，仅见少量天然气，且地层出水。分析认为，该水应该是“定容水”，认为“水洞”周边应该存在“油洞”，于是对该段进行酸压测试，见轻质原油 2.57m^3（原油密度 0.822 g/cm^3），因揭示的储层差测试未获工业气流。后期，计划对顺北 1 侧钻，由于该区火成岩发育，顺北 1 井采用六开井深结构，在当时的工程技术下，侧钻难以实施。

在顺北 1 井侧钻不能实施的情况下，重新优化井位，论证部署了滚动评价井顺北 1－1H 井（图 2－21），将目标仍然瞄准 NE 向走滑断裂带＋强“串珠”反射体。考虑直接钻走滑断裂带风险大，为提高储层钻遇率，设计为水平井。该井 2015 年 2 月 3 日开钻，2015 年 8 月 22 日，钻至目的层一间房组 7613.05m 时发生失返性规模漏失，漏失量 1810m^3，分析井漏原因，为钻遇奥陶系碳酸盐岩断裂缝洞发育带所致，提前完钻，完井试油。8 月 23 日—10 月 6 日对奥陶系一间房组裸眼井段进行常规完井试油作业，获稳定工业油气流（图 2－21）。压力、产量稳定，日产原油 107.4m^3、天然气 39542m^3，获百吨高产。

为进一步评价顺北 1 号断裂带，勘探开发一体化快速部署滚动评价井 6 口，均钻遇规模放空或漏失，口口测试均获百吨高产（表 2-5）。在长度 26km 的顺北 1 号断裂带率先提交探明储量 6792.92×10^4t 油当量，实现了顺北 1 号断裂带整体探明。

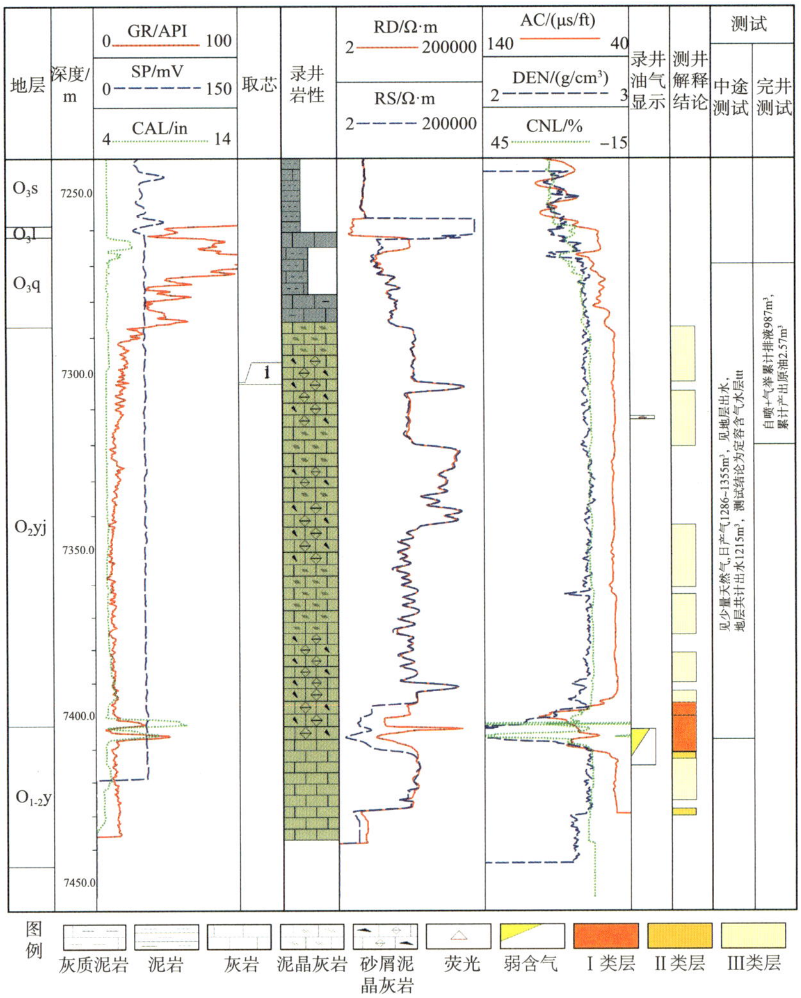

图 2-20　顺北 1 井奥陶系综合柱状图

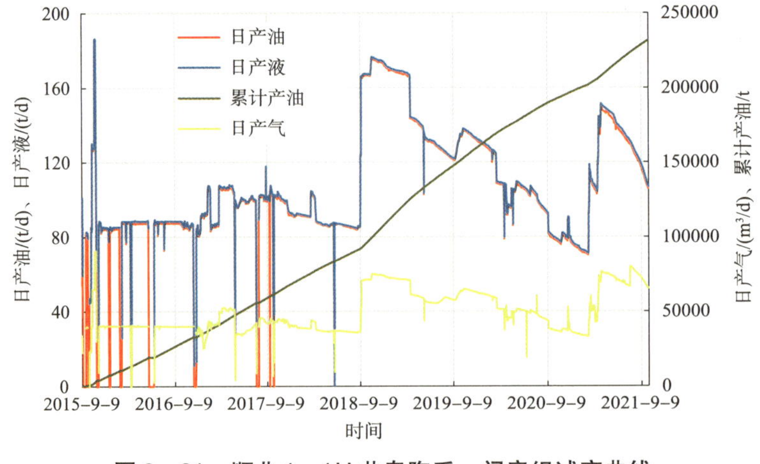

图 2-21　顺北 1-1H 井奥陶系一间房组试产曲线

表2-5 顺北1号断裂带钻井奥陶系一间房组日产油气和试油结论

井号	测试类型	日产油/t	日产气/m^3	试油结论
顺北1-2H	常规完井测试	139.0	48019	高产工业油层
顺北1-3	常规完井测试	127.1	47789	高产工业油层
顺北1-4H	酸化测试	120.7	39493	高产工业油层
顺北1-5H	酸压测试	119.9	47937	高产工业油层
顺北1-6H	酸压测试	103.2	40242	高产工业油层
顺北1-7H	常规完井测试	108.4	35879	高产工业油层

顺北1号断裂带的快速探明，进一步证实了顺托果勒低隆起上NE向走滑断裂带既是油气运移的主要通道，也是控制储层的发育规模、油气聚集的主控因素。2016年8月29日，中国石化在香港宣布顺北油气田的发现。

五、走滑断裂是关键，控储控藏控富集

顺北1号走滑断裂带的快速探明证实了走滑断裂带是富集油气的“地下龙宫”，塔里木盆地的油气勘探对断裂带的重视程度也达到前所未有的新高度，“走滑断裂带”成为油田的“根”与“魂”。

中国石化西北油田分公司通过二维、三维地震资源资料，在顺托果勒低隆起中国石化探区落实了18条主干走滑断裂带。通过研究发现，走滑断裂滑移距小，一般不超过2km，属于克拉通内走滑断裂体系。顺北5号断裂带作为NE-NW向转换断裂体系的调节带，东部主要发育NE向走滑断裂体系、西北主要发育NW向走滑体系（图2-22）。根据断裂延伸长度、变形强度、断距等特征，将18条断裂带分为主干一级、主干二级及次级三种级别，其中主干一级断裂变形强，纵向断穿基底，断裂带宽度达400~2000m，断距40~

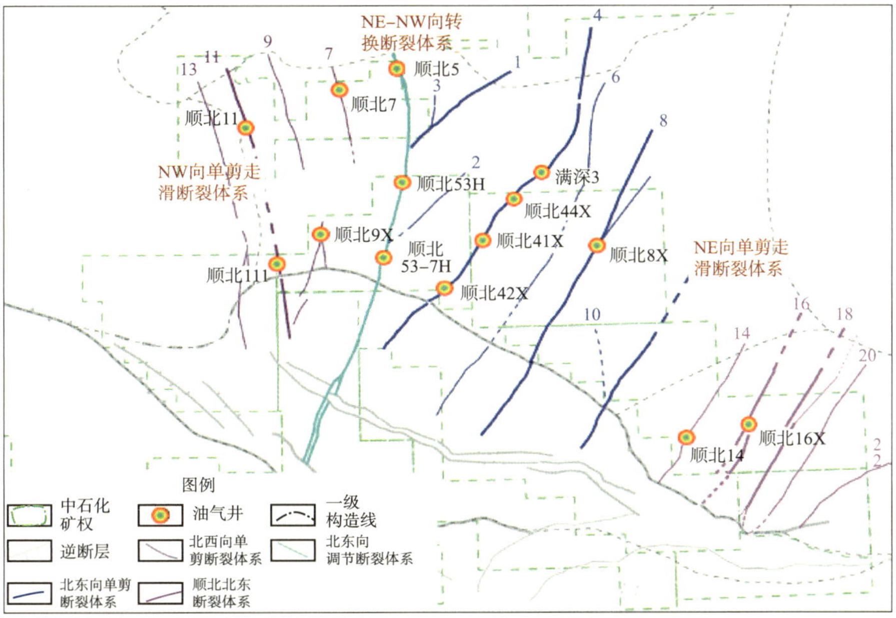

图2-22 顺北油气田18条主干走滑断裂带分布图

100m；主干二级断裂显示清晰、纵向亦断穿基底，宽度在200～600m，断距20～60m；次级、分支、派生断裂具有变形强度相对较小，延伸长度不大等特征。单个断裂带基本都具有“平面分段、纵向分层、垂向多期叠加”的特征。受多幕次继承性活动的影响，主干走滑断裂向下断穿寒武系，断至基底，向上以雁列断层的方式断至石炭系、二叠系，在中下奥陶统碳酸盐岩顶面可识别出走滑平移段、叠接拉分段、叠接压隆段三种典型分段构造样式。

十八条断裂带在中国石化探区累计长度达620km，有利勘探面积4800km^2，估算断裂带资源量石油7.0×10^{8}t、天然气10000×10^{8}m^3。目前顺北1号断裂带、顺北3号断裂带、顺北7号断裂带、顺北4号断裂带、顺北8号断裂带相继获得重大油气突破，提交三级保有地质储量石油5×10^{8}t、天然气5600×10^{8}m^3。其中，探明石油2×10^{8}t、天然气725×10^{8}m^3，已建成一个百万吨产能阵地，第二个百万吨产能阵地正在建设中。

六、庖丁解牛五号带，一波三折解难题

顺北5号断裂带是顺北油气田规模最大的一条断裂带，长度达280km。在中国石化探区内长度为168km。作为NE、NW向断裂带的调节带，向北延伸至沙雅隆起南翼，向南部贯穿塔中隆起。具有三个构造活动期次。第一期活动发生在加里东中期Ⅲ幕，在奥陶系一间房顶界面（T_7^4界面）表现为左阶右行走滑的分段特征，分段间多发育叠接隆起构造；第二期活动发生在加里东晚期，在奥陶系顶面（T_7^0界面）发育的雁列正断层，向上断至下志留统柯坪塔格组顶面（T_6^3界面）下方；第三期活动发生在海西中、晚期，深层走滑断裂再次活动，在上覆地层中再次形成雁列正断层，形成的雁列正断层在下志留统柯坪塔格组顶面（T_6^3界面）以上地层中发育并断穿石炭系（T_5^6界面），部分断层疑似断入二叠系火成岩。

在顺北5号断裂带北段强挤压段钻探的顺北5井（图2－23）2017年5月直井完钻，直井段在地震剖面对应“串珠”状反射特征，未钻遇规模性储集体，也没有好的油气显示。后经勘探研究人员研究发现，虽然断裂带内部结构极其复杂，主干断裂面却控制了规模储集体的分布，研究人员提出朝着断裂面发育方向“向前”加深100m的横穿断裂面的侧钻建议，向西南侧钻穿过3个断裂。2017年7月21日，顺北5井在7950.06m刚穿过第三个断裂面位置，钻遇放空2.92m，井口失返，水平位移539.04m，累计漏失泥浆665.02m^3，终于如愿以偿钻遇了规模储集体。在裸眼段7315～7950.06m油管处，采用4mm油嘴测试，油压26.8MPa，日产原油160m^3、天然气8757m^3，含水0.5%～2%。至此，顺北5号断裂带取得重要突破，开发快速跟进，相继部署了一批开发井（顺北5－1井、顺北5－2井、顺北5－3井、顺北5－4井、顺北5－12井等），整体探明了顺北5号断裂带北段。勘探向顺北5号断裂带中段、南端快速展开。

顺北5号断裂带中段，在拉分段部署了顺北51X井、在分支断裂部署了顺北501井、顺北52A井，实现对顺北5号断裂带中段整体控制。2019年，进入开发阶段，相继部署了一批开发井（顺北5－5井、顺北5－6井、顺北5－7井、顺北5－8井、顺北5－9井等）（图2－24），均取得了较好的油气成果。

顺北5号断裂带南段，长度达54km，与北部相比构造位置更低，走滑构造样式与北段、中段均不同，主要发育“两侧拉分地堑＋中部通源主走滑断裂”的复合构造样式。

2018 年，在顺北 5 号断裂带南段低部位，走滑断裂拉分段部署了顺北 53X 井（图 2-25），2019 年 7 月经酸压获得高产油气流，日产原油 110t、天然气 $7.5\times10^4m^3$。

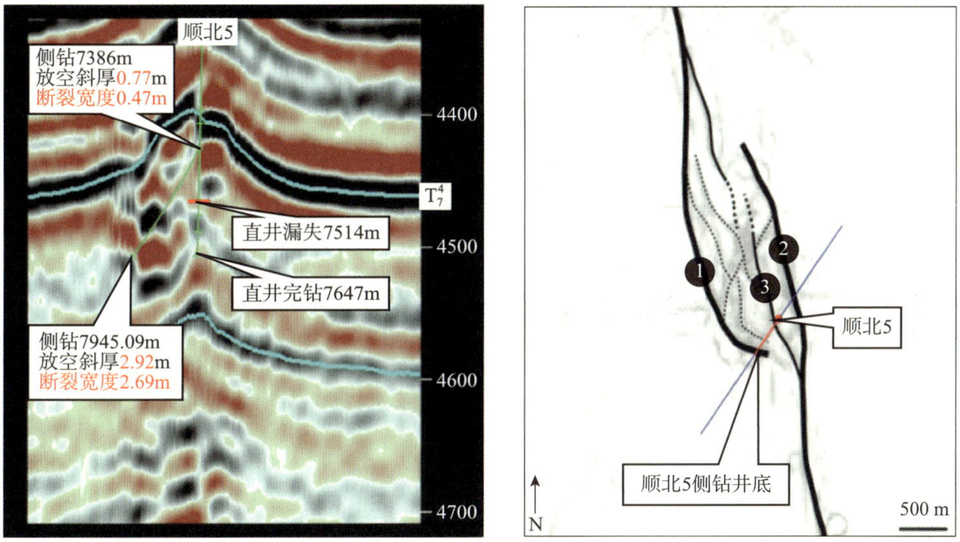

图 2-23　过顺北 5 井侧钻轨迹地震及主断裂面分布图

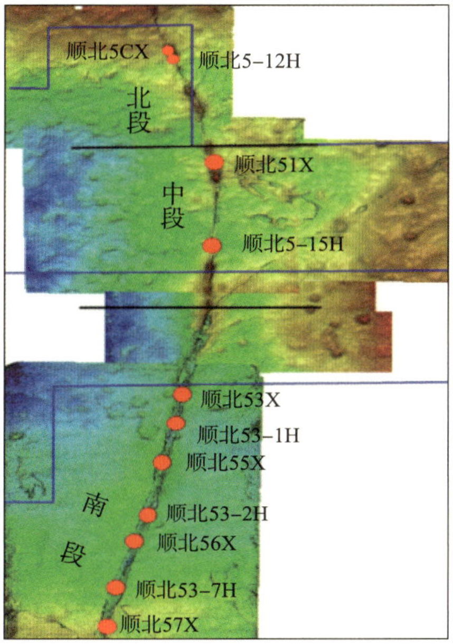

图 2-24　中下奥陶统顶面构造图

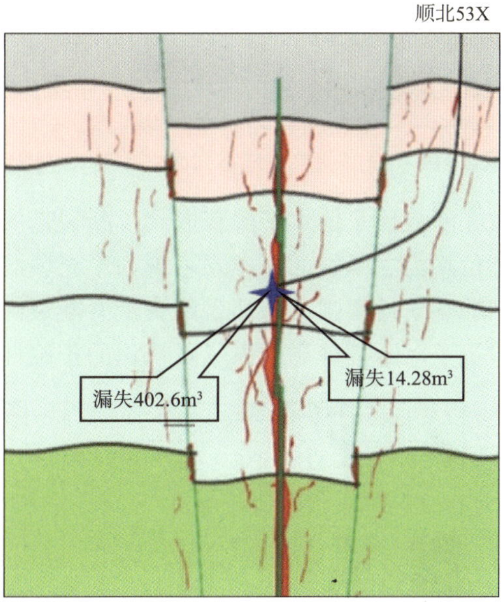

图 2-25　拉分地堑 + 通源走滑断裂模式图

在顺北 53X 井成功基础上，针对顺北 5 号断裂带南段 54km 范围内不同样式及反射特征，相继部署了探井 3 口（顺北 55 井、顺北 56 井、顺北 57 井），滚动评价井 2 口（顺北 53-1 井、顺北 53-2 井）。顺北 53-1 井获得工业油气流，其余井均失利。分析原因，基本上都未钻遇规模有效储层。勘探人员进一步优化钻井轨迹，避开两侧地堑断面、直接钻揭“中部主断裂面 + 强异常”反射，调整实施了顺北 53-2H 井、顺北 53-7H 井。顺北 53-2H 测试，采用 7mm 油嘴，油压 50.5MPa，日产原油 $33.6m^3$、天然气 $35.04\times10^4m^3$；

顺北 53－7H 测试，采用 9mm 油嘴，油压 61.52MPa，日产原油 $1m^3$、天然气 $64\times10^4m^3$。

至此，顺北 5 号断裂带基本实现了整体控制，顺北 5 号断裂带中北段累计提交探明石油 1.05×10^8t，顺北 5 号断裂带南段累计提交探明凝析油 1584.22×10^4t、天然气 $190.96\times10^8m^3$。

七、向西探索七号带，有喜有忧曲折多

顺北西北部火成岩广泛分布，且厚度不均，油气资源类型以油为主。顺北 7 号断裂带紧邻顺北 5 号断裂带西北部，走向 NW 向，长度 16.9km，以平移段—弱挤压段为主，活动强度相对较弱，平面上整体表现为线性。在加里东中期开始活动，加里东晚期—海西早期微弱活动，海西晚期—印支期基本不活动，为典型的主干二级走滑断裂带。按照先直井钻“串珠”边部，再侧钻穿“断裂＋串珠”的布井方式，在弱挤压段钻探了顺北 7 井（图 2－26）。直井未钻遇好储层，向东部“断面＋串珠”侧钻，在两条断裂面钻遇了三次漏失，累计漏失泥浆 $244.62m^3$。2018 年 2 月，酸压测试，采用 6mm 油嘴，油压 20.2MPa，日产原油 $85m^3$、天然气 $19363m^3$，获得高产工业油气流。后续作业，压力下降快，高产但不能稳产，表明井周储集体规模有限。目前，机抽生产，时间截至 2022 年 2 月 5 日，累产原油 1.31×10^4t。

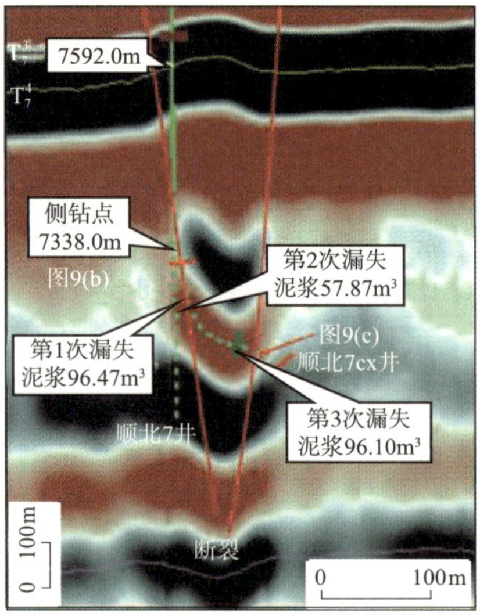

图 2－26　过顺北 7 井地震剖面

顺北 7 井虽未获得令人惊喜的高产稳产油气，但首次在断控储集体水平段获取到了断裂带的宝贵成像测井资料（图 2－27）。研究表明，漏失部位均为主断裂面，主要表现为半充填洞穴、孔洞和裂缝，为典型的断裂带内部核带结构，非均质性很强，与地表露头走滑断裂内部结构的特征一致，这一重要资料的获取进一步验证了对断控缝洞型油气藏认识的正确性。

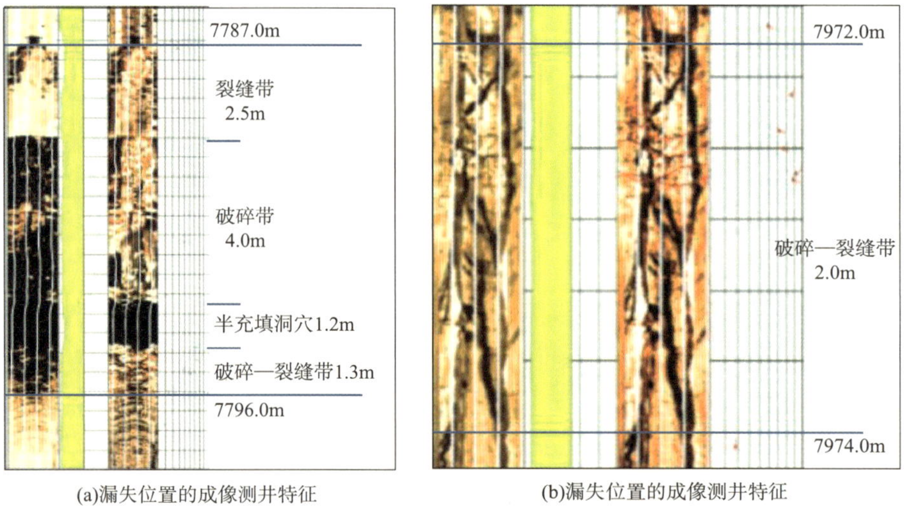

(a)漏失位置的成像测井特征　　(b)漏失位置的成像测井特征

图 2－27　顺北 7 井成像测井资料解释特征

八、精细解剖四号带，千吨巨龙显雄威

随着顺北1号断裂带、顺北5号断裂带、顺北7号断裂带油气勘探的突破和规模储量的发现，进一步认识到顺北地区的北东向走滑断裂体系成藏条件更加优越，与顺北1号断裂带具有极大的相似性，提出“加快控制北东向”断裂带的战略构想，2018—2020年相继部署了顺中三期三维、顺北4井南三维和顺北41井三维。利用三维资料进一步落实了顺北4号断裂带。

顺北4号断裂带在中国石化探区长度60km，NE走向，为主干一级走滑断裂。顺北4号断裂带从南到北，划分出南段、中段与北段，南段以挤压段为主，中段以拉分为主，北段以挤压为主。在此基础上，进一步细分成15个小段，3段挤压段、6段拉分段、6段平移段。2017年在南段的拉分段钻探首口探井顺北4井（图2－28）。整个钻井过程极为艰难，受到奥陶系却尔却克发育两套火成岩的影响，加之遇到目的层掉块、卡钻等复杂工况，施工时间超过预期，长达两年三个月，该井于2019年8月8日完钻，完钻井深8270m。由于钻井轨迹定向难度大，该井实钻轨迹发生偏移，并未揭示设计储层最发育的断裂面，仅出现小漏失5.16m^3，未揭示好的储集体，目的层也仅见6层10m厚含气显示。该井酸压测试，获得低产油气，折算日产气1.42×10^4m^3。

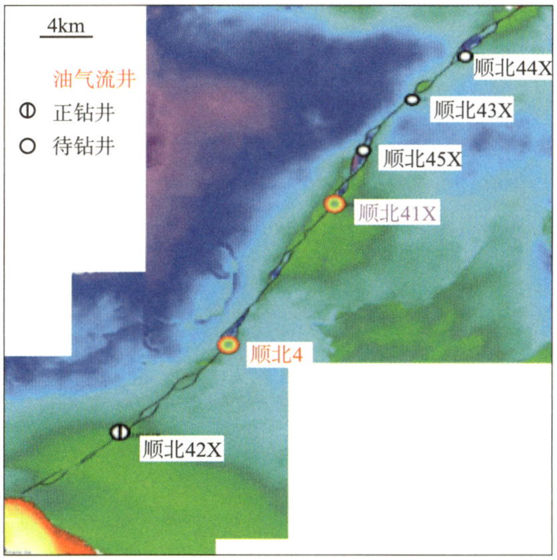

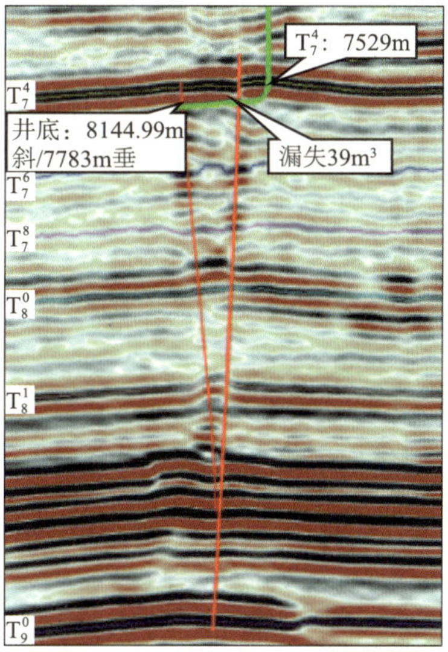

图2－28　顺北4号断裂带平面分布及过井地震剖面图

2019年，在顺北4号断裂带中段“拉分段”针对主断裂面钻探了顺北41X井，该井于2020年10月完钻，实钻也仅在主断裂面钻遇1处小溢流（泥浆0.56m^3）和小漏失（泥浆39m^3），酸压测试，日产原油29.5m^3、天然气2.23×10^4m^3。从酸压曲线分析，仅沟通裂缝体系，未沟通大规模缝洞体，测试虽见工业油气流，但并未实现高产稳产的规模产能。经过重新论证，2021年1月，该井向深部“主断裂面＋串珠”的目标加深侧钻350m，出现3次规模性漏失，累计漏失泥浆696.15m^3。2021年3月28日，该井酸压测试，日产原油289m^3、天然气111.4×10^4m^3，折合油气当量1107t。顺北41X井从低效井到千吨井横空出世，成为顺北油气田的第一口千吨井。

随后，沿4号断裂带接连打出了多口千吨井：顺北42X井，部署在4号断裂带最南段弱挤压段，酸压测试，日产原油324t、天然气$84.6\times10^4m^3$，油气当量1001t。顺北43X井，部署在4号断裂带北部弱挤压段，酸压测试，日产原油686.4t，天然气$59.0\times10^4m^3$，油气当量1156t。顺北44X井，部署在4号断裂带北部强拉分段，酸压测试，日产原油865t、天然气$59\times10^4m^3$，油气当量1332t。顺北45X井，部署在4号断裂带中部“拉分段”，酸压测试，日产原油462.88t，天然气$85.5\times10^4m^3$，油当量1144.13t。至此，顺北4号断裂带实施的5口探井获日产千吨的重大油气突破，实现了顺北4号断裂带的整体控制，再落实了一个亿吨级规模增储建产阵地。

截至2021年底，顺北4号断裂带完钻井13口，全部获得高产油气流，其中7口千吨井，正钻井6口，有望在2022年建成“十九口钻井、百万吨产能”的少井高产示范区。

九、向南拓展八号带，捷报再传千吨井

顺北8号断裂带位于顺北4号断裂带与顺北12号断裂带之间，自塔中隆起向北延伸至满加尔坳陷内部，呈现NE走向，为主干一级走滑断裂带，在中国石化探区长度达116km，平面同样具典型的“三段式”结构，南部以平移段为主，中部发育典型拉分、挤压段，北部断裂发育分支，通源特征明显，晚期持续活动。

2018年，在顺北8号断裂带中部“拉分段”钻探顺北8井，直井眼未钻揭主干断层，储集体规模小，在“通源断裂+主断裂面+串珠”是断控缝洞型油气藏高产井的主要特征这一认识指导下侧钻，在钻遇“主断裂面+串珠”位置出现规模漏失，漏失泥浆$1648.24m^3$。2021年2月，酸压测试，获高产油气流，日产原油$382m^3$、天然气$105.3\times10^4m^3$，折合油气当量1128t，成为顺北8号断裂带上第一口千吨井。

估算顺北8号断裂带资源量凝析油9000×10^4t、天然气$3000\times10^8m^3$，顺北油气田再现一个亿吨级的规模储产建设阵地。

第三节　理论技术铸利剑　保驾护航谱新篇

顺北油田发现之后，西北油田分公司建立多专业融合联合攻关团队，依托国家油气专项、集团公司开展多轮科技攻关，不断丰富和完善了我国海相碳酸盐岩油气藏成藏理论和形成了配套勘探开发技术系列，有效指导了顺北油气田的勘探开发。

一、断控缝洞新理论，引领勘探新方向

立足原地烃源岩、寻找晚期油气藏。通过对盆地构造演化、原型盆地恢复、沉积相及岩相古地理编图，认识到顺托果勒低隆区寒武纪主要为一套浅水—深水陆棚相沉积，岩性主要是泥灰岩、碳质泥页岩、硅质页岩。通过钻井、露头烃源岩特征与发育沉积相带的对比研究，地震资料相结合，推测阿满过渡带及其周缘地区玉尔吐斯组烃源岩厚度在30m左右、有机碳含量平均在6.0%左右，为本区发育最优质的一套烃源岩，建立了玉尔吐斯烃源岩发育新模式（图2－29），这一认识为顺托果勒低隆起勘探提供了坚实的物质基础。

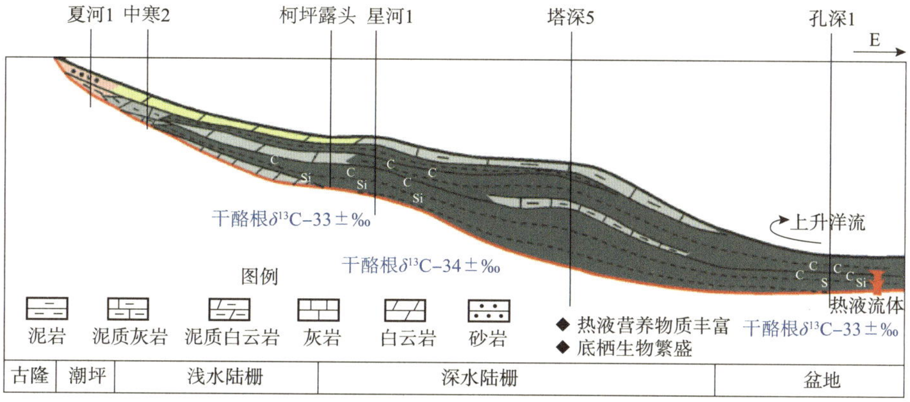

图2－29　寒武系玉尔吐斯组烃源岩发育式图

顺托果勒低隆起区寒武系埋深达万米，按照常规地温梯度2.0℃/100m计算，现今烃源岩应该进入高热演化“死亡期”，不具备生烃能力。但通过地质条件解剖，顺托果勒低隆起长期稳定的构造，处于封闭体系，流体压力>60MPa，从而提出了“大埋深、高压力、低地温”条件下海相烃源岩生烃高压抑制模式，得出玉尔吐斯烃源岩现今热演化（R_o）值远远比原来预测的热演化（R_o）值低，经估算由2.0%～4.0%降到了1.7%～2.2%（图2－30），扩大了生油窗范围，为立足原地烃源岩，寻找晚期轻质油其提供了理论依据，同时也明确了整个顺托果勒低隆起区具备“大面积成藏”的石油地质条件。

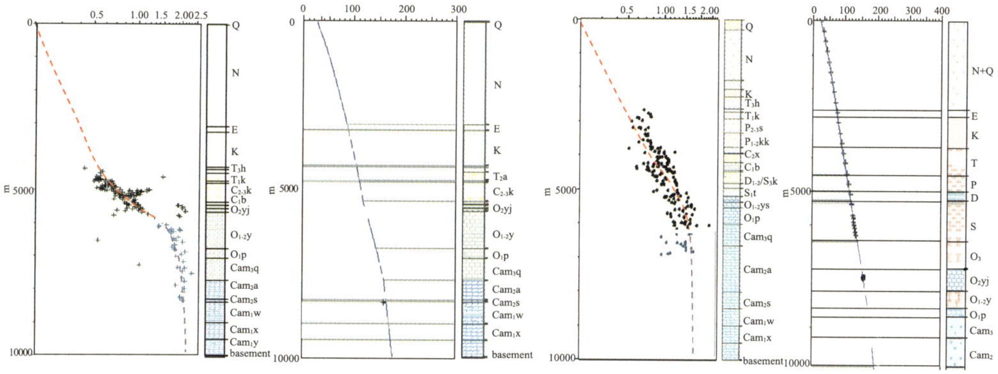

图2－30　塔河—卡塔克—顺北地区 R_o 与深度关系图

断控储层新机制：奥陶系碳酸盐岩储层沿断裂带分布，走滑断裂及外侧的诱导裂缝带控制储层发育程度，断裂储层纵向发育深度大、连通性好，储层横向宽度窄（<5km）、非均质性强，主要储集空间为断控缝洞体系，包括断裂空腔（洞穴）、构造缝和构造角砾缝以及少量沿断裂裂缝发育的溶蚀孔洞和孔隙，断层附近普遍钻遇放空、漏失，主断裂面是规模储层发育最有利部位。主要存在核—带结构、脱空结构两种地质模型（图2－31）。

压扭型走滑断裂带主要发育核—带结构模型。受控于剪切+挤压两种应力作用，在主干断裂带附近发育断层核、断层角砾带及诱导裂缝发育带。其中断层核沿主断面发育，断层核经历了复杂的力学化学过程，渗透性较差，不是有效的储集空间；断层核周边的断层角砾带是最有效的储集空间；在断层角砾带外侧，发育诱导裂缝带，渗透性好，也是良好的储集空间，同时远离断层核其渗透性逐渐降低。主干断裂派生的次级断裂，其活动强度

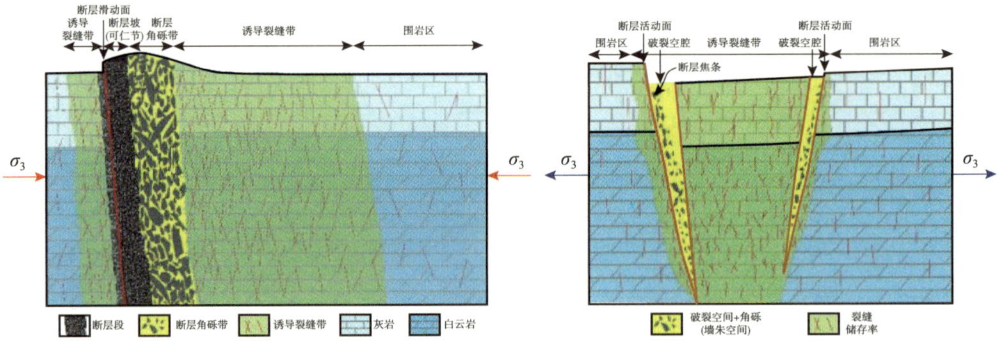

(a)核—带结构　　(b)脱空结构

图2-31　走滑断裂内部结构地质模型

较弱，主要发育断层角砾带和诱导裂缝带，一般不发育断层核。张扭型走滑断裂带主要发育脱空地质模型。受控于剪切+拉张两种应力作用，特别是在拉张应力作用下，断裂附近会发生破裂空腔，形成良好的储集空间。在破裂空腔两侧，发育诱导裂缝带，裂缝以张性裂缝为主，裂缝开度大，具有良好的储集能力。破裂空腔及诱导裂缝带的规模取决于断裂活动强度，断裂活动强度越大，储集体规模越大。断控缝洞型储集体发育特征与成因机理认识，打破了断裂不能形成规模储集体的传统认识，开辟了海相碳酸盐岩储层新类型勘探领域。

超深断控油气藏：顺托果勒低隆起下古生界碳酸盐岩顶面构造平缓，坡度小（0.1～0.5°），走滑断裂带内部储层非均质型强，不具备油气侧向运移的地质条件。大型走滑断裂沟通本地深部有效烃源岩是垂向运聚成藏的必要条件，断控储集体既是储层又是通源的油气运移通源和载体。顺北油气田成藏期主要为海西晚期—喜马拉雅期，主要赋存于奥陶系鹰山组——间房组，埋深大于7200m，油柱高度超过430m，具有沿断裂带整体含油的油气分布特征。这类油气藏的基本特点表现为超深—特深（7200～8800m）、高温（>150℃）、常压（压力系数<1.2MP/100m）的特点，其油气柱高度巨大，无统一油水界面，是一种特殊的碳酸盐岩断控缝洞型油气藏（图2-32），油气藏的储集体发育规模和油气富集程度主要受走滑断裂控制。

油藏分布走滑带：顺北油气田的发现，打破了传统的断裂只能作为输导体系的运移通道的认识，断裂带成为油气成藏的“灵魂”，具“控储、控圈、控运、控藏、控富”作用，造就了“一带一油藏、一断一世界”这种独特的油气藏分布格局。

顺北油气田是受断裂带控制，经后期流体叠加改造、沿走滑断裂带展布的碳酸盐岩断控型油气藏，烃源岩主要是深水—浅水陆棚相寒武系玉尔吐斯组泥岩，盖层主要为巨厚的上奥陶统桑塔木组泥岩和周围致密灰岩侧封形成良好的封闭环境，走滑断裂多期活动不仅是油气运移与高效输导的通道，其形成的破碎带也是规模储集体形成的主要类型，形成的油气沿主干通源断裂垂向运移聚集。分析其整个成藏过程，建立了以走滑断裂控储控藏控富为主线的顺北油气田断控型油气藏成藏模式——“寒武多期供烃，高压抑制生烃，幕式泄压排烃；构造破裂控储，断裂缝网通道，垂向泵式输导；断溶立体圈闭，晚期原生油藏，走滑断裂控富”（图2-33）。该模式的建立，指出构造低部位的顺北中奥陶统构造平缓区，致密的碳酸盐岩沿断裂带平面叠接分段形成良好侧封和顶封条件，平缓构造背景下奥陶系碳酸盐岩可形成断控型裂缝—洞穴型储层，丰富和完善了海相碳酸盐岩油气成藏理论。发现了全球具有商业开发的最深的油藏，在深层碳酸盐岩油气成藏理论方面，特别是在深层油藏保存机制和断控缝洞型储层与成因机制方面，丰富了海相碳酸盐岩储层形成机制。发现了深层碳酸盐岩断控储集体油气藏的新类型。勘探实践也逐步形成了“立足原地烃源岩，在构造低部位，沿通源走滑断裂带寻找晚期原生油气藏”的勘探思路。

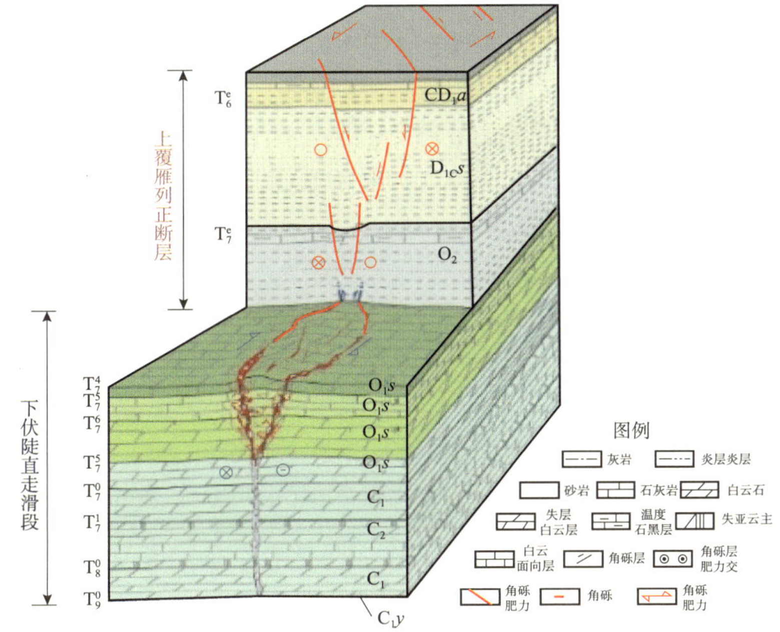

图 2－32　顺北断控缝洞型油气藏剖面示意图

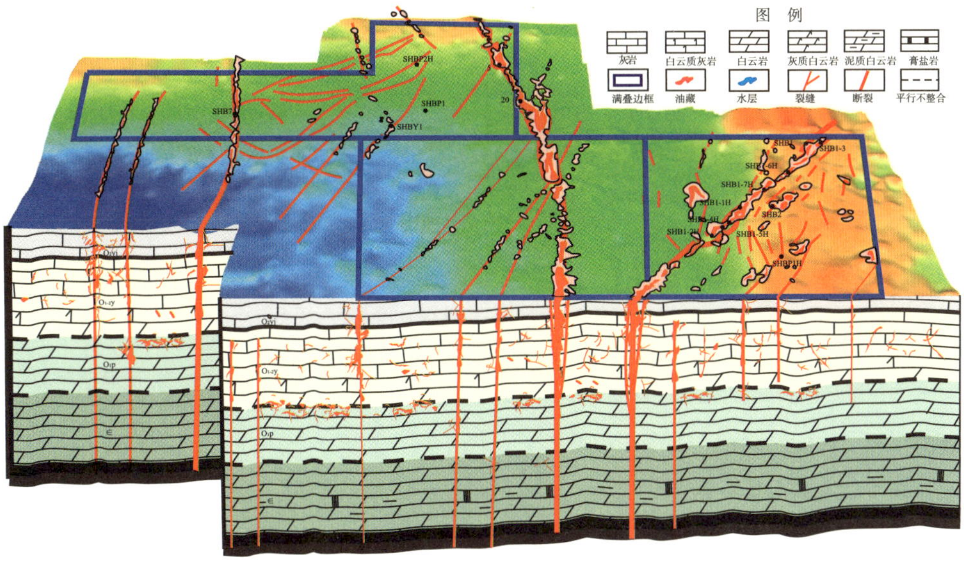

图 2－33　顺北 1 区奥陶系油藏立体模式图

二、地震技术排头兵，精准定靶立首功

针对顺北地区大沙漠、沙丘起伏大、目的层埋深大等复杂地表、地质条件，出现地震

信号吸收衰减严重、成像精度不高、储层预测难度大等问题，开展三维地震采集、处理、解释一体化技术攻关，形成配套技术方法系列，基本实现“看得清、描得精、打得准、打高产”，证实了顺北断控型油气藏三维地震勘探技术的有效性及适用性。

优化参数提高地震采集资料品质。顺北地区由于地表沙漠覆盖且沙丘起伏大、目的层埋藏深，造成深层地震资料存在信噪比低、主频低、有效频带窄、干扰波发育且能量强等特点。同时，断控储集体规模受断裂带发育情况影响。如何提高地震资料的信噪比、获取较全面的断裂信息及缝洞体产生的绕射信息是地震采集的重点和难点，通过大量实验攻关优化参数（表2-6）。地震采集面元采用25m×25m，<25m面元难以进一步提高分辨率；覆盖次数采用300~400次，264次比198次有明显改善，当覆盖次数达到396次以后成像无明显差异；横纵比≥0.6的宽方位观测系统，提高隐蔽、次级断裂的可识别能力；排列长度≥7000m，大炮检距的深层速度能量团更集中收敛，速度分析更加准确；潜水面以下5~7m井深、大药量（16~22 kg）硝铵炸药激发，有利于激发能量向深层传递从而获得反映深层断控储集体的弱信号；使用灵敏度较高的30DX-10Hz检波器更有利于深层弱信号的接收，3串36个检波器、大组合基距（21~28m）的“品”字形面积组合，接收的原始资料信噪比提高明显。

表2-6 顺北地区三维观测系统优化历程一览表

参数	顺北三维	顺8井北	顺中二期	顺北中试	顺北41井北 顺北57井西	顺北8井南 顺北8井北	顺南3井	顺北43井东 顺北42井东
地表起伏	1~10m	1~5m	5~20m	5~20m	1~25m	5~30m	5~35m	1~25m/5~35m
观测系统	24L6S256T	28L8S256T	28L6S252T	48L8S528T	28L6S252T	32L6S264T	36L6S264T	36L6S528T
面元大小	25m×25m	25m×25m	25m×25m	12.5m×12.5m	25m×25m	25m×25m	25m×25m	12.5m×25m
覆盖次数	192	224	294	792	294	352	396	396
横纵比	0.56	0.87	0.64	0.727	0.64	0.726	0.82	0.82
采集年代	2012	2016	2017	2018	2018—2020	2020	2021	2022
接收道数	6144	7168	7056	25344	7056	8448	9504	19008
观测方位	南北	南北	东西	东西	东西	东西	东西	东西
激发参数	井深：潜水面下5~7m； 药量：16~26kg			井深：潜水面下5~7m；药量：16~22kg				
接收参数	检波器：10Hz；组合个数：36个；组合图形：“品”字形组合；埋置方式：检波器挖坑40cm							
发展阶段	探索阶段			试验、明确参数	定型、发展，产业化推广应用阶段			

“三保一测”保真预处理技术提高地震成像。针对顺北超深断控缝洞型储层低频弱振幅的地震响应特征，通过点、线、面、体不断优化迭代，建立了以保护低频、保护绕射波、保持振幅、参数测试到叠前时间偏移的“三保一测”叠前预处理参数优选方法，解决了超深层频率吸收衰减严重、复杂地表时差大、有效信号弱、噪声干扰强和成像分辨率低等处理难题（图2-34）。

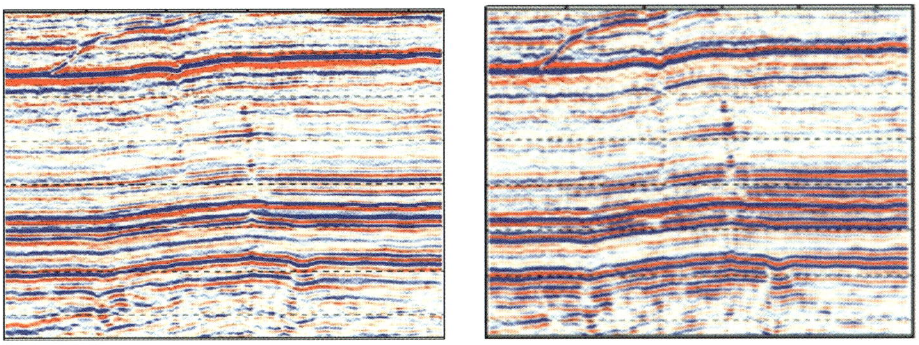

图 2-34 叠前深度偏移常规处理成像和“三保一测”处理成像对比图

“三层一带”速度建模技术解决了三维数据体处理难题。针对顺北地区二叠系火成岩地层、奥陶系碳酸盐岩地层、寒武系深部地层和深大断裂带提出了“三层一带”速度建模方法。①火成岩速度建模。在地震资料处理中，建立了顺北地区火成岩纵横向展布及速度变化模型，并作为约束条件进行速度建模，采用模型层析反演刻画火成岩背景速度，结合网格层析反演在数据驱动条件下对背景速度模型进行细节雕刻，通过多轮次小网格层析迭代获得高精度火成岩速度模型。采用高分辨率层析反演迭代技术加密成像点，使剩余曲率拾取更密，增加反演精度，确保拾取到高速层速度信息；其次通过迭代由大尺度向小尺度转变控制迭代精度，提高分辨率后，更加精细刻画出了火成岩速度的横向变化，采用该速度进行偏移成像，有效消除了火成岩对下伏地层成像造成的假象（图 2-35）。②奥陶系内幕速度建模。奥陶系内幕地质目标的准确成像对预测储层和描述圈闭至关重要。由于受到沙漠表层吸收衰减和奥陶系顶界面强反射的影响，奥陶系内幕普遍能量弱、信噪比低，速度趋势难以把握，为速度建模的准确性和可靠性带来了很大困难。在速度分析中，以提高奥陶系内幕信噪比为目标，利用 CRP 道集高信噪比的特点，在随机噪声衰减、多次波压制等道集净化处理基础上，进行反动校速度拾取或剩余速度分析，提高纵向速度分析的精度和可靠性。此外，针对奥陶系内幕地层非均质性强，地层速度横向变化快的特点，采用密点速度分析方法，提高横向速度分析的分辨能力，有效提高了断裂、小缝洞体的成像精度。③寒武系速度建模。由于与下伏地层波阻抗差较大，寒武系地层主要表现为低频强振幅的地震响应特征。在常规处理中，一般深层的速度谱选择以趋势控制为主，但这种方式往往人为影响因素大，速度选择不尽合理。为了提高寒武系深层速度分析的合理性，实际处理中，借助邻区实钻井上寒武系不同岩性速度分析统计规律，总结寒武系深层速度的分布规律，整体把握深层速度趋势，从而提高寒武系深层的成像质量；断裂带速度建模，在常规速度分析基础上，注重剖面和平面对比分析，利用断裂体系在地震属性上的空间分布特征，在断裂带位置进行重点关注和加密速度分析点。走滑断裂带及缝洞体立体成像技术有效解决了超深层成像难题，在顺北地区实现了产业化推广应用，提高了奥陶系目的层地震主频 2Hz、频带拓宽 7Hz，走滑断裂断距识别精度从 20m 提高到 15m，断裂带及缝洞体的地震响应更加清晰精准（图 2-36）。

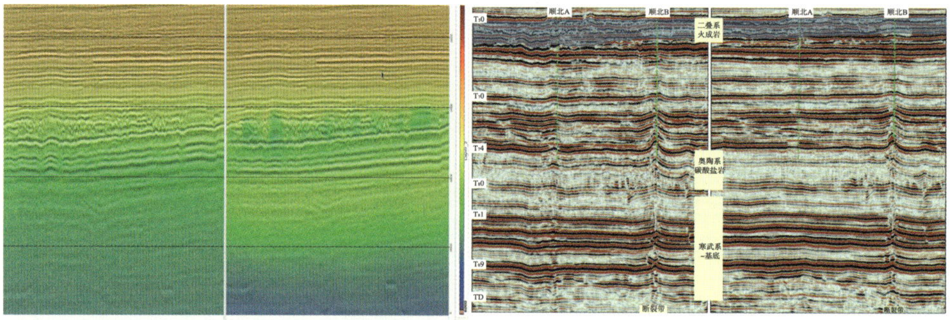

(a) (b) (c) (d)

图 2－35　火成岩速度建模前（a）后（b）速度和高分辨率层析反演前（c）后（d）成像效果

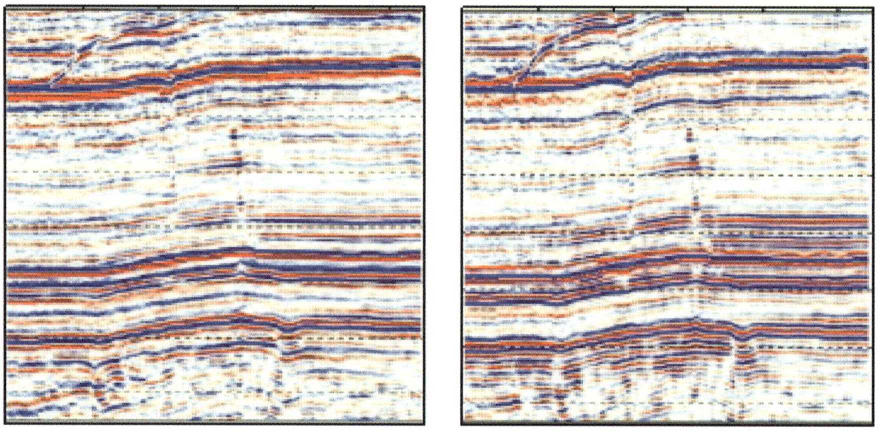

(a)原处理　(b)新处理

图 2－36　三层一带速度建模处理前后效果对比图

“六定”断裂带解释流程成为解析断裂带的关键手段，在顺北地区走滑断裂带是控制储层发育程度的关键因素，针对断裂带解析，目前形成了“六定”断裂带解释技术流程（图 2－37），在顺北地区得到广泛应用。一定地质模式，从走滑断裂带形成机制出发，明确研究区走滑断裂带平面、剖面样式。从区域应力演化背景出发，明确不同区域应力差异和断裂带的应力场特征，建立符合不同应力背景的地质解释模式；二定地震响应，通过物理和数值模拟分析研究，明确不同构造样式断裂带的地震平面、剖面响应特征，建立研究区断裂带识别模式，开展断裂检测、解释方法研究；三定活动期次，通过断裂带断穿的层位、深浅层地震同相轴变形差异（断距、褶曲幅度等）、沉积响应特征（不整合面、火成岩、膏盐岩等变形），结合不同时期应力特征及断裂叠加、切割关系，明确断裂带活动期次；四定强度级别，通过断裂带活动期次，厘定断裂带规模大小、断穿基底情况、断距大小、延伸长度等方面，将断裂带划分为主、次等级别，主次关系可通过平面属性分析并结合剖面特征研究进一步明确，主断裂带主要表现为断穿基底、延伸长度大、变形幅度大、多期活动等特征；五定组合类型，在断裂带解释组合基础上，描述出断裂带细节特征以及不同部位断裂带类型差异，主要利用趋势面、曲率等反映断裂带变形幅度、宽度、性质、分段性等细节，利用断裂带样式结合缝洞发育特征明确不同断裂类型差异；六定储集体规模，断裂带规模包含边界刻画、内幕结构刻画、断裂与储层关系研究等方面。

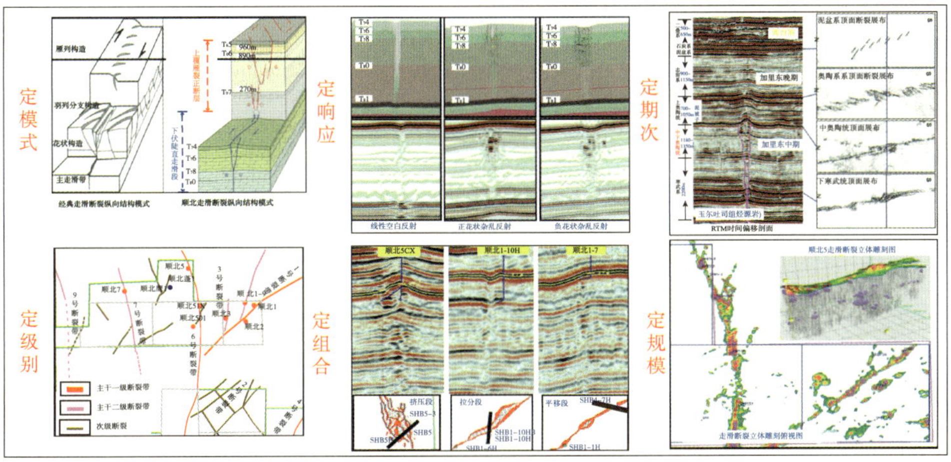

图 2－37　走滑断裂带“六定”解析技术流程

“三元一体”断控储集体量化描述成为预测断控储集体的主要手段，顺北断控缝洞储集体发育受走滑断裂带控制，具有“横向分带、垂向分隔、内部非均质性强”的特点，断裂、储层相互交错，储层预测技术成为制约勘探的关键技术。在走滑断裂带精细解析，在洞穴型、孔洞型和裂缝型储集体敏感属性优选的基础上，开展断控储集体融合分析，形成“三元一体”断控储集体量化描述技术（图 2－38）。以梯度结构张量属性刻画储集体外部轮廓，在此基础上利用断控储集体属性约束的相控反演技术刻画洞穴和孔洞型储层，利用不同门槛值的 AFE 属性刻画主干断裂和裂缝，最终用 AFE、阻抗、张量参数开展“三元”（洞穴、断裂、裂缝）一体断控储集体综合立体雕刻，建立三维构造网格模型，依据洞穴优先、主干断裂次之、裂缝最后的原则，将三类储集体融合显示。通过多属性融合立体显示，可以较细致地描述洞穴、孔洞和裂缝等各类储层在三维空间上的几何形态和展布特征。在洞穴型、孔洞型和裂缝型三类储集体刻画的基础上，以断控储集体相控反演得到的波阻抗为统一参数，建立波阻抗—孔隙度关系，得到不同类型储层孔隙度，完成断控储集体量化分析。最终结合含油饱和度、体积系数、原油密度等地质参数，计算出储集体资源量，为断控储集体综合评价和靶点目标优选提供科学依据。

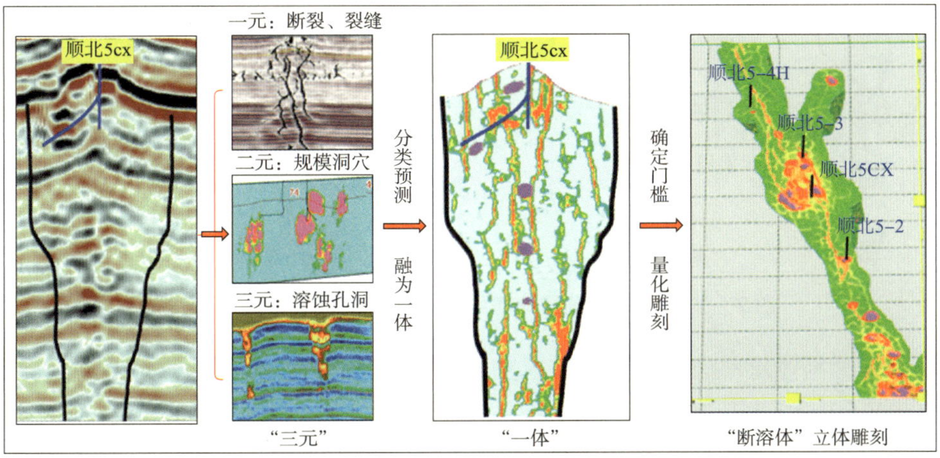

图 2－38　“三元一体”断控储集体识别预测与量化描述技术

体积雕刻“五步法”为断控油藏储量计算定方法，针对顺北断控性这种新类型油气藏，纵向深度大，横向展布范围窄，用传统的方法无法满足断控缝洞型碳酸盐岩油气藏的储量计算精度，结合断控缝洞型碳酸盐岩油气藏特征，形成了以“缝洞储集体相控波阻抗反演”为核心的超深断控缝洞型碳酸盐岩油气藏三维体积雕刻“五步法”计算储量技术（图2－39），一是建立地震相识别模式，通过井震标定、模拟正演，对于目的层储层的地震反射特征“串珠相、杂乱相、裂缝相”进行识别；二是进行地震相刻画，通过测井解释、成像测井、放空漏失、录井显示、地震预测，开展属性优选分类，优选瞬时能量、频谱不连续性及相干属性，分别描述“串珠相、杂乱相、线性弱反射相”属性特征，利用钻井放空、漏失和测井解释储层段对地震属性标定确定门槛值，雕刻出不同类型地震相的三维几何形态；三是开展相控反演，通过井震联合反演，利用不同类型地震相充填相应的波阻抗值建立断控储集体相控初始模型，得到符合地质认识的地震波阻抗体；四是量化表征孔隙体，利用已钻井测井解释结果，建立波阻抗—孔隙度量版，将地震波阻抗体转换成孔隙度体，将孔隙度值 $5\% \leq \phi \leq 100\%$ 定义为洞穴型，将孔隙度值 $2\% < \phi < 5\%$ 定义为孔洞型，将孔隙度值 $0.05\% \leq \phi \leq 2\%$ 定义为裂缝型，利用孔隙度体表征不同类型储层；五是有效体积求取，在不同类型储层预测门槛值约束下，对洞穴（串珠、主干断裂带）、裂缝（小断裂、细小裂缝）等不同类型储层分别雕刻，估算不同类型储层视体积，赋予相应孔隙度值，得到不同类型储层有效体积，最终结合含油饱和度、原油体积系数、地面原油密度等地质参数计算地质储量。

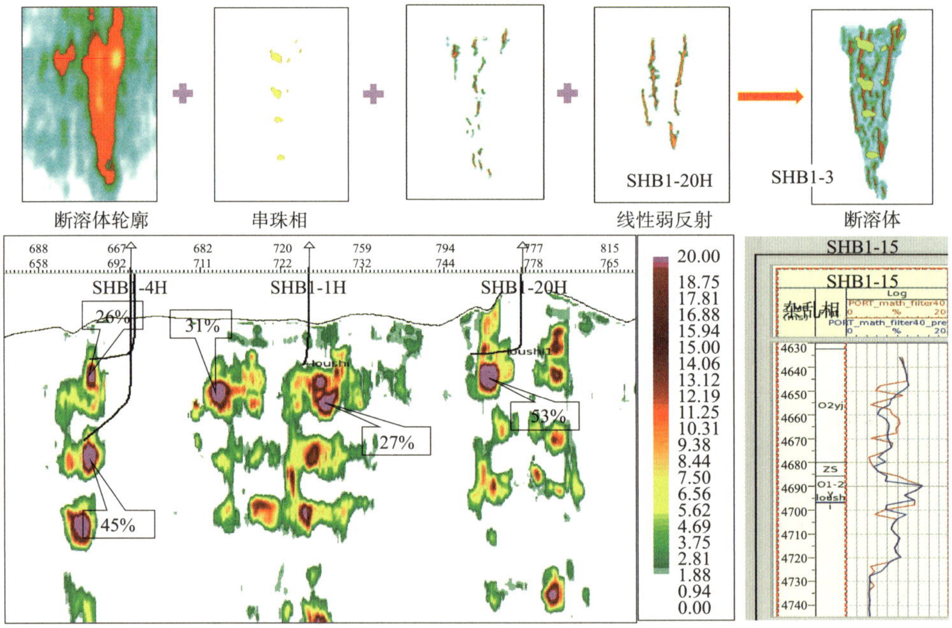

图2－39 断控缝洞型油藏储量计算“五步法”技术思路

精准刻画缝洞体定井位是提高钻井成功率关键技术，围绕钻井生产高产、久产、稳产目标，以规模储层（大裂隙或洞穴），储层之间具有较好的连通性为导向，寻找垂向具有多层异常反射＋通源断裂发育的地震响应特征作为有利目标区，形成了“断裂通源、异常多层、断缝连通、围断选异”的目标优选技术。断控缝洞体目标优选是建立在储层预测描述基础之上的，关键在于断裂带尤其是主断面的预测，核心在断裂带主断面周围寻找可靠异常反射。在实践中，顺北7井直井和侧钻轨迹地震剖面（图2－40），该井位于7号断裂带，断裂带向下直通基底，通源条件优越，断溶体内幕异常反射丰富且多层贯通，直井实钻异常边部，测井解释裂缝但储层物性相对较差；正演研究表明，缝洞储层集合体中心整体在异常核部，储集体顶面在异常的红波谷中心附近，围绕核部设计轨迹或进行储层改造，钻探成功率更高，基于此，结合断裂带勘探实践，逐步形成了“打主断、过异常、穿核部”的井轨迹优化技术。在该技术的指导下，优化设计了顺北7井侧钻轨迹，轨迹过异常核部，穿两条断面，实钻在两条断裂带位置发生漏失，在异常红波谷中心部位出现全烃升高（图2－40），酸压改造后获得油气突破。通过目标优选评价与井轨迹优化技术的应用，在顺北1号断裂带、顺北5号断裂带、顺北4号断裂带、顺北8号断裂带优选了一批钻探目标，储层钻遇成功率达到了100%，规模储集体钻遇率达84%，钻探成效显著，证实了技术的有效性。

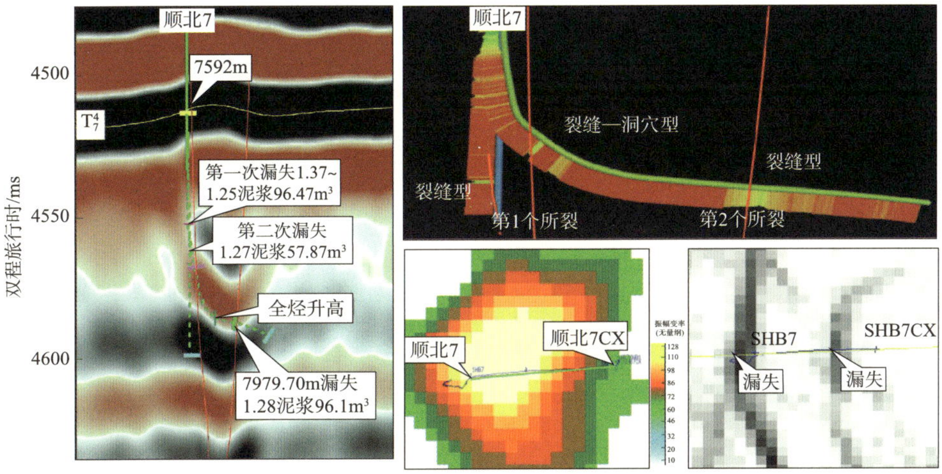

图2－40　顺北7CX井目标优选评价案例分析图

三、井筒技术攻难关，助力建成大油田

在顺北油田钻完井进程中，形成了钻井、储层改造等井筒技术系列，井筒技术的持续迭代提升为顺北大油气田的快速建设提供了强有力的工程技术保障，也为地质条件相似的其他地区钻探工作提供了参考。

优化井深结构，提速效果显著。顺北油气田钻井过程中存在“深、高、多、漏、塌、强”六大难题。储集层埋藏超深、纵向上跨度大（7200～8800m）；超高压（89～129MPa）、高温（160～209℃）；纵向上发育二叠系火山岩、志留系断裂破碎带、上奥陶统侵入岩等多套复杂岩性地层，易发生漏失、卡钻，压力体系复杂，井身结构设计困难；古生界地层古老，岩石强度高，可钻性差，提速难度大。面对这些世界级难题，西北油田分公司以地质目标为导向，针对不同地质条件深入开展针对性的工程技术攻关，井身结构持续优化，钻井技术持续迭代提升。

2013年部署的顺北1井，为保障安全成井，当时采用了六级井身结构，钻井周期461

天，平均机械钻速3.3m/h。通过井震结合技术，深入分析地层孔隙压力、漏失压力、坍塌压力和破裂压力（四压力）剖面，结合钻井实践，持续优化井身结构，最终形成了四级井深结构系列（图2－41），钻井周期降低到200d以内，平均机械钻速提高至7.2m/h。

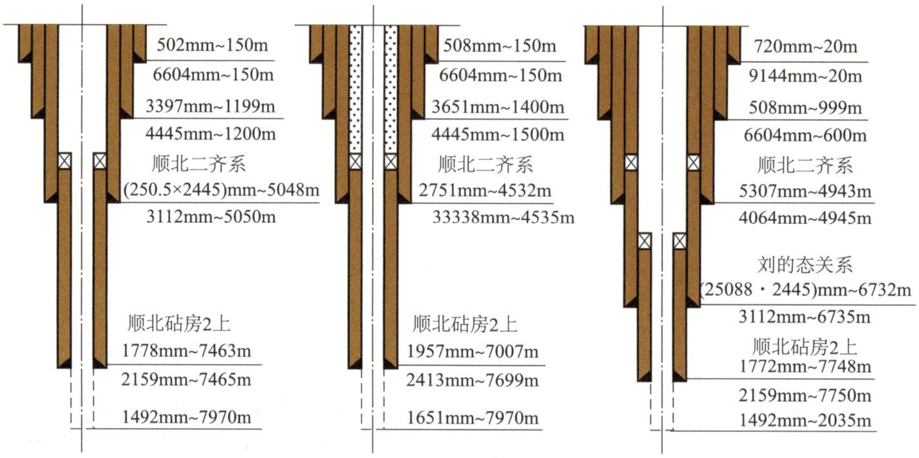

图2－41　顺北地区钻井井身结构系列

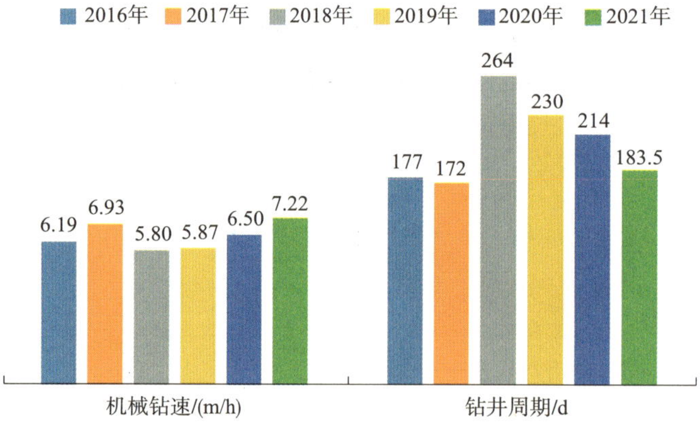

图2－42　顺北地区钻井提速成果统计图

通过地层特征和岩石力学参数研究，开展个性化提速技术攻关，优化形成分层提速技术（图2－42），主要包括：二叠系以浅“穿夹层PDC＋大扭矩螺杆”提速技术；二叠系火成岩“异形齿PDC＋扭冲/大扭矩螺杆”高效破岩技术；石炭系—志留系强参数破岩技术；桑塔木组“PDC＋垂钻＋大扭矩螺杆”防斜打快技术；奥陶系储层“混合钻头＋抗高温大扭矩螺杆”高效定向技术。

基于构造特征、裂缝发育和岩石力学受力综合研究，明确了地层漏失、井壁坍塌的原因，形成了二叠系封缝和堵漏技术，志留系低密度高效穿漏技术、微纳米随钻封堵提承压技术、“物理支撑＋随钻封堵＋精细施工”侵入体防塌技术、破碎性地层微纳米强封堵防塌技术等。2021年二叠系—志留系漏失率从70%降至20%，单井平均漏失量从542m^3降至270m^3，堵漏周期从57.3d降至10.8d，奥陶系井壁失稳处理复杂周期从196.2d降至7.9d。

基于岩石矿物组分、微观结构和损害因素等研究，研发由可酸溶纤维、可酸溶填充材料及弹性石墨组成的抗高温可酸溶暂堵体系，配套旋转控制头，形成“控压低密度＋可酸溶暂堵体系”储集层保护技术，解决了裂缝性储集体漏失与储集层污染并存的难题。钻井液密度最低降至1.05g/cm^3，固相降低至4%，酸溶率提高至95%以上。

近年来，随着成熟技术的固化推广，“液体套管”、旋转导向等新技术的现场试验，钻井速度不断攀升。2021 年完钻的顺北 4 – 9H 井，完钻井深 8110.17m，钻井周期仅 149.5d，机械钻速达 8.71m/h。

持续提升储改能力，优化增产方式。建立改造储层分类及工艺选型标准，形成近解远疏酸化沟通技术和分段酸压技术。

针对断控油气藏储层类型复杂，结合地震反射特征、钻测录井等信息建立了洞穴型、缝—洞型储层的分类识别标准（图 2 – 43）。结合单井的实际钻遇情况，形成了近解远疏酸化、扩缝高酸压、体积酸压等五种储层改造增产技术及对应工艺选型标准，为储层改造施工工艺优选、液体规模参数优化提供重要依据，建产率由 78% 提高到 86%。

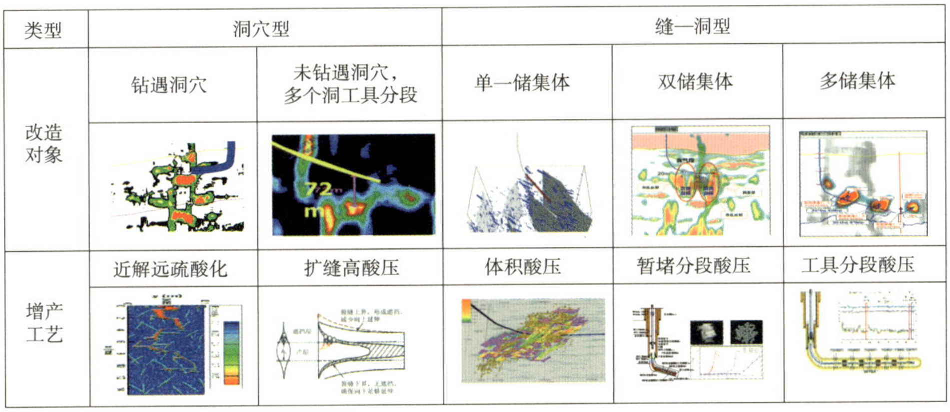

图 2 – 43　顺北储层改造分类标准图

针对顺北洞穴型储层重浆漏失量大（重晶石 500t 以上）、水平井钻井岩屑难返出，造成的污染问题，基于酸蚀蚓孔扩展数学模型及酸蚀蚓孔扩展最优注入速度，形成“近井解堵 + 远井疏通”酸化技术。主要采用胶凝酸近井解堵 + 交联酸远井疏通酸压裂工艺，快速形成酸蚀蚓孔快速穿透污染带，并大排量泵注高黏交联酸，形成更高导流通道，实现远井疏通，疏通范围 30 ~ 60m，有效解决了顺北大漏失井的复产、增产问题。顺北 44X 井钻井期间漏失泥浆 1277.2m^3，采用“近井解堵 + 远井疏通”酸化后获得高产，日产原油 430t（图 2 – 44）。

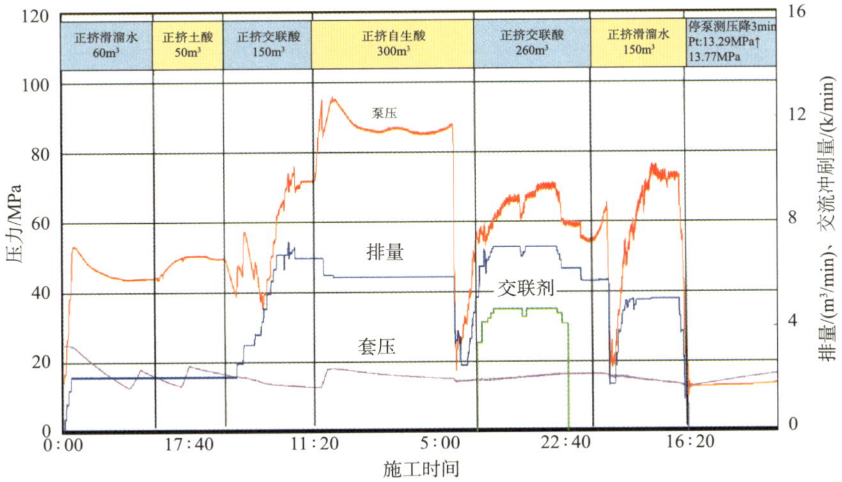

图 2 – 44　顺北 44X 井近解远疏酸化施工曲线

针对缝—洞型储层井周存在多套储集体，笼统酸压难以高效动用的难题，形成断控缝洞型油藏分段酸压技术。对长裸眼井存在两个杂乱反射体，形成了水平井暂堵分段酸压技术，暂堵能力达到20MPa，能实现暂堵软分段；对长裸眼井存在三个以上小规模储集体，形成一井多控、工具分段的酸压技术。对早期分段具体的启裂点不明确、分段可靠性差，配套了井筒听诊器技术，能准确判断分段前后进液变化，实现了精准分段及泵注程序动态优化。SHB4－3H井采用暂堵分段酸压，井筒听诊器监测，实现了2个目标体的改造，相比自然测试，油气当量292～466t/d，提高60%（图2－45）。SHB4－5H井控制动用的破碎体存在弱、散、小的特征，井眼钻穿两个储集体，1个距离140m，采用封隔器＋滑套分段酸压，实现了多个破碎体分段动用（图2－46），压后日产原油355m³，为邻井的1.7～2倍。

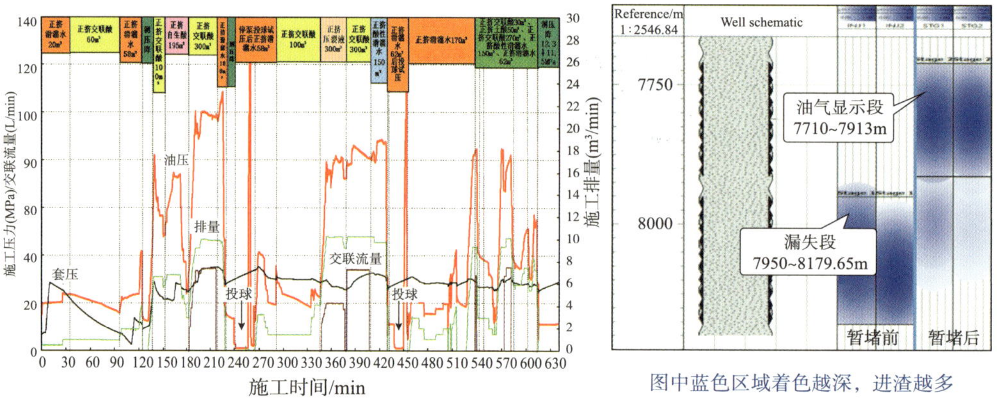

图2－45　SHB4－3H近解远疏酸化施工曲线

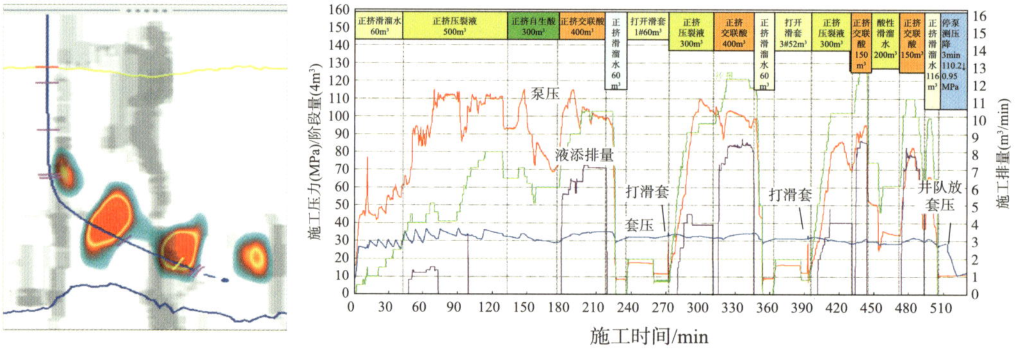

图2－46　SHB4－5H井工具硬分段应用实例

结　语

宝剑锋从磨砺出，梅花香自苦寒来，逐梦顺北十余载，曾经沧海变“桑田”。顺北超深断控缝洞型油气田的发现是中国石化大力实施风险勘探的重要成果，实现了“塔河之外找塔河”的战略构想，为我国海相碳酸盐岩深层—超深层油气勘探提供了宝贵经验，对保障国家能源安全、推动“一带一路”能源合作、促进新疆经济社会发展具有重要的现实意义。

顺北油气田的发现历程，是一部艰辛探索史，从走出塔河，转战玉北，再战塔中，挥师跃进，最后锁定顺北，一路走来，道路坎坷而又曲折，一度春风一度秋雨，一度得意一度失落，波峰波谷，起起落落。也是一部理论创新史，从塔河岩溶缝洞型油气成藏理论的传承到顺北超深断控缝洞型油气成藏理论的创立，我国古生界海相碳酸盐岩油气成藏理论家族不断增添新丁，丰富了勘探类型，拓展了勘探面积，实现了从古隆起、古斜坡向构造低部位的拓展。更是一部技术进步史，工程技术不断突破瓶颈，技术智库不断增添利器，创新形成了井轨迹空间优化、优快钻井、断控缝洞型油气藏高效完井测试与储集层改造等配套技术序列，实现了目标看得更清、空间定得更准、钻井打得更快、单井产得更高的目标，一口口千吨井如雨后春笋般破土而出，顺北大油气田由梦想变为现实。

顺北油气田的发现充分体现了风险勘探在油气发现过程中的重要作用，面对勘探中新的难题，要敢于在探索新问题、研究新问题和解决新问题中实现新的勘探突破。顺北油气田勘探突破过程也充分体现了风险勘探的科学探索和科学方法，即夯实基础、坚持探索，是油气突破的根本，理论创新、思路转变是油气突破的关键，技术进步、装备提升是油气突破的保障。

长风破浪会有时，直挂云帆济沧海。只要我们始终坚持“勘探无禁区，找油无止境”信念，无论波峰波谷，初心如磐，解放思想，创新认识，大担探索，科学实践，塔里木盆地海相碳酸盐岩的油气勘探一定会基业长青、惊喜不断。

最后以四句七言诗来表达我们油气勘探工作者在顺北油气田发现过程中一路走来无比畅越的心情：

深耕盆地五十载，征战南北雄心在；
圆梦塔河创佳绩，再创顺北梅花开。

第三章　四川盆地雷口坡组潮坪相气藏的发现

四川盆地从震旦系到中三叠统沉积了厚达四五千米的巨厚碳酸盐岩，是世界上最早发现和利用天然气的地区（童崇光，1992）。早—中三叠世，包括四川盆地在内的扬子陆块处于古特提斯洋域，古地理环境研究显示，中上扬子地区为半局限—半开阔的碳酸盐陆表海台地，四川盆地西部中三叠统雷口坡组沉积期为浅水台地环境，其边缘发育有古陆或古隆起，水体流通受限，整体上为局限台地沉积，在这种古地理背景下，有利于高盐度海水进入盆地，形成广泛分布的膏盐湖与潮坪相沉积，为孔隙型白云岩规模成储的基础。

川西地区的西侧为龙门山冲断构造带，东侧为川中隆起，受龙门山冲断构造带的控制和影响，形成了一系列与之平行的构造和断层，靠近盆地最近的关口断层以东至彭县断层之间称为山前隐伏带，具备良好的油气成藏条件，是油气勘探重点区带。近半个世纪以来，西南油气工作者经过了多轮攻关探索，终于在川西的大地上发现了四川盆地中国石化第三大气田，实现了川西雷口坡组潮坪相天然气勘探的重大突破。

第一节　川西台缘寻气田　科学探井圆夙愿

一、中坝雷三初战捷，“小肥”气田美名传

四川盆地西部龙门山前构造带海相领域的油气探索始于20世纪60年代，1972年由原四川地质局第二普查大队在川西北江油中坝地区部署的川19井，在中三叠统雷口坡组三段钻揭针孔白云岩储层，测试日产天然气（23～26）×10^4m^3，从而发现中坝雷三气藏，先后实施钻井17口，落实气藏特征，探明含气范围，储层类型为雷口坡组三段台缘滩相白云岩储层，平均有效厚度为74m，气藏具有统一的动力系统，是具有边水的构造气藏，含气面积13.4km^2，复算探明储量为117.2×10^8m^3，含气丰度8.75×$10^8m^3/km^2$，为典型的“小而肥”的气藏（屈德纯，2004；蒲莉萍等，2014）。

作为我国首个高含硫天然气气藏，中坝气田雷三气藏1982年投入开采，生产近四十年，累计采出天然气超过80.76×10^8m^3。因此，再次寻找到类似的气藏一直是石油工作者的奋斗目标。

二、安州探索未成功，海相气田何处寻

在中坝雷三段取得油气勘探发现的同时，西南油气勘探工作者继续沿着龙门山前构造带由北向南持续探索，从20世纪60年代末至70年代末十余年间，在龙门山前北段绵阳

安县地区先后实施了川20、川21、川29、川36井等4口钻井，均在雷口坡组钻揭孔隙型白云岩储层，但未获得好的油气成果，这一批钻井均位于龙门山前构造带，构造复杂，受限于当时勘探资料的缺乏，特别是地震资料品质较差，未能查清构造特征及断层展布。经钻后分析，川20、川21、川29井均位于区域性的隐伏推覆断层上盘，最大推覆距离在15km以上，油气保存条件不利，而川36井位于区域断层下盘，但构造位置偏低，溶蚀孔隙型白云岩储层证实为含气卤水层。

怎样才能取得海相油气勘探的新发现，川西地区面积万余平方千米，如何选区选带、落实有利勘探目标，是摆在勘探工作者面前的一道道难题。通过梳理海相气田的勘探历程及邻区成功经验，认识到有利的区带必须具备三个条件，一是古构造及现今构造叠合区为油气聚集有利区；二是沉积时处于储层发育有利相带；三是龙门山前构造带位于扬子古板块之上发育的多旋回沉积盆地经多期挤压变形叠加崛起的北东向造山冲断带，保存条件欠佳，必须寻找保存条件有利的地区。

为了落实山前带的构造特征，从20世纪70年代起，先后在彭州金马、鸭子河地区实施了多轮次二维地震勘探，由于当时采集处理技术的局限，构造主体部位雷口坡组顶面及以上的构造和断层的展布仍不清楚，以海相层系为目的层的钻井部署工作一度基本处于停滞状态。

三、龙门山前求突破，折戟沉沙不言弃

2003年以来，中国石化西南油气分公司加大科技攻关，设立相关研究课题，开展了龙门山地区的地震勘探方法研究和试验，初步建立了大山区、复杂表层条件和地腹高陡复杂构造的二、三维地震勘探方法技术体系。

2003年在磁峰场—鸭子河地区开展了二维地震勘探，测线长333km，构造主体测网密度2km×2km，基本查清了构造、断层的展布方向、各层的构造以及圈闭发育情况，发现了大园包、白鹿等局部构造，并在大园包构造上部署预探井——龙深1井，以三叠系雷口坡组—嘉陵江组为主要勘探目的层。该井设计井深7270m，钻穿嘉陵江组三段50m完钻，于2005年5月19日开钻，2007年3月25日钻至井深7180m完钻，完钻层位为下三叠统嘉陵江组一段。然而在海相各组段雷口坡组、嘉陵江组均未见到油气显示，经过勘探工作者的深入研究分析，该井失利原因主要有两方面，一是优质储层不发育，早期孔隙被后期的石膏充填；二是断层发育，油气保存条件不佳。

尽管龙深1井未取得勘探突破，但为海相勘探的攻关研究指明了方向，一是持续加强地震勘探和技术攻关，落实构造特征；二是寻找储层发育有利区带；三是落实保存条件有利区带。

四、初心不改再出发，新场雷顶终突破

礁滩勘探未结果，柳暗花明又一村。四川盆地海相碳酸盐岩的勘探一直主要以寻找“礁滩型”气藏和“岩溶型”气藏为主要目标，包括早期的雷口坡组天然气勘探，先后发现了一批中小型台缘滩和台内滩气藏及含气构造。2003年在川东北部署的普光1井在长兴组台地边缘礁滩相带获高产工业气流（马永生等，2005），再次展示出四川盆地油气资源

的巨大勘探潜力，有力地振奋了勘探工作者对四川盆地海相油气勘探事业的信心。为扩大台地边缘礁滩勘探成果，中国石化随即加大对四川盆地的天然气风险勘探力度，瞄准四川盆地西部，力求突破，科技先行，聚焦川西海相领域油气成藏问题，开展了新一轮全面的梳理和大量基础研究，同时在川西探区海相勘探加大了工作力度及工作量，攻关地震资料采集处理，积极开展钻井部署。

在分析前期勘探实践未取得成功的几个关键问题的基础上，认识到川西龙门山前在印支早中期发育大规模台地边缘礁滩相带，地震解释以宏观的丘状杂乱反射为特征，新场构造带雷口坡组构造圈闭发育，远离山前带，处于保存有利区带。为深化川西海相中古生界碳酸盐岩天然气成藏条件的认识，探索中下三叠统是否发育台缘滩、储层发育情况及含气性，2007 年 3 月，在川西坳陷新场构造带实施了第一口石油天然气科学探索井——川科 1 井；2009 年，钻至 7566.5m 嘉陵江组三段完钻，雷口坡组礁滩体地震异常体实钻表明并不是台地边缘礁滩相地质体，而是挤压揉皱形成的厚大膏盐层。然而在雷口坡组顶部却钻遇了一套溶蚀孔隙型白云岩储层，显然与过去认为的台缘滩、颗粒滩储层特征完全不同，表现为薄层的潮坪相白云岩储层特征，是一种新的储层类型。钻井过程中有较好的含气显示，2010 年对该井雷口坡组顶—马鞍塘组 5623 ~ 5635m 井段开展射孔酸压测试，获日产天然气 $86.8 \times 10^4 m^3$，取得了川西雷口坡组天然气勘探的重大突破（许国明等，2012），首次在川西坳陷海相获得高产工业油气流，是继中坝雷三气藏发现后，半个世纪以来再次在川西地区海相油气勘探领域取得突破，大大提振了勘探工作者的士气，也坚定了一定能在川西寻找到海相大气田的信心。

川科 1 井的勘探突破有力证明了川西海相层系具备油气成藏条件，同时也带来更多的疑惑：产气层是马鞍塘组灰岩还是雷口坡组顶部储层？气藏的气源来自哪里？能否规模成藏？勘探潜力如何？一系列关键问题摆在勘探工作者的面前，众多谜团萦绕在心头。为解决以上疑惑，西南油气分公司决定聚焦该套产气层，迅速展开勘探评价。

五、局部评价指方向，喜忧参半待拓展

围绕川科 1 井重大勘探突破，为了进一步查明新场构造带雷口坡组顶部储层发育情况及含气性，评价气藏规模，2010 年，在川科 1 井一东一西同步实施新深 1 井和孝深 1 井，两口钻井均在雷口坡组四段钻揭 100m 左右的白云岩段。2012 年，新深 1 井在该层测试获日产 $53.86 \times 10^4 m^3$ 的工业气流（许国明等，2013），构造位置较低的孝深 1 井完井测试为气水同产。两口评价井的实施，关于新场构造带雷四气藏取得两点认识，一是白云岩储层普遍发育，厚度稳定；二是气藏具有一定构造控制的特征。与此同时，气藏特征及规模还存两个主要疑惑，一是这套白云岩储层的发育主控因素尚不清楚，区域展布特征还有待落实；二是气藏主控因素还不明确，受储层发育或岩性分布控制还是构造控藏？

本阶段通过区域地质背景分析，结合区域地震大线，加强四川盆地地层对比和雷口坡组顶不整合面的研究，明确了产层为雷口坡组四段上亚段碳酸盐岩储层，岩性为溶孔白云岩、灰质白云岩，主要分布于雷口坡组顶不整合面向下 100m 的范围内，初步认为本套白云岩储层与印支期早幕不整合面岩溶作用相关，提出针对雷口坡组顶不整合面岩溶储层勘探思路，随即在川西大范围内展开风险勘探。

第二节　龙门山前大突破　彭州海相擒气龙

一、拓展新区谋发展，山前雷四新发现

中生代以来，受特提斯—喜马拉雅构造域、太平洋构造域的共同作用，扬子板块周缘构造活动十分活跃（谢刚平等，2018）。自印支运动开始，龙门山前构造带经历了多次构造运动，每次构造运动都对该区产生重大影响，使其构造、沉积表现出复杂性。对雷口坡组具有影响的主要包括印支晚期、燕山中晚期及喜马拉雅期发生的构造运动。

晚三叠世，随着古特提斯洋的闭合，甘孜—理塘海槽关闭，松潘—甘孜地块褶皱上升，龙门山地区由地台沉积环境变为造山环境，发生褶皱和早期的冲断推覆作用，形成北东向构造带；晚三叠世至中侏罗世由于受来自西北羌塘地块俯冲和东南古太平洋板块的影响，进入龙门山主要的褶皱造山时期，形成龙门山前陆薄皮构造带及前陆磨拉石盆地；喜马拉雅时期，由于印度板块向欧亚板块的俯冲碰撞，青藏高原隆升，引起强烈的边缘效应，龙门山一带发生了强烈的逆冲推覆构造运动，进一步改造演化并定型为现今的构造格局（黄学猛等，2009）。多期的构造运动造就了四川盆地西部坳陷中段现今的构造特征，雷口坡组顶面构造总体表现为“两隆、两凹、两斜坡”：“两隆”为龙门山前构造带和新场构造带，“两凹”为成都凹陷和绵竹凹陷，“两斜坡”为广汉斜坡、绵阳斜坡（图 3－1）。

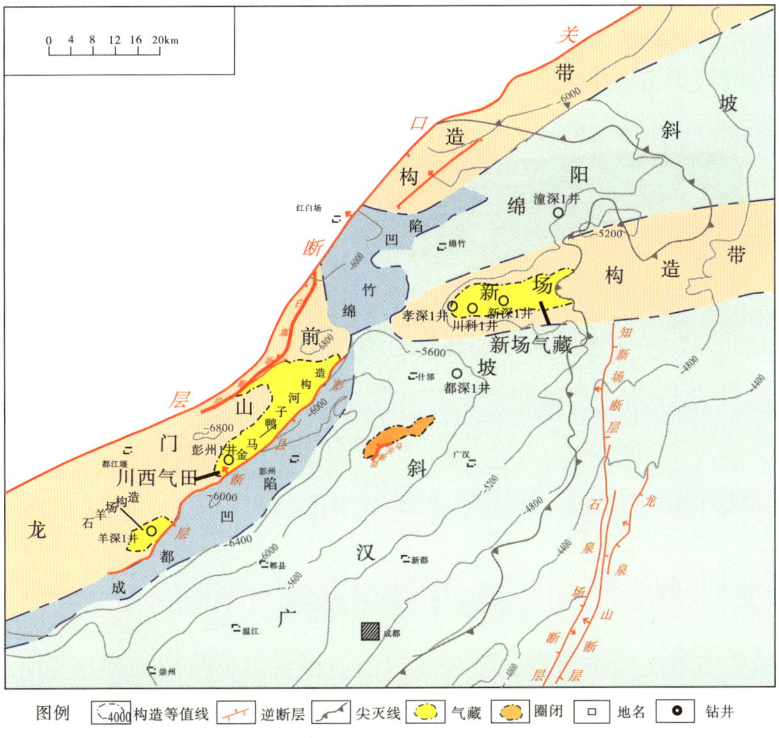

图 3－1　川西雷口坡组顶面构造图

面对川西地区海相层系油气勘探地质条件的复杂性，中国石化加大风险勘探投入，在

油田事业部统一组织下，建立油气风险勘探评价及决策体系，进一步提升风险勘探决策的科学性。通过科学评价，提出川西雷口坡组四段的天然气成藏条件优越，具备巨大的资源勘探潜力，是实施风险勘探的有利目标。

为进一步落实龙门山前带构造特征，西南油气分公司持续加大地球物理研究力度，将2002—2008 年不同批次分块采集的三维地震数据开展大连片、高保真处理，一次覆盖面积合计 1523km^2。同时，重点开展构造特征、储层特征及储层预测研究，进一步落实隐伏构造带构造断层特征、储层特征及分布。首先，按照断层相关褶皱原理和地质构造平衡法对连片高保真处理的地震剖面进行精细解释和组合分析，发现龙门山带构造复杂，发育断层众多，受到西北方向推挤作用，断层走向以北东向为主（图 3 –2），总体上具有“多层系滑脱、叠瓦式逆冲推覆”的特征，纵向上构成 3 个主要的构造变形层次，横向上从北西向南东方向为：叠瓦推覆带、褶皱变形带和凹陷平缓带。作为主干断层的彭县断层、关口断层为近平行的区域大断层，断距大、平面延伸长度长，其中彭县断层位于龙门山前构造带东南翼，呈北东走向，断层面倾向北西，断层延伸长度 60. 2km，断开层位为震旦系—第四系；关口断层位于龙门山前构造带西北翼，呈北东走向，断层面倾向北西，倾角 60 ~ 70°，断层延伸长度约为 150km。断裂体系在该区构成高效的油气输导体系，尤其是彭县断层不仅控制了龙门山前构造带的构造圈闭，而且有利于沟通下伏深层海相烃源岩，是油气成藏运移的重要通道。2012 年，按照探索区域不整合面岩溶气藏的勘探思路，在龙门山前构造带及广汉斜坡、绵阳斜坡同时实施三口风险探井——彭州 1 井、都深 1 井、潼深 1 井，2014 年部署在龙门山前构造带的彭州 1 井在雷四上亚段 5814 ~5866m 井段进行射孔酸压测试，获日产天然气无阻流量 331. 48 ×10^{4}m^3，取得山前带雷口坡组天然气勘探的突破，从而发现川西气田雷四上亚段气藏（李书兵等，2016）。

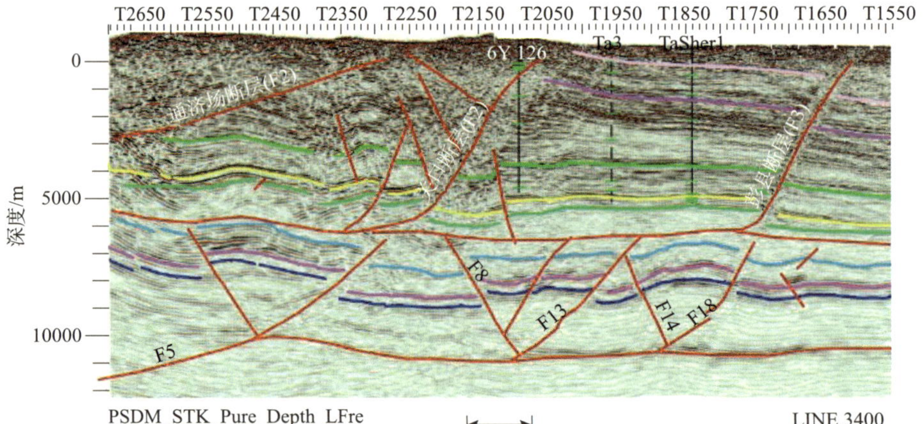

图 3 –2　断层走向图

通过三维地震资料的精细解释，发现龙门山前带雷口坡组由西南至东北主要发育石羊镇、金马、鸭子河等多个局部构造（图 3 –3）。位于中间的金马构造圈闭内的彭州 1 井取得突破后，同年在向北相距 15km 的鸭子河构造实施了鸭深 1 井，向南西相距 19km 的石羊镇构造实施了羊深 1 井。实钻揭示，鸭深 1 井和羊深 1 井雷四上亚段储层厚度大，累计厚度近 100m，（藻）白云岩储层溶蚀孔、洞十分发育，酸压测试分别获得了日产 49. 49 ×

10^4m^3 和 $60.20\times10^4m^3$ 的工业气流，至此，三口井均获高产天然气流，夯实了龙门山前构造带海相勘探的基础，揭示了川西海相雷口坡组四段上亚段气藏巨大的天然气勘探潜力。

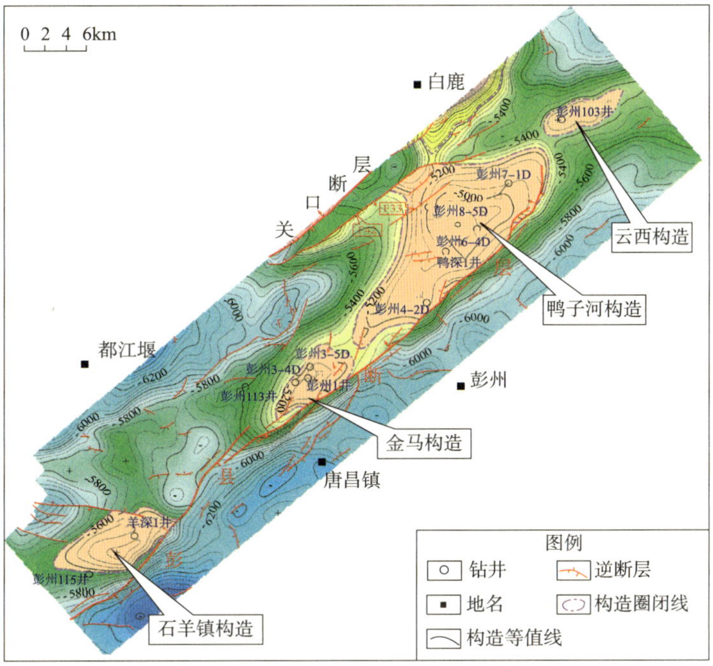

图3-3 川西气田雷口坡组四段上亚段顶面构造图

二、明确潮坪白云岩，积极评价定规模

深化潮坪微相特征，指明气藏评价方向。岩相古地理研究表明，包括四川盆地在内的扬子陆块在早—中三叠世处于古特提斯洋域，纬度在北纬0°~20°之间（许效松，2004；万天丰，2007），为海相克拉通演化阶段。中三叠世中上扬子区西面为康滇古陆，南部为右江前陆盆地，西部边缘发育有古陆或古隆起，海水流通受限，以半局限—半开阔的碳酸盐陆表海台地为特征（李凌等，2013）。另外，四川盆地当时所处的中低纬度地区为干旱气候，低海平面往往是海相含盐地层形成的控制因素之一（Loucks、Sarg，1993），海水浓缩、结晶、沉淀形成厚大蒸发岩，同时海平面周期性升降也有利于形成了广泛分布的白云岩沉积。

四川盆地早—中三叠世嘉陵江期—雷口坡期一共经历了4次三级海平面升降旋回，海平面旋回总体呈下降趋势，持续低海平面为三叠系膏盐岩沉积创造条件，分布广的陆表海浅水台地环境受海平面频繁升降变化的影响（李蓉等，2016），形成膏盐岩、白云岩和灰岩的交互沉积建造。

中三叠世末，受印支运动影响，地壳差异抬升，雷口坡组普遍遭受不同程度的剥蚀，四川盆地大部分地区保存不全，地层残留厚度0~1200m，由西向东逐渐减薄，与上覆上三叠统马鞍塘组呈区域性不整合接触。雷四段主要残留于四川盆地中西部，厚度100~517m，根据岩性变化可进一步分为上、中、下三个亚段，下亚段以大套灰白色石膏岩为主，夹灰—深灰色微晶白云岩；中亚段为浅灰色膏质白云岩、膏岩及泥微晶白云岩不等厚互层；

上亚段下部主要为微—粉晶白云岩、藻白云岩，中上部为微晶藻砂屑灰岩、泥微晶白云质灰岩夹微—粉晶白云岩，其残留地层呈南西—北东向展布于川西工区，是储层发育层段。

台缘滩、颗粒滩相主要发育在水体开阔的沉积环境，沉积各类颗粒（包括鲕粒、骨屑、介壳、核形石、球粒）亮晶灰岩、泥粒灰岩，颗粒磨圆、分选较好，一般具大型交错层理（冯增昭，2012）。而川西地区雷四上亚段沉积时，地势平坦，蒸发作用使海水咸化，即使相对海平面轻微地下降或者上升，也会造成台地大面积暴露于地表或重新被海水淹没，为典型的潮坪沉积特征（图 3－5），受礁或岛屿等障壁的影响，海水流动受到限制，循环不畅，水体能量总体不高，盐度不正常，生物种类单调、稀少，以蓝绿藻、介形虫及瓣鳃为主；岩性主要为白云岩、白云质灰岩、灰质白云岩、叠层藻白云岩、泥晶灰岩。碳酸盐泥及颗粒在盐度较高且富含镁离子的地表水作用下，容易发生准同生白云岩化作用，从而广泛发育潮坪相白云岩。

川西地区雷四上亚段沉积时，海平面变化控制了沉积亚相和微相的展布，可划分为潮下带、潮间带、潮上带 3 个亚相，又可进一步识别出膏云坪—云膏坪、（藻）云坪、（藻）云灰坪、（藻）灰云坪、（藻）砂屑滩、（藻）灰坪等多个微相类型（图 3－4），其中，（藻）云坪、（藻）云灰坪、（藻）灰云坪、（藻）砂屑滩为储层发育的有利微相（图 3－5）（宋晓波等，2021）。平面上，川西地区以潮间带沉积为主，包括彭州、新场、马井等川西大部分地区均处于潮间上带（图 3－6），广泛发育云坪、藻云坪沉积微相，藻普遍发育，类型多样，形态各异，其中兰藻、绿藻等最为发育，大部分藻呈纹层（带）状。纵向上，经历了两次海侵—海退旋回，川西地区均处于潮间上带沉积环境，虽范围有所不同，但川西气田所在区域均处于云坪、藻云坪有利沉积微相发育区，为雷四上亚段的白云岩储层稳定发育奠定了基础。

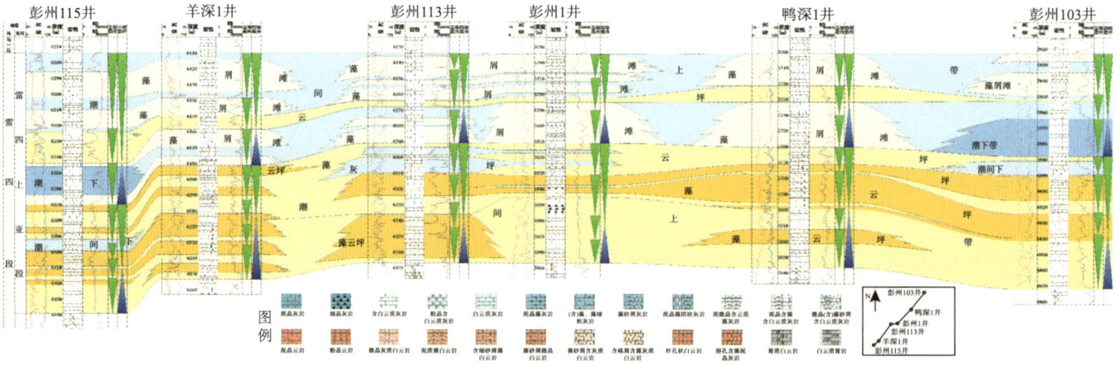

图 3－4　川西雷四上亚段沉积相对比图

不断丰富岩芯资料，明确储层特征及展布。通过钻井连续取芯，获得大量基础地质资料，揭示川西雷四上亚段与台缘滩、颗粒滩储层特征完全不同，白云岩储层呈薄层分布，纵向多层叠置，具有典型的“薄互储层”特征（图 3－7），储层累计厚度大，可达 60～100m，可分为上、下两套储层，中间由 25m 左右稳定分布的潮间下带致密灰岩隔开。储层岩石类型主要包括：晶粒白云岩、（含）藻白云岩、（含）灰质白云岩、（含）白云质灰岩及（颗粒）灰岩等 5 类，优质溶蚀孔隙型储层均发育在白云岩中（王琼仙等，2017），岩性由微—粉晶白云岩、（含）藻白云岩及（含）灰质白云岩组成（图 3－8、图 3－9），白

(a)膏质团块，潮上带膏云坪，雷四段，丰谷1井，4589m

(b)鸟眼构造，潮间带(藻)云坪，雷四段，鸭深1井，6208.24m

(c)藻纹层白云岩，潮间带藻云坪，雷四段，鸭深1井，5779.81m

(d)干裂纹，潮间带云坪，雷四段，绵竹汉旺剖面

(e)叠层藻白云岩，潮间带藻云坪，雷四段，彭州1井，6217.69m，100(-)

(f)藻凝块白云岩，潮间带藻云坪，雷四段，鸭深1井，5814.59m，100(-)

(g)灰质白云岩，潮间带灰云坪，波状层理，雷四段，鸭深1井，-21/88

(h)砂屑白云岩，潮间带砂屑滩，雷四段，鸭深1井，5791.87m，100(-)

(i)微晶灰岩，潮下带灰坪，雷四段，彭州1井，5738.62m，100(+)

图3-5　川西地区雷四上亚段典型沉积相的岩石特征

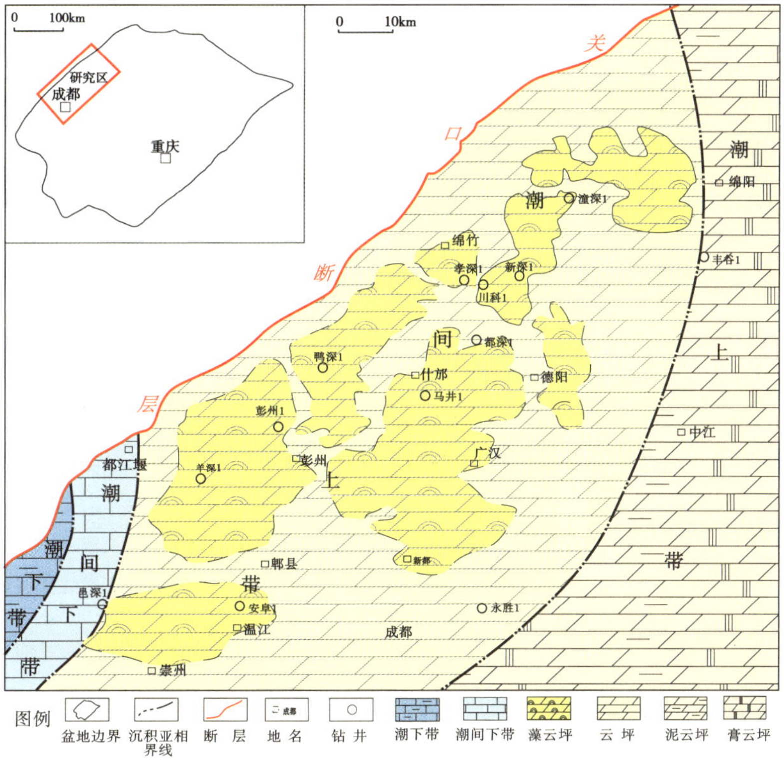

图3-6　川西地区雷四上亚段下部沉积相图

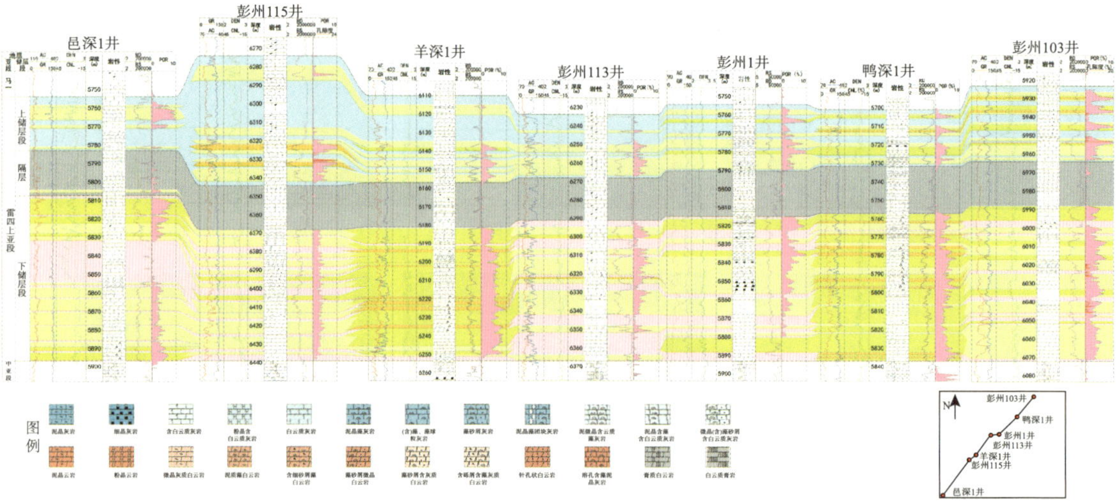

图3-7　川西气田雷四上亚段储层对比图

(a)藻纹层白云岩，溶孔顺层发育，鸭深1井，5782.21m　(b)藻凝块白云岩，溶蚀孔洞发育，彭州6-4D井，5714.19m　(c)溶孔粉晶白云岩，彭州1井，5817.8m

图3-8　川西气田雷四上亚段储层宏观特征

(a)溶孔粉晶白云岩，正交偏光，彭州103井，6045.6m　(b)溶孔微粉晶白云岩，单偏光，彭州115井，6371m　(c)溶孔粉晶白云岩，单偏光，彭州1井，5818.1m

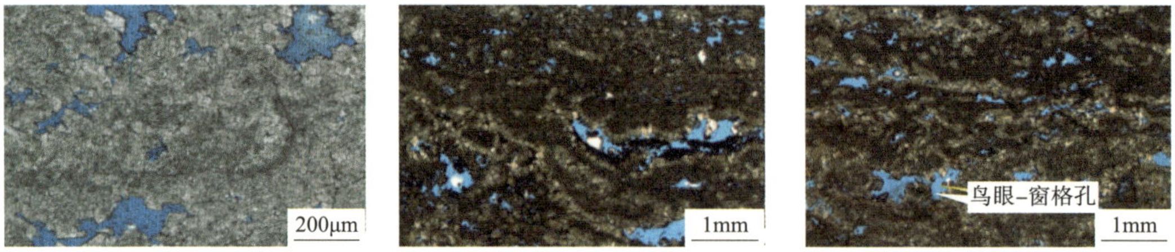

(d)溶孔藻白云岩，单偏光，彭州6-4D井，5703.24m　(e)藻纹层白云岩，单偏光，鸭深1井，5791.92m　(f)溶孔藻纹层白云岩，单偏光，鸭深1井，5793.95m

图3-9　川西气田雷四上亚段储层微观特征

云石含量越高，溶孔、溶洞越发育。储层的储集空间主要为晶间溶孔、晶间孔、鸟眼—窗格孔、藻间溶孔（粒间溶孔）、溶（裂）缝等，其中，晶间孔、鸟眼—窗格孔等早期孔隙较发育的储层，物性较好；此外，裂缝不但可以沟通孔隙空间，同时也提高储层渗透性能，从而扩大孔隙空间，提高储层的物性，方解石含量越高则裂缝越发育。

根据统计结果，雷四上亚段岩芯柱塞样有效孔隙度2.01%~23.70%，平均值为6.01%；有效渗透率（0.021~18.4）$\times10^{-3}\mu m^2$，平均渗透率0.728$\times10^{-3}\mu m^2$，按照四川盆地碳酸盐岩储层分类评价标准，以Ⅱ~Ⅲ类储层为主，夹Ⅰ类储层（图3-10、图3-11）。

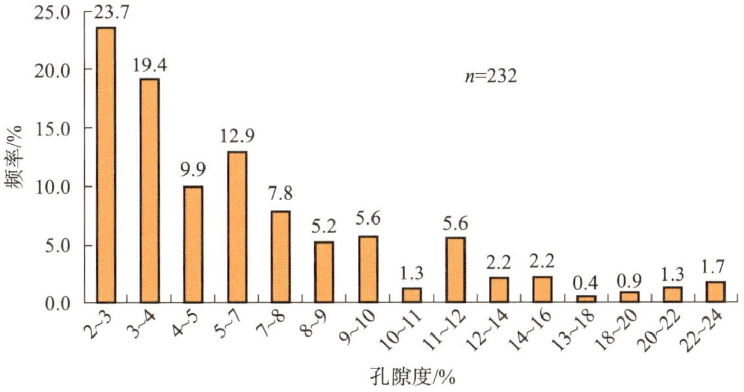

图3-10　川西气田雷四上亚段有效孔隙度频率直方图

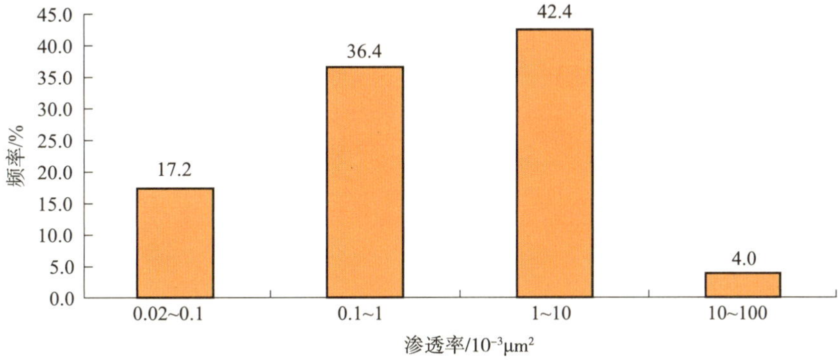

图3-11　川西气田雷四上亚段渗透率频率直方图

总体上，川西雷四上亚段储层类型为局限台地潮坪相白云岩孔隙型储层，其发育受控于云坪、藻云坪微相，具有纵向多层叠置、横向分布稳定的特征。该套储层的发现极大增强了勘探工作者发现大气田的信心，随即在川西地区全面展开雷口坡组潮坪相白云岩的勘探及评价。

为进一步落实构造特征，更好更快推进龙门山前构造带雷口坡组勘探评价部署，对连片三维地震进行叠前深度偏移处理及解释工作，一次覆盖面积1982.9km^2，满覆盖面积1428.7km^2，该地震资料为实现气藏探明及评价部署提供了重要的基础资料。与此同时，为了进一步评价气藏规模，2016年在构造翼部较低部位分别部署了彭州115井、彭州113井、彭州103井3口评价井，其中，在金马—鸭子河构造北翼部署的彭州103井在下储层射孔酸压测试，获日产天然气12.66$\times10^4m^3$，日产地层水276m^3。这3口评价井证实了川西气田雷口坡组四段上、下气藏类型，均为构造型气藏。

三、川西气田建设忙，都市绿色树标杆

通过勘探实践，明确川西气田雷四气藏特征，为超深（埋深5700～6200m）、高含硫（硫化氢含量3.88%～5.45%）、中含二氧化碳（5.22%）、常压（压力系数1.12）、受构造控制的边水气藏。2020年，随着钻井资料的丰富及气藏特征深化研究，川西气田雷四上亚段发育厚度大、物性好、横向连片分布的潮坪相规模孔隙型白云岩储层，具有“多源多期供烃、断裂裂缝输导、构造地层圈闭控藏”的成藏特征，落实气藏含气面积，提交探明储量超千亿立方米，实现川西气田的整体探明，是继普光、元坝气田之后，中国石化四川盆地第三大海相气田，也是川西龙门山前隐伏构造带发现的第一个千亿立方米大气田。

“十三五”以来，按照“整体部署、评建结合、动态调整、分部实施”的原则和“边评价、边认识、边落实、边建产能”的思路推进勘探开发一体化工作。针对构造超深复杂、储层单层厚度薄、多层叠置、钻完井工程世界级难题、安全环保要求高等挑战，中国石化加大技术攻关，形成潮坪相白云岩薄互储层预测技术系列，基本实现了薄互储层纵向上分段精细刻画；提出了复杂潮坪相碳酸盐岩气藏产能评价与效益开发技术对策、大斜度井钻完井及改造工艺技术，创新实施超深水平井“一台多井”工厂模式施工，以“少井高产”为目标，第一轮实施钻井11口，日产天然气平均无阻流量达到$133\times10^4m^3$，第二轮实施钻井6口，总结首轮钻井施工经验，聚焦地质目标，优化钻完井工艺，升级现场管控措施，提高优质储层钻遇率，平均日产天然气无阻流量突破$200\times10^4m^3$。

川西气田位于四川省成都市彭州、都江堰市境内，东南距成都市区约45km，处于川西经济发达区域，人口稠密，气田开发面临多项挑战。2021年9月，气田开发调整方案落地，一期设计4个钻采净化集输平台，按照“分散建站、钻采净化同平台集成开发”建产新模式，积极推进气田建设，以“安全绿色、智能高效、创新领先、阳光和谐”为目标，打造都市气田样板工程，预计2023年底建成年产$20\times10^8m^3$天然气产能。

经过十几年的勘探实践，川西地区雷四上亚段潮坪相白云岩勘探成果丰硕，先后在此领域发现3个雷口坡组四段潮坪相白云岩气藏，川西气田实现整体探明，开辟了新建产目标区。截至2021年底，新场、马井雷四气藏，提交控制储量七百余亿立方米，同时支撑川西气田外围雷口坡组风险勘探部署，在斜坡带还发现了多个构造—地层圈闭、岩性圈闭，初步落实油气资源量两千亿立方米。

第三节　勘探理论再突破　关键技术齐护航

从20世纪60—70年代起，直到2010年川科1井取得川西雷口坡组雷四段天然气勘探突破，三代油气工作者近半个世纪的孜孜以求，一口口钻井无一不体现着勘探工作者锲而不舍攻坚克难的优秀品质。整个川西海相油气勘探的三大难题始终是勘探家们努力追寻答案的关键问题。①是否发育规模储层，中三叠世雷口坡期四川盆地以局限—蒸发台地为

主，台内滩相储层规模有限；印支期不整合面风化岩溶作用规模较小，难以形成大规模风化壳岩溶型储层。②是否具备油气成藏的烃源基础，川西海相钻井资料薄弱，烃源岩研究力度不足，资源评价可信度不高；雷口坡组与下伏二叠系烃源岩层距离较远，且中下三叠统发育厚大膏盐岩遮挡，气源可能不足。③中下三叠统是否发育规模气藏，四川盆地已发现的中下三叠统气藏规模均较小，成藏主控因素及富集规律不清，勘探有利区带不明确。

面对难题，西南油气分公司的勘探家们坚持创新思维，不为传统的观念所束缚，积极探索，勇于创新，以目标为导向，强化基础研究，充分运用新理论、新方法、新技术，努力提高地球物理资料的分辨率，实现了勘探目标的精确预测。

一、规模成储建机制，分布特征显真容

进入 21 世纪，四川盆地碳酸盐岩天然气勘探主要聚焦于台地边缘高能礁滩领域，先后发现了普光、元坝等二叠系台地边缘礁滩相气藏，它山之石可以攻玉，同属于海相沉积的中、下三叠统是否也发育有高能滩相气藏，是勘探工作者一直想证实的设想，地震异常特征提供了线索，指引了方向，随着科学探井的实施，取得地下几千米的第一手资料，证实并非高能滩相，地震异常也存在多解性。苍天不负有心人，在雷口坡组四段获得高产工业气流，取得油气勘探突破，成功的喜悦带来短暂的欣喜，也带来更多的疑问，西南油气分公司勘探工作者又投入新一轮的探索，勘探突破之后如何在川西甩开勘探，要真正实现大气田的发现，完成几代人的夙愿，要紧紧抓住优质储层这个“牛鼻子”，努力攻克优质储层类型、发育主控因素以及分布规律等关键问题。

命运多舛白云岩，科学手段揭身世。沉积作用是储层形成的先决条件，川西地区雷四段上亚段总体处于潮坪沉积环境，水体整体较浅，沉积期海水的升降与微幅度的古地貌控制了微相的分布。潮间带藻云坪、云坪微相在低海平面期容易暴露，有利于准同生期大气水淋滤溶蚀作用的发生，从而对含藻白云岩、晶粒白云岩进行改造，形成优质孔隙型储层。

中三叠世四川盆地为广泛分布的陆表海潮坪相沉积环境，川西地区处于云坪、藻云坪有利沉积微相发育区，为雷四上亚段白云岩储层稳定发育的基础。这套储层从诞生之日起，几亿年间经历多次地质事件，成岩作用类型多样，过程复杂，控制储层孔隙变化的成岩作用就有八种，其中对孔隙起建设性的成岩作用主要有四种：白云石化作用、溶蚀作用、压溶作用、破裂作用；对孔隙起破坏性的成岩作用主要有四种：压实作用、胶结（充填）作用、去云化作用和新生变形作用等，其中白云石化及溶蚀作用最为关键（王琼仙等，2016）。

白云石化作用：川西地区雷四上亚段白云岩分布广泛，白云石化作用普遍且强烈。根据白云石的产状、结构及地球化学特征，区内白云石化作用为准同生白云石化和浅埋藏（渗透回流）白云石化两种。

第一种准同生白云石化作用，形成的白云石以泥—微晶为主，晶体以非平直晶面的它形晶为主，晶面混浊，晶缘呈港湾状紧密镶嵌接触［图 3－12（a）（b）］。准同生白云石化作用形成的白云石的锶同位素分析，与同期海水比值相似；白云石的有序度低，为

0.51～0.68，平均值0.587；在阴极发光显微镜下，发暗橘红色、褐色光。白云石化作用发生于海底成岩环境的准同生成岩阶段，形成的白云石晶间孔和晶缘缝不发育。

第二种浅埋藏（渗透回流）白云石化作用，形成的白云石是本区最常见的储集性能较好的一类，以粉—细晶为主，晶体以平直晶面自形晶的菱面体为主，表面粗糙，常具雾心亮边特征［图3－12（d）］。锶同位素Sr^{87}/Sr^{86}平均值0.70816，略低于同期海水锶同位素值，显示流体具浅埋藏特征。白云石的有序度也低，为0.645～0.804，平均值0.69；在阴极发光显微镜下，白云石晶体中心（雾心部分）发光相对较暗，发褐色光或不发光，晶体边部（亮边部份）发橘红色光［图3－12（c）（d）］。发生于浅埋藏成岩环境的早成岩阶段，晶体亮边可能与上覆海水向下渗流造成白云石的共轴生长（胶结）有关。浅埋藏白云石化作用主要是对准同生泥微晶白云石的进一步改造，其形成的白云岩发育晶间孔，在此基础上，进一步溶蚀扩大形成晶间溶孔、不规则溶蚀。

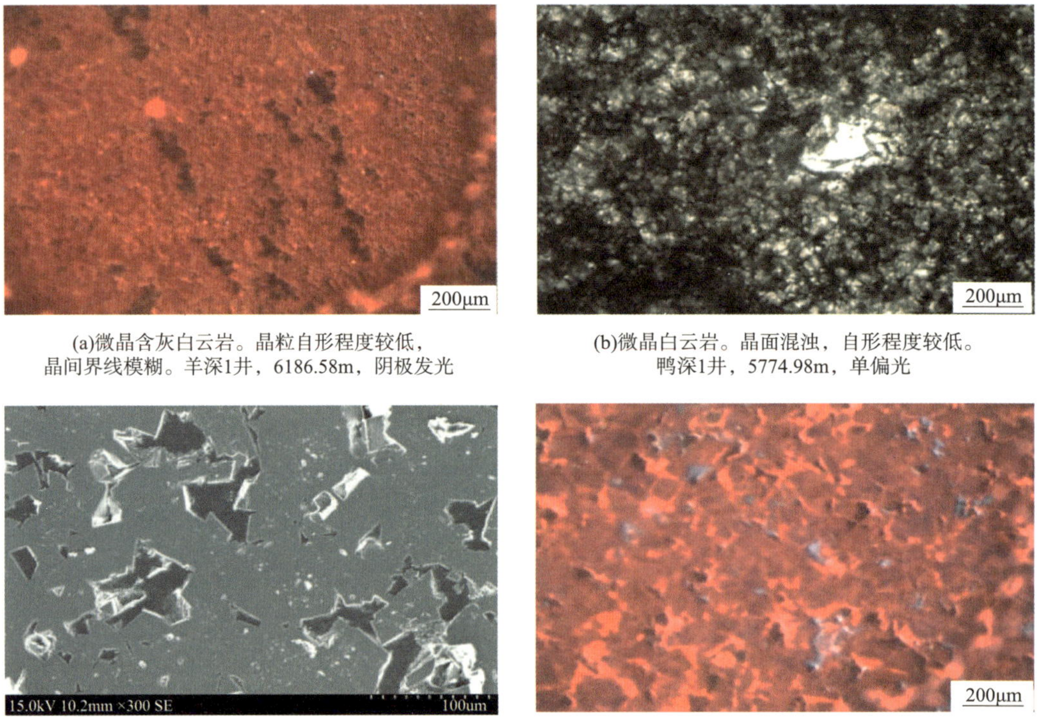

(a)微晶含灰白云岩。晶粒自形程度较低，晶间界线模糊。羊深1井，6186.58m，阴极发光

(b)微晶白云岩。晶面混浊，自形程度较低。鸭深1井，5774.98m，单偏光

(c)含孔粉晶白云岩。晶体自形程度、晶面平直，具溶蚀特征。鸭深1井，5778.96m，扫描电镜

(d)含孔微粉晶白云岩。白云晶体自形程度高、雾心亮边。鸭深1井，5768.29m，阴极发光照片

图3－12　川西气田雷四上亚段不同成因类型的白云石显微特征

溶蚀作用：主要发育三种类型的溶蚀作用，一种是准同生溶蚀作用，以组构选择性溶蚀孔发育为特征，如膏模孔、鸟眼—窗格孔及粒内溶孔、铸模孔；第二种是表生溶蚀作用，以充填渗流砂及泥质的溶蚀孔发育为特征，在川西地区少见；第三种是埋藏溶蚀作用，溶蚀流体主要是雷口坡组烃源岩有机质成熟生烃、烃类运移过程中，烃类脱羧基释放的CO_2溶于地层水形成酸性流体，其形成的溶孔多与裂缝伴生，溶蚀矿物多见埋藏期形成矿物，且溶孔分布无选择性［图3－13（a）～（d）］。其中准同生溶蚀是主要的溶蚀作用，也是白云岩储层孔隙形成的关键。

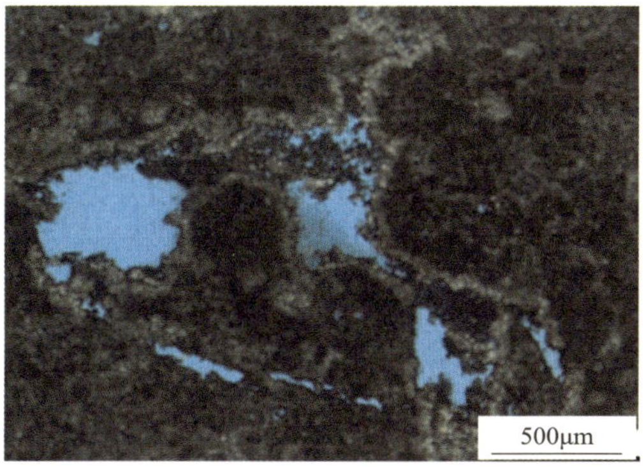

(a)第一期埋藏溶蚀，被溶物为表生期充填的渗流砂，羊深1井6228.96m，单偏光

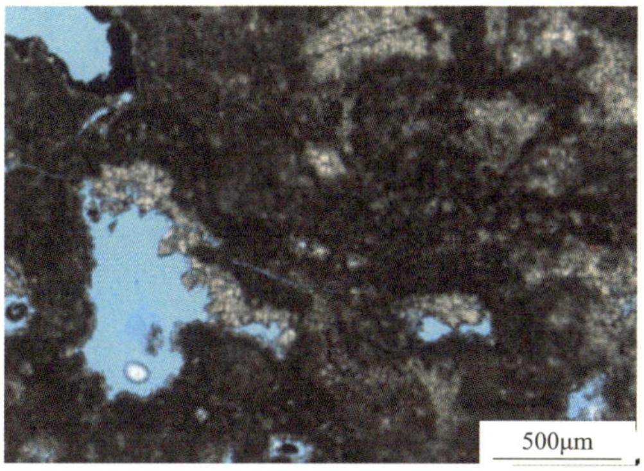

(b)第一期埋藏溶蚀，浅埋藏期微粉晶白云石胶结物被溶，羊深1井6218.7m，单偏光

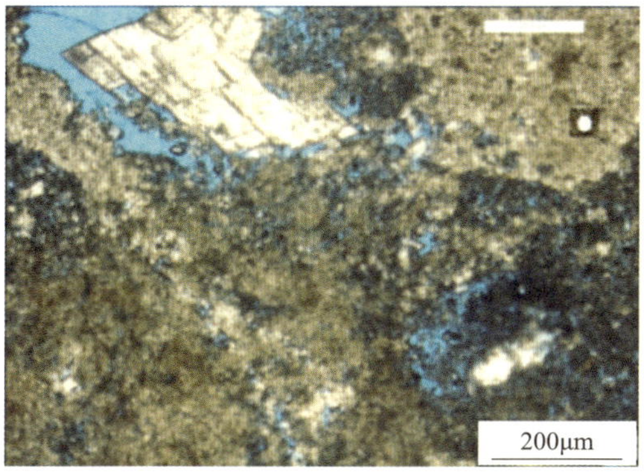

(c)第二期埋藏溶蚀，被溶物为浅埋藏期形成的自形白云石，鸭深1井，5785.56m，单偏光

(d)第三期埋藏溶蚀，高温石英充填(包体温度 >200℃)，晚期溶缝，羊深1井，6233.92m，单偏光

图 3－13　川西气田雷四上亚段储层埋藏溶蚀—充填作用显微特征

成岩作用排序列，孔隙演化写历史。任何事物的发育都是沿着时间单向发展，一套储层的形成经历多期成岩作用，油气储藏空间——储层孔隙也随着变化，确定影响孔隙变化的主要成因作用，也就抓住了储层发育的控制因素。

晶粒白云岩成岩序列，准同生期：灰泥→准同生白云石化，理论上这个时期的沉积物孔隙度为 40%，主要为晶间微孔；早成岩期：浅埋压实→埋藏（渗透回流）白云石化→埋藏胶结，压实作用使沉积物的孔隙度降至 7%，埋藏白云石化产生晶间孔，使岩石的孔隙度增至 16%，压实作用影响下岩石的孔隙度降至 5%；中成岩期：构造抬升、卸载破裂→古表生淡水溶蚀，孔隙度增至 7% 左右→去云化→淡水胶结（充填）；晚成岩期：再埋藏压实→有机酸埋藏溶蚀，形成大量晶间溶孔、不规则溶孔和少量微溶缝，孔隙度≥10% 时，形成Ⅰ类储层；孔隙度 5%～10% 时，形成Ⅱ类储层→埋藏胶结→烃类充注→深埋藏溶蚀（H_2S 和热液）→深埋藏胶结（连晶或嵌晶胶结）→天然气充注（图 3－14）。

区内藻颗粒—藻黏结白云岩类具有与晶粒白云岩类基本一致的成岩序列。但每个成岩阶段和成岩作用的强弱对孔隙演化影响却有着较明显的差异。藻颗粒—藻黏结白云岩类的成岩作用序列为：灰泥、藻颗粒→泥晶化（不发育）→海底胶结（不发育）→准同生白云化→准同生溶蚀，形成了 15%～20% 的藻窗格孔、鸟眼孔，以及准同生白云化的晶间（基质）微孔，其孔隙度可保持在沉积时的 35% 左右→压实→埋藏白云化，产生白云石晶间孔 10%，同时埋藏白云石胶结充填了部分窗格—鸟眼孔，孔隙减少 10%～15%，在胶结作用强的岩石中甚至可能减少 30%，但另一方面白云石的胶结也起到了抗埋藏压实的作用，受压实作用减少孔隙度约 2%，经历浅埋藏阶段以后，最终孔隙度在 10%～15%，主要为残余窗格—鸟眼孔及其他早期残余孔及晶间孔→埋藏胶结（世代白云石胶结，少量方解石胶结）→构造抬升、卸载破裂→古表生淡水溶蚀，对充填于早期孔隙中的白云石进行溶蚀，新产生孔隙 3%～5%→去云化，导致大量早期孔隙被破坏，孔隙减少 5%～15% 不等→淡水胶结（渗流砂充填、方解石胶结、垮塌充填）→再埋藏方解石胶结→天然气充注→埋藏溶蚀→深埋藏胶结，最终现今储层孔隙多在 2%～15%，最高可达 20%→破裂作用（图 3－15）。

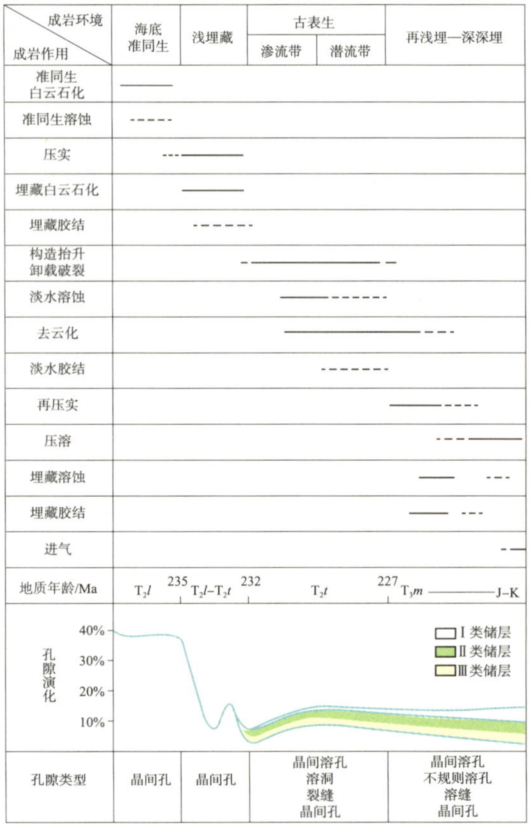

图 3－14　晶粒岩成岩序列及孔隙演化图

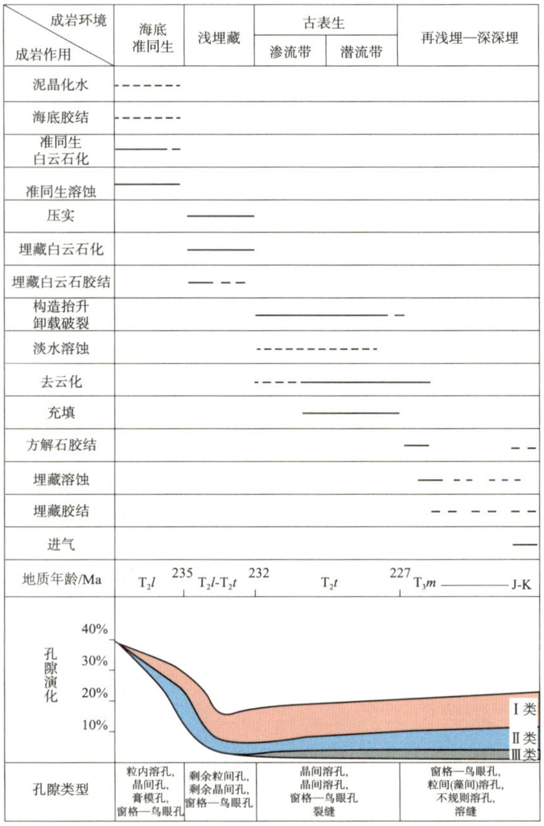

图 3－15　藻颗粒—藻黏结岩成岩序列及孔隙演化图

储层发育明控因，分布规律定展布。根据成岩作用及孔隙演化分析，川西气田雷四上亚段白云岩储层主要为“白云石化作用＋准同生期溶蚀作用＋埋藏溶蚀作用”叠加形成。

（1）潮坪相碳酸盐岩白云石化是优质储层发育的基础。

雷四上亚段沉积时，川西地区位于潮间上带的藻云坪和云坪沉积环境，有利于准同生期白云石化和准同生期溶蚀作用的发生，为大规模展布的孔隙型白云岩储层的发育提供了有利场所。区内优质储层的储集岩均以（藻）白云岩和（含）灰质白云岩类为主，溶蚀孔洞均发育在这些白云岩中，白云石化是储层发育的基础，白云石化控制了溶蚀孔洞的发育，白云岩的展布决定了优质溶蚀孔隙型储层的空间分布。

（2）高频旋回控制的准同生期溶蚀是优质储层发育的关键。

具有准同生期暴露标志的储层段大量发育藻间溶孔、铸模孔、窗格孔、膏溶孔等早期溶蚀孔隙，特别是在白云岩类岩性变化较快的部位，准同生期溶蚀作用最为明显。由于准同生溶蚀作用具有单期暴露时间短、面积大、多期次频繁暴露溶蚀的特点，因此形成的优质储层具有单层厚度薄、纵向多层叠置且相对集中分布的规律。在高频层序的框架下，云坪、藻云坪相纵向叠置重复最多、岩性变化较快的区域为优质储层发育最有利区，涵盖了整个川西地区。

（3）埋藏溶蚀作用进一步提高优质储层的品质。

川西雷口坡组在再埋藏—深埋环境下的溶蚀具有很强的继承性，镜下特征多是沿着前期保存的孔隙形成扩溶或对前期形成的微裂缝进一步改造，最终形成孔、缝连通性较好的优质储层。埋藏过程中，在先存孔隙的基础上，经历两期与有机酸溶蚀有关的埋藏溶蚀作用的进一步改造，才保留了现今的优质溶蚀孔隙型储层。埋藏溶蚀的强度主要受先存溶蚀孔洞的保存情况和微裂缝发育程度的影响，在先存孔洞缝越发育的地方，埋藏溶蚀作用也就越强烈，更容易形成优质储层。因此裂缝发育区与先存孔洞保存好的叠置区就是优质储层发育最有利区。

综上所述，云坪、藻云坪微相控制了白云岩的分布，准同生期及浅埋藏期白云石化作用形成了规模分布的白云岩，奠定了优质储层基质孔隙发育的基础；高频旋回控制的准同生溶蚀作用是优质储层发育的关键；埋藏溶蚀作用则是扩溶先存孔洞并形成新孔隙的重要动力，进一步提高优质储层的品质；构造高部位油气充注占位进一步抑制胶结物形成，有利于孔隙的保持（图 3－16）。

二、成藏富集显规律，油气勘探指方向

在经历了亿万年的演化历史之后，油气从成藏到调整、最终定型都经历了复杂的过程，要实现高效勘探，对天然气成藏富集规律性认识是明确勘探方向的关键原因之所在。

地化分析明气源，多源供烃筑根基。川西海相层系发育多套烃源岩，川西地区雷口坡组天然气为混源气，通过对天然气碳氢同位素、储层沥青及生物标志化合物的分析，明确川西气田雷口坡组气藏的天然气来源，主要来自上二叠统烃源岩和雷口坡组自身烃源岩，两套烃源岩具备形成中大型气田的资源基础。

川西气田雷四气藏产出流体以天然气为主（Wu，2020）。其中，天然气甲烷平均含量89.24%，乙烷平均含量0.12%，丙烷及以上烷烃含量为0.0%，二氧化碳平均含量5.24%，氦气平均含量0.03%。硫化氢平均含量4.05%（58.17g/m^3），属于高含硫气藏。整体上，川西雷口坡组天然气干燥系数（C_1/C_{1-4}）较大，绝多数分布在0.98以上，具有典型高演化干气特征。川西气田雷四上亚段气藏天然气 $\delta^{13}C_1$ 值为 －31.8‰～－29.3‰，$\delta^{13}C_2$ 值为 －32.9‰～－32.0‰；均轻于 －28‰，多数气样介于油型气与混源气之间，表现出偏油型气的混源气特征（图 3－17）。川西气田天然气甲烷氢同位素值为 －155.4‰～－136‰，在 $\delta^{13}C_2$-δD 关系图上（图 3－18），多数气样介于海相与陆相之间，也表现为混源气。

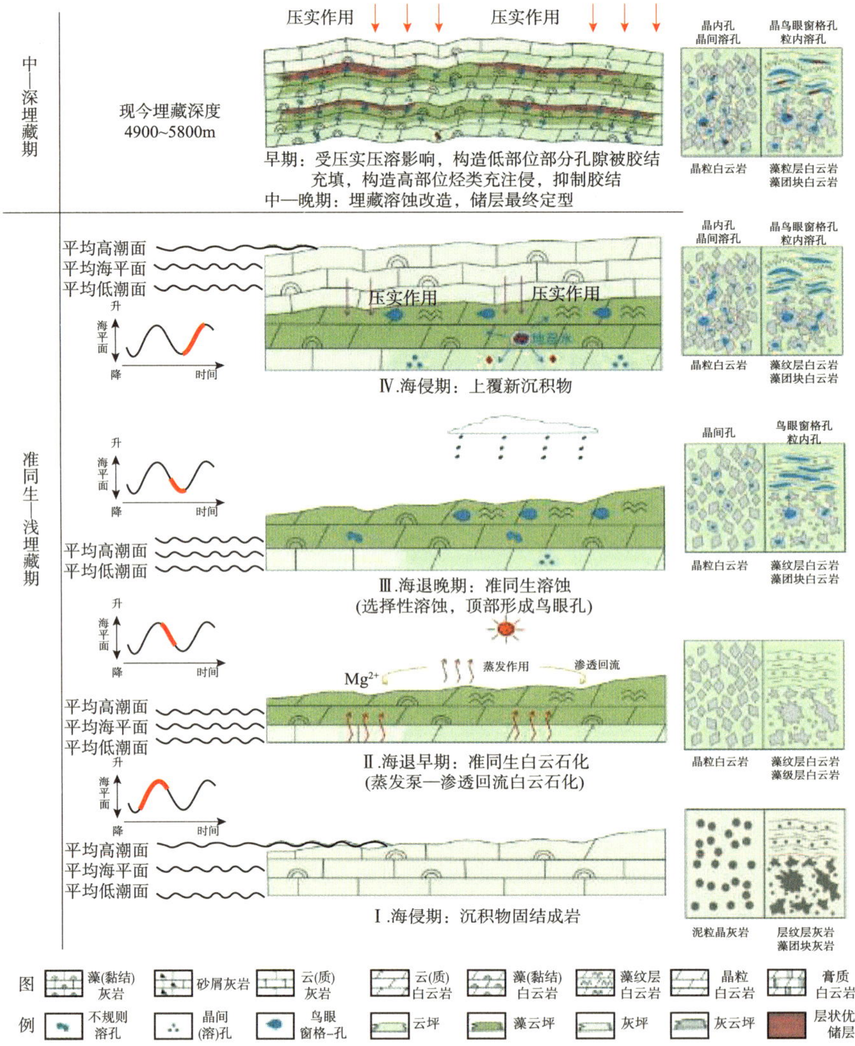

图 3－16　川西地区雷口坡组四段成储模式示意图

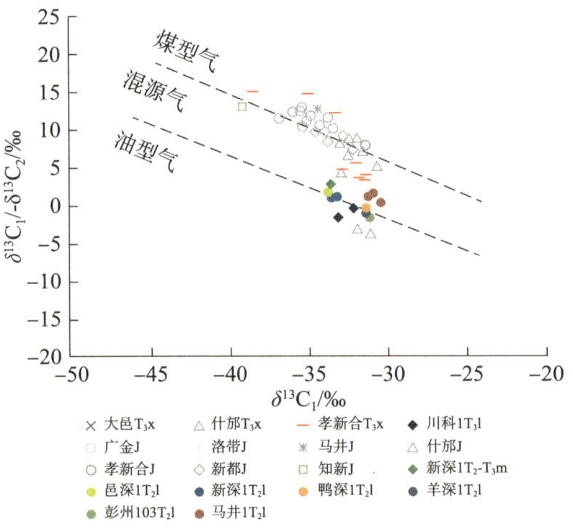

图 3－17　川西不同层系天然气 $\delta^{13}C_1$ 与 $\delta^{13}C_2$-$\delta^{13}C_1$ 关系图

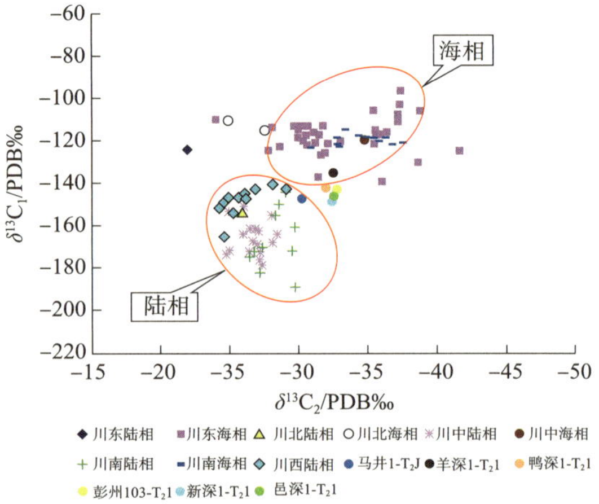

图 3－18　川西不同层系天然气 $\delta^{13}C_2$-δD 关系图

雷口坡组储层沥青 $\delta^{13}C$ 值介于 $-27.5‰\sim-25.2‰$，整体略高于上二叠统和雷口坡组烃源岩干酪根 $\delta^{13}C$ 值，而低于马鞍塘组和小塘子组烃源岩干酪根 $\delta^{13}C$ 值，并显著高于下寒武统筇竹寺组烃源岩干酪根 $\delta^{13}C$ 值(图3-19)，表明川西气田雷口坡组沥青与上二叠统和雷口坡组烃源岩具有较好的亲缘关系，也就说明川西气田雷口坡组气藏供烃主要来源于上二叠统烃源岩和中三叠统雷口坡组自身烃源岩（谢刚平，2015；王彦青等，2018）。另外，据新场构造新深1井雷口坡组储层沥青与上三叠统两套泥质岩烃源岩生标对比表明，可以反映母质类型的规则甾烷存在明显差异，储层沥青 $\alpha\alpha\alpha C_{27}$、$C_{28}$、$C_{29}$ 规则甾烷呈近对称的“V”字形，而上三叠统两个层系烃源岩的规则甾烷呈不对称的“V”字形（图3-20），雷四上亚段储层沥青的源岩并非为上三叠统泥质烃源岩。进一步与该井雷三段深灰色白云质灰岩烃源岩相比，具有相似的生物标记化合物组合特征，反映了该井雷四段储层沥青的源岩应主要来自雷三段烃源岩。

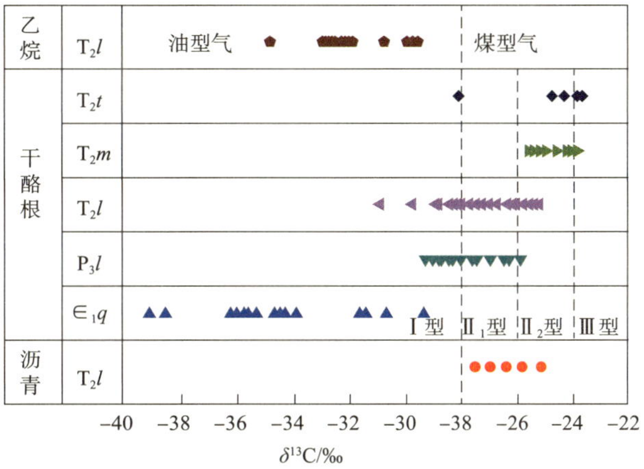

图3-19 川西雷口坡组乙烷、储层沥青和不同层位烃源岩干酪根碳同位素对比

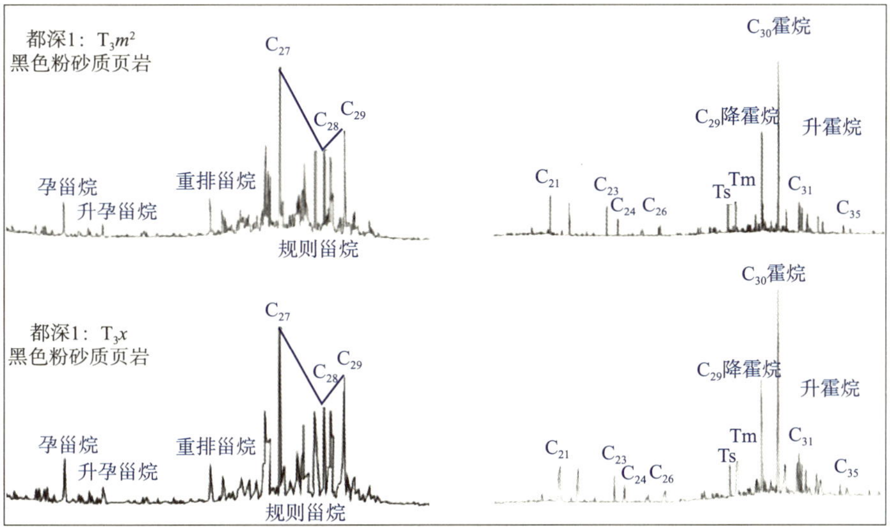

图3-20 川西地区雷口坡组四段储层沥青与相邻烃源岩饱和烃图谱对比

川西地区雷口坡组烃源岩有机质成熟度 R_o 值主要分布在2.1%~3.4%，上二叠统烃源岩有机质成熟度 R_o 值3.0%~4.5%，川西气田雷口坡组天然气成熟度 R_o 值3.28%~4.42%，介于自身及其下伏上二叠统烃源岩有机质成熟度之间，也就间接说明两套烃源岩对雷四上亚段天然气成藏皆有贡献。

早油晚气终定型，正向构造聚气藏。上二叠统烃源岩在晚三叠世进入生油高峰期，形成古油藏，晚三叠世—中侏罗世，古油藏裂解成气，同时在中晚侏罗世雷口坡组烃源岩进入生气高峰期，进一步补充气源，最终在川西气田正向构造中形成天然气藏。

将彭州1井雷口坡组气态烃包裹体伴生的盐水包裹体均一温度数据投入盆地模拟软件建立的单井埋藏—热演化史上，可以看出雷口坡组天然气主成藏期为早侏罗世晚期—中侏罗世（图3－21）。对雷口坡组气藏具有影响的构造运动时期主要有印支晚期、燕山中晚期及喜山期。构造演化研究表明，龙门山前带自印支晚期开始就具有大型正向构造雏形。从雷口坡组烃源热演化史分析可知，此时正处于烃源岩生成液态烃阶段，并在龙门山前带构造高部位聚集成藏，彭州1井雷口坡组四段发现的液态烃包裹体正是该期的产物。镜下薄片中见到的缝合线充填沥青便是早期古油藏存在的证据。燕山期进一步发展，由于埋藏深度的加大（大于5500m），早期古油藏在高温条件下开始热裂解成气，同时下伏二叠系裂解的天然气在断层的沟通下也开始向上运移，在构造有利的部位聚集形成古气藏，彭州1井雷四段中发现的气态烃包裹体正是该期产物。喜山期古气藏发生调整和最终定型，在构造有利部位成藏，而构造不利的部位仅残留无法迁移的干沥青；龙门山前构造带长期处于构造高部位，有利于油气聚集成藏。

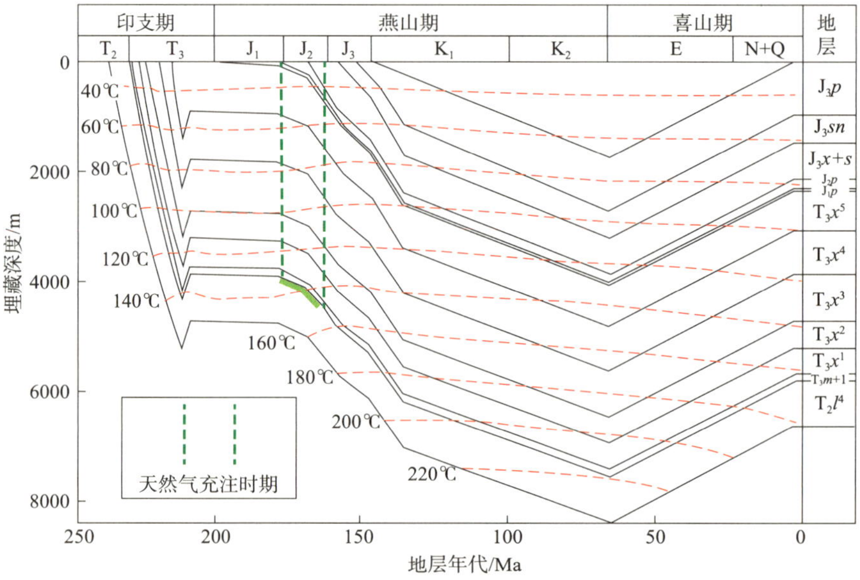

图3－21　彭州1井埋藏—热演化史及天然气充注史图

因此，川西龙门山前构造带雷口坡组顶背斜在印支晚期已具雏形，燕山期构造继承性发展，形成了与雷口坡组和二叠系烃源岩生烃、生气高峰期匹配的构造圈闭，有利于油气运移、聚集成藏。喜马拉雅期，构造圈闭改造、定型。川西雷四段天然气的成藏模式可概括为：多源供烃、断层裂缝输导、白云石化溶蚀控储、构造圈闭控藏。其中多源供烃为气藏形成提供了丰富的物质基础，断层、裂缝共同组构成了高效输导体系（图3－2），大规模潮坪相白云岩孔隙型储层提供了充足的储集空间，构造圈闭发育控制了油气规模聚集成藏（图3－22）。

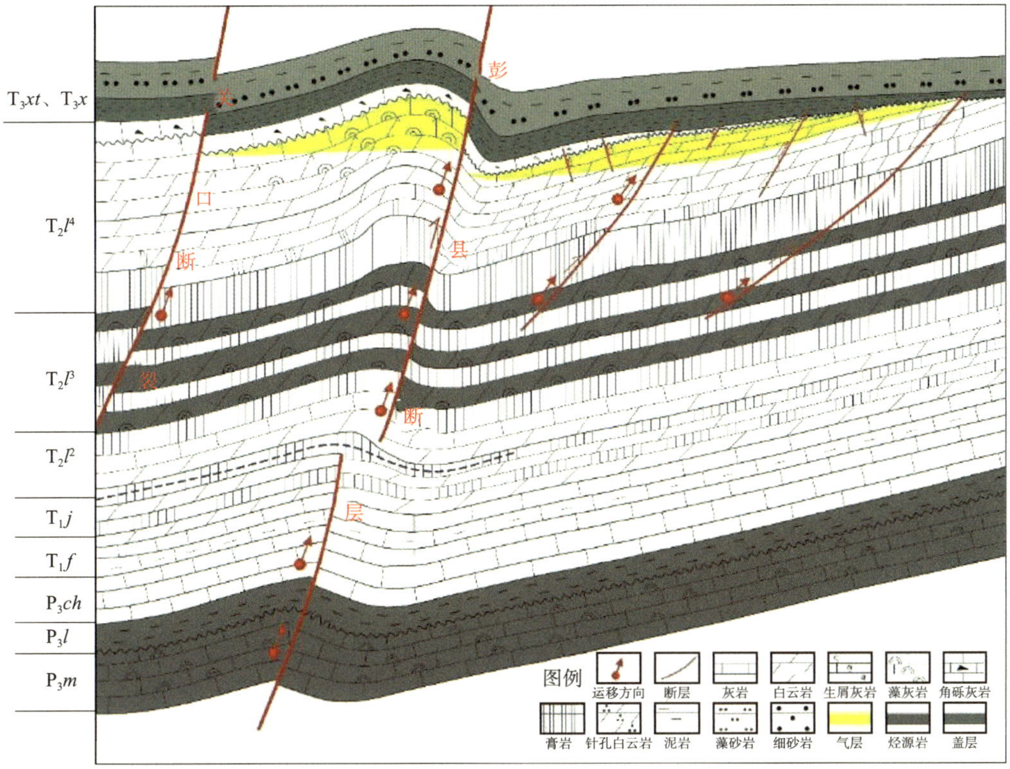

图 3－22　川西地区龙门山前构造带雷口坡组天然气成藏模式图

三、预测技术渐成熟，薄互储层精定位

川西雷口坡组普遍埋深超过 6000m、储层非均质性强、优质储层厚度薄，呈互层叠置，勘探工作者形象地比喻为“千层饼”储层，这种类型储层给储层预测工作带来了相当大的难度和挑战。针对深层潮坪相碳酸盐岩薄互层储层预测难的瓶颈，西南油气分公司的勘探工作者攻坚克难，逐步形成了川西雷口坡组潮坪相储层预测方法技术体系。

潮坪储层刻画技术初形成。继川科 1 井在新场地区取得油气突破以后，地球物理技术人员通过岩石物理分析、合成记录标定、正演模拟等手段，初步明确了储层在地震上的分布位置及其与围岩之间阻抗的差异，形成了以围绕“第二相位”的波形相位刻画亚相，波阻抗与振幅能量预测储层，结合尖灭线与裂缝预测综合评价有利勘探区的“三步法”预测技术（李素华，2013；蔡左花，2014）。

通过钻井标定，明确了 T6 反射层是区域性的岩性分界线（碎屑岩与碳酸盐岩），为穿时界面，即“第一相位”。雷口坡组潮坪相储层分布于 T6 反射层下方的负相位宽波谷，厚大的优质储层在负相位下方形成“中强波峰”反射，即“第二相位”，受岩相与储层变化影响，“第二相位”与“第一相位”之间会出现波形及振幅强弱变化。基于区域沉积特征分析，利用几何属性刻画“云坪—藻云坪”有利沉积微相范围。

潮坪相储层具有“四低一高”的电性特征，即低密度、低速度、低波阻抗、中低电阻率及高中子孔隙度特征，结合储层底部具有“中强波峰”反射的特点，在储层的预测上采用振幅能量定性与波阻抗定量相结合“两位一体”进行储层展布的判断。

尖灭线识别首先通过地层对比确定岩相变化，利用正演模拟建立岩相与地震相的关联，根据雷四段厚度变化趋势及尖灭点特征的刻画，确定地层展布特征，从而刻画地层圈闭边界。

潮坪储层刻画技术再进步。随着勘探的深入以及整体评价的要求，地震资料不一致性与低分辨率成了制约储层预测最主要的拦路虎，因此，如何获取高保幅、高保真、高分辨的地震资料成为这一时期主要攻克的技术难题。

地震资料一致性处理方面，针对川西气田多块三维资料采集参数差异大、目的层埋藏深、构造复杂、断层发育、储层纵向非均质性强、速度横向变化剧烈等难题，采用联合静校正技术、高保真叠前去噪技术、串联反褶积、叠前道集插值、精确的速度分析与建模、高精度叠前时间偏移、TTI 介质叠前深度偏移等技术系列，成功解决山前带复杂地区静校正、三维连片、信噪比、垂向分辨率以及高精度成像等问题，最终得到的叠前时间偏移和叠前深度偏移数据体信噪比高、反射特征好、构造特征落实、断点可靠清晰，实现了对雷口坡组碳酸盐岩目的层的精确成像。

在提高分辨率方面，采用 BBI 高分辨处理技术拓宽地震频带，在保持了原有资料特征的基础上，有效提高了地震识别能力。

随着勘探进入开发阶段，对预测精度的高要求成为这一阶段的技术突破的重要目标。研究人员经过持续攻关，形成了以拟原位岩石物理建模技术为基础，多构型薄互层地震辨识机理分析技术为纽带，基于构型的波形指示反演技术为核心方法技术体系（丁蔚楠等，2019）。

拟原位岩石物理建模技术建立储层预测岩石物理基础，包括储层物性敏感参数，储层流体敏感参数，建立雷口坡组储层岩石物理量版，储层与优质储层的阻抗上限等；多构型薄互层地震辨识机理分析技术分析不同构型薄储层响应特征及识别能力；基于构型的波形指示反演技术提高薄储层分辨率。新技术研发前潮坪相薄储层预测厚度 30m，研发后预测厚度 15m，预测能力得到大幅提高，预测精度也由早期的 70% 提高到 89.2%，实现雷四上亚段五套储层分层刻画，指导钻井部署及随钻轨迹优化，提高了储层钻遇率。

潮坪储层刻画技术建体系。历经勘探、开发整个历程，潮坪相储层精细刻画技术基本成熟，逐步形成了一套相对完整的工作流程与思路。

第一步：雷四上亚段尖灭线识别首先通过地层对比分析建立地质模型，再利用岩石物理分析与正演摸拟建立地质与地震的关系，雷四地层厚度变化确定尖灭线变化趋势，最后结合尖灭点附近的振幅能量变化、相位变化确定尖灭线具体位置。

第二步：对原有地震数据体进行提高分辩率处理，形成一套高保真、高分辨率地震数据体。

第三步：在岩石物理建模、正演摸拟、储层精细标定的基础上，以波形指示反演技术为核心，叠后多属性预测为补充，对储层进行精细预测。

形成的龙门山前带超深层潮坪相白云岩薄互储层预测技术系列在川西斜坡带雷口坡组、川东北、川西南嘉陵江组得到广泛应用，储层预测的精度大幅提高，有力支撑了勘探、开发部署。

结　语

川西地区雷口坡组潮坪相气藏的发现是中国石化大力实施风险勘探的重要成果，是四川盆地从碳酸盐岩台缘高能相带到潮坪相带多类型储层勘探的拓展，为我国海相碳酸盐岩油气勘探提供了新的勘探领域，丰富了碳酸盐岩优质储层的勘探类型，对促进四川盆地碳酸盐岩天然气勘探有重要的指导意义。

川西地区雷口坡组潮坪相气藏的发现历程是一部艰辛探索史，从追索台缘相带，到不整合面岩溶，最终锁定雷四段潮坪相碳酸盐岩薄互层储层（俗称“千层饼”储层），一路走来，道路坎坷，中国石化西南油气分公司的勘探工作者面对勘探中新的难题，在敢于探索新问题、研究新问题和解决新问题中实现了新的勘探突破。

海相勘探持续探索，打破禁锢探得气藏

在一次次的探索和勘探实践中，几代勘探工作者不断总结失利的经验，不断突破认识的禁锢，二十一世纪初，中国石化加大对四川盆地的天然气风险勘探力度，加强了地球物理勘探攻关及区域地质研究，锁定了天然气成藏有利区。2010 年川科 1 井首次在川西坳陷获得海相工业油气流，取得勘探重大突破，有力地提振了勘探工作者的士气，也坚定了在川西一定能寻找到海相大气田的信心。随后展开了局部评价和展开勘探，在龙门山前构造带彭州地区发现了川西气田雷口坡组潮坪相白云岩气藏，累计提交探明储量超千亿立方米，同时发现了新场、马井 2 个气藏及多个有利圈闭，展示出川西雷口坡组巨大的天然气勘探潜力。

牢记初心书写历史，坚持攻关创新技术

西南油气人在川西兢兢业业、持续攻关，探索近半个世纪，用勤劳智慧和不懈奋斗，在川西的大地上谱写了一首铿锵有力的油气攻坚赞歌，书写了一部勇于突破自我、启迪未来的奋斗史，成功发现了四川盆地中国石化第三大气田。三代油气工作者孜孜不倦的探索精神，凝结了勘探工作者锲而不舍、打破常规、攻坚克难的优秀品质，勇于突破固有思维和认识的误区，实现勘探突破。创新形成了潮坪相成储机制和分布规模，揭示了潮坪相白云岩气藏分布规律，创建了深层潮坪相薄储层地震储层预测技术系列。

引领潮坪气藏勘探，贡献国民经济发展

川西潮坪相气藏的发现，丰富了海相天然气藏类型，开辟了四川盆地中三叠统潮坪相天然气勘探新领域，坚定了在潮坪相碳酸盐岩层系中寻找大气田的信念，形成的深层潮坪相白云岩薄互层储层预测技术系列突破了储层预测的瓶颈，大大提高储层预测精度，对在广泛分布的潮坪相碳酸盐岩层系中开展天然气的勘探具有重要的示范作用和技术推广价值。气田的建设和投产将带来显著的社会经济效益，大力促进了川西地区天然气产量的大幅度增长，为国民经济发展做出重大贡献。

第四章　鄂尔多斯盆地东胜气田的发现

2019年9月25日，中央电视台新闻报道，中国石化在鄂尔多斯盆地又发现一千亿立方米大气田——东胜气田，标志着中国石化在鄂尔多斯盆地北缘油气勘探的里程碑式突破，实现了“走出大牛地气田，实现规模资源接替”的战略目标。

东胜气田位于鄂尔多斯盆地北部伊陕斜坡、天环坳陷和伊盟隆起三个构造单元的过渡部位，受基底隆起、断裂等影响，“源—储—输—构”成藏要素在空间上呈差异配置，表现为“四个过渡带”的天然气成藏基本地质特征：构造过渡带、沉积过渡带、生烃过渡带和成藏过渡带。

由于天然气成藏条件、气藏类型及气水分布复杂，华北油气分公司及其前身在该区经历了60多年的艰难探索，逐步突破了“气水过渡带”上难以形成大型气田的传统认识，建立了盆缘过渡带差异成藏模式，完善了大型克拉通盆地致密气成藏理论。

1977年在伊盟隆起上部署的伊深1井率先试获工业气流，成为盆地北部天然气勘探的“启明星”，揭示了盆地北缘具有天然气成藏条件，吸引着几代油气地质人在该区持续攻坚探索。

1999年，华北油气分公司重上盆地北部，在大牛地和杭锦旗地区同时展开新一轮勘探工作。到2012年，以大型岩性气藏为目标的勘探部署喜获成功，建成了中国石化在鄂尔多斯盆地第一个气田——大牛地气田。随后，摆在华北勘探者面前的主要问题是大牛地的资源接替。

“十二五”期间，华北油气分公司在盆地北部实施走出大牛地战略，将杭锦旗区块作为天然气增储上产的重点阵地，累计提交三级储量近$8000 \times 10^8 m^3$，揭示该区石炭系—二叠系也具备大中型气田形成条件。然而，由于探明储量仅有$163 \times 10^8 m^3$，无法规模建产，在规模储量中寻找富集区成为这一时期盆缘勘探的关键问题。

“十三五”以来，华北油气分公司把增储上产的目标锁定在杭锦旗区块，聚焦盆缘天然气富集规律，依托国家重大专项、中国石化科研项目等持续技术攻关，逐步揭示了盆缘多类型气藏成藏机理与富集规律，提出天然气成藏模式，形成气藏评价方法。勘探目标由单一岩性圈闭转向过渡带多类型圈闭，优选出独贵加汗、新召和什股壕等三个天然气富集区，在四年时间里提交探明储量超$1000 \times 10^8 m^3$，建成了中国石化在鄂尔多斯盆地的第二个大气田。

东胜气田的发现是几代油气勘探者的持续攻坚克难、创新实践的结果，实现了鄂尔多斯盆地致密砂岩气藏勘探领域从盆内到盆缘的拓展，填补了该区油气勘探在盆缘过渡部位的历史空白。

第一节 坚守初心 三上伊盟探盆缘

2005 年之前，华北石油人对鄂尔多斯盆地北部伊盟隆起的油气勘探经历了由小到大、由简单到复杂的“三部曲”：首上伊盟发现油气，再上伊盟实现突破，三上伊盟提交储量。

一、首上伊盟，盆缘普查见油气（1955—1960 年）

1955 年初，石油地质学家谢家荣提出在鄂尔多斯地台边缘隆起找油的意见，地质部华北地质局 206 队随即在伊克昭盟哈什拉川以西、毛不浪沟以东开展 1：20 万石油地质调查和钻探，发现了吴四圪堵（现名乌兰格尔）隆起南缘的白垩系油砂体，圈定了柳沟、长盛源等 4 个局部构造。1956 年 12 月，206 队与西北地质局 633 队合并成立鄂尔多斯石油普查大队，继续开展乌兰格尔凸起石油普查，到 1957 年底，完成 8 口浅井，于乌兰格尔凸起上多口井在白垩系和二叠系石盒子组见到油气显示。1958—1960 年，鄂尔多斯石油普查大队持续开展盆地北部的石油地质调查与钻探，共完成浅井 138 口，其中吴 19 井石盒子组试获低产气流。1960 年 12 月，鄂尔多斯石油普查大队和陕西省地质局石油地质队合并组成地质部第三石油普查勘探大队（简称三普或三普大队，笔者注）。三普大队的阶段普查报告中提出，“在鄂尔多斯地台北部，应向石炭系、二叠系甚至更老的地层中去寻找石油，建议在东胜、杭锦旗一带及其以北地区，以石盒子组为目的层找油”。

二、再上伊盟，伊深 1 井获突破（1975—1980 年）

1975 年 6 月，根据国家地质总局“北上内蒙”进行第二轮油气普查的要求，三普大队在伊克昭盟地区展开地震勘探。1976 年，油气勘查工区范围涵盖大青山以南、长城以北、黄河以西、贺兰山以东的区域，总面积约 $15 \times 10^4 km^2$。

经三普大队综合研究，在乌兰格尔凸起南部杭锦旗断阶的什股壕背斜部署了伊深 1 井（图 4 - 1）。该井 1976 年 6 月 19 日开钻，在二叠系下石盒子组（井深 2190 ~ 2250m）钻遇 4 套油气显示砂岩层。1977 年，对 4 层气层分别自然求产，日气产量（0.70 ~ 1.20）× $10^4 m^3$，产少量水；对其中 3 层合试，日产天然气 $1.59 \times 10^4 m^3$、产凝析油 $1.01 m^3$，实现了鄂尔多斯盆地古生界天然气勘探的重大突破。

2013 年，伊深 1 井接入东胜气田 1 号集气站，8 年间，它平均以每天 $0.40 \times 10^4 m^3$ 的稳定产量生产天然气，到 2021 年底，累计生产天然气 $1258 \times 10^4 m^3$。

伊深 1 井在二叠系获得天然气单井产量突破之后，鄂尔多斯盆地北部古生界一直作为全国天然气普查勘探的重点地区之一，但受当时主探构造气藏思路和技术条件限制，伊盟隆起区只在沿泊尔江海子断裂的拉不扔、浩绕召、阿日柴达木等几个小型构造上钻获工业气流。

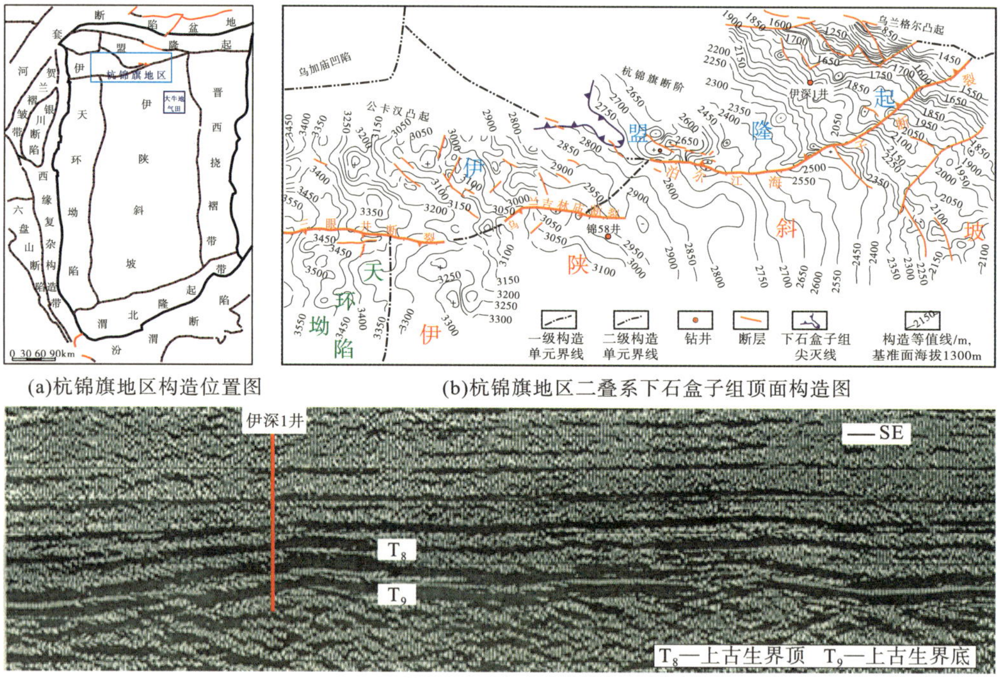

(a)杭锦旗地区构造位置图

(b)杭锦旗地区二叠系下石盒子组顶面构造图

(c)过伊深1井JC-2线地震剖面图

图 4-1 杭锦旗地区伊深 1 井构造位置与二维地震剖面图

三、三上伊盟，北缘探评寻接替（1999—2004 年）

1988 年，三普大队并入华北石油局，油气勘查领域从塔里木、南华北及巴丹吉林等盆地进一步扩大至鄂尔多斯盆地。“九五”后期，华北石油局重上杭锦旗地区开展天然气勘探，1999 年首先对伊深 1 井和伊 17 井进行了复试，均试获工业气流；同时对两口井所在的什股壕构造、拉不仍构造开展了二维地震勘探，重新落实了构造圈闭特征。鉴于对获取地质储量的需求，在伊深 1 井南侧部署实施了锦评 1 井，在下石盒子组钻遇 3 套气层。同年 12 月，提交了什股壕构造下石盒子组控制储量 $20.73\times10^8m^3$，含气面积为 $5.2km^2$。2000 年 4 月，华北石油局随中国新星石油公司整体并入中国石化，改称中国石化新星公司华北石油局（中国石化华北油气分公司的前身单位）。

由于气水关系复杂，锦评 1 井试气产量较低，压裂后产水量大增，故此后三年再未探评什股壕（构造）区。2001—2003 年在泊尔江海子断裂北侧浩绕召构造区实施了 J3 和 J4 井，在拉不仍构造实施了 J5 井，证实了断裂上盘发育构造气藏。由于本区背斜构造规模较小（闭合面积 $2\sim10km^2$，闭合高度 $15\sim45m$）、单个圈闭资源量不大，促使勘探人将目光转向河道砂体构成的岩性圈闭。

三年里，地质、工程专家深入分析了锦评 1 等多口井的测、录井资料、气层改造工艺与测试结果，认为盒 2 段、盒 3 段发育气层无疑，盒 1 段应属含气水层，多层压裂导致上下层串通，盒 1 段地层水上串而影响盒 2、盒 3 气层产能。因此，2004 年在对伊深 1 井北东方向 6km 处的 J11 井实施测试作业时，避开盒 1 含气水层，直接对盒 2、盒 3 气层进行压裂测试并获工业气流，几乎不产水。自此，什股壕地区盒 2、盒 3 段成为东胜气田勘探开发的重点目标之一。

同时期在断裂以南的广大斜坡区钻探发现普遍的油气显示，多获低产气流，看到了勘探前景，形成了“在断裂以北可能主要发育小型构造气藏群，以南主要发育大型岩性气藏”的地质认识与勘探思路（图4－2）。

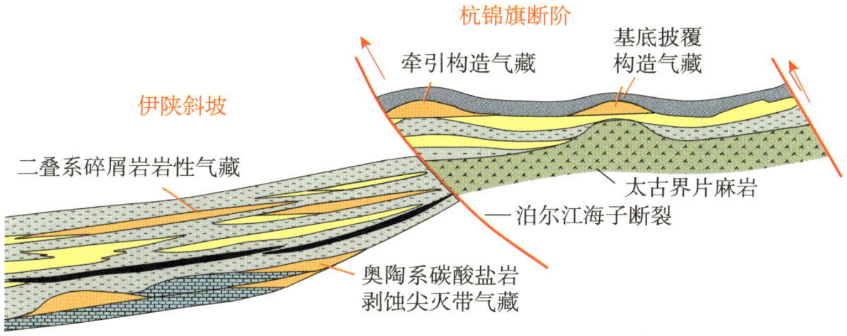

图4－2　鄂尔多斯盆地北缘古生界气藏发育模式（据袁志祥，2001）

回顾这一阶段勘探历史，通过40年艰苦探索，揭示了盆地北缘具有天然气成藏基本条件，坚定了资源勘探信心。同时也认识到盆地北缘多期构造叠加，成藏条件差异大，气藏类型多样，气水分布复杂，不能简单套用大牛地气田地质模式、勘探思路和工艺技术，需深化认识，转变思路，创新技术，才可能实现大气田勘探二次飞跃。

第二节　转变思路　发现东胜大气田

一、重振旗鼓再出发，加快评价呈规模（2005—2015年）

2004年之后，随着中国石化华北油气分公司在盆内伊陕斜坡区大牛地气田勘探进入高潮，对盆地伊陕斜坡上古生界天然气“近源”成藏特点有了更为深入的认识，在盆地北缘杭锦旗地区的勘探思路也从寻找构造气藏转向和大型岩性气藏与构造—岩性复合气藏并重。

（一）断裂南北同时探　规模富集仍未现

2005—2011年，本着“向源勘探”的思路，在继续展开什股壕区带东部评价的同时，勘探工作重点逐步转向泊尔江海子断裂以南的东部十里加汗和阿镇区带。

1. 泊尔江海子断裂以北的勘探

这一阶段，勘探评价由东部什股壕构造高位区向西部构造平缓区逐步推进，勘探对象由构造气藏向构造—岩性复合气藏转变。

鉴于该区直井产量不高，2010年在J11井附近构造高部位部署实施了一口水平井（J26井）以期提高产能。该井目的层盒2段，实钻水平段长度861.31m，钻遇砂岩508m，气测全烃值最高达到90%，测井解释气层段长234.1m、差气层段长129.4m、含气层段长

58.4m。分段射孔自然求产，稳定产气量 $1.25\times10^4m^3/d$，无阻流量 $2.14\times10^4m^3/d$，表明水平井可有效提高单井产能。同期对伊深 1 井、锦评 1 井、J11 井、J14 井、J18 井进行试采，取得 $(0.6\sim0.8)\times10^4m^3/d$ 的天然气稳定产量，为后来的气田开发提升了信心。

持续多年勘探评价，构造—岩性复合圈闭控制气藏聚集地质模式逐步清晰，2010 年在什股壕地区提交鄂尔多斯盆地北缘第一宗探明储量，即盒 2 段、盒 3 段气藏探明储量 $105.18\times10^8m^3$（图 4－3）；2011 年提交盒 3 气藏探明储量 $57.69\times10^8m^3$。按照构造—岩性气藏模式圈定含气范围，什股壕地区盒 2＋3 段圈闭资源量为 $1190\times10^8m^3$。

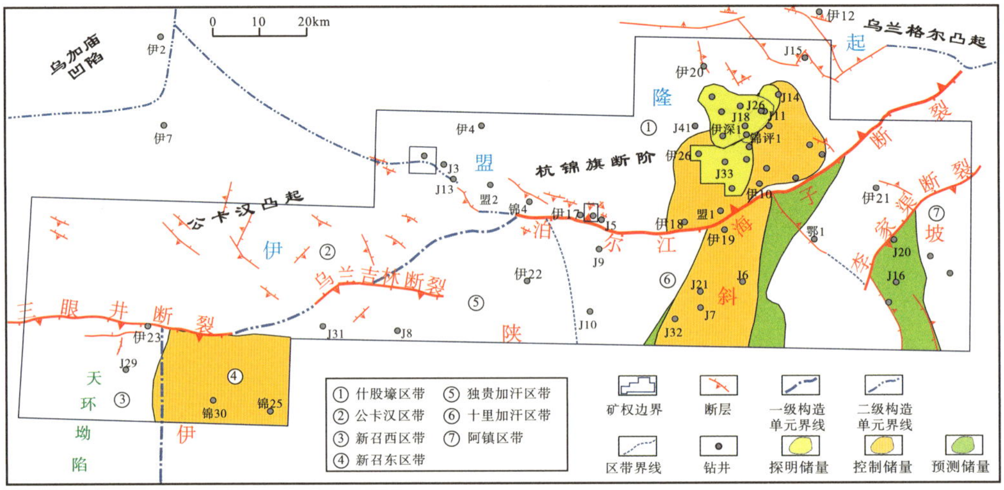

图 4－3　东胜气田 2011 年底勘探成果示意图

2. 泊尔江海子断裂以南的勘探

什股壕区带新一轮勘探后，为寻找大面积高丰度岩性气藏，提出“向源勘探”，工作重心转向泊尔江海子断裂以南的煤系烃源岩发育区。开始对该区上古生界气藏类型的复杂性认识不足，部署实施的 J6 井等 11 口探井结果均不理想。问题在于十里加汗区带河道砂体普遍含气，压裂测试产水量较高，天然气富集带难以确定，阿镇区带保存条件较差而未见较好气层。综合评价后认为，寻找规模岩性气藏有利区应向断裂带以南中—西部高成熟源岩区进军。

在西部三眼井断裂以南的新召区带部署实施的锦 25 井、锦 30 井，揭示该区上古生界天然气成藏条件与其南的苏里格气田相当，发育完整的生、储、盖层系。锦 25 井盒 1 气层压裂后无阻流量 $1.04\times10^4m^3/d$，锦 30 井山 2 和盒 1 气层压裂后无阻流量分别为 $1.06\times10^4m^3/d$ 和 $1.97\times10^4m^3/d$。新召区带目的层砂岩厚度和物性都逊于东部的十里加汗和阿镇区带，且非均质性更强，但其含气性却远优于后者，表明不同的源储配置关系控制了近源致密低渗岩性气藏的发育。

在岩性控藏思路指导下，对断裂带以南二叠系主河道目标开展了第一轮拉网式勘探，突破了千亿立方米规模储量关，提交控制储量 $913\times10^8m^3$、预测储量 $815\times10^8m^3$。同时也逐渐揭示了该区气藏特征与盆地内部的差异，表现为单井产量差异大、气水关系复杂，寻找可支撑高效开发的天然气规模富集区成为勘探评价难点。

（二）锦58井再突破　独贵气藏揭面纱

2011年10月，鄂尔多斯盆地油气勘探开发会战启动，在断裂带以南部署实施11口预探井开展整体预探，以尽快确定下石盒子组河道砂体的分布格局及其含气性。其中东部十里加汗部署J53～J56井，中部独贵加汗部署钻锦57井、锦58井（图4－4），西部新召东部署J59～J63井，均试获工业气流或低产气流，进一步验证了盒1气藏的广布性。

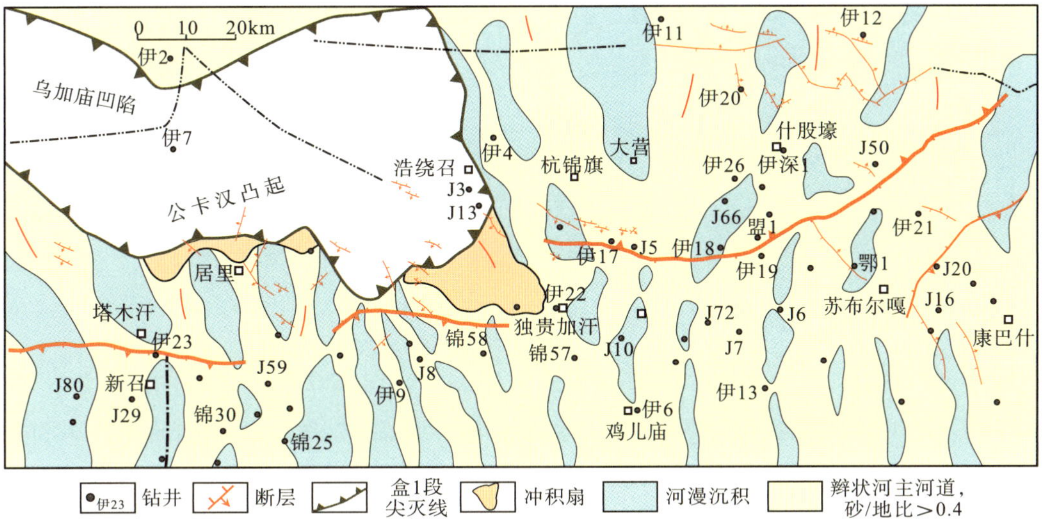

图4－4　东胜气田及周缘二叠系盒1段沉积相分布简图

“十二五”初期，随着勘探的深入，对盆地北缘二叠系源—储配置与天然气富集关系有了进一步认识。受盆缘构造抬升与物源区差异控制，杭锦旗地区二叠系烃源岩与储层呈现“错位”配置特征，太原组、山西组煤系烃源岩成熟度与生烃强度呈西高东低，而石盒子组河流相砂体物性呈东好西差。独贵加汗区位于杭锦旗探区中部，二叠系发育冲积扇—辫状河过渡沉积相，从源储配置角度看，该区高成熟烃源岩与下石盒子组相对高孔渗储层匹配，形成“双优”配置组合。

锦57井、锦58井是1999年重上北缘勘探以来在独贵加汗一带部署的第一批预探井。主要部署依据有：①预测太原组—山西组煤层厚度10m左右，煤样镜质体反射率大于1.2%（图4－5），源岩条件较好；②预测该区下石盒子组发育南北向辫状河主河道砂体，其中盒1段复合砂体厚度30m左右，属近源成藏有利区。两口井在2012年3月完钻，钻遇煤层厚度、砂体厚度与预测基本一致，钻遇太原组、山1段、山2段、盒1段、盒3段5套气层，各有3井层试获低产或工业气流，最高产气量为$2.62\times10^4m^3/d$。

这两口井创造了断裂以南地区探井的两个新高：叠加气层数最多，多层叠加产量最高，打开了探区中部勘探的新局面，同时揭示了独贵加汗区太原组扇三角洲体系煤层厚度较大、成熟度较高（煤岩镜质体反射率为1.25%～1.35%），下石盒子组冲积扇—辫状河体系储层厚度大（10～35m），物性好（孔隙度为8%～12%），具有天然气富集的有利源储配置条件。独贵加汗区由此成为重点勘探和评价目标，富集高产气藏的神秘面纱被揭开。

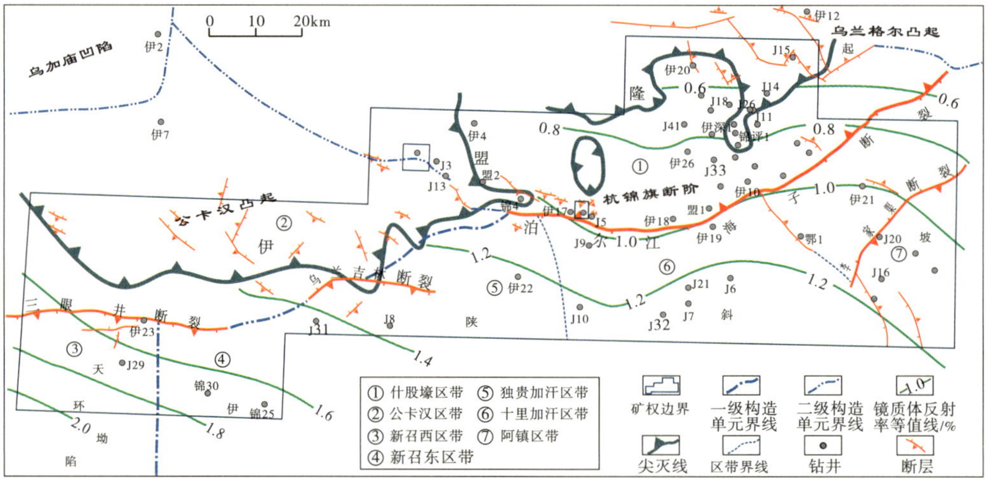

图4－5　东胜气田及周缘上古生界煤层镜质体反射率等值线图

（三）乘胜追击主河道　快速圈定富集区

2013 年，为进一步评价独贵加汗区带的储层发育情况及含气性，尽快控制含气范围，以盒 3 段、盒 1 段和太原组主河道为主要勘探目标，在锦 57 井、锦 58 井以北甩开部署了 J78 井、J85 井等 5 口井。其中 J78 井在太原组＋山 1 段钻遇 13m 石英砂岩气层，自然求产无阻流量 $3.30\times10^4m^3/d$；J86 井盒 1 段钻遇两层粗粒砂岩、含砾粗砂岩气层 13m，压裂测试无阻流量为 $10.26\times10^4m^3/d$，为东胜气田第一口单层无阻流量超 $10\times10^4m^3/d$ 的直井；J89 井山 1 气层自然求产无阻流量 $3.89\times10^4m^3/d$。富集高产区范围显著扩大，探评力度加大。初步评价盒 1 段和盒 3 段含气面积分别为 $700km^2$ 和 $350km^2$，气层平均厚度分别为 15m、9m，估算储量规模达 $1300\times10^8m^3$，当年提交锦 58 井区盒 3 段岩性气藏预测储量 $520.24\times10^8m^3$。

2014 年，为全面评价独贵加汗下石盒子组气藏范围及规模，继续部署实施了 7 口评价井并全部试获气流，同时明确该区是盒 1 段、盒 3 段、太原组为主的多层岩性圈闭叠合发育区，盒 1 段是最有利勘探开发目的层。升级提交盒 3 气藏控制储量 $359.09\times10^8m^3$，新增提交盒 1 气藏预测储量 $1303.30\times10^8m^3$。

2015 年，对杭锦旗区块勘探选区、圈闭评价技术进行总结，在重新评价烃源岩和储层有效性的基础上，确定了储/地比值 0.15～0.35 和源储近源优—优配置的主河道区是大型岩性气藏发育最有利区，优选独贵加汗圈闭作为储量升级重点目标。同时，独贵加汗三维地震勘探总结了一套基于振幅属性与心滩发育关系的辫状河主河道预测方法。通过地震—地质一体化预测，部署勘探评价井 9 口（J107～J116 井），均钻遇主要目的层盒 1 段、盒 3 段气层，气层钻遇率 100%，其中 J110 井盒 1 气层压裂后稳定产气 $4.04\times10^4m^3/d$，无阻流量 $6.82\times10^4m^3/d$，日产水仅 $2.4m^3$。结合开发井成果，当年落实锦 86 井区盒 1 气藏含气面积 $262.38km^2$，提交控制储量 $762.86\times10^8m^3$。截至 2015 年底，独贵加汗地区控制储量 $1122\times10^8m^3$，预测储量 $818\times10^8m^3$，一个 $2000\times10^8m^3$ 的天然气富集区逐步明朗。

（四）气藏评价三上马　锚定独贵上开发

到2013年底，杭锦旗探区内天然气探明储量 $162.87\times10^8m^3$、控制储量 $4199.14\times10^8m^3$、预测储量 $1336.04\times10^8m^3$，气田开发列入计划并实施，但开发重点在曲折的探索中不断调整，经历“三次上马”：一上什股壕，二上十里加汗，三上独贵加汗。

在什股壕区带，以西部构造相对平缓区盒3、盒2气藏为开发目标，按照岩性气藏的开发思路部署水平井进行产能建设先导试验。结果大部分井呈现高产液特征，未到达预期效果。分析认为该区气藏并不是简单的岩性气藏，而是构造—岩性复合气藏，故及时优化调整了部署井位，并取消构造低部位井位。

在十里加汗区带，盒1气层整体呈现低产的特征，难以落实规模建产阵地。

在独贵加汗区带，倚仗勘探突破性成果和储量基础，部署实施开发水平井3口，单井最高无阻流量达 $31\times10^4m^3/d$，取得产能重大突破，开发工作重点迅即转移至此，实现了当年评价当年建产。

回顾2005—2015年的勘探历程，通过十年探索，在杭锦旗探区形成了三级地质储量 $7545\times10^8m^3$ 的规模阵地，极大地增强了在该区寻找大气田的资源信心，中国石化在鄂尔多斯盆地“走出大牛地，发展杭锦旗”的战略布局初步形成。然而，到“十二五”末，由于对盆缘差异富集规律认识不够，尚未形成针对盆缘复杂气藏的地质工程一体化勘探开发技术体系，杭锦旗探区探明储量仍停留在 $162.87\times10^8m^3$，尚未实现规模开发。如何在大范围含气区中探明富集区，开辟新的上产接替阵地，成为这一时期盆缘勘探的关键问题。

二、盆缘过渡新认识，高效探明千亿立方米（2016—2019年）

“十三五”以来，针对盆缘过渡带勘探开发中气水关系复杂的难题，中国石化在杭锦旗地区投入近 $6000km^2$ 三维地震、大批钻井加大勘探开发力度，并依靠创新驱动、科技攻关强化科研支撑，设立中国石化重点科研攻关项目群《鄂尔多斯盆地大中型气田目标评价与勘探关键技术》。华北油气分公司研究团队依托该项目搭建科研联合攻关平台，与中国地质大学、成都理工大学、中国石化勘探开发研究院进行持续攻关研究，针对东胜气田所处盆地边缘构造结合部背景下，天然气成藏机理及气藏分布规律、富集区优选及含气甜点一体化评价方法等理论、技术开展联合研究攻关，形成了一系列创新性成果。

通过科研攻关，勘探理论上提出了鄂尔多斯盆地北部“盆缘过渡带”的概念，逐步揭示了过渡带连续—非连续气藏动态有序成藏规律与调整过程，在此基础上明确了杭锦旗地区三种成藏模式，划分四个成藏区带。研究成果填补了鄂尔多斯盆地致密—低渗碎屑岩油气的成藏理论在盆缘部位上的空白，同时形成了以“源—储—输—构”为核心要素的富集区优选及两种类型圈闭—富集带一体化评价技术，评价出 $4000\times10^8m^3$ 优质储量。

在科研成果基础上，勘探认识实现了从“气水过渡带”到“天然气差异富集带”的转变。勘探实践上将科研成果及时转化，由单一构造或岩性圈闭勘探转向多类型圈闭系统勘探，优选出独贵加汗、新召和什股壕三个天然气富集区。通过勘探开发一体化评价，2017—2019年提交探明储量超过 $1000\times10^8m^3$，建成了中国石化在鄂尔多斯盆地的第二大气田，实现了几代勘探人“走出大牛地，再找大气田”的梦想。

（一）勘探开发一体化　滚动建产稳独贵

二叠系致密岩性气藏具有气层薄、面积大的特点。在前期地质认识深化、技术手段进步的基础上，为了实现东胜气田的高效探明，华北油气分公司在“十三五”伊始，对独贵加汗大型叠合圈闭以盒1段、盒3段为主要目的层展开了勘探开发一体化评价。在探井（直井）查叠合圈闭格架、查气藏展布范围的同时，利用开发评价井（水平井）提高井控程度、落实气层产能的可靠性。

2015—2016年，在独贵加汗区带锦58井区，以下石盒子组为目的层进行产建评价，完成水平井23口，动用储量$208\times10^8m^3$，新建产能$4.70\times10^8m^3$。其中2016年完成的14口水平井的导眼段在目的层钻遇砂岩厚度平均27m、气层厚度平均13m，试气无阻流量平均$15.21\times10^4m^3/d$，配产$3.54\times10^4m^3/d$。从此确定了独贵加汗区带（锦58井区）下石盒子组多层叠合致密岩性气藏成为“十三五”期间有效建产的主战场。

2016年，在盒1段、盒3段、太原组新增控制、预测储量合计超$1300\times10^8m^3$。2017年，伴随着勘探开发一体化的进展，在独贵加汗区带J86井区盒1气藏首次提交规模探明储量超$600\times10^8m^3$，探明区盒1段气层平均厚度18.5m，平均孔隙度10.5%、平均渗透率$0.8\times10^{-3}\mu m^2$，直井平均无阻流量近$2.0\times10^4m^3/d$，水平井平均无阻流量$15.0\times10^4m^3/d$。同年，该区带盒3岩性气藏勘探向西扩展评价取得进展，新增控制储量近$300\times10^8m^3$，与2014年提交的锦58井区盒3控制储量拼接连片。至此，独贵加汗区带下石盒子组探明、控制储量合计近$1500\times10^8m^3$。

到2017年底，独贵加汗下石盒子组圈闭内已完钻开发井百余口，其中完成试气井的水平井单井平均无阻流量$12.01\times10^4m^3/d$，累计建成年产能近$10\times10^8m^3$。2019年，随着开发评价建产的推进，在J95井区（乌兰吉林庙断裂以南区域）提交盒1段探明储量超$400\times10^8m^3$，同年在盒1段探明储量范围内，通过老井复查提交盒2段控制储量近$300\times10^8m^3$。至此，独贵加汗区带盒1岩性气藏累计提交探明储量超过$1000\times10^8m^3$。

（二）储层预测再强化　培育新召近千亿

在独贵加汗区带增储上产取得进展的同时，勘探家们把目光转向了埋藏深、气产量低、产液量高，因而勘探程度最低的探区西部新召区带。对近源致密岩性成藏区开始了新一轮勘探开发一体化评价。工作思路是在深化沉积相与源储配置关系研究的基础上，针对盒1段和山西组辫状河心滩有利储集体开展地震预测技术攻关，同时开展老井复查。

老井复查发现，盒1段、山西组普遍含气，但产液量大，能否通过适用新工程技术提产控液？在锦30井附近选择盒1砂体有利部位实施了水平井J30P1井进行产能评价。功夫不负有心人，其导眼段钻遇盒1–3气层20m，水平段长度729m、砂岩气测显示段长度596.5m，平均全烃净增值21.67%，压裂测试日产天然气$4.48\times10^4m^3/d$，无阻流量$11.65\times10^4m^3/d$，一举取得该区盒1气层的商业性突破。随即展开了三维地震勘探，加强储层预测工作。重新评价新召东7口老井山2段的含气性后，新增预测储量近$500\times10^8m^3$。

2020年，在新召东区带针对目的层预测难点，组建由原东方地球物理勘探公司资料处理解释专家与华北油气分公司技术人员联合攻关团队，推进基于空间相对分辨率理念进行薄储层预测，牛刀小试，取得成功。河道砂储层展布格局的逐步清晰推动了控藏地质认识提高。勘探开发一体化评价取得重大进展，通过分层次部署评价盒 1、山 2 致密砂岩气藏发育特征，进一步落实了含气范围和有效砂体空间叠置关系，提交盒 1、山 2 气藏探明储量超 $200 \times 10^8 m^3$，利用丛式井组、空间结构井网能够提高储量动用效果，新的规模上产阵地浮出水面。至此，东胜气田拥有高级别地质储量的区带增加到三个（图 4 –6），成为主要建产区。

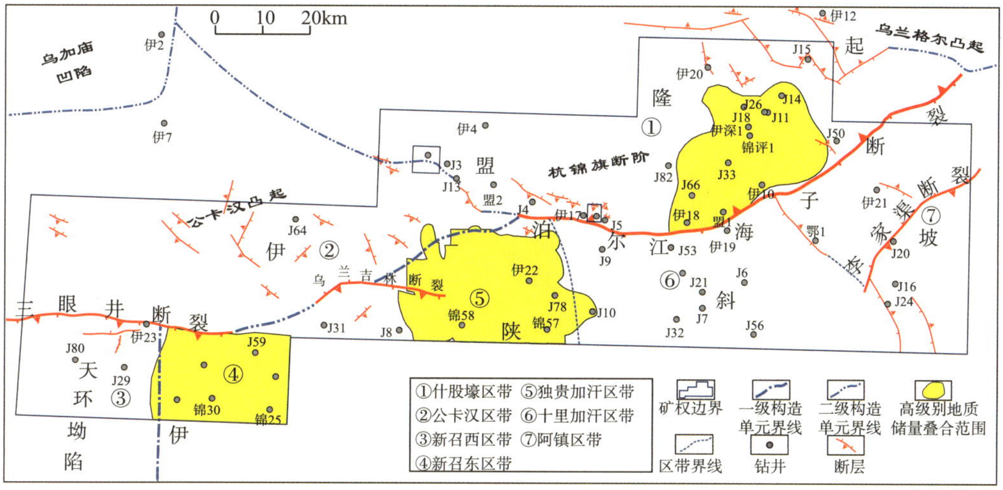

图 4 –6　东胜气田 2020 年底主要勘探成果分布图

三、精雕细刻描甜点，立体气田现真颜（2019—2020 年）

“十三五”后期，在整体控制独贵加汗与新召区带含气面积与储量规模后，在总结既往的成败过程中认识到两个气区发育太原组—下石盒子组 6 套气层，气藏大面积叠合分布、储层非均质性强，同一条复合河道的不同部位含气性与单井产能差异大，物性好的单砂体控制天然气富集。只有瞄准甜点，才能取得单井高产与效益勘探开发。基于此认识，在深入认识辫状河复合河道甜点储层分布的规律性基础上，加强有效储层的地质—地震一体化预测，建立了规范、精细的圈闭识别描述工作方法，对多层叠合气藏开展单砂体描述和单期河道描述，精雕细刻气藏立体展布。开发研究向前介入，勘探认识向后延伸，勘探开发一体化，看清立体气田真面目，实现了高效勘探与开发。

2019—2020 年，通过一体化评价，独贵加汗区带的勘探开发实现了两个拓展：一是盒 1 段主力气藏从整体控制主河道向精细刻画单心滩拓展；二是从盒 1 段席状型砂岩气藏向盒 2 +3 段条带型砂岩气藏拓展。通过优中选优，两年评价出优质储量超 $1000 \times 10^8 m^3$，部署探井与开发井共 30 余口，新建产能 $3 \times 10^8 m^3$，水平井初期日产气平均 $3.4 \times 10^4 m^3/d$，直井初期日产气平均 $1.2 \times 10^4 m^3/d$，建成了东胜气田规模储产量阵地。

（一）席状型辫状河道砂岩甜点再认识

1. 沉积微相和有效储层发育模式

独贵加汗区带盒 1 段辫状河的沉积微相主要由心滩、水道充填和泛滥平原组成（图

4－7）。其中心滩沉积是辫状河的主体，是在河道中心部位强水动力作用下形成的，岩性主要为含砾粗砂岩及粗砂岩，泥质含量一般小于15%；水道充填是在河道的主水流开始改道后，水动力逐渐减弱的背景下形成的，岩性主要为中细砂岩，泥质含量10%～25%；泛滥平原为河道间的泥岩和粉砂质泥岩沉积。

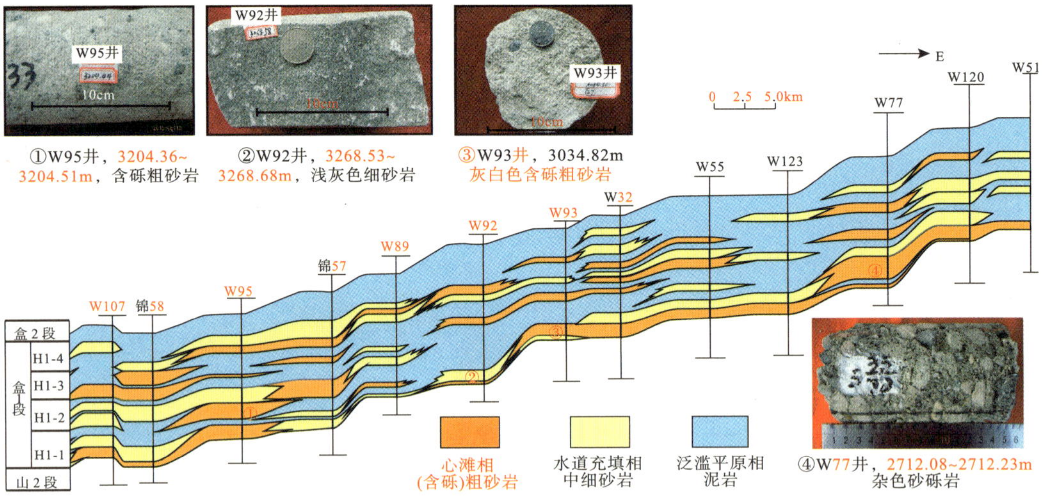

图4－7　独贵加汗区带盒1段东西向沉积相综合剖面

沉积微相对本区砂岩物性有明显的控制作用。心滩微相由于沉积水动力强，形成的砂岩粒度大，泥质含量低，颗粒抗压实能力强，渗透率平均$0.83\times10^{-3}\mu m^2$。河道充填微相由于沉积水动力相对较弱，形成的砂岩粒度以中细粒为主，泥质含量高，抗压实能力弱，渗透率平均$0.29\times10^{-3}\mu m^2$。

在研究区，能获得工业气流的相对高效储层平均渗透率一般大于$0.5\times10^{-3}\mu m^2$。在盒1段大于$0.5\times10^{-3}\mu m^2$的砂岩中，含砾粗砂岩和粗砂岩占总样品的78%。因此，有效储集体主要为心滩微相的含砾粗砂岩、粗砂岩。对独贵加汗区带95口钻井盒1段不同微相砂体统计，心滩砂体较水道充填砂体粒度粗、物性好、含气饱和度高，心滩砂体是研究区优势含气砂体，是勘探开发寻找的地质甜点。

2. *辫状河席状复合河道的广覆性、宏观非均质性及分带性*

（1）广覆性。盒1段共发育了4套沉积旋回，4期频繁摆动的河道形成的4套砂体在侧向上交错叠置而连片分布。统计显示，盒1段砂体累计厚度主体分布10～45m，其中厚度大于10m的井数占97%，大于20m的井数占75%。因此，尽管单期河道砂体都有边界，但在盒1段这个二级层序纵向单元内，广覆式分布的席状砂体不存在明显的地质边界。

（2）层内宏观非均质性。尽管砂岩呈大面积席状分布，但在河道频繁迁移作用下，心滩微相的（含砾）粗砂岩和水道充填相的中细粒砂岩是相互交错叠置的。因此，相对高孔渗的粗粒有效砂岩往往被相对致密的中细砂岩分割成连通不畅的渗流单元。研究区盒1段（含砾）粗砂岩单井钻遇层数1～4层，部分达到5～6层，有效储层被非储层分割后，形成了“砂体貌似连片，储层实则相变”的格局。

（3）分带性。受北部物源和局部地貌影响，盒 1 段 4 条水系控制了研究区砂岩复合体呈南北向、薄厚相间的带状分布。主河道沉积区位于古地形相对低洼部位，水动力强，往往多期河道交汇，砂体厚度 20～45m；河道间沉积区位于古地形相对高部位，水动力弱，河道规模小且相对孤立，砂体厚度 5～20m。

河道砂体的分布控制了气藏的范围，储层的物性与厚度控制了天然气富集。统计表明，气层厚度与砂岩厚度整体上正相关，当砂岩厚度大于 20m 时，以工业气流井为主；当砂岩厚度小于 20m 时，以低产气流井和干层井为主。因此，圈闭“甜点区”的分布受沉积相带与有效储层控制，圈闭描述的核心也就是对河道复合体空间位置及其储集特征的预测描述。

在席状型辫状河道砂岩甜点再认识基础上，建立了圈闭与甜点的地质—地震一体化“六步法”预测流程，实现了从复合河道到单期河道、从岩性圈闭到富气甜点的预测，在勘探开发一体化部署中取得了很好的效果，水平井气层钻遇率从 55% 提高到 75%，打出了一批日产百万立方米水平井，实现了千亿立方米储量的高效开发。

（二）条带型辫状河道砂岩甜点再评价

独贵加汗区带盒 2＋3 段气藏主体为受限型河道心滩储层，为“泥包砂”结构（图 4－8），河道呈条带状分布。相比盒 1 段主力气藏，盒 2＋3 段气藏规模更小，分布更隐蔽，心滩砂体的粗粒级砂岩溶蚀孔隙相对发育，且厚度较大。通过与地震属性相关性分析，盒 3 段心滩砂体与纵、横波速度比（V_p/V_s）具有较好的相关关系，从而建立了盒 3 段地质模式控制—地震属性预测—井点标定单元的甜点预测技术，实现了窄河道分布的精准刻画，在井位部署中取得很大成功，盒 2＋3 段气层钻遇率达到 90% 以上。通过 2019—2020 年地质物探一体化精细评价，由盒 1 段席状型辫状河道与盒 2 段、盒 3 段条带型辫状河道复合叠加形成的立体气藏特征清晰地展现了出来。

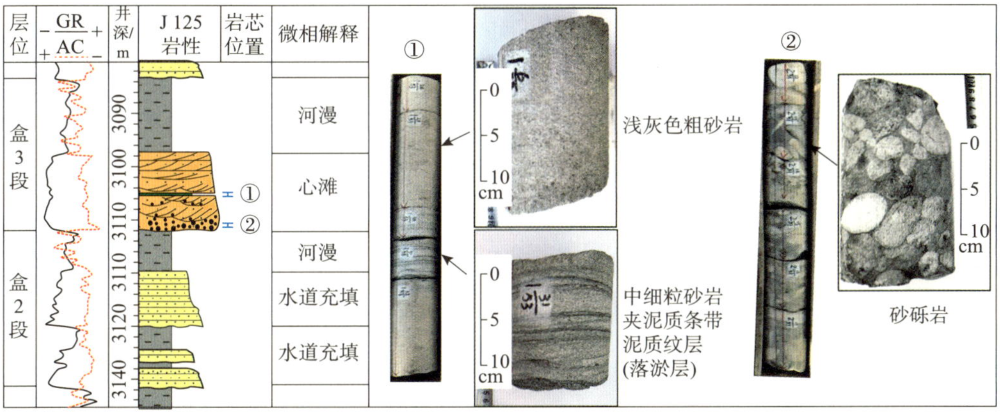

图 4－8　独贵加汗区带 J125 井盒 3 段心滩砂体地质特征

第三节　创新认识　分区评价过渡带

一、重新确定过渡带，分区勘探循差异

地质认识的转变与深化是高效勘探的基础。由于气水关系复杂，历来业内专家对盆缘过渡区东胜气田成藏条件看法不一，大多认为该区断裂构造复杂，烃源岩欠发育，位于“深盆气”边部的“气水过渡带”上，难以形成规模气藏。

“十三五”以来，中国石化华北油气分公司立足全盆构造、沉积演化，系统分析构造演化、烃源岩分布、储层评价及气藏类型，发现杭锦旗不同区带构造、沉积演化的不同是导致构造特征、烃源岩分布、储层品质、输导能力及封堵条件等关键成藏要素的配置关系不一致的内在原因。通过创新开展盆缘过渡带成藏机理研究，明确了过渡带的基本特征。

（一）构造过渡带

东胜气田处于伊陕斜坡与伊盟隆起的过渡部位，在中部近东西向三条基底大断层及伴生的一系列次级断层的多期活动控制下，北侧上古生界发育大量局部构造带与断裂带，南侧地层展布相对平缓。气田及周缘发育太古界—下元古界基底，其上覆盖了中元古界、下奥陶统、二叠系、三叠系、侏罗系、白垩系各群组和第四系。受伊盟古隆起控制，古生界具有由南向北逐层超覆尖灭的现象，在乌兰格尔凸起和公卡汉凸起表现最为突出。

（二）沉积过渡带

鄂尔多斯盆地在古生代克拉通演化过程主要受北侧的古亚洲洋、南侧秦岭洋及西侧的贺兰坳拉槽的扩张、消减、俯冲活动的控制，不同部位的沉积、构造面貌差异十分明显。中生代以来的演化才表现为近矩形轮廓（何登发、何发岐，2019）。晚古生代，盆地演化包括陆表海和陆内坳陷盆地两大阶段沉积纵向叠加，晚石炭世至早二叠世早期以海陆过渡沉积为主，早二叠世晚期至晚二叠世，海水逐渐向西南和东南退出，进入以陆相沉积为主的发展阶段。

在伊盟隆起南缘，断裂带以南太原期发育海相扇三角洲含煤碎屑岩沉积。自山西期以后，沉积物源主要来自北部的阿拉善—阴山古陆，其基岩分布具明显东西分异性，可大致分为西北部母岩区、北部母岩区和东北部母岩区。山西组和下石盒子组表现为三角洲平原、冲积平原辫状河的沉积特点，在伊盟隆起区的各层段尖灭线附近，可以见到冲积扇沉积。

二叠系逐层向北部隆起超覆（图 4 －9），在断裂带以南形成下生上储近源源—储组合，以北源岩缺失则形成侧接式的源—储组合。这是东胜气田二叠系构成一个连续—非连续成藏过渡带的基本特征。

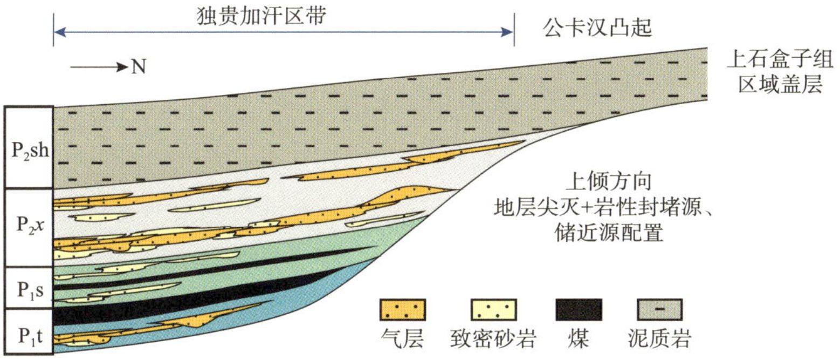

图 4-9　独贵加汗—公卡汉凸起地层及气藏剖面模式图

（三）气源过渡带

鄂尔多斯盆地下二叠统煤系烃源岩分布广泛，具有“广覆式”生气特征。东胜气田一带，烃源岩展布由盆内大型生烃中心向盆缘逐渐减薄至缺失过渡，生烃强度从南向北大幅减小。断裂带以南煤层厚度 8～20m，有机质镜质体反射率 1.0%～1.6%，生烃强度（10～30）$\times 10^8 m^3/km^2$；断裂带以北煤层厚度 0～6m，有机质镜质体反射率 0.8%～1.0%，生烃强度（0～10）$\times 10^8 m^3/km^2$，有效烃源岩主要分布在南部。

（四）成藏过渡带

常规—非常规油气共生及其有序聚集成藏是近年来非常规油气研究的一个重要方面。处于伊陕斜坡—伊盟隆起过渡带上的杭锦旗探区石炭系—二叠系发育大面积的层状天然气成藏系统，在层状成藏系统内部，源内准连续聚集与源侧非连续聚集两种成藏方式在横向上并存，两者成藏机理及气藏类型有显著差异。泊尔江海子—乌兰吉林庙—三眼井断裂带以南的斜坡区发育大面积致密岩性气藏，其特点为：下石盒子组与下伏太原组—山西组高成熟气源岩呈紧邻配置，在晚侏罗—早白垩世呈现近源大面积充注成藏；区域构造趋势平缓，局部构造稀少；河道砂体非均质性强，先致密后成藏；非浮力驱动聚集，气藏无明显的边底水；单个气藏间边界模糊；河道相带控藏、物性控富。断裂带以北的隆起区（如什股壕区带）下石盒子组具有源侧非连续成藏特征：无高成熟气源岩发育，气源对比表明天然气来自断裂带以南高熟烃源岩；下石盒子组河道砂体普遍为厚层低渗透储层，相对于断裂带以南物性变好；处于区域构造上倾方向；气藏类型以构造气藏和构造—岩性复合气藏为主，边底水发育。两种聚集成藏方式并非截然分离，而是之间存在一个过渡带，在过渡带中砂体物性由致密向低渗过渡、砂体非均质性由强转弱、岩性和物性封堵条件由好变差、封堵因素由岩性转变为构造因素。

成藏类型由盆内岩性圈闭单一模式向北多因素控制的地层、岩性、构造复合圈闭成藏过渡。在盆地内部的斜坡区，石炭—二叠系大面积源—储紧邻分布背景下，天然气为连续充注成藏，形成了大面积岩性气藏；在盆地北部隆起区，源—储条件由紧邻配置过渡为侧接配置，天然气由充注成藏过渡为运移调整成藏，形成了构造、构造—岩性、地层—岩性等多类型气藏。

二、区带成藏差异大，分类评价保接替

依据近东西向构造展布和近南北向古河道走向特征，将杭锦旗探区划分为7个区带，自西向东为新召西、新召东、公卡汉、独贵加汗、什股壕、十里加汗和阿镇区带（图4-10）。对不同区带源储配置、圈闭类型、成藏主控因素进行对比，明确天然气成藏条件的差异特征。针对不同类型的圈闭类型及气藏特征，形成了独贵加汗区带冲积扇—辫状河席状河道圈闭评价技术与单期砂体描述技术、什股壕区带构造—岩性复合圈闭精细评价技术、新召区带基于地震空间相对分辨率的储层预测技术、十里加汗区带复杂气水层识别评价技术，从而开展更有针对性的勘探工作。

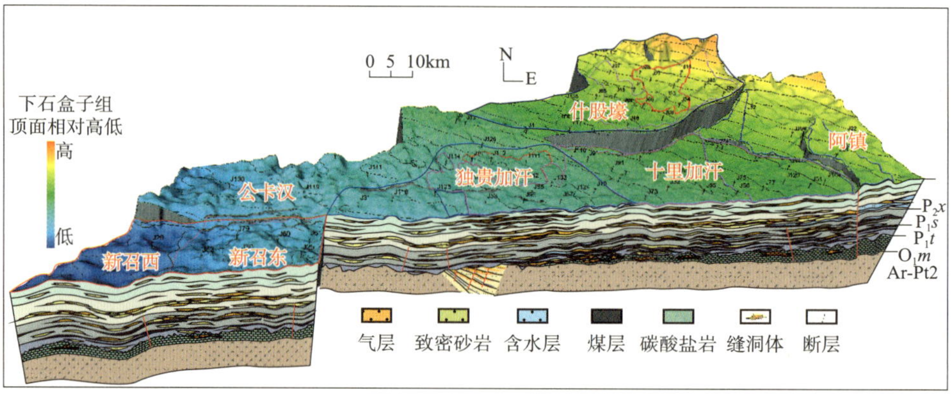

图4-10 东胜气田区带划分与气藏分布图

（一）独贵加汗区带

独贵加汗区带位于东胜气田中南部，处于伊陕斜坡北端，其主体是泊尔江海子断裂与乌兰吉林庙断裂的转换带。“十三五”期间，通过创新认识，在盆缘过渡带差异成藏认识指导下，针对独贵加汗区带二叠系下石盒子组大型辫状河复合河道构成的叠置岩性气藏勘探取得突破，截至2021年6月底，已有下石盒子组探明储量超$1500\times10^8m^3$。

1. 构造与沉积储层特征

区内构造形态总体上表现为向西南倾斜的单斜，乌兰吉林庙断裂在区内东西向延伸近20km，为正断层，断面较陡，向上断至地表，向下进入基底。

主要目的层盒1段发育冲积扇—辫状河沉积，乌素加汗以北地区主要发育冲积扇，单层储层厚度在5~25m，平均厚度10m，储层分布相对较为集中，测井相主要表现为光滑箱形特征。乌素加汗以南地区，盒1期由冲积扇转变为辫状河沉积环境，砂体变窄，厚度减薄，单储层厚度3~8m，平均厚度为5m，储层分布相对较为分散，测井相主要表现为齿化箱形特征。盒1段储层平均孔隙度8.7%，渗透率$0.8\times10^{-3}\mu m^2$。顺河道方向，地层和砂体向上倾方向超覆尖灭形成统一的侧向封堵带，横切河道方向，与构造线近平行的河漫沉积在上倾方向形成了天然气侧向运移的封堵带。

储层岩性以岩屑砂岩为主，岩屑石英砂岩次之。砂岩孔隙度主要分布区间为5%~15%，平均值8.7%，其中大于5%的样品平均值为10.5%；渗透率主要分布区间0.3×

$10^{-3}\mu m^2 \sim 2.5\times10^{-3}\mu m^2$，平均值 $0.75\times10^{-3}\mu m^2$，其中大于 $0.15\times10^{-3}\mu m^2$ 样品的渗透率平均值为 $0.8\times10^{-3}\mu m^2$，主要孔隙类型为粒间溶孔和粒内溶孔。

2. 气藏分布特征

该区带气藏类型均为典型的岩性气藏，表现为河道相带控藏（图4－11）、储层甜点控富。当以复合河道为描述单元时，表现出大面积含气，沿主河道分布为特点；当以小层（单期河道）为单元描述时，表现为砂体层内含气的不均衡性，心滩砂体往往是含气甜点，泥岩或泥质含量较高的中细粒致密砂岩形成遮挡。气层厚度一般为5～20m，无明显水层。

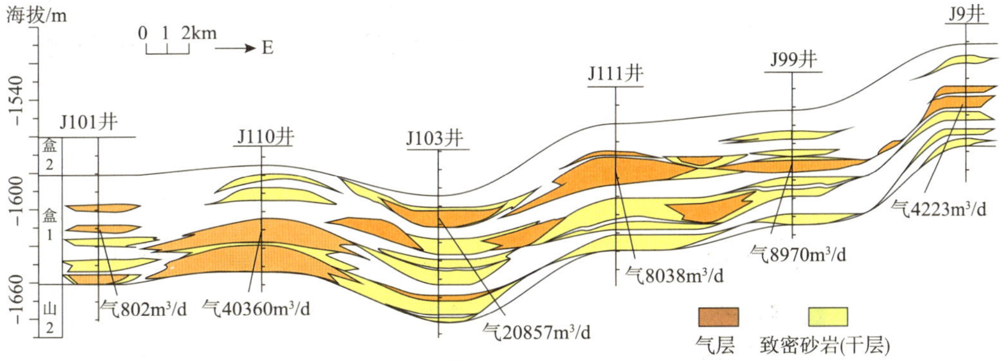

图4－11　独贵加汗区带J101井—J9井盒1段气藏剖面图

3. 辫状河席状复合河道圈闭与甜点预测评价技术

在复合河道岩性圈闭中，河道砂体的分布控制了气藏的范围，单砂体的物性与厚度控制了天然气富集，复合河道中有效储集体空间分布预测是圈闭识别描述的核心和难点。独贵加汗区三维地震主频为20～25Hz，垂向可分辨的最小厚度为40～50m，而本区砂岩单层厚度主要为5～15m，无法在常规地震剖面上直接识别。在建立有效储集体发育模式的基础上，建立不同类型沉积体系在特定的地震资料背景下的综合响应模型，开展井—震一体化精细解释，实现利用相对低分辨率地震资料对复合河道中有效储集体进行预测（张威等，2021）。

（1）有效储集体的岩石物理分析与不同类型叠置砂体正演模拟。选择不同岩性声波时差和密度测井数据，计算波阻抗并进行交会分析。结果表明，有效储层（含砾粗砂岩、粗砂岩）与非有效储层（中细砂岩、泥岩）的声波时差、密度和波阻抗均存在较大差异，而中砂岩、细砂岩与泥岩之间的岩石物理参数分布存在一定的重叠。根据辫状河复合河道的发育模式，建立不同类型砂泥岩剖面地震正演模型，明确砂体厚度与振幅关系。

（2）建立实际砂泥岩剖面井—震模型。为进一步揭示不同储层叠置模式的地震响应特征，依据实际地震、测井与录井资料，总结了研究区3类6种井—震响应模式（图4－12）。

（3）纵向单元精细解释。借鉴地震沉积学思路，充分结合研究区辫状河复合河道有效储层的地质特点及地震响应模型，根据本区地震频谱确定二级层序（盒1段）作为席状型复合河道的最小作图单元；在层序格架约束下，对二级层序顶、底界面T9d、T9f开展精细追踪解释；提取代表目的层段有效储层整体发育特征的最大波谷属性与代表不同期次河道发育特征的地层切片属性。

（4）井—震联合沉积相分析。先在正演和井震实际模型的基础上，将盒1段地震相分为Ⅰ类、Ⅱ类和Ⅲ类振幅体：Ⅰ类为强振幅，代表多期厚层叠合心滩；Ⅱ类为中强振幅，代表心滩与水道充填互层；Ⅲ类为弱振幅，代表泛滥平原沉积。然后提取 T9d 之上的最大波谷振幅属性，并在 T9d 和 T9e 之间选取代表盒 1 段早、中、晚期的典型振幅切片（图 4－13）。依据三维地震工区内井—震联合分析，结合三维工区外的二维地震资料及钻井资料，预测了独贵加汗区带盒 1 段圈闭的有利相带分布。

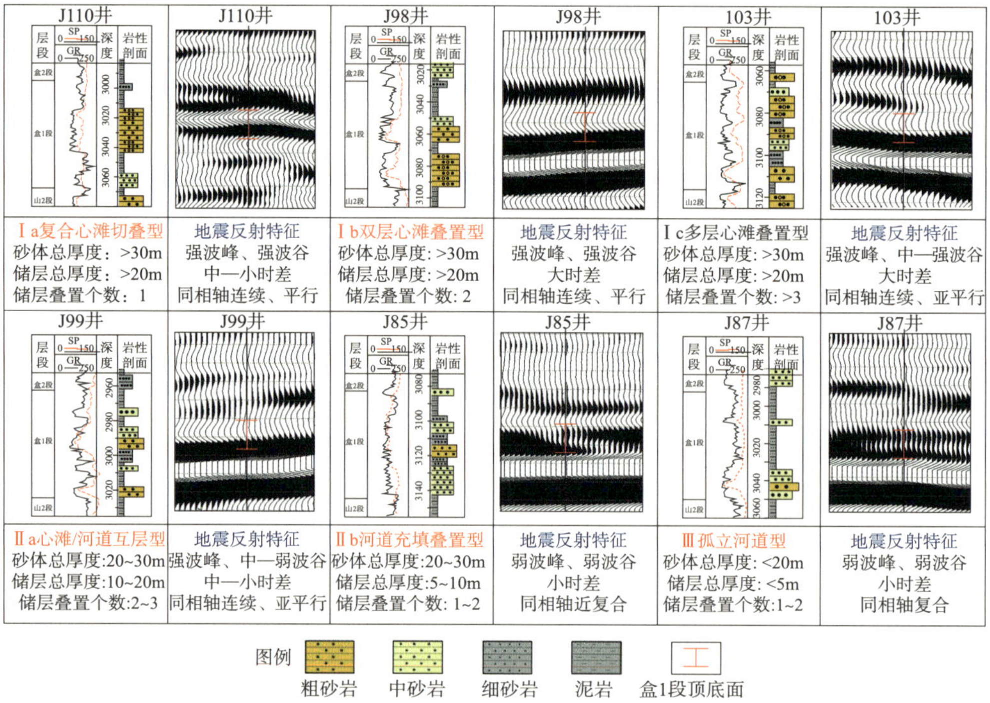

图 4－12　盒 1 段不同砂岩叠置模式的井—震响应图版

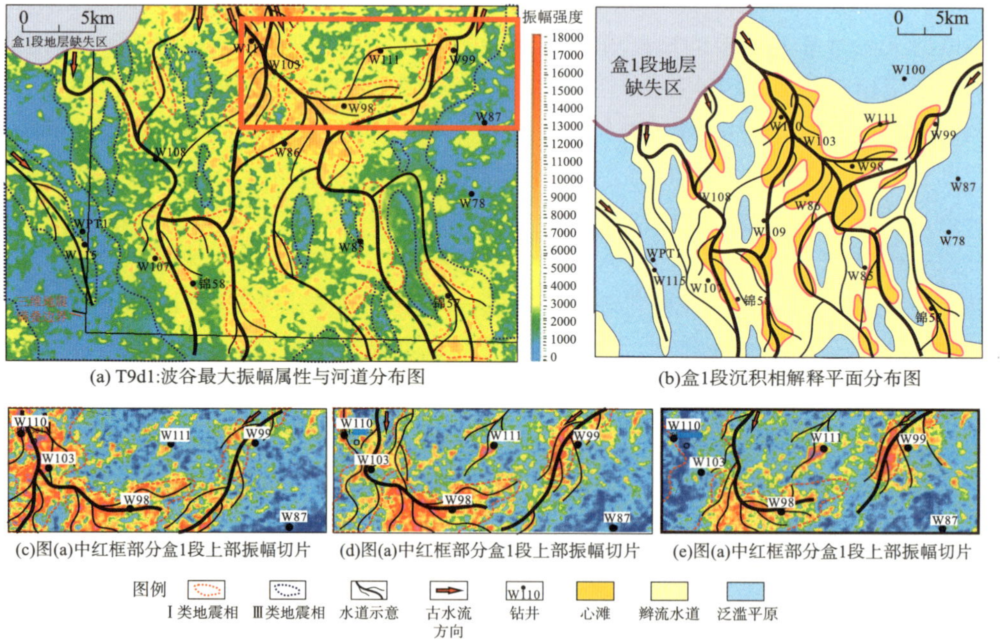

图 4－13　独贵加汗区带盒 1 段井—震联合沉积相分析平面图

（二）什股壕区带

什股壕区带位于伊盟隆起之上的杭锦旗断阶。早期对该区气藏类型的认识经历了从构造气藏到岩性气藏的转变，勘探“有点无面”，难以高效展开。“十三五”以来，通过精细解剖微幅构造和窄河道，认识到该区发育构造—岩性复合气藏，建立了一套复合气藏的精细描述技术，部署了 J135 井、J145 井、J147 井等一批探井并取得高产，重回什股壕区带的勘探。

1. 构造与沉积储层特征

本区宏观构造面貌为北东高、南西低的平缓单斜，区内小型断层较为发育，低幅构造星散状分布。受沉积古地貌影响，山西组、太原组多有缺失，下石盒子组发育河流相砂体，是主要含气层位。

盒 1 段砂体厚度多为 20 ~ 55m，平均为 40m，储层厚度为 15 ~ 35m，平均为 24. 3m，储层平均孔隙度为 11. 9%，平均渗透率为 $2.3\times10^{-3}\mu m^2$。盒 2 +3 段砂体厚度多为 5 ~ 20m，平均为 10m，储层厚度 5 ~ 10m，平均为 7. 5m，孔隙度平均为 11. 0%，渗透率平均为 $0.85\times10^{-3}\mu m^2$。

2. 气藏分布特征

下石盒子组天然气主要来源于泊尔江海子断裂以南的煤系烃源岩，山西组及盒 1 段砂岩为天然气向北运移提供了有效的通道，若遇有效圈闭，多形成小型背斜构造气藏；同时沿断层向上运移至盒 2 +3 段形成复合气藏。该区带已经在盒 2 +3 段提交探明储量 $163\times10^8m^3$、控制储量 $960\times10^8m^3$。

3. 构造—岩性复合型圈闭精细描述技术

2017 年以来通过深化气藏认识和技术攻关，从三个方面细化了复合圈闭识别描述技术：①以地震可靠属性确定 Ⅰ 类、Ⅱ 类有利储层的位置；②以砂体走向与构造走向的几何匹配关系，确定圈闭的封堵条件及其位置；③在气水界面判别基础上确定圈闭含气范围。部署在该类圈闭上的 J135 井、J145 井、J147 井、HA1 井、HA2 井均获得成功。

（1）储层展布和构造描述：区内主要发育一条规模较大的北东—南西向鼻隆带及少量小型背斜构造，南部还发育一些规模较小的逆断层，鼻隆带上发育若干向南西倾伏的鼻状构造。

（2）封堵条件分析：河道砂体横穿鼻隆带发育，切割鼻状构造，砂体在鼻隆上倾方向尖灭或致密化形成封闭，从而构成构造—岩性复合圈闭（图 4 – 14）。

（3）气水分布描述：根据气、水层测井识别标准和随钻气测全烃值，在单井上划分气、水层，然后由井外推，根据圈闭砂体厚度与闭合高度关系，判别气柱高度；根据气柱高度、河道和构造线的平面叠合关系，在平面上圈定气层区、气水过渡区与水区分布。

随着三维地震勘探成果的应用，构造解释精度不断提高，对什股壕区带圈闭类型、气水分布和勘探潜力认识也在不断突破。如伊深 1 井所在的什股壕构造圈闭，1998 年锦评 1 井部署之前，利用 5 条二维地震测线刻画的圈闭面积为 $13km^2$，闭合高度为 62m，圈闭比较可靠，但天然气充满程度并不明确。2020 年利用三维地震资料在什股壕区带识别出 215 个圈闭，其中什股壕背斜圈闭面积 $4.1km^2$，锦评 1 井在该圈闭边界上，气柱高度 60m

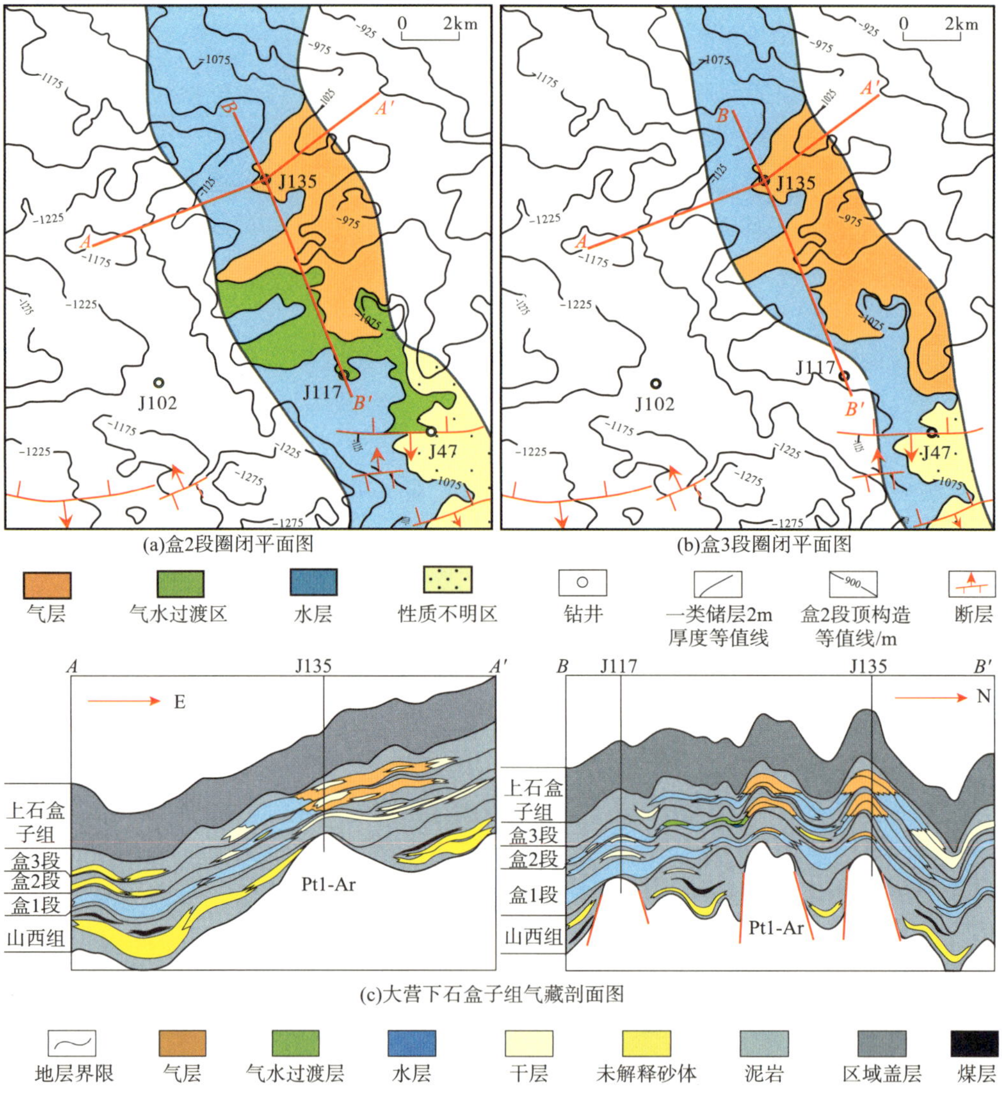

图 4－14　什股壕区带大营圈闭盒 2 段和盒 3 段构造—岩性复合圈闭解剖图

（图 4－15）。进一步得到两点新认识：一是什股壕区带圈闭充满度高，位于天然气高效运移路径上，有效圈闭是天然气富集的“金豆子”；二是该区带不仅发育盒 1 段构造气藏，之上的盒 2＋3 段的复合类型气藏分布范围更广，是追求单井高产、控砂增气有利目标。

（三）新召区带

包括新召东、新召西两个区带，位于伊陕斜坡和天环坳陷北端。“十三五”之前该区探井测试以低压、低产为主，勘探形势不明朗。独贵加汗千亿立方米探明后，为拓展接替阵地，加大新召区带地震处理解释与工程工艺攻关，取得了单井产能突破。截至 2020 年底，该区已获得天然气地质储量超过 $1000\times10^8m^3$。

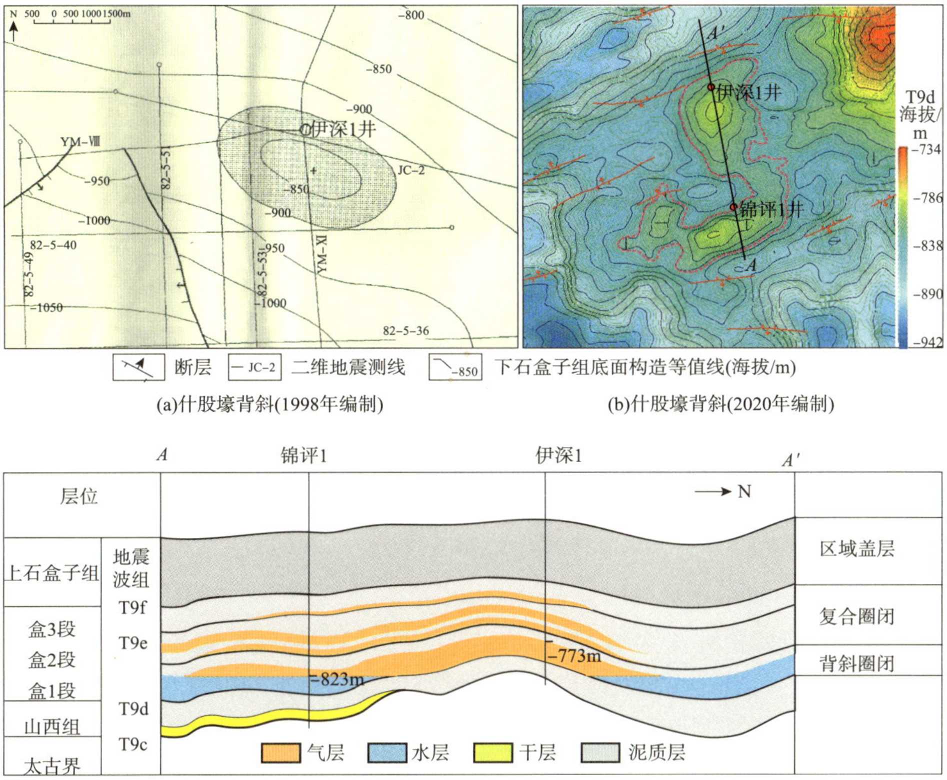

(a)什股壕背斜(1998年编制)　(b)什股壕背斜(2020年编制)

(c)过锦评1井、伊深1井气藏解释剖面

图4－15　什股壕背斜圈闭气藏综合解释图

1. 构造与沉积储层特征

该区整体表现为东高西低的西倾平缓单斜，局部发育低幅鼻状构造，幅度一般小于20m。区带内发育多条近东西走向、南北走向的小断层。本区致密气藏内部的甜点主要由物性较好的辫状河心滩砂体构成，在河道主体部位心滩砂体厚度较大、层数较多；向河道侧翼，随着砂体厚度减薄、物性变差或相变为泥岩，气层厚度也随之减薄或尖灭（图4－16）。

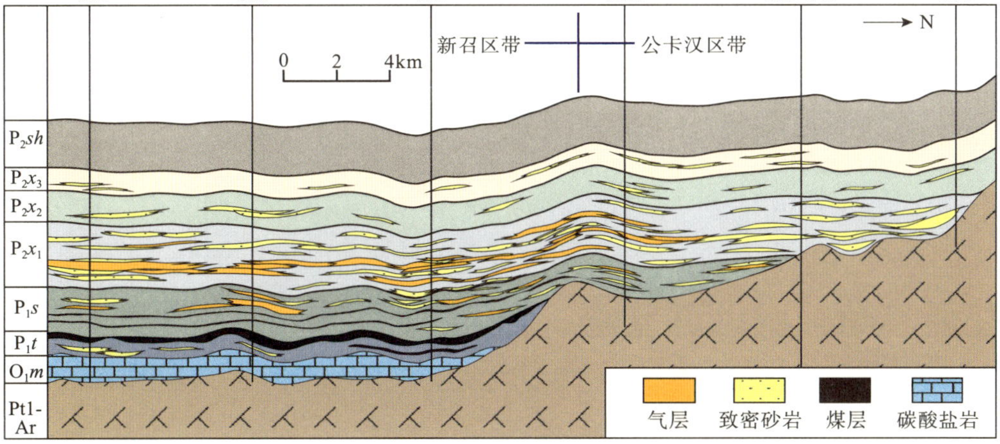

图4－16　东胜气田新召区带二叠系气藏剖面图

太原组、山1段煤层累计厚度为10～16m，镜质体反射率1.5%～1.8%，是本区较好的气源岩。山西期沉积物源主要来自北部的公卡汉凸起，发育辫状河三角洲平原沉积，河道砂体纵向厚度大、平面分布广，山2段砂体厚度为10～30m。下石盒子组主要发育冲积平原辫状河沉积相，盒1段砂体厚度为10～40m。

太原组、山1段储层岩性为粗粒石英砂岩，山2段、盒1段储层岩性主要为（含砾）粗粒岩屑石英砂岩，主要孔隙类型为粒间余孔、粒间溶孔和岩屑粒内溶孔。盒1段储层平均孔隙度8.8%，平均渗透率$0.47\times10^{-3}\mu m^2$；山2段储层平均孔隙度8.5%，平均渗透率$0.72\times10^{-3}\mu m^2$。

2. 气藏特征

盒1段、山2段气藏主要受辫状河道控制，呈带状分布，无构造影响，气藏内无气水分异现象。盒1段气层厚度一般为5～30m，山2段气层厚度一般为5～20m，向河道两侧气层厚度逐渐减薄；南北方向上，同一河道内，砂体分布连续稳定，但气层厚度受储层物性控制有所变化。

3. 基于地震空间相对分辨率的储层预测技术

受沙漠地表及目的层埋深影响，新召区带主要目的层段三维地震资料主频低（20～22Hz）、频带窄（5～35Hz），致密砂岩储层预测难度较大。常规储层预测技术可以解决复合河道、泛滥平原储层预测问题，但针对辫状河复合河道内储层非均质性强，岩性变化快，地震振幅能量无法直接有效识别。“十三五”期间，通过处理解释持续攻关，形成了基于空间相对分辨率的储层预测技术和基于沉积演化过程分析的辫状河复合河道预测技术，实现了河道平面特征类型划分与一个复合相位内叠置河道二期剥离，常规解释技术向地震—地质一体化河道预测技术的转变、提升。

凌云（2007）认为只有紧密结合地震理论和地质理论才可能有效地评估地震勘探的分辨能力，提出了基于地质概念的空间相对分辨率地震预测方法。通过对等时地质切片内地质体引起的地震属性空间相对变化和垂向等时地质切片间地质体引起的地震属性垂向连续变化的地质解释，最终达到认识地质体的空间展布能力成为空间相对分辨率。

河道组合模式的差异均可在地震数据体或地震属性上引起或大或小的响应，基于空间相对分辨率的河道预测技术，可通过地层切片、基于其垂向与横向微弱的差异，充分结合地质认识，进一步提高了河道预测精度（图4-17）。

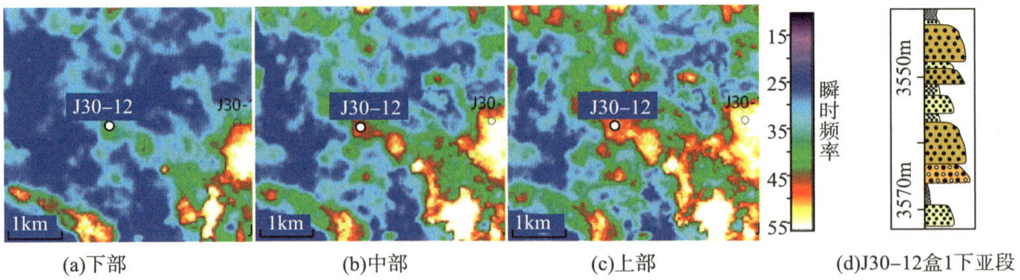

图4-17　J30-12井盒1下亚段地震瞬时频率切片

（四）十里加汗区带

十里加汗区带位于伊陕斜坡北端。该区已提交三级储量超过$4000\times10^8m^3$，但由于气水关系复杂，升级动用难度大。“十三五”期间重点攻关复杂气水层识别与评价，进一步明确了超过 $500\times10^8m^3$ 的天然气富集带。

1. 构造与沉积储层特征

区带整体为西倾的平缓单斜，坡降为（9.6～10.5）m/km，发育少量的鼻状构造。主要目的层山西组为一套三角洲平原沉积，下石盒子组主要为由北而南的辫状河沉积。

主力含气层盒 1 段厚度为 60～70m，发育 8 条南北向辫状河道，河道砂体厚度15～50m，横向上复合连片，纵向上相互叠置。南部砂体隔夹层较多，向北部减少，河道砂体非均质性向北部减弱，表明形成岩性气藏的封堵性向北减弱。南部盒 1 段储层以（含砾）粗粒岩屑砂岩和岩屑石英砂岩为主，储层厚度 2.0～26.8m、平均 14.3m，孔隙类型以原生粒间余孔和粒间溶孔为主，其次为粒内溶孔和晶间微孔，平均孔隙度 9.7%，渗透率 $0.68\times10^{-3}\mu m^2$；北部盒 1 段储层厚度 5.0～35.8m，平均值 23.8m，平均孔隙度 11.9%，渗透率 $1.2\times10^{-3}\mu m^2$，属于低孔、特低渗砂岩储层。

2. 气藏特征

十里加汗区带在盒 3 段、盒 2 段、盒 1 段、山 2 段、山 1 段、太原组和奥陶系都已钻遇气层，主要含气层位是盒 1 段，已提交低级别地质储量超 $4000\times10^8m^3$。

该区带盒 1 气藏特征与独贵加汗相同之处是发育“近源成藏”组合，不同之处是前者上倾方向区域封堵性较差。受北部泊尔江海子断裂的影响，断裂南侧一定范围内，砂体侧向封堵性较差而输导性较好，不易形成岩性圈闭，只在局部构造高点天然气得以保存（图 4－18），气层厚度 5.0～17.8m，平均值 11.3m。向南远离断裂区域，受致密储层及其非均质性影响，河道砂体横向输导能力变差，易形成岩性圈闭，气层厚度 2.0～26.8m，平均值 14.3m。

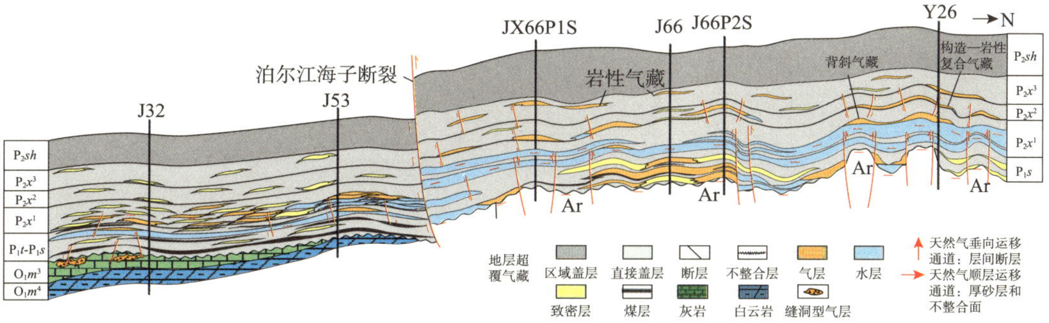

图 4－18　十里加汗区带—什股壕区带盒 1 段气藏类型变化剖面图

3. 气水关系分析

十里加汗区带既有典型的致密气层，也有典型的低孔、特低渗气层，含气饱和度变化大，总体呈现低电阻特征，气、水层识别难度较大。在气测异常综合判识法、侵入分析与侧向联合解释法、分区图版法等方法分析基础上，采用声波时差与补偿中子进行曲线重构，应用气测、曲线重构分析法开展气水层的识别与评价。根据气层与水层的叠置关系，天然气与地层水的赋存状态，划分了本区 3 大类 6 小类气水赋存类型（图 4－19）。

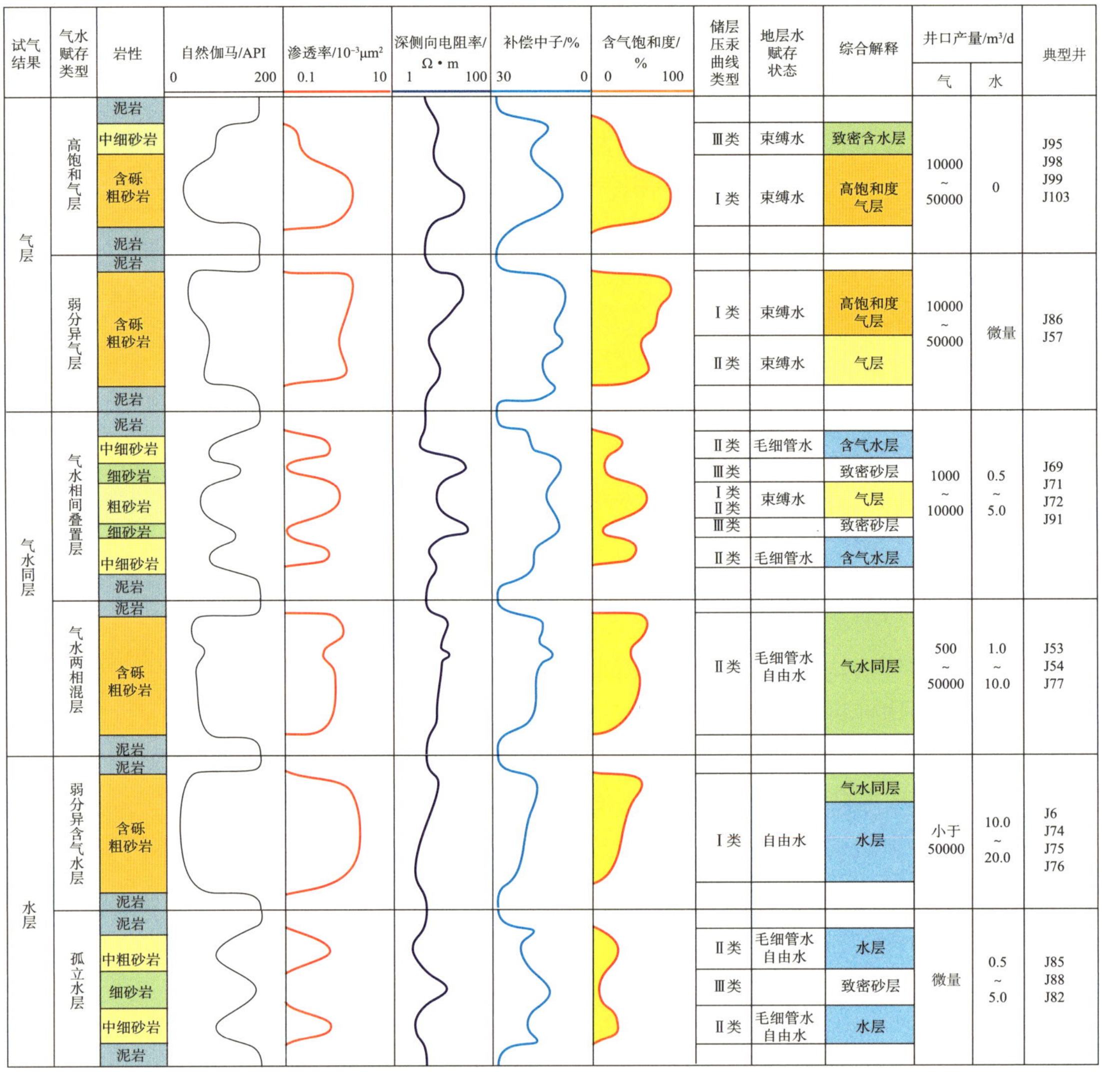

图4－19　十里加汗区带单井气水层纵向分布模式图

（五）阿镇区带

阿镇区带处于伊陕斜坡北端。“十一五”期间以大型岩性圈闭为目标部署了J16井等6口探井，仅J20井在上石盒子组试获工业气流，其他5口井均测试为水层，此后该区勘探处于停滞状态。

“十三五”以来，通过加强构造演化与成藏过程研究，认识到阿镇区带在燕山期业已反转为构造高部位，主成藏期（距今110Ma）以来始终位于天然气从南向北运移的输导路径上，有效圈闭是本区控藏的关键要素。2021年通过转变勘探思路，聚焦构造—岩性复合圈闭，提高编图精度，细分层系描述河道边界，落实构造—岩性复合圈闭24个，圈闭资源量200×10^8m^3，为重上阿镇区带提供了部署依据和思路。据此部署的预探井镇1井在盒2段和盒1段均钻遇气层，累计厚度23m，气测全烃净增值分别为10%、7%。

1. 构造与沉积储层特征

区带宏观构造特征呈东北高南西低的单斜，构造坡降 13.0m/km，局部发育向西南倾没的小型鼻隆构造和小型牵引背斜，闭合面积一般小于 $5km^2$，闭合幅度小于 50m。

主要目的层盒 1 段厚度 60～70m，砂体厚度 25～55m，储层以（含砾）粗粒岩屑砂岩和岩屑石英砂岩为主，储层厚度 15.0～34.8m，平均值 20.3m。孔隙类型以原生粒间余孔和粒间溶孔为主，其次为粒内溶孔和晶间微孔；平均孔隙度 11.8%，渗透率 $1.2\times10^{-3}\mu m^2$，属于低孔、低渗砂岩储层，孔隙连通性较好。盒 2 和盒 3 段储层厚度 3.0～17m，横向连通性差，平均孔隙度 11.9%，渗透率 $1.28\times10^{-3}\mu m^2$。

2. 气藏特征

阿镇区带盒 1 段辫状河多期河道砂体叠合厚度大、物性好，但岩性封堵条件较差。该区构造较为平缓，河道方向与构造等值线呈近平行关系，天然气沿着厚层砂体向北东向运移、散失，仅在局部构造高部位钻遇气层，边底水发育，主要是构造气藏（图 4－20）。盒 2 段和盒 3 段储层侧向物性变差或相变为泥岩可能形成岩性气藏，在局部构造发育区可能形成复合气藏。

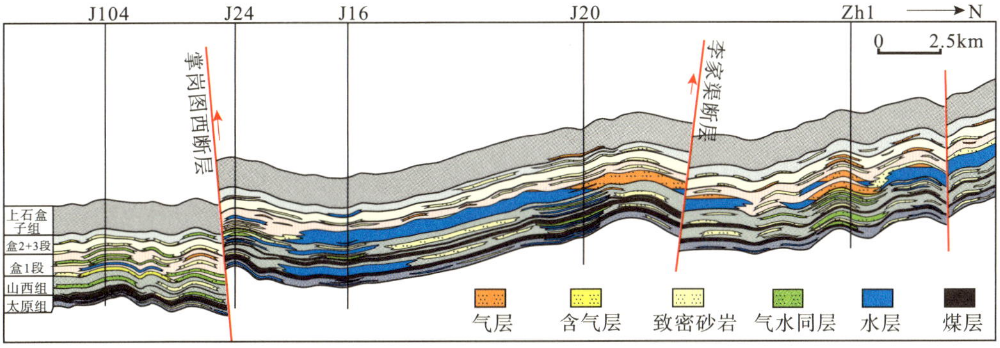

图 4－20　阿镇区带二叠系气藏剖面图

三、地质工程一体化，技术提产增效益

针对东胜气田致密砂岩气低品位、低产量、高含水、高成本等问题，通过总结分析东胜气田独贵加汗气区的成藏地质条件，形成了致密砂岩气“甜点”预测、水平井井眼轨迹设计、自然投产配套技术、水平井差异化改造等适用于盆缘致密砂岩气藏高产井设计技术系列。地质—工程一体化应用结果表明，该技术极大地提高了致密砂岩气藏的单井产量，培育了一批日产量超 $10\times10^4m^3/d$ 的高产井，为东胜气田高效勘探与精细开发提供了有力支撑。

（一）单砂体构型解剖技术

东胜气田二叠系辫状水道具有频繁迁移特征，不同期次河道、不同规模心滩垂向叠加、横向切割，储层内部结构复杂。因此，基于单砂体构型解剖的气藏描述，是提高单井产量的重要基础。

在盆地周缘野外露头观测与分析基础上，综合岩芯、测井、地震等多尺度手段，建立岩芯—测井—地震沉积微相响应关系，提出了“垂向分期、曲线定位、侧向划界、心滩刻画”为核心的构型解剖技术。结合水平井实际钻遇辫流带的形态、规模，开展沉积微相划分及心滩刻画（图 4－21）。

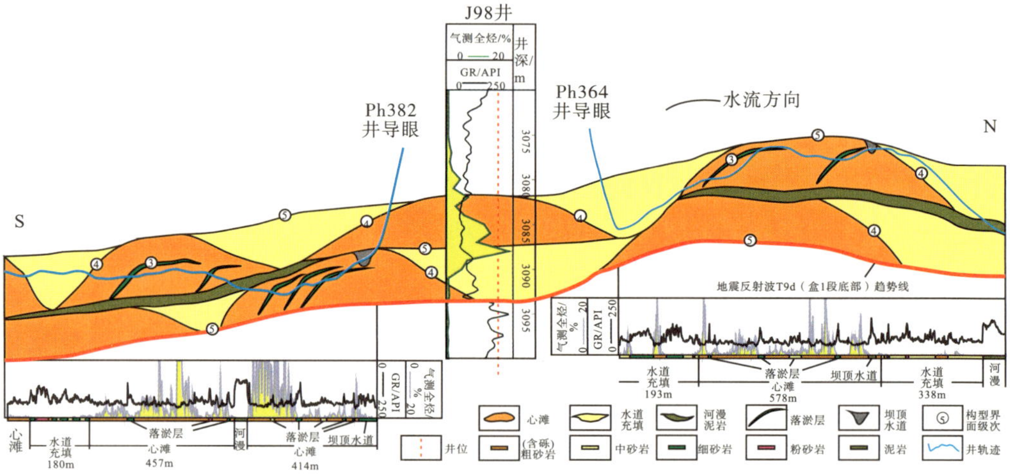

图 4－21　东胜气田独贵加汗区带盒 1 段河道砂体构型特征

研究表明，独贵加汗盒 1 段辫状河可分为 5 个期次，单期心滩内部包含 2～3 个增生体，单期心滩砂体宽度 150～450m，长宽比 2.5～3.5，宽厚比 50～75，岩性以含砾粗砂岩、粗砂岩为主，物性、含气性较好；水道充填视长度平均 190m，以中砂岩、细砂岩、泥岩为主，物性及含气性较差。

（二）致密砂体储层“甜点”预测技术

冲积扇—辫状河沉积体系下河道具有多期叠置、单期砂体薄的特征，常规地震分辨率强调的是从剖面和空间上直接分辨地质体，时窗属性揭示的是一段沉积期内地质体的综合响应特征，无法满足河道精细定量刻画需求。以沉积模式、四相响应关系及单砂体刻画成果为约束，开展了基于空间相对分辨率的地质解释，其原理是基于地震沉积学原理，选择相对等时面，在主要目的层进行切片属性提取，利用地质体空间差异分布特征引起的地震属性横向与垂向微弱的变化信号、从地震属性的空间相对变化进一步挖掘河道发育信息，刻画出不同期次辫状河道展布特征。主要步骤为：①参选取近等时地质界面，层序界面由一级到三级逐级约束细化层位解释成果；②在两个界面之间运用线性内插函数建立地层时间模型，所有的界面都是亚平行的；③沿地层时间模型中的每个地层层位，从原始地震数据体或地震属性体提取地震切片数据，并依据切片上地震属性的空间相对变化来进行沉积演化解释，最终获得薄储层的空间展布信息。通过以上方法，结合实现了心滩规模、方位等地质参数的定量刻画（图 4－22），实钻符合率达到 91%，有效指导井位部署。

针对独贵加汗区带气层、气水同层及含气水层储层的波阻抗特征差异小，地震响应特征弱的问题，采用叠前道集中振幅随偏移距的变化信息，井震结合开展叠前弹性参数反演进行含气性预测。主要思路是从地震信息中提取纵波速度、密度、泊松比、弹性阻抗以及

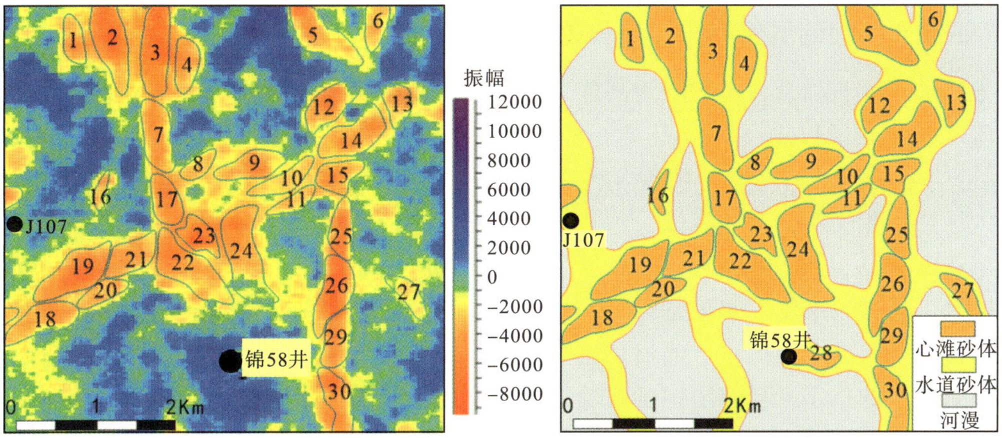

(a)地震振幅属性分布图　　(b)沉积微相解释图

图 4-22　基于空间相对分辨率方法的沉积微相预测

拉梅常数等参数，在测井岩石物理交会分析技术的指导下，对岩性和含气性进行定量解释，进而圈定含气储层的分布位置。方法在盒 3 气藏得到有效应用，气层预测符合率达到 85%。

（三）强非均质性储层水平井轨迹设计技术

基于单砂体刻画与三维地震对储层空间展布特征刻画，结合地面情况，形成混合井型立体部署技术，不断深化已钻水平井砂体空间展布的认识，完善和丰富水平井地质导向技术与方法，形成了“小层精细对比入靶、地质描述定储层模式、地震约束轨迹穿行”的多学科思维深度融合的综合导向技术，并进行了现场应用。

采用“一厂多井、一井多滩”立体部署思路，建立了“混合井型＋丛式井组”的地面—地下一体化立体部署模式（图 4-23），平均单井钻采投资降低 10%，实现了储量动用最大化，开发成本最小化。不同厚度、不同渗透率条件下的气藏数值模拟分析表明，随着水平段长度增加，气井产量逐渐增大，但增幅逐渐变小，不同物性条件下水平段合理长度也略有不同。盒 3 气藏气层厚度 6～8m，渗透率 $0.8\times10^{-3}\mu m^2$～$1.5\times10^{-3}\mu m^2$，水平段合理长度介于 800～900m；盒 1 气藏气层厚度 8～10m，渗透率 $0.4\times10^{-3}\mu m^2$～$0.8\times10^{-3}\mu m^2$，水平段合理长度介于 900～1100m。

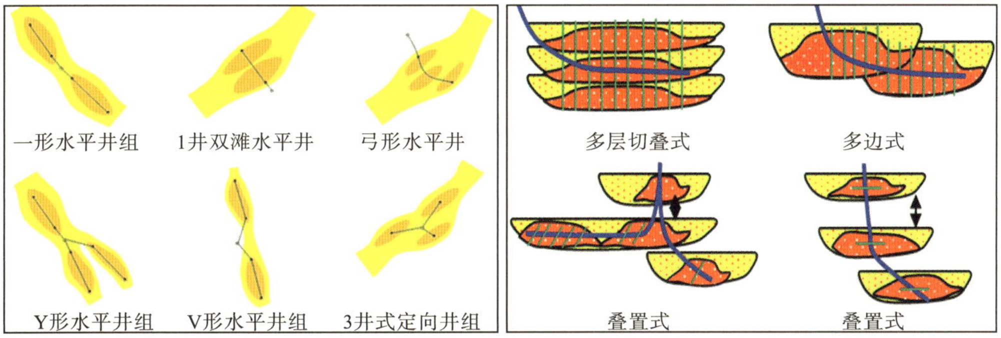

(a)不同心滩形态与井型平面组合图　　(b)多层井网纵向优化示意图

图 4-23　混合井型与丛式井组一体化立体部署模式

（四）全过程储层保护与差异化改造技术

独贵加汗区东部盒2段气藏为高能下切河道沉积，高能水体持续冲刷、改造，形成复合心滩沉积，储层以中—粗粒石英、岩屑石英砂岩为主，孔隙度 > 15%，渗透率 > $1 \times 10^{-3} \mu m^2$，物性、连通性好，具备自然建产地质条件。而在钻井作业环节中，由于钻井液的浸入导致气相相对渗透率降低，形成水锁伤害，造成储层污染，难以实现自然建产。针对储层致密、黏土含量高等特性，开展了岩石矿物组成、敏感性和毛细管力调控等实验研究，明确了水敏、碱敏、水锁是储层伤害主控因素，研发天然易降解聚合物和高酸溶辅剂形成低密度多保钻井液体系，通过优选润湿反转剂来有效降低表面张力、增加润湿角，减轻水锁对储层的伤害，从储层保护实验来看，采用防水锁技术的低密度多保钻井液体系储层渗透率恢复率可达90.07%，较钾铵基钻井液的储层渗透率恢复提高20%。2020—2021年，推广应用该技术实现自然建产12井次，探索出一条盆缘高含水气藏低成本开发之路。

针对心滩叠置关系复杂、储层物性差、自然投产无效益的气区，开展砂泥互层露头岩样大物模压裂模拟实验，直观揭示裂缝起裂、穿层和多簇裂缝扩展主控因素；基于物模实验，建立砂泥岩互层水平井分段多簇压裂全三维扩展数值模型，研究压裂裂缝纵、横向扩展的主控因素，确定不同地质参数（隔层厚度、层间应力差等）、施工参数（排量、压裂液黏度、簇数/段等施工参数）与裂缝形态间关系，指导压裂参数设计。

以提高压裂缝控储量为目的，制定了不同沉积类型水平井压裂改造对策，针对孤立式砂体组合，建立砂泥互层压裂纵向扩展判断图版，通过储层隔层应力差、隔层厚度预判缝高的穿层行为，为穿层压裂设计优化提供依据；针对多边式砂体组合，根据段内应力非均质性，针对性调整射孔摩阻（即分簇限流、段内暂堵）实现多簇裂缝均衡起裂；针对切叠式砂体组合，以提高水平井纵向的压裂缝控储量为目标，缩短段间距，优化形成不同储层特征下的短间距密切割压裂段间距，压裂缝控储量提高50%。总结形成以“短间距、大排量、高砂比”为核心的差异化分段压裂改造技术，即连通型高能心滩储层采用适度规模多簇压裂、分散型低能心滩储层采用大规模密切割+穿层压裂的改造措施，以此来提高“缝控储量”及单井产量，实现储量极尽动用。应用后水平井单井产量由 $2.9 \times 10^4 m^3/d$ 提高到 $5.9 \times 10^4 m^3/d$。

四、立体拓展多类型，万亿气田挖潜力

通过持续攻坚克难和创新实践，“十三五”期间探明了独贵加汗区带超 $1000 \times 10^8 m^3$ 储量的同时，加大东胜气田立体勘探力度，新层系不断取得新发现，二叠系万亿立方米储量的升级动用潜力逐渐明朗，并发现了大中型氦气气田，开辟了鄂尔多斯盆地北缘资源勘探新领域。

（一）万亿立方米储量升级动用潜力

根据“十三五”资源评价结果，东胜气田古生界天然气总资源量为 $16922 \times 10^8 m^3$，已获得地质储量合计近 $10000 \times 10^8 m^3$，但资源探明率仅为11.4%。地质储量的70%以上分布在下石盒子组，所以东胜气田下一步储量升级动用重点目标：一是新召区带和十里加

汗区带，开展勘探开发一体化立体评价，以独贵加汗千亿立方米探明储量区为中心，向西持续评价致密岩性气藏，有望近期再探明千亿立方米储量；向东持续攻关十里加汗区带、什股壕区带及阿镇区带不同类型气藏，实现控制储量逐步升级。二是开展太原—山西组储层预测及气藏评价技术攻关，落实气藏类型及富集特征。

（二）新层系拓展潜力

“十三五”期间，重点获取下石盒子组规模储量的同时，以“多层系立体勘探”思路部署的锦 142 井、锦 701 井、贵 1 井、J58P33T 井、J58P38H 井等多口井在长城系、奥陶系及上二叠统等多层系钻遇气层，其中 J58P33T 井在马家沟组马四段钻遇“缝洞型”气层 1.25m，经酸化压裂试获天然气 $3.05\times10^4m^3/d$；锦 142 井在长城系试获 $0.52\times10^4m^3/d$ 低产气流（未压裂），在石千峰组试获 $1.02\times10^4m^3/d$ 工业气流，揭示了北部盆缘过渡带具有多层系、多类型的勘探潜力，主要包括三个方向。

向深部拓展，紧邻石炭系—二叠系主力含气层系之下，奥陶系马四段灰岩经历了加里东期—海西期 1.5 亿年左右的溶蚀作用，在残丘及断裂发育区形成了溶蚀缝、洞有利储集体，与上覆山西组—太原组煤系烃源岩构成了上生下储组合，发育缝洞型气藏，有利勘探面积 $750km^2$，是近期重点展开评价层系。

在古生界之下，中上元古界长城系裂陷槽内发育厚层的海相石英砂岩，地层厚度可达 2000m，槽内断裂大量发育，有利于油气运移输导成藏，有利勘探面积 $1000km^2$，可作为下步重点突破层系。

向上部拓展，在下石盒子组主力含气层系之上，上石盒子组和石千峰组在一些区域河道砂体较发育，当高角度断层发育时形成有利输导体、沟通下部气源，在上石盒子组及石千峰组形成含气区域，目前已有 7 口井试获气流，评价出有利面积 $400km^2$，值得进一步探索。

（三）氦气资源勘探潜力

随着东胜气田致密气勘探开发的逐步推进，发现在该地区天然气中普遍伴生具有工业价值的氦气。通过对东胜气田 166 口井天然气样品分析发现，氦气含量 0.045%～0.487%，达到了含氦—富氦气田标准。气田中部独贵加汗区带及北部什股壕区带两个基底断裂发育区氦气含量较高，平均值均大于 0.1%，具有较大的氦气勘探开发潜力。

根据氦气同位素组成发现，东胜气田氦气为典型的壳源成因，主要来源于基底的太古界—元古界变质岩—花岗岩系，氦气分布受基底岩相和深大断裂双重控制。基于杭锦旗地区元古代以来断裂发育的多类性、活动的多期性和差异性，系统剖析了东胜气田氦气含量与杭锦旗不同层级断裂分布的相关性分析，氦气含量高值区主要沿泊尔江海子等通基底断裂两侧分布，最高值区位于独贵加汗东部，形成富氦天然气藏。其成藏主控因素为：基底富 U、Th 岩石发育是基础，断裂活动是核心，储盖圈保条件是必备，时空配置是关键。

根据东胜气田各区带天然气地质储量以及氦气含量分析测试数据，估算东胜气田氦气资源量约为 $8\times10^8m^3$，有望建成我国新的大型氦气资源基地。

结 语

东胜气田经历了六十余年五个阶段的勘探，从区域隆起局部构造含气的探索到斜坡带大面积致密砂岩气的规模展开，从气水过渡带的认识到 $10000\times10^8m^3$ 规模地质储量的发现，勘探认识逐渐深化；从北部隆起带到南部斜坡带，再到分区带展开不同方式的勘探评价，勘探阵地逐渐明确；从构造找气到源内大型岩性气藏，再到多类型气藏，评价目标逐渐清晰。截至 2020 年底，东胜气田天然气探明储量超 $1000\times10^8m^3$，形成了地质储量近 $10000\times10^8m^3$ 气区，建成了中国石化在鄂尔多斯盆地的第二个大气田，被评选为 2011—2020 年全国优秀找矿成果，标志着中国石化在鄂尔多斯盆地北缘 60 年来油气勘探的里程碑式突破，实现了天然气勘探开发“走出大牛地气田，实现规模资源接替”的战略目标。

回顾东胜气田的勘探历程、认识与成果，经历了从“气水过渡带”到“天然气富集带”、从盆内“稳定构造单元”到盆缘“多期断裂活动单元”、从盆内“单一类型圈闭”到盆缘“多种类型圈闭”差异分布、从盆内“大面积富集”到盆缘“差异富集”四个方面勘探思路的转变，取得了四个方面的启示。

一是从盆地区域地质出发，明确构造、沉积演化对地质条件差异的控制作用。与盆地内部相比，盆地边缘最大的特点是成藏地质条件及其匹配关系的横向差异性，这种差异性是造成油气藏类型复杂的根本原因。因此，要从盆地的区域构造—沉积演化出发，认识生、储、盖基本成藏地质条件的差异主控因素，明确分布规律，为转变思路、重新认识气藏奠定基础。

二是从成藏要素匹配的差异性出发，重新划分成藏区带。盆缘“源岩、储层、输导、构造”等成藏要素及其匹配关系的差异是不同区带成藏机理、油气藏类型及富集模式差异的根本原因。因此，需要根据这几个成藏要素的差异匹配关系，划分成藏区带，作为勘探分区评价的基础。

三是从成藏区带的主控因素出发，明确不同的勘探思路。在盆缘地区，由于不同区带成藏模式的差异性，单一勘探思路满足不了高效勘探需求。需要在划分成藏区带的基础上，明确不同区带油气藏类型、成藏模式及富集主控因素，进而在不同区带提出针对性的勘探思路，建立规范性、差异性的圈闭评价方法。

四是从气藏类型的复杂性出发，设计针对性评价方法与地质—工程一体化方案。由于盆缘圈闭类型多样，储层类型多、单砂体规模变化大造成气水关系复杂，在区带勘探突破后展开评价的难度仍然很大，实现规模探明和效益开发仍需不断地探索。因此，必须针对不同类型圈闭的差异，分类评价，分区接替，制定针对性的勘探开发一体化工作方案，才能实现盆缘含水气藏升级动用。

第五章　渤海湾盆地济阳坳陷油气新发现

渤海湾盆地济阳坳陷位于山东省北部，属于华北板块渤海湾盆地东南部的一个次级构造单元，坳陷由东营、惠民、沾化和车镇4个主要凹陷和若干分隔凹陷的凸起组成。坳陷东部以郯城—庐江断裂中段与鲁东隆起相隔，西部和北部与埕宁隆起相邻，南部以齐河—广饶断裂与鲁西隆起分界，西南部与临清坳陷相连，总体走向为北东向，且向北东撒开、向南西收敛，面积约$2.62\times10^4km^2$，是中国东部的主要含油气区之一。坳陷内断裂活动剧烈，岩性变化大，地层不整合等地质现象丰富；发育沉积岩、火成岩、变质岩三大类岩石组成的储集岩体；具有多类沉积体系、多种生油母质、多套生油层系和多期演化的特点；多种类型油气藏在空间上按照一定规律交错、叠置，构成复式和隐蔽油气聚集带。由此被称为多姿多彩的地质大观园，是东部含油气盆地的典型代表。

新中国成立后，根据国家在全国范围内开展石油普查工作的统一部署，1955年国家决定对华北平原开展区域性石油普查和勘探。1961年4月16日，在济阳坳陷东营凹陷东营中央背斜构造上钻探的华8井，获自喷日产油8.1t工业油流。华8井是华北平原第一口工业油流井，不仅宣告了胜利油田的诞生，同时宣告了渤海湾油区的诞生，也是继松辽油区发现后的又一重大发现，由此拉开了济阳坳陷以及整个渤海湾盆地的油气勘探开发历史征程。

济阳坳陷油气勘探可划分为四个阶段：1962—1982年，为以大型正向构造带为主要目标的构造油气藏勘探阶段；1983—1995年，为以非背斜油气藏为主要目标的复式油气藏勘探阶段；1996—2012年，为以岩性类、地层类等隐蔽油气藏为主要目标的隐蔽油气藏勘探阶段；2013年以来，为以复杂断裂带、复杂岩相带、地层超剥带等多因素控制的复合油藏为主要目标的复杂隐蔽油气藏勘探阶段。济阳坳陷不同勘探阶段面临不同制约问题，每个阶段的突破都是以“实践论、矛盾论”为指导，研究勘探需求与实践、主观认识与客观实际的矛盾，分析理论上怎么去认识，实践上怎么去突破，从而引领勘探理论基础创新和技术进步。

截至2005年底，济阳坳陷累计探明石油地质储量45.13×10^8t，主要集中于沙四上亚段及以上中浅部层系，而深层勘探程度低，同时不同洼陷勘探程度很不均衡。随着勘探程度的不断提高，已发现储量区块面积、储量规模总体呈现下降趋势，且目标更分散、隐蔽，勘探发现难度加大。如何进一步夯实资源基础，如何实现可持续稳定发展，如何确保高质量勘探，成为勘探面临的新的问题。针对这种情况，加强了油气资源重新认识、不同勘探领域地质条件和勘探程度分析等的深化研究，优选风险勘探领域，寻找规模储量接替阵地。按油气资源评价结果，济阳坳陷仍具有雄厚的资源基础。传统生油理论认为陆相生油母质以淡水环境分散有机质为主，济阳坳陷一直以淡水环境的沙三段为主力烃源岩。新一轮油气资源评价在原有成烃认识基础上，创新开展了咸化环境烃源岩（沙四段）系统研究，提出“沙四段有机质为咸化环境产物，比沙三段淡水环境的有机质更容易向油气转化，富集有机质是烃类主要贡献者”的新认识。根据这一认识，济阳坳陷剩余资源量增加了 18×10^8t，达到 46.5×10^8t，夯实了增储稳产的资源基础。

剩余资源平面、纵向存在差异。平面上，东营、沾化凹陷等富油凹陷剩余石油资源最为丰富，其中主体区探明程度较高，但周缘仍存在大量储量空白区，尤其是盆缘小洼陷，前期受资源认识束缚，整体探明程度低。纵向上，不同勘探层系剩余资源也存在差异，沙四上亚段及以上成熟层系探明程度高，但沙四下亚段—孔店组深层、前古近系潜山剩余资源量大。尤其是咸化生烃认识带来深层资源量的增加，提高了深部含油层系的勘探潜力，提振了深层勘探的信心。

2006 年以来，综合考虑资源潜力、勘探程度、理论技术适应性等，落实未来阶段勘探方向及增储规模，明确深层、潜山、盆缘地区剩余资源潜力大，勘探程度相对较低。厘定强化深部层系，拓展新区、新类型，逐步展开的风险勘探思路。系统开展基础石油地质条件研究和风险勘探，促进了“三新”领域成藏规律认识的深化，新区发现新油田、潜山勘探再突破、深层扇体显潜力，发现了规模增储和建产阵地，保障了济阳坳陷勘探的稳定发展。勘探实践证明，风险勘探是实现三新领域突破的发动机，风险勘探是深化地质规律认识的推进器，风险勘探是规模储量发现的重要途径。

第一节　探新区　青东发现新油田

青东凹陷位于胜利油田东部的莱州湾西南部滩涂及浅海区域，构造上位于济阳坳陷东部，郯庐断裂带以西，凹陷面积近 $1200km^2$（图 5－1）。跨中国石化和中国海油两个探区，其中中国石化探区面积约 $600km^2$。

图 5－1　青东凹陷区域构造位置图

一、先期勘探，迷雾重重

青东地区的油气勘探始于 1958 年。1958—1959 年地质部在沿海一带进行了 1：100 万的航磁测量，1965 年地质矿产部海洋局地调处完成了青东凹陷浅海地区 15 条 336km 的单次磁带地震概查，1970 年进行了 1：20 万的重力测量，明确了青东地区大的构造形态。20 世纪 70 年代末期开始对青东凹陷开展油气勘探工作，1978—1981 年石油工业部胜利油田地调指挥部四大队在凹陷浅海区开展磁带多次覆盖的地震普查和概查工作，在凹陷西部共完成 37 条测线 605.9km 的二维模拟地震资料采集，二维测网密度为 1.2km×2.4km。

在利用二维地震资料初步落实探区构造面貌的基础上，1979—1986 年相继部署钻探了 4 口探井，除青东 2 井落空外，其余 3 口探井均见油气显示并解释油层。青东 5 井沙四上亚段 1676.4～1669.0m 井段解释油层 3 层 3.4m，试油获得日产 4.1t 的低产油流，该井区上报了石油地质储量约 600×10^4t。从这 4 口井的钻探情况来看，已经取得了油气发现，但是油层层数少，单层厚度小，且产能较低，油气富集程度不高。在当时以大中型整装构造油气田为主要勘探目标的形势下，青东地区的油气发现没有得到重视，勘探工作暂时搁浅，停滞了近 10 年时间。

20 世纪 90 年代，胜利油田先后设立了三项涵盖青东地区的局级科研项目，利用当时较为先进的技术手段，对青东地区从油气资源评价到构造、沉积和成藏特征，开展了较为全面的研究。

1993—1994 年，通过与东营凹陷和潍北凹陷进行地质类比，提出青东凹陷主力生烃层系为沙三段，其次为孔店组—沙四段，并利用“油气资源专家评价系统”进行模拟，结果表明凹陷总生烃量为 25.3×10^8t，排烃量为 13.6×10^8t，聚集量为 2.04×10^8t。据此认为青东凹陷的资源潜力很大，勘探前景乐观。

1996—1997 年，运用在全国第二轮油气资源评价中发挥重要作用的“ProBases 超级盆地模拟系统”对凹陷的生、排烃量进行模拟，模拟结果与 1994 年的模拟结果相同。研究认为青东凹陷物源丰富，储集条件优越，由于油气大规模运移期晚，运移距离短，因此沙三段既是主力烃源岩层系又是主要含油层系，靠近生油洼陷的有利构造带是油气聚集的主要方向，建议优选北部断阶带断层下降盘的逆牵引构造进行钻探。1997 年在垦东西南部完成采集的三维地震资料覆盖了青东凹陷北部断阶带，部署钻探了青东斜 6 井，该井仅沙四上亚段见 2 层 1.9m 荧光显示。历经 5 年的攻关研究，优中选优进行部署钻探，仍未取得勘探突破，青东地区的勘探工作再次搁置。

二、抓住关键，创新认识

在青东勘探受挫后，深入分析了失利的主要原因，认为勘探早期，由于勘探程度、资料条件及研究技术手段等客观条件的限制，对青东凹陷基本石油地质条件的认识程度较低，资源潜力大小和有利勘探方向把握不准，是该区迟迟未取得油气勘探突破的根本原因。受矿权的限制，勘探研究工作局限于青东凹陷周缘地区，而中国海油一直未对青东凹陷进行勘探，造成前人对凹陷的地质结构、构造格局、地层及沉积体系发育特征等基本地质条件认识不清，无法对凹陷的生、储、盖、圈、运、保等油气成藏的基本地质要素进行系统表征，油气成藏规律认识不清，勘探前景不明朗。从勘探研究的角度看，存在盆地性质及构造特征认识不清、主力烃源岩层系及资源潜力不明、储层沉积体系类型与分布规律不清、油气成藏规律及控制因素不清等四个方面的问题。

为打破多年来停滞不前的勘探局面，研究人员在明确了制约勘探关键问题的基础上，系统梳理了区内勘探资料和前人研究成果，调研了相邻中国海油探区的最新勘探进展及文献资料，开展了股份公司科技项目《青东凹陷石油地质条件与目标优选》攻关，重新认识了青东凹陷基本的石油地质条件，取得了多项创新认识。

（一）构造特征及盆地性质

利用新采集的三维地震资料，结合勘探早期取得的二维地震资料，对青东凹陷的边界条件、构造格局、断裂体系和构造样式进行了系统研究；青东凹陷整体呈北东走向的菱形结构，除西南部以北西走向的反向断阶带与东营凹陷青南洼陷相接外，四周均为凸起所环绕，整体上具有“三断一超”的边界特征（图5－2、图5－3、图5－4）。青东凹陷沙四上亚段共发育北东向、北北东向、北西西向、近东西向和近南北向等5组不同走向的断层，断层非常发育，构造非常破碎，不同走向的断层在平面上呈平行式、雁列式、斜交式、帚状、梳状等多种组合样式。深大走滑断裂带，即青东凹陷的东部边界控凹断裂带，属于郯庐断裂带营潍段的西支，由平面上呈北北东走向、右行左阶雁行状排列的4条分支断层组成，各分支断层与派生的近东西向次级断层呈梳状平面组合样式。

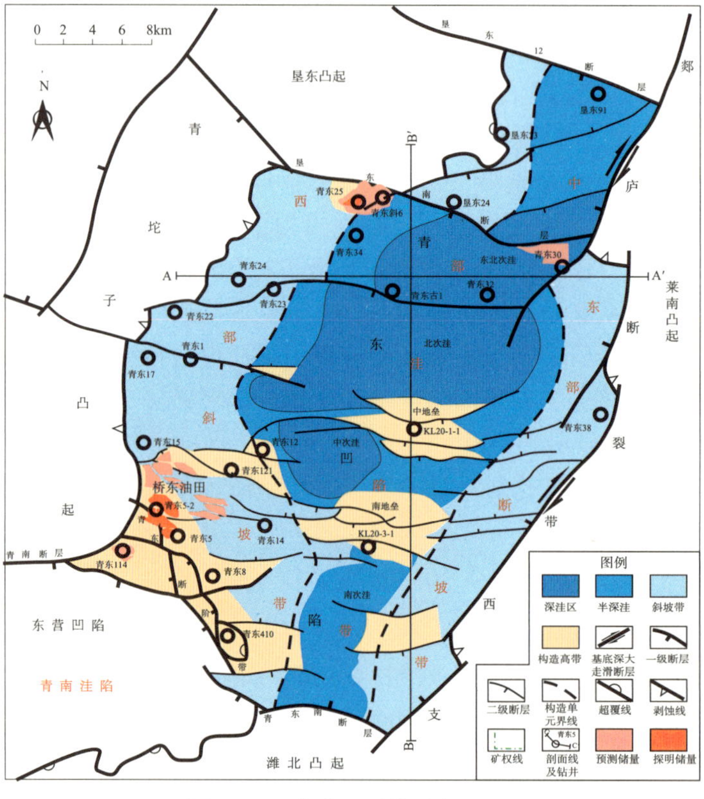

图5－2 青东凹陷构造纲要图

结合区域构造应力场和凹陷构造特征的分析，明确了青东凹陷为拉张—走滑型陆相断陷盆地。在整个古近纪伸展活动期间，郯庐断裂都呈现斜向拉张下的右行平移活动。这种大型边界基底断裂的斜向拉张活动，造成了整个青东凹陷呈现为东断西超的格局。在南北向拉张作用下，早期北西—北西西向基底断层广泛复活，而晚期被大量新生的近东西向正断层所取代，只有较大型的北西西向断层继续复活。由于是斜向拉张盆地，凹陷内部同时活动的近东西向正断层也对盆地发育起着重要的作用，使得内部的沉积格局为近东西向。

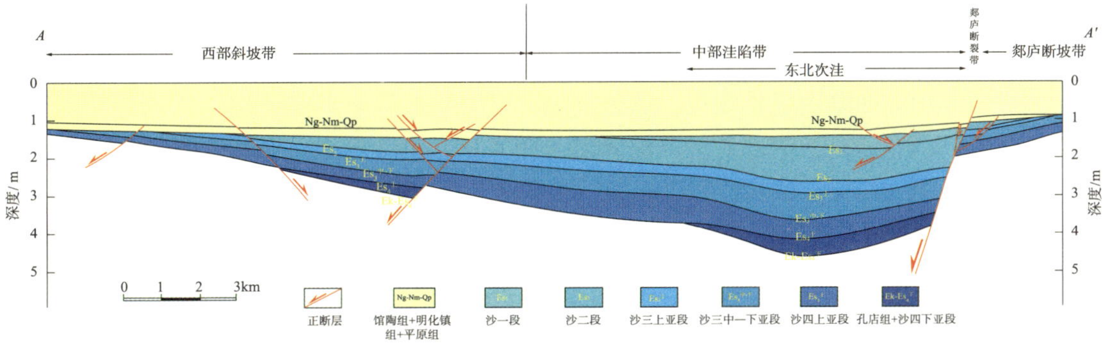

图 5－3　青东凹陷东西向地质结构剖面

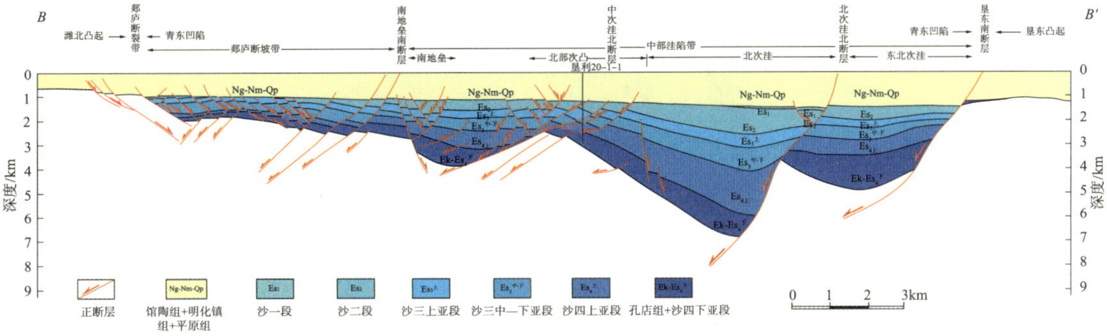

图 5－4　青东凹陷南北向地质结构剖面

（二）沉积储层发育特征

青东凹陷四周为凸起所环绕，物源体系多，沉积相类型多样，纵横向变化快，沉积规律非常复杂。为明确凹陷的储盖组合特征及发育规律，根据青东凹陷构造演化史分析及地层层序界面的岩性、电性及地震反射特征，将古近系划分为 1 个一级层序、2 个二级层序和 6 个三级层序，二级层序分别对应孔店组—沙四下亚段和沙四上亚段—东营组 2 套地层，前者可进一步划分为孔店组和沙四下亚段 2 个三级层序，后者可划分为沙四上亚段、沙三中下亚段、沙三上亚段—沙二段和沙一段—东营组等 4 个三级层序（图 5－5）。

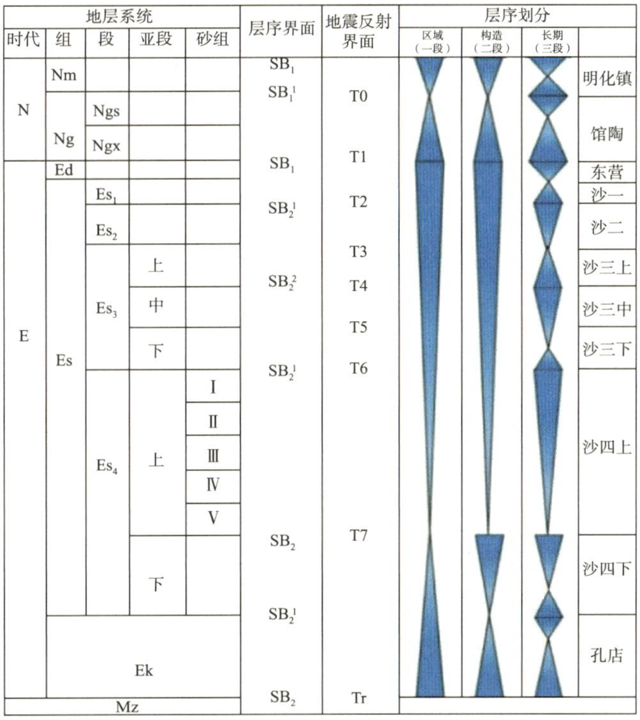

图 5－5　青东凹陷新生界层序划分剖面图

沙四下亚段沉积时期处于较干

旱的气候环境中，湖盆范围相对局限，凹陷内水体较浅，主要发育冲积扇、冲积平原、漫湖和湖沼等沉积体系。沙四上亚段沉积时期，青东凹陷主要以滨浅湖和半深湖沉积环境为主，四周凸起均向凹陷内提供物源，盆地周缘广泛发育近岸水下扇、扇三角洲和三角洲等多种沉积体系，在凹陷西南部的滨浅湖区域，尤其是青东—青南过渡构造带还广泛发育滩坝沉积体系（图5－6）。沙三段沉积时期，青东凹陷沉积环境较沙四上亚段发生很大变化，凹陷北部次洼带受垦东南断层和东界断层控制发生持续强烈断陷，在北部次洼带形成稳定的深湖—半深湖沉积区，发育巨厚的以暗色泥岩为主的地层。凹陷东南部的大范围地区发育东部莱南凸起和南部潍北凸起物源的大型三角洲沉积体系，三角洲由东南部向凹陷内部持续推进，最远可推进至北次洼带。

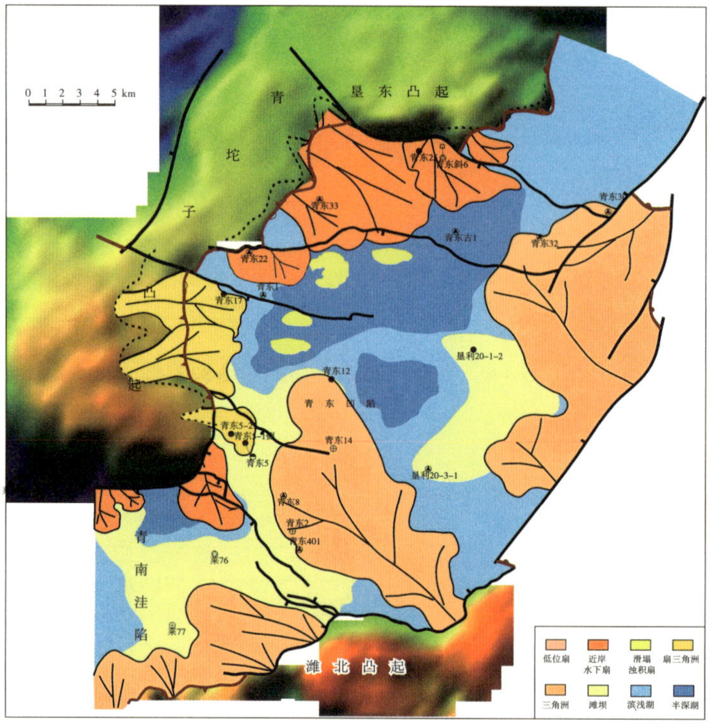

图5－6　青东凹陷沙四上亚段沉积相平面图

沉积体系的纵横向演化控制储盖组合条件的纵横向变化。纵向上，沙四上亚段和沙三下亚段是湖盆强烈断陷期形成的主力烃源岩发育层系，二者可作为青东凹陷的区域性盖层，与下伏储集层段形成区域性储盖组合。这两套地层自身也具有较好的储盖组合条件，沙四上亚段发育近岸水下扇、扇三角洲、三角洲、滨浅湖滩坝多种储层沉积类型和深湖—半深湖相暗色泥岩，沙三中下亚段发育扇三角洲、三角洲储层沉积类型及深湖—半深湖相暗色泥岩，在凹陷的大部分地区砂地比适中，储盖组合条件较好。

（三）烃源岩特征及资源评价

1. 烃源岩发育特征

古近纪始新世早期青东凹陷处于强烈断陷期，湖盆水体最深，范围最大，陆源粗碎屑物质供应不足，处于欠补偿沉积环境，发育的沙四上亚段和沙三下亚段以暗色细粒泥质沉积为主，有机质含量丰富，是青东凹陷主要的烃源岩发育层系。强烈断陷期，青东凹陷内部主要以近东西向断层活动为主，控制中部洼陷带南北向上垒堑相间的构造格局，形成3个北深南浅的次洼带，凹陷的沉降、沉积中心均位于中北部次洼带。3个次洼带均具北厚南薄的地层充填特征，其中北部次洼带的烃源岩厚度最大，有机质类型最好，且有机质丰度最高，是青东凹陷生油潜力最大的地区（图5-7）。

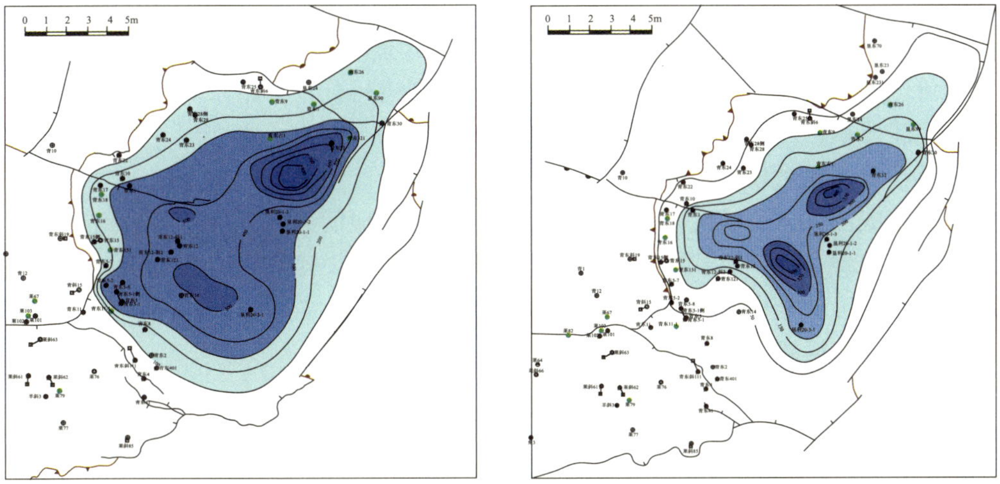

图5-7 青东凹陷沙四上亚段（左）和沙三下亚段（右）暗色泥岩等厚图

2. 烃源岩有机质及热演化特征

根据全岩光片和干酪根有机显微组分鉴定，青东凹陷沙三下亚段和沙四上亚段有机质类型都以Ⅰ~Ⅱ型为主，既有水生生物有机质来源又有高等植物有机质来源。沙四上亚段烃源岩有机质类型Ⅰ型所占比例更大，表明其水生生物来源有机质更多，具有更好的生油环境，生油能力更强。从青东凹陷沙四上亚段镜质体反射率（R_o）随深度的变化来看，烃源岩在埋深小于2250m时，反射率呈缓慢增加趋势；埋深达到2250m，反射率达到0.5%左右；至埋深3000m左右，R_o 值增至0.8%。推测青东凹陷沙四上亚段的生烃门限在2250m左右。

研究中应用EASY% R_o 数值模拟方法进行烃源岩生烃演化评价，并用实测资料进行检验。模拟结果表明，青东地区沙四上亚段烃源岩转化率快速变化的阶段在2500~3500m之间，成烃范围较集中，沙三下亚段样品成烃转化相对较晚，大致在3000m以下，这种差异性也反映出两者成烃母质类型的差别。沙四上亚段烃源岩在凹陷北部深洼带成烃转化率可达到80%左右，是本区油气资源的主要贡献者。沙三下亚段烃源岩由于埋藏相对较浅、受热时间相对较短，其转化率很低，沙三下亚段烃源岩总生烃量低。

3. 油气资源量评价

利用新钻井岩芯、岩屑资料，根据不同有机质类型烃源岩生烃物理模拟实验数据，结合烃源岩生烃演化程度的研究，采用化学动力学方法通过计算机模拟重新计算两套烃源岩的生烃量，参考济阳坳陷资源评价的运聚系数对烃源岩的油气远景资源进行估算。

青东凹陷沙四上亚段烃源岩计算的总生烃量 31.2×10^8t，参照东营凹陷10%~12%的运聚系数估算，沙四上亚段烃源岩所提供的资源量大约在（3.12～3.74）$\times 10^8$t之间，是青东凹陷最主要的一套烃源岩。沙三下亚段烃源岩虽然有机质丰度高，分布范围广，但其有机质较低的演化程度使其生烃总量仅有6.7$\times 10^8$t，而资源量为（0.67～0.81）$\times 10^8$t。

（四）油气成藏模式

青东地区发育构造、地层、岩性及复合圈闭等4种圈闭类型。已发现的工业性油气藏类型主要为构造油藏和岩性—构造复合油藏，其次为构造—岩性油藏和中生界潜山油藏。地层和岩性油藏零星发育，油藏规模较小，油层厚度薄，油气分布范围有限，尚不具有工业价值。

利用流体包裹体分析技术对青东凹陷油气成藏期进行分析，结果表明青东凹陷发生过两期油气充注成藏，成藏期分别为新近纪中新世末期和上新世—第四纪。其中，中新世末期油气的充注范围相对较小，主要分布在较大断层附近；上新世—第四纪油气充注范围较大，是青东凹陷油气成藏的主成藏期，早期油气充注形成的油气藏后期多遭到破坏。

根据油气成藏条件、成藏特征及富集规律的综合研究，建立了青东地区的4种油气运聚成藏模式，即陡坡复式运聚成藏、凹中隆近源运聚成藏、斜坡带断层走向运聚成藏和洼陷内原地生储成藏模式（图5－8、图5－9）。

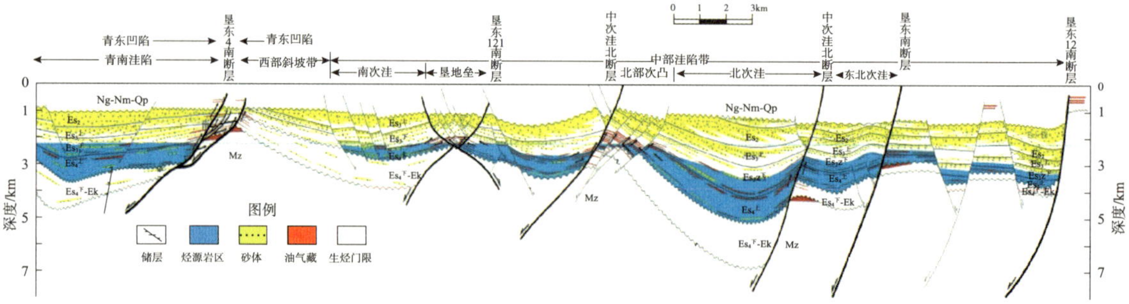

图5－8 青东凹陷北东向油气成藏模式剖面图

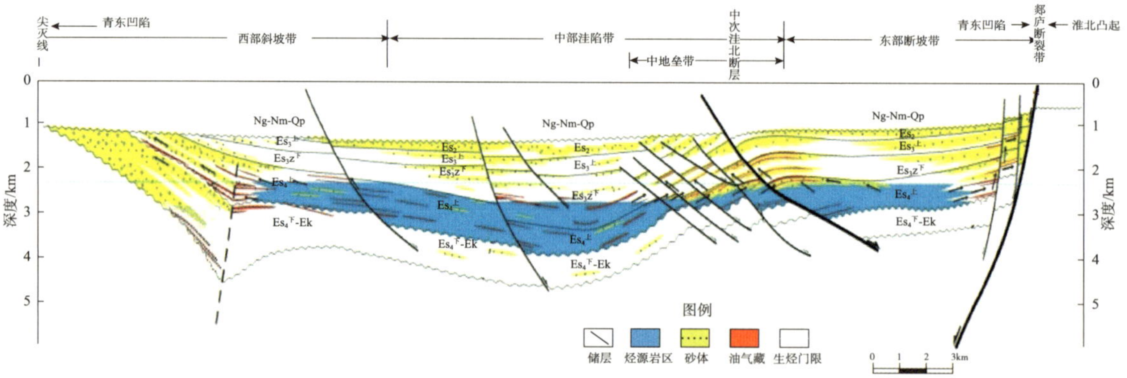

图5－9 青东凹陷南北向油气成藏模式剖面图

陡坡复式运聚成藏模式，以青东4断裂带为典型代表，洼陷带烃源岩生成的油气主要沿张性或扭张性断层进行垂向和走向油气运移，在构造圈闭内聚集油气成藏，纵向上形成多套含油层段，横向上将油气远距离运移至凹陷边缘形成油气藏。

凹中隆近源运聚成藏，以青东12地垒带和KL20－1地垒带为代表，为生烃洼陷所环绕的洼中低次，凸具有“近水楼台”的成藏优势，油气通过短距离运移至此在构造圈闭中聚集成藏，由于断层晚期活动较弱，油气的垂向运移距离较短，含油层段主要为沙三下和沙四上亚段。

斜坡带断层走向运聚成藏，主要分布在凹陷的西部斜坡带，洼陷带生成的油气主要沿张扭性断层进行走向长距离运移，在断层附近的圈闭中聚集成藏，油藏类型包括构造油藏、潜山油藏、地层超覆油藏、岩性尖灭油藏以及岩性—构造复合油藏等多种油藏类型，含油层段有中生界、沙四下亚段、沙四上亚段等。

洼陷内原地生储成藏模式，主要发育于生烃洼陷内，烃源岩生成的油气通过初次运移，直接聚集于孤立的砂岩透镜体内形成岩性油藏，储层沉积类型为浊积岩类。该类油藏目前还未进行勘探，是青东地区下步勘探的有利目标类型之一。

三、风险勘探，柳暗花明

在明确青东地区的油气资源潜力、油气成藏条件及成藏主控因素的基础上，进行整体部署，青东地区的勘探取得重大突破和进展。“十一五”以来，先后部署实施青东5、青东4东和青东北等3个工区近1200km^{2}的三维地震资料采集，在精细构造解释和油气成藏条件系统研究的基础上先后部署探井53口，完钻探井34口，仅3口井落空，其余31口井均见油气显示，其中解释油层井27口，试油获油流井12口，发现中生界、沙四下亚段、沙四上亚段、沙三下亚段和沙三上亚段等多套含油层系，累计上报三级储量过亿吨，发现了一个亿吨级规模储量阵地，诞生了胜利油区的第76个油田——桥东油田。

（一）风险勘探　突破高产油流关

在区域地质规律分析的基础上，优选青东西部地区于2007年采集了青东5三维。通过对青东5三维地震资料的精细构造解释，搞清了有利构造带及构造圈闭的发育规律；同时加强沉积体系等方面的研究工作，落实成藏条件有利的二级正向构造带。按照整体勘探的部署思路，以已经获得低产油流的沙四上亚段为主要目的层段，预探有利二级构造带上的构造圈闭，同时兼探中浅层，在青东凹陷靠近中部洼陷带的中地垒构造带上部署了风险探井青东12井。

青东12井于2008年7月1日开钻，2008年8月21日完钻。青东12井在沙三段—沙四上亚段电测解释油层11层35.5m，对沙四段油层进行试油，获得日产油51t的工业油流（图5－10）。青

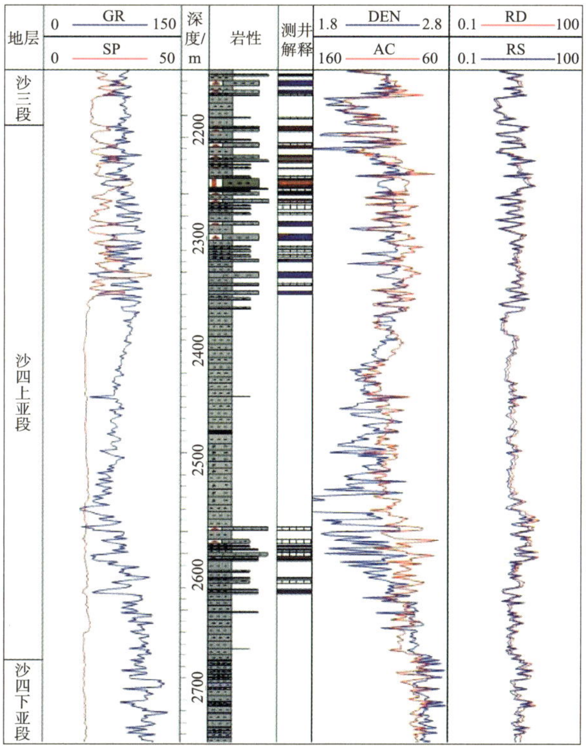

图5－10　青东12井综合柱状图

东12井的成功钻探突破了困扰青东地区油气勘探多年的工业油流关，证实了青东凹陷沙四上亚段发育有效烃源岩，具备形成富集高产油气藏的物质基础，打开了青东地区的油气勘探局面。

（二）积极评价　发现桥东油田

在有利构造带的预探取得成功之后，开展油藏规模评价勘探。对早期已获低产油流的青东5井区进行重新评价，认为该区处于东营凹陷青南洼陷与青东凹陷之间的正向过渡构造带上，油源、储层、输导及圈闭条件均利于油气聚集成藏，具备形成复式油气聚集带的条件。据此部署钻探多口评价井和滚动井，均解释油层，并获得高产工业油流，证实该区油气藏富集高产。为进一步落实青东5井区的储量规模，尽快将青东5井区建成一个新的产能阵地，勘探开发一体化运作，相继部署5口开发准备井，钻探均获成功，整体控制住青东5井区的含油气范围。

2009年8月，青东5井区上报沙四上亚段石油地质储量约2000×10^4t；青东11井—青东4井区上报沙三上亚段石油地质储量3000×10^4t，桥东油田就此诞生。

（三）甩开勘探　新层系再获新发现

随着青东西部斜坡带的主要构造带相继完成预探和评价钻探，亟须寻找新的优质储量阵地。通过烃源岩发育特征及盆地构造格局的分析，认为青东凹陷北部断阶带油源条件更为优越，具有较大的勘探潜力。因此，将勘探研究重点北移，于2010年部署实施青东北三维，在青东北三维地震资料落实构造的基础上，相继在有利的构造圈闭上部署多口预探井。其中，青东25井发现中生界潜山油藏；青东30井于沙三下亚段钻遇大套油层，发现新的油气富集层系。青东25井区于2012年上报中生界和沙四上亚段石油地质储量约1500×10^4t。青东30井区于2011年上报沙三下亚段石油地质储量约3000×10^4t。勘探实践表明青东地区具有多层系、大范围普遍含油的成藏特征，展现出广阔的勘探前景。

通过勘探开发工程一体化运作，桥东油田在2013年上报沙四上亚段探明石油地质储量1100×10^4t的基础上，迅速建成年生产能力21×10^4t的产能新阵地。青东5块共实施油井47口，水井18口，于2014年2月投产，截至2021年7月，桥东油田已经累计采油过百万吨（图5-11）。

图5-11　桥东油田青东5块海油陆采平台

四、新区勘探，风正帆悬

通过青东地区的勘探实践，得到新区勘探的几点启示：

首先，新区油气勘探研究要从盆地构造分析入手，在厘定盆地性质的基础上开展类比研究，分析构造演化对烃源岩发育、储层沉积体系、圈闭条件等静态成藏条件及油气成藏过程的控制作用，重建构造、沉积、成藏一体化地质模型。

其次，对于勘探迟迟未取得突破的地区，要充分消化吸收前人的研究成果，但不能局限于前人已取得的既有认识，了解前人认识的客观条件和资料基础，在跟踪相关领域研究进展的基础上，不断充实基础地质资料，与时俱进，解放思想，精细研究，重建地质模型。

最后，新区勘探要以获得油气突破为首要目标，选择成藏条件最有利的构造带上的最有利圈闭的构造高部位进行勘探，力求获得点上的突破，以尽快打开勘探局面，突破之后再逐渐展开，进行评价部署。

结合上述启示，在青东凹陷勘探突破后，对济阳坳陷周缘小洼陷开展了系统评价。同主力生烃洼陷区相比，盆地周缘小洼陷油气富集程度相对较低，具有探井密度小、储量发现少的特点，但是其仍然具有一定的油气资源潜力。据新一轮油气资源评价结果，济阳探区 10 个富油凹陷周缘外围新区具有 5×10^8t 左右的油气资源潜力。

为了明确济阳富油凹陷周缘小洼陷的成因类型及演化模式，形成小洼陷综合分类方法和评价技术，从地层结构与现今构造特征入手，分析其构造演化过程及与凹陷主体关系，完成了济阳探区富油凹陷周缘小洼陷成因分类；对比分析沉积充填过程差异性，建立了不同成因类型小洼陷典型沉积模式，明确了圈闭的发育类型和分布规律；通过成藏期成藏要素匹配研究，分析油气运聚过程，建立了不同类型小洼陷油气成藏模式，形成了针对性的地质—地球物理综合圈闭刻画方法与配套勘探技术系列，确定勘探潜力区和勘探层系。

通过对外围盆缘小洼陷的充分研究，综合成因类型、充填过程、成藏差异，完成对富油凹陷周缘小洼陷的综合分类评价，优选青南洼陷、三合村洼陷开展了风险勘探，相继发现了青南、三合村油田（图 5－12）。

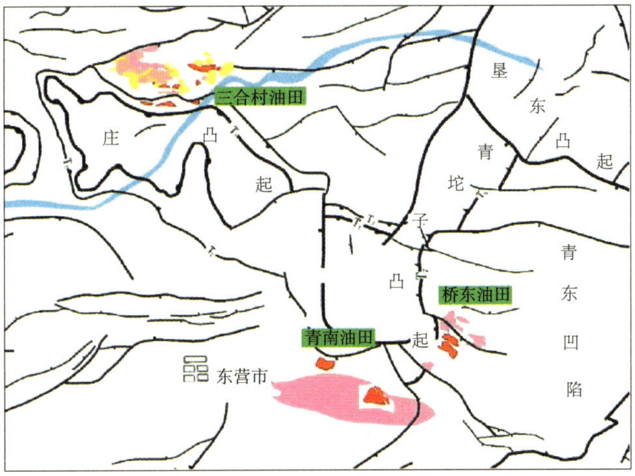

图 5－12　桥东油田、青南油田和三合村油田区域位置图

青南洼陷为东营凹陷东部的次级构造单元，勘探面积约 300km²，沙河街组沙三段和沙四段是重点勘探层位。2004 年之前受地震资料精度及地理位置所限，仅在洼陷南部和北部凸起边部有几口探井，以寻找构造油藏为主，勘探进展较小。2011 年以后，对青南洼陷开展了系统的地质研究，在构造、沉积以及成藏等各个方面的分析基础上，确定了沙四上亚段为主力层段，主要油藏类型为滩坝砂岩性油藏，部署实施的莱斜 90、莱斜 92 等探井获得高产工业油流，并在该区上报了 2200×10^4t 的储量，从而发现了青南油田。青南油田从 2013 年开始陆续投产，截至 2021 年 10 月，青南洼陷共实施开发井 44 口，累计产油 30×10^4t。

三合村洼陷是位于济阳坳陷沾化凹陷孤岛凸起西南部的箕状断陷，于 1978 年在北部发现了垦西油田的垦 71 断块，上报探明石油地质储量约 1200×10^4t。随后开始向南在三合村洼陷内进行探索，很长一段时间内没有取得进展，勘探停滞不前。直到 2012 年利用已有的勘探资料对三合村洼陷进行了构造、沉积和成藏特征的系统研究，在此基础上部署实施了罗 322、垦 119 和垦西 1 等多口探井并获得成功。截至目前在该区发现了馆陶组、东营组、沙河街组等多套含油层系，共上报三级储量超 4000×10^4t，从而诞生了三合村油田。截至 2021 年 3 月底，三合村油田建油井 54 口，每年建产近 6×10^4t，累计产油 8.3×10^4t。

第二节　战潜山　新类型获得新突破

一、潜山勘探，跌宕起伏

济阳坳陷潜山油气藏是渤海湾盆地油气勘探的重要对象，自 1961 年在东营凹陷华 8 井东营组获得工业油流后，在钻探古近系主要目的层系的同时便开始了对前古近系基底岩性、结构特征的研究，之后一直到 2005 年这 45 年间的勘探历程，潜山油藏勘探大致可以归纳为残丘潜山勘探阶段、块断—褶皱潜山勘探阶段和多样性潜山勘探 3 个阶段。

（一）占凸起　打高点　十余年耕耘终突破（1976 年以前）

这一阶段主要以残丘潜山（凸起）为勘探对象，先期在重力、磁力和二维模拟地震技术的基础上对各残丘潜山（凸起）的含油性进行普查钻探，二维测网密度多为 1.2km × 1.2km 和 0.6km × 0.6km，局部区域密度较稀，为 2.4km × 2.4km。这期间共钻井 98 口，先后钻探了孤岛和埕东等多个潜山，一直未获良好的油气显示，分析发现这些潜山主体抬升高、埋藏浅，都是被新近系馆陶组下段所覆盖，馆下段具有河道砂岩广泛发育的特点，其作为潜山的顶部封盖层，很有可能把油气“放跑”，研究人员认为在这种条件下的下古生界潜山不利于油气保存。

经过了十年沉寂，研究人员一直没有放弃对潜山油气藏的勘探，转折终于在 1972 年出现，探索义和庄潜山含油气性的首口探井——沾 11 井于 1972 年 8 月 27 日开钻，该井位于义和庄凸起沾 4 高点沾 11 断块上，设计目的层系为新近系馆陶组，当其钻穿馆陶组进入奥陶系时，发生了钻具放空和泥浆漏失现象，录井见到了饱含油灰岩岩屑，说明该井钻遇了灰岩的缝洞，共钻遇灰岩 18.4m，于 10 月 18 日至 10 月 31 日裸眼试油，用 10mm 油嘴油管 +25mm 油嘴套管，获得了日产油 935t 的高产工业油流，首次发现了济阳坳陷奥陶系风化壳潜山油气藏，揭开了济阳坳陷下古生界潜山油气藏勘探的序幕，也打破了前期对于馆陶组充当盖层的潜山不利于成藏的旧有认识，说明潜山油气成藏具有复杂性，对其研究应继续深入。

在残丘潜山勘探成功的基础上，研究人员乘胜追击，于 1977 年和 1978 年两年相继上报了义和庄油田下古生界、上古生界以及垦利油田下古生界探明储量近 3000×10^4t。

（二）探内幕 遇难题 复杂潜山待认识（1977—1995 年）

随着对潜山油气藏勘探的不断深入，特别是在对桩西潜山油田的油气勘探过程中，认识到除了残丘潜山风化壳油气藏之外，还发育有内幕逆冲褶皱型不规则的、异常复杂的潜山内幕油气藏（图 5－13）。但是研究人员对断陷盆地潜山的多样性、复杂性认识不足，对潜山成藏规律认识不够深入，特别是对于发现的内幕褶皱型潜山的成藏规律缺乏系统全面的认识，潜山勘探变得方向不明，理论不适应，技术储备不足。主要是缺乏对断陷盆地多样性潜山成因、成储、成藏规律的系统理论认识，尚未形成断陷盆地多样性潜山带的勘探配套技术，核心技术亟须攻关，并且缺乏对不同类型潜山带及其油气藏的系统的勘探思路和方法。

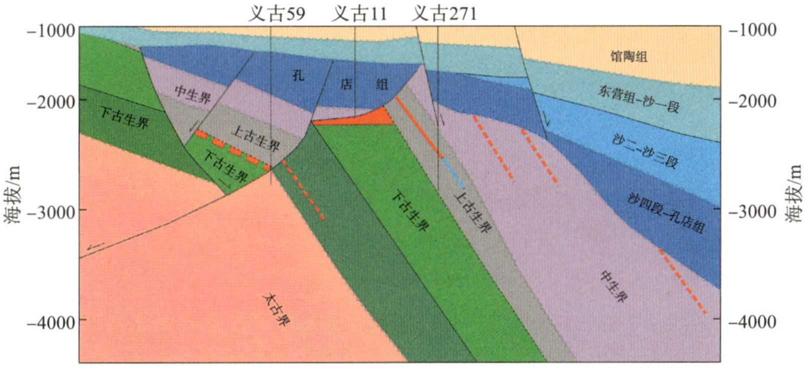

图 5－13 义和庄潜山过义古 59 井—义古 271 井古生界近南北向油藏剖面图

为此，胜利油田先后与石油部北京石油勘探研究院、美国岩芯公司、加拿大 Teknica 公司、美国西方地球物理公司等多家单位合作，进行了艰难的探索，对油气藏认识上有不同程度的提高，但没有解决潜山内幕构造、储层、油气藏类型及油气分布等实质问题。这一阶段后 10 年探明储量发现较少，只在王庄、乐安和陈家庄等地区发现了一批规模不大的潜山油气藏（图 5－14）。

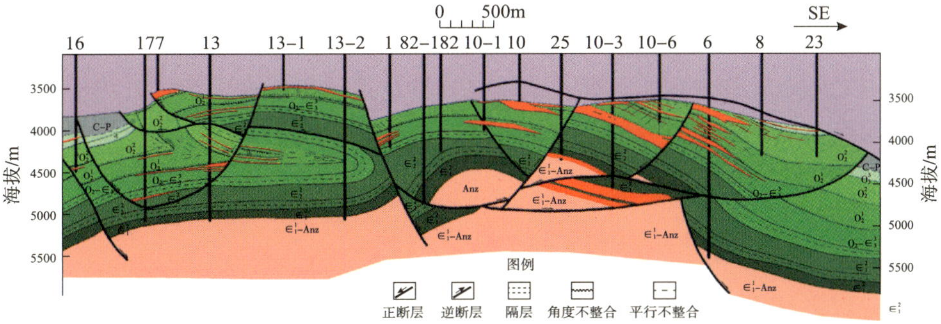

图 5－14 桩西潜山过桩古 16 井—桩古 23 井下古生界南东向油藏剖面图

（三）新理论　新技术　潜山再现新高潮（1996—2005 年）

当勘探进入“九五”，济阳坳陷大部分含油气区块都覆盖了三维地震，并且还有许多目标处理资料及叠前深度偏移资料，潜山油气藏勘探的资料基础逐渐雄厚。胜利油田以潜山带的成因机制和成藏机理研究为重点，在地质综合分析的基础上，利用多种勘探新技术，使潜山勘探科学化、程序化、精细化，形成了将潜山成因、类型、储集层、封盖层、油气源、输导体系、油藏和流体性质等种种多样性融为一体的断陷盆地潜山带成因、成藏理论，并建立了相应的配套勘探技术系列及核心技术，大大拓宽了潜山勘探视野，提高了构造解释精度，精细预测了储层发育及分布，厘清了油气运聚特征，有效地指导了潜山油气藏的勘探，取得了重要突破，相继发现了富台和桩海潜山油气藏，还突破了渤南深层潜山，探明了埕北 30（图 5－15）、桩西和广饶潜山油气藏，开拓了潜山内幕型油气藏的勘探，扩大了平方王、英雄滩、东风港等下古生界潜山油气藏的储量规模，并发现了多个潜山含油气区块，累计探明石油地质储量上亿吨，与此同时还发现了八里泊潜山和梁村潜山无机成因二氧化碳气藏，迎来了济阳坳陷潜山勘探的又一次高潮。

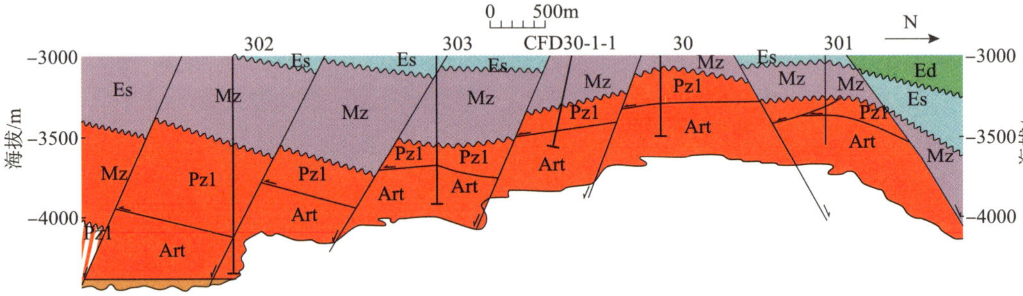

图 5－15　埕北 30 潜山过埕北 302 井—埕北 301 井下古生界南北向油藏剖面图

二、再上宝山，揭示机理

“十二五”以来，随着下古生界潜山构造高点的风化壳和内幕圈闭中的油气藏基本都被探明，潜山油气藏的勘探脚步再次放缓甚至停滞不前。研究人员通过精细解剖，系统梳理，提出了几个重要的问题：①受构造运动和灰岩地层等因素的影响，储集类型多，非均质性强，分布规律差，既有风化壳型储层，又有潜山内幕型储层，纵向上埋藏深浅不一，其发育机制不清楚。②油气运移通道和运移方式复杂多样，油气运移方式及波及范围表征存在困难。③油气藏控制因素多，不同类型的潜山油气成藏及富集高产存在较大差异，相同类型的潜山之间也存在很大的差异，油气差异性聚集控制因素不清楚。为了找到这些问题的答案，研究人员在以往研究的基础上开展了更加系统和深入的工作，取得了重要进展和认识。

（一）挤拉滑剥成山　平面成带分块

自中生代以来，济阳坳陷发生多次构造运动，主要经历了印支、燕山和喜山运动，潜山共经历了 4 期挤压、3 期拉张和 2 期走滑运动，而每一次的构造活动中均伴随着一次地层剥蚀事件，多期构造运动的叠加改造，控制形成了济阳坳陷潜山现今构造格局。

其中挤压运动主要发生在印支期和燕山期。印支运动的逆冲造山运动早期以褶皱和隆升为主，活动强度较小，后期发生大规模构造隆升，导致古生界剥蚀形成顶部区域不整合以及多条北西向展布的背斜、断裂及构造带。而燕山期挤压运动主要包括中侏罗统沉积后发生的挤压抬升和白垩系沉积后发生的大规模挤压隆升，是济阳坳陷潜山的主要形成时期。

拉张运动主要发生于燕山早期、中期和喜马拉雅期 3 个时期。燕山早期沿印支期北西向逆断层发生负反转，但其构造活动强度较小，沉积中下侏罗统，形成以拉张为主的小型陆相盆地，大部分地区的中下侏罗统与古生界存在小角度不整合。燕山中期经历挤压隆升后，研究区再次发生拉张断陷，沉积厚度巨大的上侏罗统和白垩系。喜马拉雅运动使得济阳坳陷现今构造格局形成，确定了盆山关系。

受郯庐断裂带活动的影响，济阳坳陷主要经历燕山期的左行走滑和喜马拉雅期的右行走滑运动。燕山中期在左行走滑运动的控制作用下，印支期北西向断层发生负反转。燕山晚期，左行走滑运动转为南北向和近北东向，形成多条北东向和近南北向断层，并控制了太古界、古生界和中生界的分布。喜马拉雅期右行走滑运动主要表现为表层走滑，多形成北东向断层，加强了拉张运动的强度，对潜山定型具有一定的促进作用。

济阳坳陷古生界潜山总体具有“东西成带、南北分块”的特点（图 5－16），发育 7 个北西向潜山带，从成山机制角度可以分为三类：一是印支期、燕山期受到挤压作用，燕山期、喜山期受到走滑作用成山，形成断块型潜山，分布于北西向构造带；二是在上一期潜山的基础上，主要受控于喜马拉雅构造运动长期拉张应力的作用，形成持续拉张的滑脱型潜山，分布于北东向及近东西向构造带；三是在各期构造运动中一直受到侵蚀作用，形成残丘型潜山。

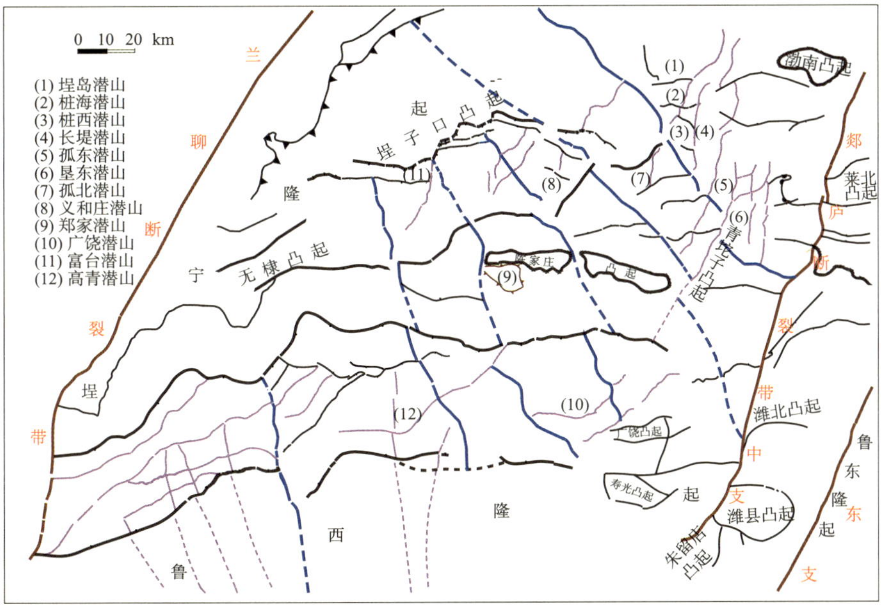

图 5－16　济阳坳陷古生界断裂体系图

（二）三元耦合成储　纵向两套储层

下古生界碳酸盐岩沉积后经过多期构造运动和复杂的成岩作用改造，其储层发育具有较强的非均质性，研究发现岩性、裂缝、成岩流体改造是控制碳酸盐岩储集层发育的三大因素，岩性为岩溶作用的前提，裂缝为桥梁，流体改造是关键，三者相互匹配，共同作用，改善了下古生界碳酸盐岩储层的储集能力（图 5－17）。

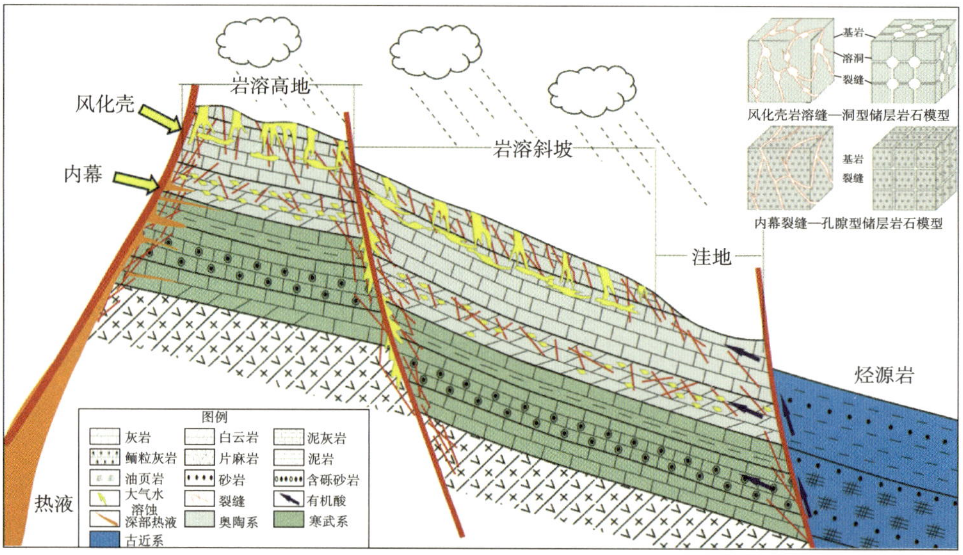

图 5－17　济阳坳陷碳酸盐岩储层发育模式图

岩性是基础：下古生界岩性一般为白云岩和灰岩，其中白云岩主要在奥陶系八陡组和冶里组—亮甲山组发育，主要为准同生白云石化作用、浅埋藏白云石化作用以及深埋藏白云石化作用的结果，白云岩以及灰质白云岩孔隙度、渗透率都明显高于灰岩，此外，由于方解石和白云石本身晶体性质的差异，导致白云岩比灰岩抗压实压溶但易发生断裂。

裂缝是桥梁：下古生界碳酸盐岩埋藏深，成岩作用强烈，原生孔隙基本不发育，由于经历多期构造运动，裂缝较发育，主要有构造裂缝、成岩裂缝以及风化裂缝，其中，构造裂缝所占比重较大。裂缝对储集空间形成有两个重要贡献，一是其本身可以作为储集空间且提高储层的渗流能力，二是沟通了储层内部空间，使得大气水、深部热液、有机酸等地层中的流体能够进入储层，促进溶蚀作用的发生，形成晶间溶孔和溶蚀孔隙。

改造是关键：济阳坳陷古生界在加里东期整体抬升遭受风化剥蚀，受到表生期大气淡水淋滤作用，在燕山期处于浅埋藏阶段，火山喷发，使得地层受到热液流体的影响，在喜马拉雅期处于深埋藏期也是成藏期，烃源岩生排烃的同时产生大量的含有机酸流体，对地层进行溶蚀改造，因此先后受大气淡水、热液流体、有机酸的溶蚀改造。

大气淡水改造作用受古地貌、岩性因素、距离风化壳的远近等因素的控制。下古生界古地貌呈现高山、山间和洼地的沟梁相间构造格局，其中岩溶斜坡地层保留相对较全，又能够接受持续、彻底的大气水溶蚀。灰岩类储层比白云岩类储层更易遭受大气淡水的溶蚀。随着埋深加大逐渐远离不整合面，裂缝发育的密度和长度减小，导致其大气水沿裂缝向下渗透的阻力增加，其溶蚀作用也越来越弱。

热液流体主要因济阳坳陷中生代末期火山活动产生，其携带的大量高温高压酸性流体对储层的溶蚀改造产生重要的影响，通常距离火山岩体越近，储层溶蚀越强烈，孔隙度越大。同时，热液流体上升过程中因温压降低且溶蚀围岩后流体过饱和导致在裂缝中胶结、沉淀，充填、堵塞孔洞及裂缝，又对碳酸盐岩储层的储集性能起到破坏性作用。

有机酸在烃源岩生烃过程中产生，富含酸性物质的地层水在生烃增压作用和压实作用下对碳酸盐岩沉积物产生溶蚀作用，促进了次生孔隙的发育，其中灰质白云岩溶蚀速率最大，源—储越接近，有机酸初始溶蚀作用越强。

受岩性、裂缝、流体三元控制影响，下古生界纵向上发育风化壳、内幕两套储层。风化壳储层发育在潜山顶部，受大气淡水淋滤改造，以较大规模的溶蚀孔、洞、缝为主要储集空间的岩溶—缝洞型储层。内幕储层通常指的远离风化壳，以晶间孔、晶间溶孔及微裂缝为主要储集空间的裂缝—孔隙型储层，一般发育在潜山白云岩地层中，与风化壳之间常由一套致密的不渗透层相隔。

(三) 源储配置成藏　五类潜山油藏

根据潜山形成机制，将济阳坳陷中—古生界潜山划分为中隆新隆残丘山、中沉新隆断块山、新滑改造断块山、中隆新沉褶皱山和中隆新沉滑脱山 5 种碳酸盐岩潜山类型。

不同类型潜山的形成演化和油气成藏各具特色，其中，中隆新降残丘山发育受隆升、侵蚀作用控制，具有源下储上、油气长距离运聚的特点，油气成藏主要受控于油源和盖层条件，表现为“单向供烃、砂体—不整合岩溶体联合输导、残丘控藏”的成藏模式；中沉新隆断块山发育受掀斜、断裂作用控制，源储直接对接或侧接，油气成藏主要受控于储集条件，表现为“单向供烃、顺向断层输导、反向断层控藏”的成藏模式；新滑改造断块山发育受走滑切割、反转和翘倾作用控制，源储通过走滑断裂带的断溶体系控制，油气成藏主要受控于输导条件，表现为“多源供烃、断溶体立体输导、断裂控藏”的成藏模式；中隆新沉褶皱山形成受强烈挤压、拉张滑脱作用控制，源储直接对接，油气成藏主要受控于储集条件，表现为“多源供烃、断缝体输导、断褶控藏”的成藏模式；中隆新沉滑脱山形成受强烈拉张滑脱作用控制，具有源上储下的特点，油气成藏主要受控于输导条件，表现为“顶部供烃、断缝体输导、断裂控藏”的成藏模式（图 5 – 18）。

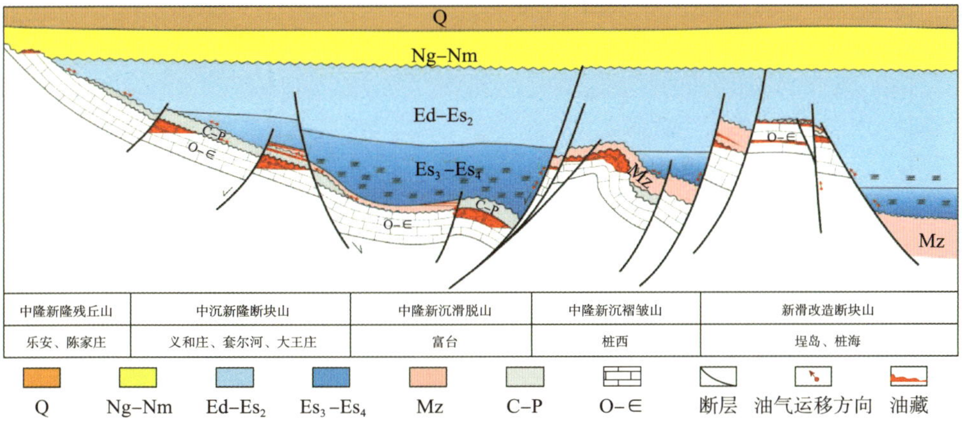

图 5 – 18　济阳坳陷碳酸盐岩潜山油藏分布模式图

三、踏破禁区，更上层楼

在以上构造、储层和成藏再认识的指导下，分别针对走滑断层和逆冲断层控制形成的潜山油气藏和内幕储层发育形成的潜山油气藏展开了风险勘探，“十三五”期间在埕岛、桩西油田新增下古生界探明储量近千万吨，进一步推动了下古生界潜山的油气勘探。

（一）风险勘探上古生界　成藏系统潜力较大

车古27块潜山是位于富台潜山中部的滑脱潜山（图5－16），构造相对简单，主要受燕山期走滑拉张和喜山期拉张断层共同控制，是一个南高北低、东西双断的断背斜构造，古生界保留较齐全，其中上古生界残余厚度560m。

上古生界石炭系—二叠系沉积比较稳定，在纵向上，由太原组的海陆交互相沉积逐渐转变为海陆过渡相、陆相沉积，气候由潮湿转化为半干旱至干旱，是古生界烃源岩主要发育层位。利用煤系源岩进行二次活化生烃模拟试验，结果表明车西洼陷二次活化生烃深度为4100m左右，通过地震资料对比追踪分析，区内煤系地层埋深大于4100m的范围有100km^2，生气强度平均为80×10^{8}m^3/km^2，车西洼陷带处于生烃强度的中心，初步预测该区煤成气资源量400×10^{8}m^3。

滑脱潜山南侧通过台阶断层与上古生界烃源岩形成侧向对接，成藏条件有利，部署的车古27钻井过程中在石炭系—二叠系及奥陶系见气测显示，其中石炭系—二叠系气测全烃值：0~24.70%，奥陶系气测全烃值：0~89.9%。对古生界4940.23~5505.0m井段测试，采用6mm油嘴放喷，获得了日产天然气76412m^{3}的高产气流（图5－19）。

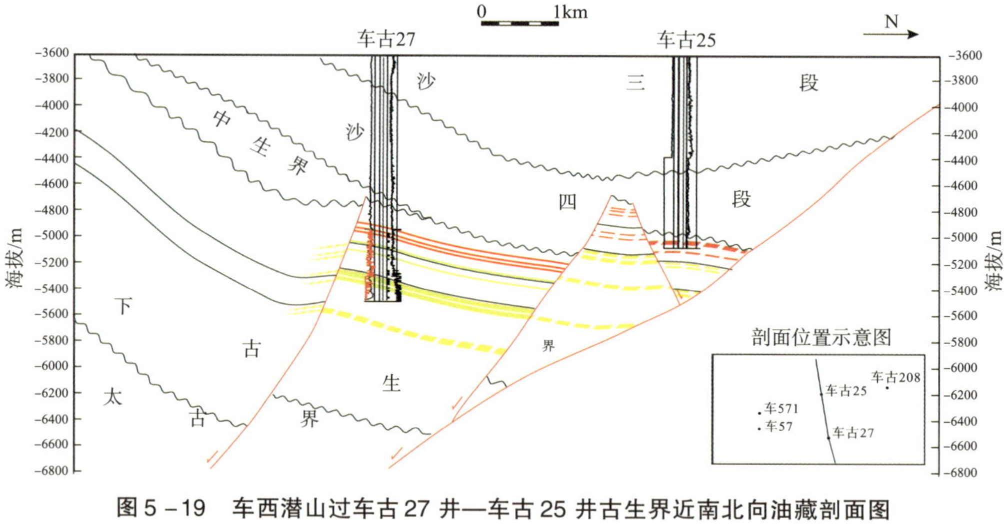

图5－19　车西潜山过车古27井—车古25井古生界近南北向油藏剖面图

该井钻探的成功，取得了车西地区古生界深层天然气勘探的新突破，使车西北带古生界潜山潜在有利圈闭面积增加69km^2，油气资源量增加8000×10^{4}t以上，同时对带动整个济阳坳陷深潜山的勘探具有重要的引领意义。

（二）走滑断层内有乾坤　运油保藏彰显威力

济阳坳陷东北部的埕岛潜山（图5－16）宏观上可以划分为三排山，自西向东分别为西排山（断块山）、中排山（残丘山）和东排山（褶皱山），其中中排山受东西走向的埕北8断层分隔又可以分为南北两部分，北部地层残留相对较全，总体西厚东薄。

埕岛中排山北部主要发育3组不同方向的断裂，分别为近南北向、北北东向和近东西向，受其切割形成8个北东向展布的条带，各条带内发育多个西南高、东北低的构造圈闭。

自下古生界潜山顶面向下，距风化壳200m范围内储层集中发育，储地比平均在40%以上，同时，只要出露在风化壳上，奥陶系和寒武系均可形成较好储层。

埕岛中排山油气主要来自埕岛地区北部的渤中凹陷和沙南凹陷，已发现的油气藏主要受控于北北东向断层呈条带状展布，北部沙南或渤中凹陷烃源岩埋藏均位于潜山之上，没有发现直接供烃窗口，分析认为油气可能沿北北东向断层由北向南走向运移，或沿中排山东西两侧边界断层由北向南运移，随后东西方向横向运移，在断层附近有效圈闭内聚集成藏。

传统认识一般认为，下古生界潜山风化壳内由于多期构造裂缝和溶蚀缝的沟通导致储层横向和纵向连通性较好，未断开风化壳的顺向断层控制形成的圈闭均被评价为无效圈闭，断距较小的反向断层形成的圈闭含油高度有限［图5－20（a）］。

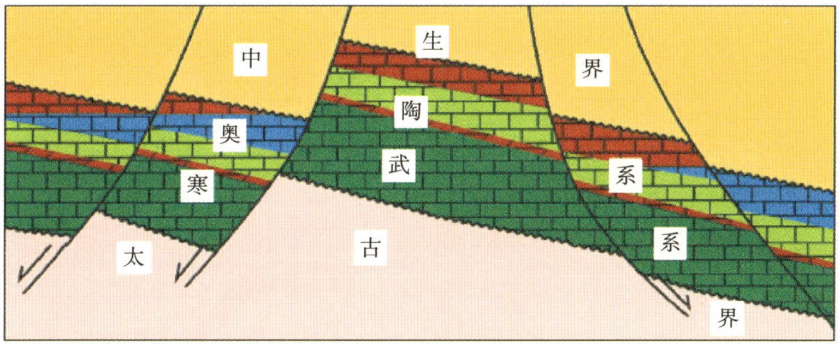

(a)传统的潜山断层封闭模式

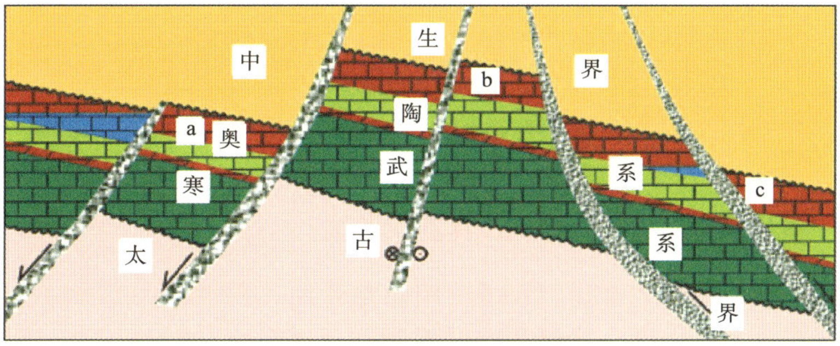

(b)修正的潜山断层封闭模式

图5－20　埕岛潜山断层封闭模式图

但根据断层内部充填特征研究结果表明，下古生界的断层和裂缝后期经过了复杂的成岩演化过程，从镜下、岩芯和成像测井特征分析来看裂缝大部分被充填，而残留的孔隙才能作为有效的储油空间。依据裂缝充填方解石的同位素测定结果将裂缝按产生时期分为三类：早期破裂缝、印支期破裂缝和燕山—喜山构造破裂缝。早期破裂缝被完全充填，晚期裂缝的充填程度低，有效程度高。而胶结与流体有密切的关系，断裂产生时，断裂带核部往往连通性好，为后期的胶结流体提供了畅通的通道，导致后期胶结强烈，断层核附近主要发育全充填高阻缝，而稍微远离断裂核部，胶结作用变弱，物性变好。断层的力学性质对断裂带的结构有重要影响。张性断层的断裂带较宽呈释压状态，而压性断层的断裂带中破碎物质常有挤压现象，常产生一些应变矿物且多定向排列，断面紧闭，呈现增压状态，形成隔层；走滑断层由于不同段的走向差异导致增压区和释压区交替出现，增压区一般表现为封闭，而释压区一般表现为开启。通过区域应力场分析认为，北北东向走滑断层具有压扭性，封堵性强，造成了目前发现的油气均受控于该类断层呈北北东向条带状分布的现象，从岩性对接、断裂带胶结、应力增压等角度解释，图 5 - 20（b）中的 a、b、c 三种情况下形成的圈闭均有独立成圈、独立成藏的可能（景安语，2020）。

根据长期勘探实践，结合油源分析结果，总结了埕岛潜山中排山的成藏模式：油气主要沿风化壳与北北东向的走滑断层共同组成的立体网格以走向运移的方式由北向南运移，在各有效圈闭处聚集成藏。

埕岛潜山中排山北部发育 8 个构造圈闭条带，针对最东边 2 个条带部署并完钻了埕北古斜 14 和埕北古 16 两口预探井（图 5 - 21），分别在奥陶系上马家沟组和奥陶系冶里组—亮甲山组—寒武系凤山组的风化壳内试油获得工业油流，验证了北北东向断层走向输导油气和成藏期停止活动的老断层对圈闭具有侧向封堵作用的认识，开拓了潜山勘探的新局面。

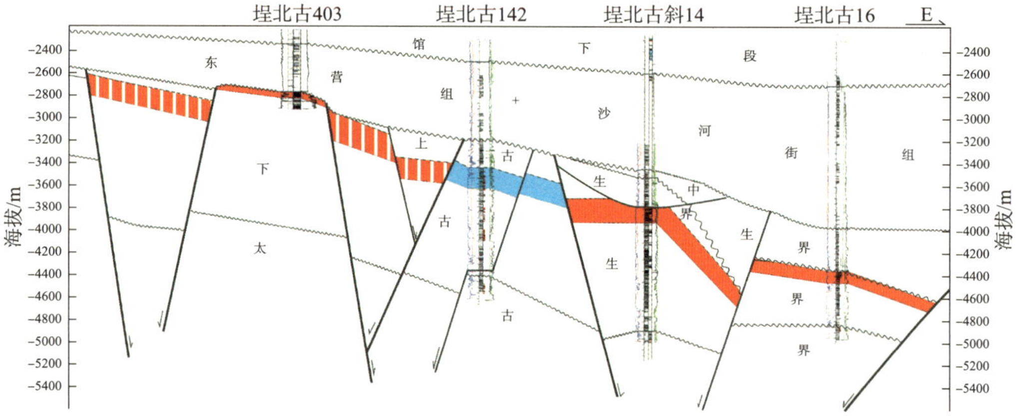

图 5 - 21　埕岛潜山中排山过埕北古 403 井—埕北古 16 井下古生界近东西向油藏剖面图

（三）逆冲断层认知提升　老油田焕发新活力

渤古斜 6 块潜山位于孤北潜山（图 5 - 16）东排山，整体南高北低，受印支期逆冲挤压和燕山期走滑拉张及喜山期拉张断层共同控制，形成棋盘状断块构造。褶皱、逆冲断层形成于三叠纪晚期北东—南西向挤压的区域应力场，孤北潜山遭受挤压抬升，古生界褶皱变形，并形成一系列北西向逆断层，将孤北潜山分割成西、中、东 3 个潜山带，渤古斜 6 块位于东排山。逆断层上盘剥蚀强烈，残留地层西厚东薄。燕山运动时期，早期北西西向逆冲断层在拉张分力作用下发生负反转，但反转程度有差异，其中孤西断裂及孤西 1 号断层完全反转，现今表现为正断层。喜山运动时期，构造应力场为北东东—南西西方向，郯庐断裂右行走滑，主要发育近东西向拉张断层，切割早期形成的断层，将潜山复杂化，形成棋盘状断块构造。

孤北潜山西以孤西断层与渤南洼陷相连，对接巨厚沙三段成熟烃源岩，油气可以沿风化壳横向运移至西排山与中排山合适的圈闭中聚集成藏，但渤古斜6块所处的东排山通过孤西2号逆断层与中排山相接，该断层喜山早期停止活动，油气运聚至中排山下古生界后，在上覆厚层石炭系—二叠系盖层的封盖之下，沿着下古生界风化壳或内幕储层向断块南部高部位运移，当运移至排烃期仍然活动的盆倾断层后，沿其向东走向运移，跨过孤西2号逆断层后进入东排山，然后继续向构造高部位运移，遇有利圈闭聚集成藏（图5－22）。

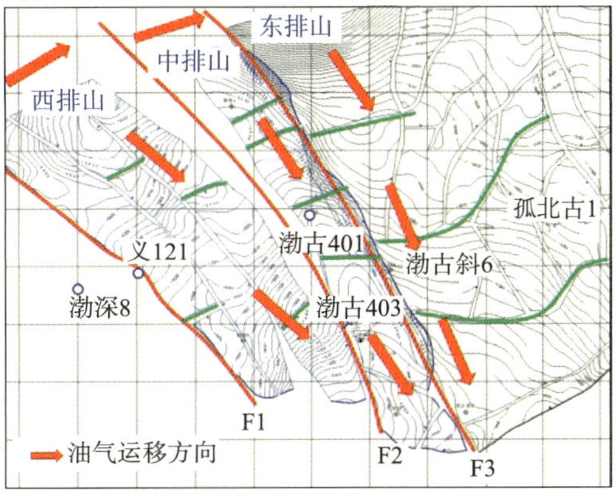

图5－22　孤北潜山渤古斜6井区古生界油气运移示意图（太原组底面构造图）

针对孤北东排山下古生界风化壳部署完钻的渤古斜6井于下古生界奥陶系八陡组获得良好的油气显示，录井见油斑白云质灰岩5m/1层，荧光白云质灰岩33m/8层，气测全烃最高达100%，油气分离器点火，橘红色火焰高10～15m。油源对比证明该井原油确实来自渤南洼陷沙三段烃源岩，逆冲断层控藏模式的建立将为下一步相似成藏背景的潜山油气勘探焕发新活力奠定基础。

（四）靠近断层内幕成储　垂向输油侧向封堵

桩海潜山（图5－16）桩古斜473块夹在近东西向展布的埕北断层和桩古斜471断层之间，形成上窄下宽的背斜构造，潜山内部的东西向和南北向次级断层将该区切割成多个潜山断块。

本区除下古生界潜山常见的风化壳储层之外，还发育两套较好的内幕储层，分别位于上马家沟组下部和下马家沟组下部—冶里—亮甲山组，风化壳和内幕两套储层之间以全区稳定分布致密灰岩作为隔层（图5－23）。储层集中段厚度区间一般在80～200m之间，因其处于下古生界内幕，受大气水溶蚀影响较小，主要受成藏期有机酸溶蚀，以发育各种裂缝、晶间孔及晶间溶孔为主，被断层和裂缝沟通成为有效储层，储集空间为裂缝—孔隙型。

桩海下古生界潜山内幕成藏模式可以概括为：受长期剧烈活动的断层破碎作用和风化淋滤作用影响发育优质储层，同时对接下降盘或不整合面处的致密层，形成有效圈闭，通过多组断层构成的立体网格输导东北部黄河口凹陷和西南部孤北洼陷的油气进入圈闭聚集成藏。

针对下古生界风化壳和内幕圈闭部署并完钻的桩古斜473井在内幕冶里组—亮甲山组试油，酸压后泵抽，获日产油116t的高产工业油流，验证了下古生界内幕储层发育及成藏的模式，为指导今后相似区域潜山油气藏勘探提供了理论依据。

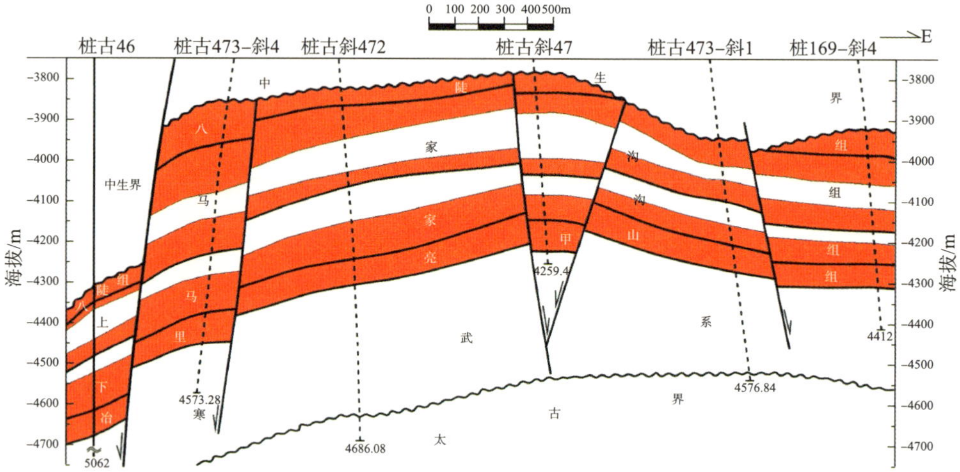

图 5－23　桩海潜山过桩古 46 井—桩 169－斜 4 井下古生界近东西向油藏剖面图

四、坚持探索，持续突破

济阳坳陷潜山除了勘探程度较高的下古生界之外，仍有太古界、上古生界和中生界勘探潜力等待挖掘。

（一）太古界

济阳坳陷太古界勘探程度非常低，仅发现王庄潜山、埕北 30 潜山和桩古 10 潜山等太古界风化壳油藏，探明石油地质储量 4000×10^4t。辽河兴隆台油田、渤海渤中 19－6 油田的发现启示太古界基岩潜山具有发育优质储层的条件，在油源条件充足的条件下能够大规模成藏。

太古界储层发育主要是因为上覆中、古生界在挤压、扭动应力作用下顺其顶面褶曲或滑动伸展断裂从而导致太古界也发育大量裂缝，形成良好的储集空间。太古界潜山控山大断裂下降盘古近系的砂砾岩体通常因扇根物性差而阻碍油气侧向运移，但在边界断裂活动强度较弱期发育的砂砾岩体规模较小，阻碍作用弱，同时，大断裂派生一系列次级断层能够沟通烃源岩和储集层，与不整合面组成立体网络运移油气。但太古界也具有埋藏深、地震成像差导致潜山内幕地质结构识别难度大的特点，是其勘探的主要风险点。

埕岛—桩西潜山带、埕东凸起带、陈家庄凸起带等太古界潜山带周边大断裂发育，构造运动改造储层作用强，邻近生烃凹陷且砂砾岩体发育规模较小，有利于油气充注，在精细研究太古界潜山断裂特征落实圈闭发育规律的基础上，是下一步开展风险勘探的有利方向。

（二）上古生界

济阳坳陷上古生界石炭系—二叠系沉积在比较稳定、地形平缓的地台背景上，在纵向上，由海陆交互相沉积逐渐转变为海陆过渡相、陆相沉积。

车镇凹陷西部地区上古生界残留较全，石炭系煤层分布范围较广，厚度 15～20m 左右，暗色泥岩在石炭系—二叠系均较为发育，厚度 100～250m 不等。依据区域资料，利用煤系源岩进行的二次活化生烃模拟试验结果表明，初步估算煤成气资源量 $400\times10^8\mathrm{m}^3$。

车西地区上古生界储层总体比较发育，岩石类型主要为砂岩，主要发育于本溪期和太原期的障壁岛相、山西期的三角洲相沉积和上、下石盒子期陆相沉积环境的曲流河相，全区广泛分布，多为低孔低渗，但对于天然气而言仍为有利的储层。

车西地区上古生界目前尚未获得突破，但研究认为控制该区煤成气成藏的主要因素有以下几点：①石炭系—二叠系煤系地层分布稳定，易于生气显微组分含量高，生气潜力大；②石炭系—二叠系泥岩发育，岩性非常致密，作为区域盖层非常有利；③上古生界尽管岩性致密，但局部也有物性“甜点”，孔隙度高达10%~12%，可作为天然气的有利储层；④控圈断层活动时间结束早有利于成藏。因此，车西地区具有气源充足、储层多样、盖层优越、圈闭定型早等煤成气成藏优势，虽然其运聚成藏乃至富集特征仍不太明确，但其仍是上古生界成藏体系风险勘探的首选地区。

（三）中生界

济阳坳陷中生界缺失三叠系，残留侏罗系和白垩系，其潜山的形成和演化主要是在中生代初以北西向逆冲为主要特征的印支运动所开创的古生界潜山基本构造格架基础上，晚中生代时逆冲断层负反转形成了晚侏罗—早白垩世时期的半地堑式断陷盆地，其主要分布于各凹陷及凸起斜坡，凸起部位大都剥蚀，其中坊子组、三台组和西洼组分布较广。

中生界潜山经历了多期构造运动的影响，断裂发育，形成多种样式的圈闭类型：由一条或两条交叉断层与单斜产状的储层构成的断块式圈闭，由构造运动、风化剥蚀和超覆沉积等诸因素形成的被非渗透性岩层覆盖、围限或遮挡形成的地层圈闭，以及由两种以上地质遮挡因素控制而形成的构造岩性圈闭、地层断层圈闭和岩性断层等圈闭。

中生界储集层主要为侏罗系坊子组湖相砂砾岩、三台组湖相和三角洲相砂砾岩、蒙阴组扇三角洲—冲积扇砂砾岩和白垩系西洼组火山岩。长期的构造活动和成岩演化，使储集层内产生了大量的次生孔隙、构造裂缝和溶蚀孔缝，但横向非均质性严重。

济阳坳陷中生界勘探的主要风险在于其基本不具备生油条件，其油源来自古近系，是典型的“新生古储”油气组合。由于储层非均质性强不能依托风化壳进行油气远距离横向运移，油气一般通过断层和不整合进入潜山圈闭成藏。因此，紧邻生烃凹陷且油气输导网络通畅从而源储关系匹配好的高青—平南潜山、埕岛潜山、孤岛潜山等是下一步有利的风险勘探方向。

第三节　下深层　砂砾岩扇体显潜力

东营凹陷是济阳坳陷次级构造单元，典型的“北断南超”箕状断陷盆地。按构造形态和发育特点可进一步划分为北部陡坡带、中部洼陷带、中央背斜带和南部缓坡带等次级构造单元（宋明水等，2021）。位于东营凹陷北部陡坡带东段的盐家—永安地区，陡坡断面呈铲状且上部较陡，倾角为15°~30°，总体表现为“三沟四梁”的构造形态，自西向东依次发育坨121鼻状构造、盐16古冲沟、盐家鼻状构造、盐18古冲沟、永安鼻状构造、永79古冲沟和青坨子凸起，且古冲沟周围又发育多个次级冲沟（图5-24）。历经30年的艰难探索，盐家—永安地区已成为陆相断陷湖盆陡坡带砂砾岩油藏勘探的成功典范。

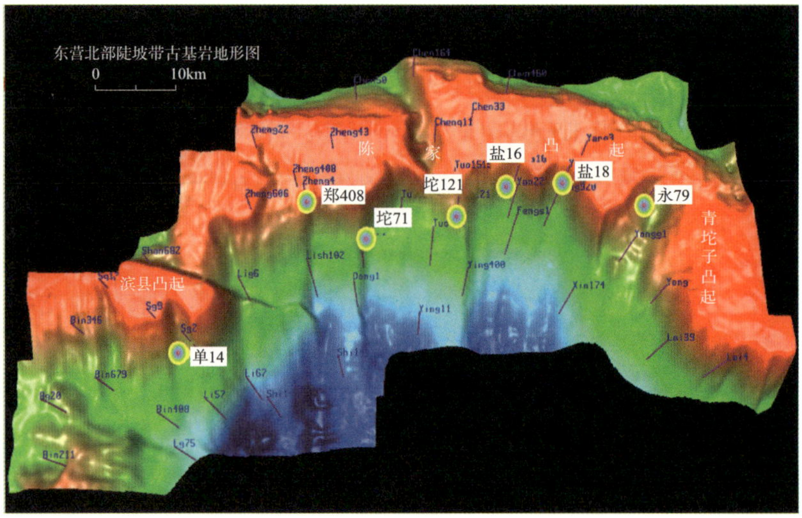

图 5-24　东营凹陷北部陡坡带古基岩地形图

一、一波三折，扑朔迷离

东营凹陷北部陡坡带砂砾岩扇体的勘探大致经历了三个阶段，其过程可谓一波三折，其中有“山穷水尽”之困顿，亦有“柳暗花明”之喜悦。

（一）偶然发现二十载　砂砾岩未受重视（1965—1991 年）

1963 年 12 月 13 日，位于东营凹陷北部陡坡带胜坨地区的坨 7 井测试日产原油 3.3 ~ 28t（帅德福，2004），实现了北部陡坡带的突破，发现胜坨油田。1965 年 10 月，永 1 井钻遇沙四段砂砾岩体油气藏，测井解释沙四段油层 14 层 33.7m，测试获得日产油 23t。永 1 井的成功钻探，既发现了永 1 断块，亦成为北部陡坡带第一个偶然发现的砂砾岩油藏。

其后，在复式油气藏理论指导下，1980 年发现第一个以砂砾岩扇体油藏为主的大型油田——单家寺油田。该油田在馆陶组、沙一段、沙三段、沙四段都提交了探明储量。最初发现的单 2 区，位于滨县凸起南坡东部一个鼻梁上，地震显示为构造圈闭，也是按构造油气藏进行勘探，勘探证实为地层—岩性复合油气藏。

本阶段发现了一大批以构造油藏为主的较大型油气田，但陡坡带复杂岩性油气藏未列入主要勘探对象。单家寺油田勘探成功后，随着一批砂砾岩扇体探井落空（如永 78 井、永 85 井等），虽有钻遇砂砾岩扇体油气显示（如郑 2 井、郑 5 井、莱 4 井等），但是由于区带勘探程度低，该类复杂岩性油藏并未引起重视。

（二）砂砾岩终变主角　构造油藏显神威（1992—2004 年）

随着东营凹陷勘探程度的提高以及三维地震资料的大量应用，北部陡坡带砂砾岩体油藏勘探进入了一个新的阶段。相继发现并开发了许多具有陡坡带沉积特色的砂砾岩体油藏。如果认为永 1 井是偶遇阶段的扇体油藏发现井，那么胜坨地区 1993 年 1 月 26 日完钻的坨 121 井才是第一口以砂砾岩扇体为目标的成功探井。该井设计井深 2400m，钻探目的是了解胜北地区沙河街组砂砾岩体含油气情况，目的层试油日产 48t。

此后，通过不断实践与总结，逐渐形成了“沟—扇对应”找储层，“背斜成藏”打高点的部署思路（图 5－25）。砂砾岩扇体为近源快速堆积，主要发育在大型古冲沟前方，且扇体顶面往往具背斜形态特征。在地震反射中可见明显的穹庐形态包络线，成藏背景极为有利。以“沟—扇对应”认识为指导，相继发现了盐 16 块、盐 18 块、坨 122 块、坨 123 块等一大批富集高产的砂砾岩扇体油藏。截至 1997 年底，共完钻与砂砾岩扇体有关的探井 84 口，其中 69 口钻遇油层，探井成功率达 82.1%。

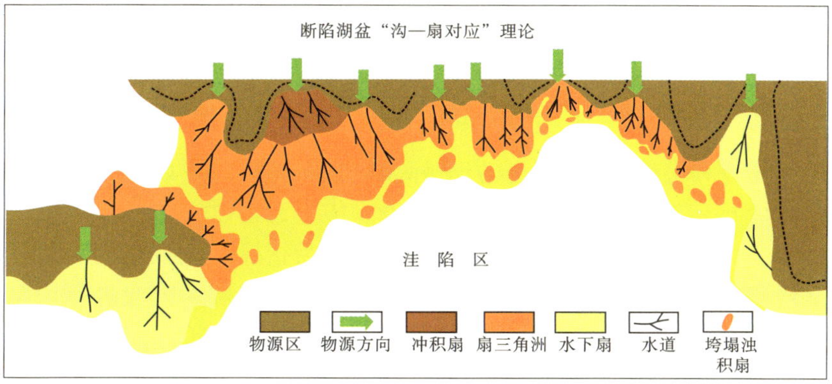

图 5－25　断陷湖盆“沟—扇对应”理论模式图

随后，开始探索砂砾岩上倾尖灭圈闭或高部位受断剥面遮挡圈闭的含油性，但探井成功率相对较低，至 2004 年共上报砂砾岩探明石油地质储量 262×10^4t。针对失利井，经充分研究认为主要存在两方面的原因。其一是储层不发育，如盐 161 井、盐 17 井等；其二是没有圈闭条件，如盐 164 井、盐 165 井及盐斜 184 井等，储层发育但上倾方向无侧向遮挡层，不能形成有效圈闭。

（三）构造圈闭失利多　岩性油藏初登场（2005 年以来）

2005 年以来，针对中浅层砂砾岩探井失利原因，对其沉积储层及有效圈闭形成条件展开攻关，得出“扇中富集，扇根遮挡成藏”的岩性油藏认识。在这一认识的指导下，2005 年在盐 16 井砂砾岩体前方钻探盐 22 井喜获成功，沙四上亚段试油，获日产油 9.46～12.6t，含水小于 6.4%。随后相继钻探 8 口开发井，平均钻遇油层 229m（盐 22－2 井钻遇油层 323.3m）。在永 921 井砂砾岩体前方部署的永 920 井解释油层 215.5m/15 层，拉开了勘探中深层不具背斜形态砂砾岩体岩性油藏的序幕。

二、千淘万漉，峰回路转

随着勘探不断深入，砂砾岩扇体进入以寻找中深层岩性油藏为主的精细勘探阶段。利深 1 井首次在低台阶勘探程度很低的沙四纯下亚段钻遇深水浊积扇油藏，该扇体不同于以往二台阶以上的近岸水下扇体，具有储层物性好、地层压力高、油气富集的特点。新利深 1 井在东营陡坡西段深层钻遇砂砾岩体高压油气藏，证实该区深层砂砾岩体勘探潜力较大，揭开了利津地区二台阶以下深水浊积扇的勘探序幕。深层砂砾岩扇体具有“非油即干”的成藏特征，寻找有利相带与有效储层是深层砂砾岩勘探的关键（王永诗等，2018）。受埋深增大和地震品质的影响，利用常规地震资料、测井岩电标志等手段不能很好识别扇体期次，制约了岩性圈闭的准确描述。另外，砂砾岩扇体岩性变化快，孔隙结构与演化规律复杂，有效储层与封堵层的界限难以界定，油藏油水关系纵横变化大，成藏模式不明确等因素，直接制约了勘探决策进程和储量的进一步升级。

针对上述问题，经过多年攻关研究取得以下三方面的技术创新：①建立了“多旋回正序叠加有序组合”的砂砾岩沉积模式，形成了“岩芯成像作标定、曲线重构划旋回、井震结合定格架”的砂砾岩旋回划分对比技术；②建立了“多岩相差异演化”的储层模式，形成了“测试分析描结构、岩电结合划储层、地震约束定分布”的砂砾岩储层评价技术（宋国奇等，2012）；③建立了“多油藏相控分带”的油藏模式，形成了“四性模版定油层，三元叠合圈范围，优化方案报储量”的砂砾岩体油藏综合评价方法。

（一）砂砾岩一粗到顶　旋回划分定乾坤

砂砾岩扇体往往具有叠置厚度大、岩电标志不明确的特征，以往从井出发的常规地层对比易出现穿时情况，直接影响到岩性圈闭的准确描述。通过水槽模拟实验研究建立扇体的沉积成因模式，从而确定了等时对比的原则，以此为指导，充分利用岩芯和成像资料作标定，选取常规测井曲线重构岩性识别曲线对单井岩性及其旋回变化进行识别，建立了单井旋回划分方法，以此为基础，实现了时频分析约束下的井间地层对比，从而建立了深层砂砾岩体的等时地层格架，“多旋回正序叠加有序组合”的沉积模式，为岩性圈闭形成机制的研究奠定了坚实的基础。

1. 沉积成因模式

盐家地区是砂砾岩扇体重要发育区，深层陡坡扇体是在断层幕式活动和气候控制下的泥石流、山区阵发性洪水、洪水间歇期正常河流等多种沉积作用有序发育而形成的粗碎屑沉积体系，主要包括泥石流、洪水型近岸水下扇、湖相悬浮沉积等。结合主控断层的幕式活动性，认为在幕式活动早期，构造活动强烈、陆源碎屑物质供应充足，主要发育泥石流、山区阵发性洪水，湖平面上升快，对下伏上幕构造运动末期的厚层湖相悬浮沉积侵蚀冲刷作用相对弱，使得其保存相对完整；在幕式活动晚期，随着构造活动减弱，湖盆可容空间增加速率小于沉积物补偿速率，相对湖平面不断下降，近岸水下扇以横向补偿迁移叠置为特征，且其对下伏先期沉积体侵蚀冲刷作用较强，使得幕式构造运动控制的沉积旋回内部，间歇期的细粒沉积常保存不完整；幕式活动末期、构造活动基本不发育、陆源碎屑供应极弱，以发育湖相悬浮沉积为主，沉积速率较慢，时间较长，沉积稳定分布的厚层湖相泥岩（图5－26）。

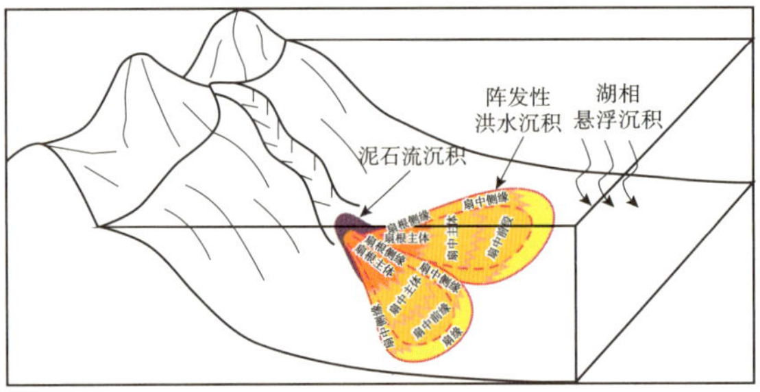

图5－26　基于水槽模拟实验的近岸水下扇沉积成因模式

2. 岩芯成像曲线重构旋回划分

成像测井资料对不同岩性及沉积结构往往具有识别精度高、形象直观的优越性，特别是对于薄层砂岩条带、变形构造、砂泥互层等的识别能力是常规测井资料所不能及的。用岩芯和FMI测井成像资料图像进行标定，找出岩芯所反映的特定地质现象在成像图的响应（形态和颜色）特征，从而得出各种岩性（粒度）、沉积构造和裂缝等地质现象在FMI图像上的显示特征。通过岩芯资料与成像测井资料的比对，建立起成像测井中“图像”模式与岩石组合中“岩相”模式之间的对应关系，并充分结合岩性突变面、冲刷面、粒序变化处、相序转换面、不整合面等5界面作为沉积旋回期次界面的典型识别标志。

对于没有成像测井资料的井段或者单井，在岩芯成像标定的基础上，优选敏感性测井曲线重构岩芯识别曲线 LIC（Lithology Identify Curve）进行单井旋回划分。主要思路是：利用中子—密度交会初步计算孔隙度，利用威利公式反算岩点的骨架声波时差，该骨架声波时差已经对岩性有较明显的反映；在深电阻率—骨架时差和自然伽马—骨架时差统计关系的基础上，引入深电阻率和自然伽马，建立综合的岩性识别曲线。从岩性识别的符合率上看，砾岩、砾状砂岩和含砾砂岩单一岩性识别率大于 80%，泥岩识别率达到 90% 以上，调和误差在 0.1%~6.1% 之间，最终可实现对厚层砂砾岩体进行期次旋回划分。

3. 井震结合格架确定

基于单井沉积期次划分，借助井旁地震道的时频分析来完成井间的地层对比，实现区域剖面上的砂砾岩体期次的划分，最终建立区域等时地层格架（图 5-27）。勘探实践证实每期砂砾岩体是一个自下而上由粗变细的旋回，随着湖水范围的扩大，扇体也不断后退，扇体始终沿湖盆边缘紧邻山麓部位分布。垂直物源方向各相带逐渐向凸起方向迁移，自下而上表现为扇根—扇中—扇端—深湖沉积，构成向上变细变薄的垂向层序。随物源供应减少，砂砾岩扇体总体呈退积样式，具“沟—扇对应”特征，早期扇体叠合连片，扇间亦有扇体叠置，后期扇体趋于分离。

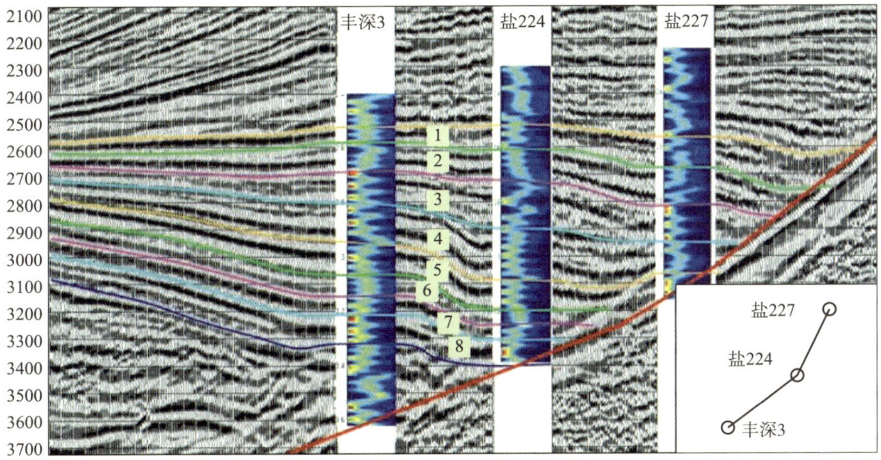

图 5-27　沉积期次精细划分（近南北向地震剖面）图

（二）究储层成岩演化　探圈闭形成机理

深层砂砾岩体岩性圈闭是一种扇根亚相封堵的成岩圈闭，剖析成岩圈闭的成因机制是成岩圈闭有效性评价与成藏模式建立的基础（刘惠民等，2015；宋明水等，2019）。研究表明，扇根、扇中亚相的沉积组构差异是成岩圈闭形成的物质基础，差异成岩作用是成岩圈闭形成及储层差异的决定因素。

1. 岩相及沉积组构分析

针对盐家地区砂砾岩沉积组构，依据沉积构造特征、岩性结构特征等，将砂砾岩划分为 11 种岩相（表 5-1），在此基础上，结合近岸水下扇沉积成因机制，总结归纳了 6 种组构类型（Ⅰ-1、Ⅰ-2、Ⅱ-1、Ⅱ-2、Ⅲ-3、Ⅲ）。这些不同的组构类型通常是一次沉积事件或一定环境连续演变的产物，可以反映不同微相的沉积过程（刘惠民等，2015）。

Ⅰ-1 型：主要为近源快速堆积，分选差，整体无递变的块状砾岩，发育的优势相带为泥石流沉积。

Ⅰ－2 型：垂向上稍有分异，显示出不明显的正韵律，下部仍为块状层理砾岩，而上部开始出现砾质砂岩，但整体仍以砾岩相为主，递降度小，发育于洪水沉积扇主体根部。

Ⅱ－1 型：粒度相对于Ⅰ型细，但垂向分异明显，自下而上从砾质砂岩到砂岩，底部有时为砾岩，递变度大，整体表现出了明显的正韵律，发育的优势相带为洪水沉积扇主体中部。

Ⅱ－2 型：粒度相对于Ⅱ－1 型进一步变细，但递变度变小，没有明显的粒度突变，自下而上由砾质砂岩相到含砾砂岩相到砂岩相，整体表现为正韵律，发育于洪水沉积扇主体中部。

Ⅱ－3 型：粒度较细，以含砾砂岩和砂岩为主，递降度中等，主要形成于洪水沉积扇主体前部。

Ⅲ型：主要是砂岩相，单层厚度薄，垂向与泥岩接触，孤立发育，优势发育相带为洪水沉积扇侧缘，另外，也见于事件性洪水沉积间歇期的牵引流沉积中。

表 5－1　东营凹陷北部陡坡带近岸水下扇砂砾岩扇体岩相类型

代号	岩相类型	基本沉积构造	结构等其他特征	成因解释
Gms	杂基支撑粗砾岩相	块状层理	粗砾结构、棱角—次棱状，泥质杂基	泥石流沉积
Gcp	颗粒支撑粗砾岩相	块状层理	粗砾结构、棱角—次棱状—次圆状	泥石流沉积、洪水沉积扇体主体根部、中部
Gmp	颗粒支撑中砾岩相	块状层理	中砾结构	同上
Gfp	颗粒支撑细砾岩相	块状层理	细砾结构	洪水沉积扇体主体中部、前部
G－S	砾质砂岩相	块状层理	砾质杂基支撑，中砾和细砾	洪水沉积扇体主体根部、中部
S－G	含砾砂岩相	块状层理	粗砂岩、细砾和中砾	洪水沉积扇体主体中部、前部
Sc	粗砂岩相	块状层理	粗粒结构	同上
Sm	中砂岩相	平行层理、块状层理、局部交错层理	中粒结构	洪水沉积扇体铸体前部、中部、扇侧缘
Sf	细砂岩相	同上	细粒结构	同上
Sg	递变层理砂岩相	递变层理	多为正粒序，偶见反粒序	同上
M	泥岩相	块状层理	见灰色、深灰色、黑色	半深湖或深湖沉积

2. *成岩差异演化下储层发育模式*

东营凹陷北部陡坡带砂砾岩储层在成岩作用过程中经历了酸、碱性交替的成岩环境，其中对储层成岩作用影响较大的主要是沙四段下亚段膏盐层石膏向硬石膏转化过程中产生的碱性流体以及烃源岩生烃过程中产生的酸性流体。扇根和扇中岩相组构与成岩环境控制下的成岩作用差异是形成成岩圈闭的内在机制，具体表现为扇根和扇中储层的物性差异。

3. *成岩环境与成岩特征*

酸性成岩环境下储层的主要成岩特征表现为早期碳酸盐岩溶解、石英次生加大和长石溶蚀产生高岭石等，此外还可见到油气充注现象及黄铁矿的零星分布。研究表明，盐家地区当地层埋深为 2800～3100m 时，随着烃源岩排烃作用的不断增强，扇中储层的成岩环境主要为酸性，为高岭石富集阶段。扇中含砾砂岩相与砂岩相中的长石普遍遭受强烈溶蚀，形成粒内溶孔、铸模孔等次生孔隙。长石溶蚀生成的二氧化硅为自生石英提供了重要的物质基础，研究区砂砾岩储层中的石英具有明显的多期加大现象。当地层埋深为 3400 ~ 4200m 时，镜质组反射率一般大于 1，流体中碳酸的浓度大幅降低，伴随着深部碱性流体的涌入，成岩环境逐渐过渡为以碱性为主。在成岩环境由酸性过渡为碱性的过程中，先后发生了早期碳酸盐岩胶结物的溶解和晚期含铁碳酸盐岩的强烈胶结，从而使储层减孔明显。

4. 成岩演化序列

沉积物的岩相结构是成岩作用的物质基础，岩相组构与成岩环境共同决定了扇根和扇中储层成岩作用的差异。由于岩相组构与成岩环境的差异，扇根和扇中储层的成岩演化序列存在明显差异。其中扇根以压实和重结晶作用为主，仅局部发生少量的溶蚀及后期的碳酸盐岩胶结作用；而扇中的压实作用较弱，成岩序列完整，包括早成岩期的压实作用、早期碳酸盐岩胶结、菱铁矿胶结，中成岩期 A_1 亚期的长石及早期碳酸盐岩溶解、石英次生加大，中成岩期 A_2 亚期的石英加大边溶蚀、长石次生加大、含铁碳酸盐岩胶结、交代作用以及中成岩期 B 亚期的晚期碳酸盐岩溶解、石英加大、裂隙作用等。成岩演化序列的差异导致了扇根和扇中储层物性的差异，扇根储层物性逐渐变差，孔隙度由 15% 迅速降至 5% 以下，扇中储层物性交替变化，存在多个物性好的次生孔隙发育段，从而形成了物性差异封堵的沉积组构型成岩圈闭（图 5－28）。

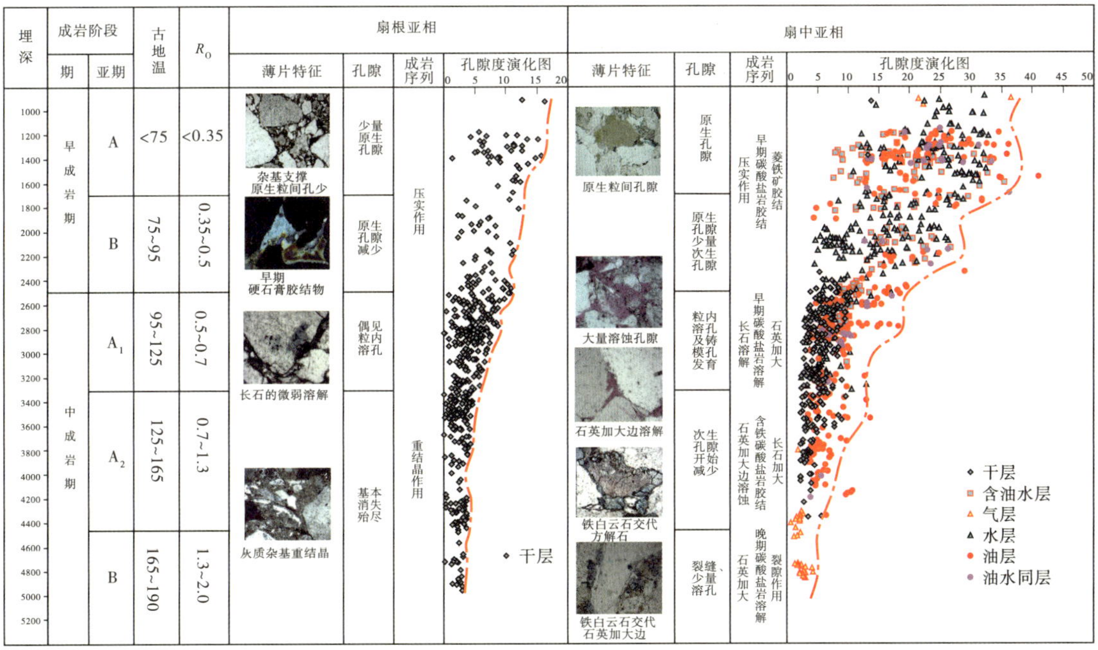

图 5－28　盐家地区砂砾岩体扇根和扇中差异成岩演化序列特征

（三）建油藏序列模式　筑高效勘探之基

勘探实践表明，盐家地区沙四上亚段可作为一个独立的含油气系统，其烃源岩生成的油气在超压的作用下沿泥岩超压裂缝和扇缘裂缝型砂体侧向运移至扇中含砾砂岩、砂岩储层中，由于侧向扇根砾岩封堵和顶部泥岩或砾岩层封盖，在沙四上亚段扇中砂砾岩有效储层中形成油气藏。针对东营北带盐家地区油气成藏特征，从含油性统计出发，开展了大量的扇根封闭机理研究，将埋深3200m以下划分为高充满带，其扇体油藏充满度高，扇中部位油层集中发育，具“非油即干”的特征；埋深小于3200m的，扇根封闭性变差，表现为下干—中油—上水的含油性结构。胜坨地区高充满带门限深度为3000m，利津地区为2900m（刘惠民等，2008）。

在成岩圈闭统计和大量典型实例解剖基础上，建立了东营凹陷北部陡坡带砂砾岩扇体“多油藏相控分布”的油气成藏模式。该模式可以分为两个层次来理解：其一，针对同一期砂砾岩扇体，可以概括为“相带分异控藏”模式，即扇根侧向封堵、扇缘裂缝输导、扇中油气富集成藏模式（王永诗等，2018）；其二，对于多套叠置的砂砾岩扇体而言，又可根据油藏的含油分带性，把砂砾岩扇体成藏模式分为：低充满度带构造油藏模式、过渡带构造—岩性油藏模式和高充满度带扇根封堵岩性油藏模式（图5－29）。

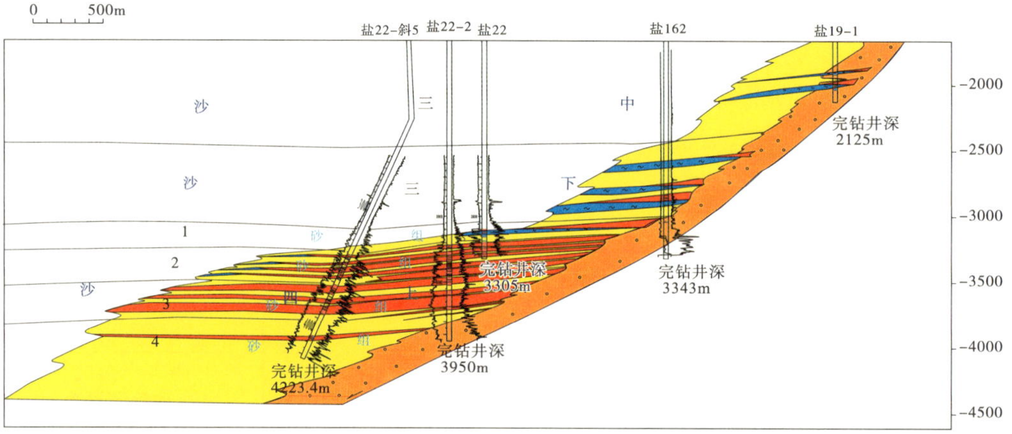

图5－29　东营凹陷盐家地区过盐22块—盐162井—盐19－1井近南北向油藏剖面

1. 低充满度带构造油藏模式

埋深1700～2300m，成岩作用处于早成岩A阶段，因此扇根的封堵能力较差，油藏类型多为靠断层封堵的构造油藏，油气的充满度较低，水多油少，含油高度一般在10～70m，油藏的宽度200～1000m。

2. 过渡带构造—岩性油藏模式

埋深2300～3280m，成岩作用处于早成岩B阶段，扇根的封堵能力中等，油藏类型为构造—岩性或岩性油藏，油气充满度中等，油水间互，含油高度在20～90m之间，油藏的宽度一般300～1500m。

3. 高充满度带扇根封堵岩性油藏模式

埋深3280～4300m，成岩作用处于中成岩A阶段，扇根的封堵能力强，油藏类型为扇根封堵的岩性油藏，油气充满度高，油藏非油即干，含油高度在80～190m之间，油藏的宽度一般600～2500m。

实际钻探过程中，针对多期砂砾岩扇体叠合的区带，不同油藏序列采取不同的勘探思路：对低充满带，找构造高点，落实构造圈闭；对过渡带，占高点，精细刻划岩性圈闭；对高充满带，钻扇中，准确落实有效储层发育区。

三、探索深层，再创辉煌

（一）深层扇体获突破　侧翼砂体续辉煌

风险探井新利深1的成功证实东营凹陷北部陡坡带存在深层含油气系统。通过系统攻关，证实酸—碱流体源的有效匹配控制了陡坡带深层砂砾岩扇中优质储层的发育，沙四下亚段普遍发育异常高压，异常高压为油气成藏提供了充足动力。沙四下亚段发育厚度大（500m）稳定分布的盐膏层，具良好封盖作用，与储层形成独立的油气成藏系统——自源型油气藏。

2005年以来，在盐16和盐18古冲沟分别部署了盐22井和永920井，均获得成功，显示了盐家地区深层砂砾岩体巨大的勘探潜力，盐22井在沙四上亚段3235.5～3246m试油，日产油9.46t，日产气$1630m^3$，上返3212.0～3223.0m，日产油12.6t，日产气$1900m^3$。永920井在沙四上亚段3147.0～3521.5m，压裂后日产油19.0t，日产气$1530m^3$。随后相继在扇间部位部署了盐222井、盐227井及永928井，沙四上亚段压裂试油日产油11.1～17.8t，显示较好的勘探潜力。于2009年整体探明沙四段砂砾岩体石油地质储量4167.16×10^4t。随后，于2010年和2012年先后在盐家—永北地区西段部署了盐225井和盐斜226井，压裂试油，获日产油9.88～12.67t，并于2012年控制储量264×10^4t。在盐家—永北地区东段部署了永937井和永938井，压裂试油，获日产油2.41～13.7t。2012年10月永937井和永938井沙四段探明控制含油面积$6.05km^2$，控制储量579×10^4t。在北部陡坡带东段取得成功之后，为了深化认识，于2015年1月在盐家西翼完钻的盐斜229井，在沙四上亚段解释油层99.5m/21层，压裂后，5mm油嘴放喷，日产油43.5t，累计产油349t。在北带东段盐斜229井、盐斜232井和永559－2井相继钻探成功，表明深层砂砾岩仍然具有较大勘探潜力。

为了进一步探索盐斜228区块扇体西翼深层含油气范围，于2019年完钻的丰深斜101井，在沙四下亚段试油获日产油12.6t，日产气$30550m^3$的高产油气流。随后为了进一步了解盐家地区西翼盐斜229古冲沟沙四下亚段含油气情况，于2020年完钻的丰深斜11井，在沙四下亚段试油，获日产油81.7t，日产气$42584m^3$。丰深斜101井和丰深斜11井沙四下亚段深层砂砾岩油气勘探获得成功，大大提升了继续加大深层勘探力度的信心和决心（图5－30）。

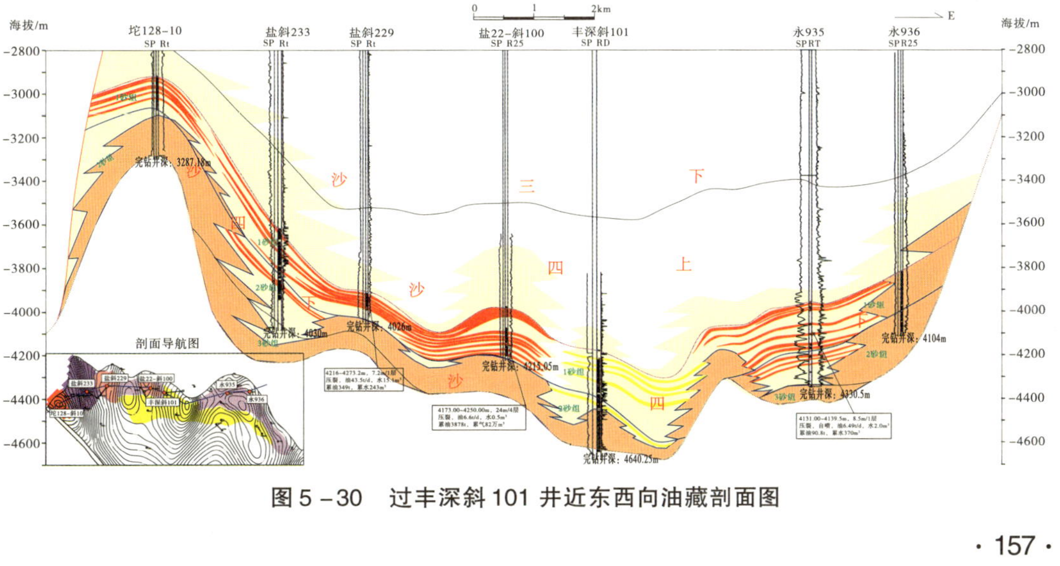

图5－30　过丰深斜101井近东西向油藏剖面图

（二）理论技术速推广　济阳多处获突破

近年来，运用砂砾岩扇体勘探理论技术分别在东营北带地区及埕南断裂带获得了较大的勘探突破。

1. 东营北带

东营凹陷北部陡坡带经过多年的勘探实践，并取得了一系列理论认识，如“十一五”期间重点取得如下重要成果认识：①形成了“岩芯成像作标定、曲线重构划旋回、井震结合定格架”的砂砾岩旋回划分对比技术；②形成了基于“测试分析描结构、岩电结合划储层、地震约束定分布”的砂砾岩储层评价技术；③建立了“扇根遮挡、扇中富集、含油分带”的砂砾岩多油藏相控分带成藏模式，形成了基于油驱水实验的成岩圈闭有效性定量评价思路和方法。

“十三五”期间，理论认识进一步提高，并取得如下认识：①中浅层领域：源—汇体系研究，重建陡坡砂砾岩扇体沉积地质模型，发现中浅层砂砾岩扇体泥岩隔层遮挡圈闭新类型；②深层领域：明确了深层高过成熟烃源岩原始生烃潜力，揭示深部优质储层酸—碱共控成因机制，并建立了盐下独立的自源型油气成藏模式。这些理论的运用，有力指导了盐家地区、利津地区、胜坨地区的砂砾岩高效勘探，截至2020年上报探明储量3.4×10^8t，展现了可观的勘探潜力。

随着勘探的不断深入，认识到古冲沟侧翼基岩断裂发育，小型冲沟控制形成了多个独立的砂砾岩体，这些扇体泥岩隔层更为发育，可形成受岩性、构造双重控制的岩性构造圈闭，大大拓展了砂砾岩油藏的勘探空间（王永诗等，2021）。

2. 埕南断裂带

埕南断裂带位于济阳坳陷沾化凹陷渤南洼陷北部，本区的主要油藏类型也是砂砾岩扇体油藏，多年来以中浅层勘探为主，已经发现了埕913井、埕91井、埕92井等探明区块，共探明储量732.23×10^4t。而深层探井由于总体测试效果一般，产量中等—低产，只探明义107块沙四上亚段控制储量306×10^4t，总体勘探程度较低。

渤南洼陷北部的深层砂砾岩体沉积特点和盐家地区具有很大的相似性，多旋回叠加，后期构造、成岩作用等对储层的改造作用又使得有效储集体分布更加复杂，不同期扇体有效储层分布位置不同，其含油的位置不同。由于砂砾岩扇体的非均质性较强，尽管总体上岩性致密，也会因局部物性得到改善而成藏，整体表现为“非油即干”的特点。目前渤南北部深层已探明义176—渤深4块沙四上亚段储量3012.14×10^4t、义更103块沙四上亚段储量768.96×10^4t，义282块沙四上控制储量2706.56×10^4t。从渤南北部深层已完钻的探井解释及测试情况来看，沙四段扇三角洲储层整体表现为“非油即干、有效储层控藏”的特点，展示了良好的勘探前景。

四、中流砥柱，任重道远

济阳坳陷沙四下亚段—孔店组勘探程度较低，深度普遍在3500m以下的地层，是盆地裂陷初期充填，以“红层”为主，厚度大、目前储量发现少。2021年在东营凹陷广利构造带上的莱深斜2井在孔二段钻遇泥岩裂隙油层，试油峰值获日产油1.33m^3，日产气

864～1372m^3，证实了孔二段烃源岩的生烃能力，说明中带孔店组具有较大的勘探潜力。深层油气勘探，是油田增储上产的新阵地，进一步落实沙四下亚段—孔店组油气潜力，对下一步东营凹陷的深层勘探具有举足轻重的作用，将大大拓展胜利东部探区的勘探空间。

通过对济阳坳陷深层烃源岩、油源断层、构造背景、源储匹配关系等成藏要素分析表明，沙四下亚段—孔店组仍具有较大的勘探潜力，具备以陡坡带冲积扇砂砾岩为主的自源型岩性油藏和以缓坡带浅水三角洲砂体为主的它源型构造油气藏、构造—岩性油气藏两种潜力方向（图5－31）。

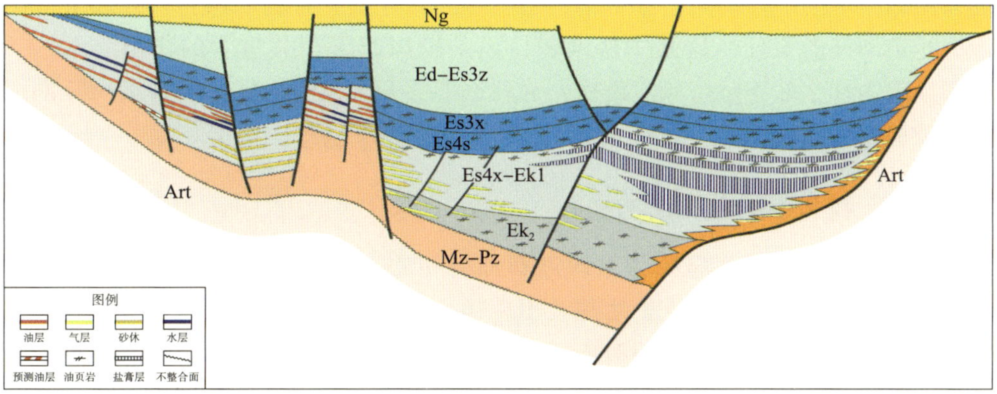

图5－31　东营凹陷沙四下亚段—孔店组成藏模式图

（一）自源型

陡坡带沙四下亚段—孔店组深层的沉积充填为深层油气成藏系统形成提供了基本物质条件。沙四下亚段—孔店组咸化湖泊中心沉积的泥岩是有利的烃源岩；陡坡带酸碱交替的流体成岩环境演化为砂砾岩有利储层形成提供了物质基础；而在该层序内发育的分布广、厚度大（500m以上）的稳定盐膏层，具有良好的封盖作用，为沙四下亚段—孔店组深层独立的油气成藏系统的形成提供了条件。济阳坳陷陡坡带发育深层砂砾岩扇体，侧向直接与优质烃源岩对接，资源潜力巨大，主要存在东营凹陷北部陡坡带、渤南洼陷陡坡带砂砾岩体两个潜力方向，预计潜在资源量2×10^8t以上。其中，渤南北带沙三下亚段—沙四上亚段砂砾岩沉积类型以扇三角洲和近岸水下扇为主，砂砾岩体纵向厚度大，平面展布范围广，是下一步渤南地区重要的增储方向。济阳坳陷近几年通过加大深层勘探的力度发现了深层发育轻质油油藏，丰深斜101井、埕北394井等均在深层钻遇了凝析油气藏，这些井的勘探突破再次展示了深层油藏巨大的勘探潜力。深层凝析油气藏成为目前主要的深层砂砾岩风险勘探方向。

（二）它源型

缓坡带沙四下亚段—孔店组成藏主要受烃源岩、储层、断层和圈闭控制，断层是成藏关键。成藏期活动的盆倾断裂为主要的油源断层，油源断层的断距决定了上升盘红层的有利含油层段，构造背景对油气运移聚集具有控制作用，在有利的构造背景下各种类型的圈闭匹配好的油气来源及输导条件，发育3种油藏类型：构造油藏、构造—岩性油藏、地层油藏，呈现“源—储—断—圈”成藏模式；东营凹陷南部、渤南地区缓坡带等它源型的断块、构造岩性油藏，区带圈闭面积150km^2以上，预测圈闭资源量可达1.25×10^8t以上。

结　语

回顾胜利油田发现三十五年时，曾经有专家认为济阳坳陷油气资源已大部发现，胜利油田继续增储稳产的潜力不大。如今历经六十年勘探开发，胜利油田再次扛起了中国石化东部老区稳定增储的重任，这其中持续坚持风险勘探起了至关重要的作用。作为一个老区，济阳坳陷为什么敢于坚持风险勘探？为什么能够开展风险勘探？为什么风险勘探可以成功打开新局面？

（一）牢记我为祖国献石油的初心

胜利油田地质工作者不忘我为祖国献石油的初心，牢记保障国家能源安全的光荣使命，始终将勘探发现工作作为重中之重。不忘初心是敢于风险勘探之本。

习近平总书记在视察胜利油田时指示：能源的饭碗必须端在自己手里。解决油气核心需求是我们面临的重要任务。风险勘探是践行总书记重要指示，实现高质量发展的关键。

（二）坚定石油在地质家脑海里的信心

胜利油田勘探开发研究院里有一块“勘探无禁区”的石刻。石油地质学家华莱士·伊·普拉特在《找油的哲学》中有句名言：“首先找到石油的地方是在人们的脑海里。”只有认为有油田，才能找到油田，信心首先来自认识创新。认识创新是能够风险勘探之源。

马克思指出：一个有希望的民族，一刻也不能停止理论思维。有了咸化湖盆优质源岩新认识，才有了青东凹陷的突破；有了陡坡带扇体沉积新认识，才有东营北带砂砾岩的突破。随着对济阳坳陷孔店组—沙四下亚段原型盆地、沙四上亚段—沙三下亚段页岩沉积、含油性新认识的进展，深层、页岩油已经成为增储新领域。

（三）保持勘探两个螺旋式上升的恒心

油气勘探本身是高风险事业，风险勘探更是如此，老区风险勘探尤其困难。当前风险勘探领域往往都是前期认为潜力不足，或者久攻不克的类型，失利是大概率事件，幻想如同济阳坳陷初期一战而下胜坨是不可能的。“两论”是风险勘探成功的指导原则和方法论。

《认识论》《矛盾论》指出，从实践—认识—再实践—再认识、从特殊—普遍—特殊，是探索客观规律时必须遵循的两个螺旋式上升过程，也是我们保持风险勘探恒心的指导原则。在认识规律时反复探索、反复认识，如前文“再上宝山”“柳暗花明”等，成功时总结经验，失利时汲取教训，认识到行百里而半九十，才能在不看好、不可能的领域取得突破。雄关漫道真如铁，而今迈步从头越。胜利油田今后将持续大力推进风险勘探，力争再创佳绩，再立新功。

第六章　松辽盆地龙凤山气田的发现

1959 年，松辽盆地钻探的松基 3 井获高产工业油流，发现了大庆油田，使我国一举摘掉了贫油国的帽子，证实了陆相地层能够生油并能形成大油田，从而丰富和发展了石油地质学理论，改变了中国石油工业的落后面貌。龙凤山气田位于松辽盆地南部的边缘位置，虽然不具备盆地腹地得天独厚的成藏条件，但却从未阻挡过一代代石油勘探工作者不断探索的决心。从松南气田营城组火山岩气藏到龙凤山气田火石岭组火山岩气藏的发现，科研工作者历经数十年曲折探索。2018 年，松南龙凤山气田深层中基性火山岩实现勘探重要突破，为之奋战并一直为之坚持的勘探工作者们无不喜极而泣，是他们的执着与创新，奏响了中国石化东北油气分公司在松辽大地这片黑土上的高质量发展之歌。

第一节　探松南　勘探上展开受挫

油气勘探历史实践告诉我们，任何一个地区的油气发现之路都不会是一帆风顺的，定会是波澜起伏、一波三折。松南探区近三十年的油气勘探历程中，有过油气重大突破的喜悦和欢呼，也有过陷入难以展开的迷惘和彷徨。但几代勘探人始终心怀一个信念："所有资源都能找到，松南上万平方公里的地下一定蕴藏着丰富的油气宝藏"，勘探将士们几十年如一日，栉风沐雨、披荆斩棘，夺取了一个又一个油气增储阵地。

一、初探索，兼顾勘探见苗头

中国盆地火山岩分布广泛，东起渤海湾盆地，西达新疆准噶尔盆地，南从广东的三水盆地，经四川周公山盆地、苏北盆地、汉江盆地、内蒙古的二连盆地、北至松辽盆地，均有分布，岩性从酸性到基性均有发育。1957 年，我国在准噶尔盆地西北缘首次发现火山岩油气藏后，20 世纪 80 年代以来，中国各大油田均有不同程度地发现火山岩油气藏，历经 60 多年，在渤海湾、松辽、准噶尔等盆地相继发现了 11 个火山岩油气藏。火山岩气藏普遍具有产层厚、产量高、储量大的特点，已经成为当前重要的勘探目标（邹才能，2008），其中，中、新生代陆相含油气盆地中火山岩储层和油气藏尤为发育，此外，还发育古生代火山岩油气藏。新生代火山岩油气藏以渤海湾盆地为代表，中生代火山岩油气藏以松辽盆地为代表（杨辉，2006；唐华风，2016），古生代火山岩油气藏以准噶尔盆地、三塘湖盆地为代表。

东北是中国中、新生代火山活动最为活跃的地区，共有 34 个火山群、640 余座火山，并发育大面积的熔岩被。火山主要分布在长白山、大兴安岭和东北平原及松辽分水岭 3 地区，具有活动范围广、强度高、喷发期数多、分布密度大等特点。晚侏罗世晚期—早白垩世，松辽盆地东缘受环太平洋板块拼贴和洋壳俯冲作用，导致东北地块发育多个分割性强且规模不等的断陷盆地，松辽盆地南部长岭断陷、梨树断陷就是这一时期构造活动的产物。断陷形成的同时，伴随着松辽地区大面积火山岩浆活动，以断陷初始期火石岭期和鼎盛期营城期最为发育，岩浆沿深大断裂呈现中心式或裂隙式喷发，形成壮观的火山地貌。其中，火石岭组中基性火山岩喷发强度大、黏度小、流动性强，在整个松南地区分布较为广泛（图 6－1），梨树断陷北部斜坡带和长岭断陷东南部各次凹斜坡带均有分布，多呈低幅穹隆状或丘状，多期叠置连片；营城期火山岩喷发强度较火石岭期减弱，以中酸性为主，黏度大，流动性变弱，其中，营一段火山岩主要分布于长岭断陷南部龙凤山次凹、新安镇次凹以及达尔罕断凸带等地区，呈低幅丘状或似层状；营三段火山岩主要分布于长岭断陷北部前神字井—查干花次凹斜坡带和西部断阶带，多呈单个分散机构型。在断陷形成的早期，松辽盆地南部广泛发育热河生物群，尤以辽西地区的中华龙鸟、东方叶肢介、三尾拟蜉蝣、狼鳍鱼化石最为常见（万晓樵，2017），而白垩纪最晚期发生的大规模火山喷发活动，最终导致了热河生物群的灭绝（戎嘉余，2014）。

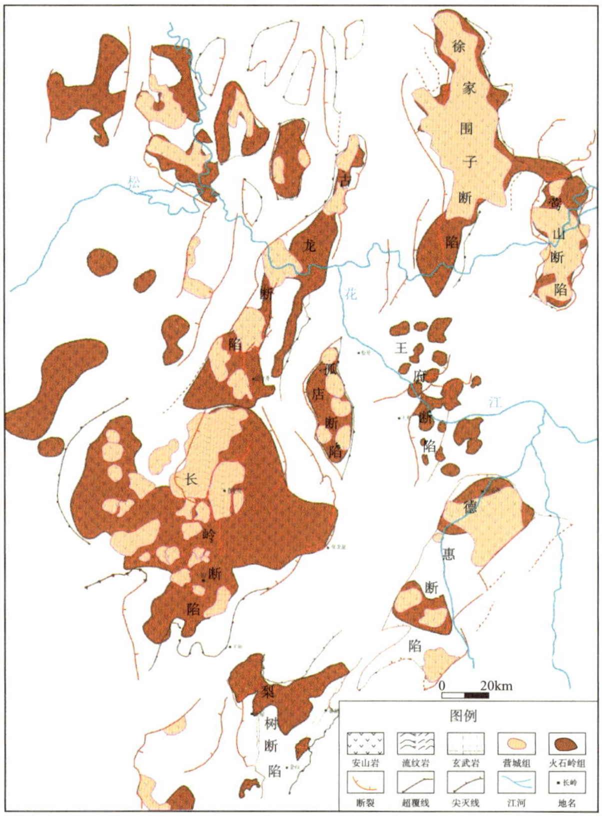

图 6－1　松辽盆地火山岩分布

松南断陷发育两个大规模的火山喷发旋回：第一个火山喷发旋回为火石岭早期，锆石测年在 125Ma 左右，岩性主要为玄武岩、玄武质安山岩，此旋回火山岩厚度差异较大，在 50～1100m 之间。第二个火山岩喷发旋回为营城期，其中营城早期，锆石测年在 110～119Ma之间，岩性主要为安山岩，厚度 100～300m；营城晚期，时间在 100～109Ma 之间，岩性主要以酸性流纹岩、凝灰岩为主，厚度 170～650m，之后火山活动逐渐减弱，呈零星喷发（李瑞磊，2015）。

1986 年，松辽盆地南部梨树断陷松南 13 井首次在断陷层营城组、沙河子组获得工业油气流，断陷层勘探取得重要突破。随后的二十年间，松辽盆地南部油气勘探工作主要以大型正向构造单元、坳陷层和埋藏较浅的构造带碎屑岩为突破区，在梨树断陷和长岭断陷陆续发现后五家户、孤家子、秦家屯和腰英台等油气田。20 世纪 80 年代以来，我国各大油田均不同程度地发现火山岩油气藏，而这一时期，松南地区也陆续部署了多口兼顾探索火山岩的探井，并试获了油气流，一个全新的勘探领域正在逐步走入油气勘探工作者的视野。

20 世纪末，研究人员利用二维地震资料，开展编图和地质研究工作，初步查清了松辽盆地断陷层构造格局和油气生储盖基本条件，于长岭断陷达尔罕断凸带部署东北 11 井，该井在营城组火山岩中钻遇良好的油气显示，获得日产 $0.6\times10^4\sim2.0\times10^4m^3$ 天然气流，取得火山岩领域的首次勘探发现。2003—2005 年，在兼顾探索火山岩的过程中，长岭断陷东岭鼻状构造带的松南 116 井、松南 187 井，梨树断陷中央构造带的松南 65 井、松南 66 井、松南 165 井在火石岭组火山岩中都获得了工业油气流，其中，松南 165 井在火石岭组压裂获得日产天然气 $2.37\times10^4m^3$。

松南火山岩领域多地呈现出良好的勘探潜力。然而，一方面由于二维地震资料的限制，另一方面由于深层火山岩地层结构复杂、火山岩物性差、工程工艺技术不适应等问题的制约，这一时期火山岩领域一直作为兼顾勘探目的层系，未能取得突破性进展，因此也没有实现大规模勘探。

二、再探索，拨开迷雾现松南

断陷层火山岩“瓶颈”问题真的不能突破吗？火山岩油气到底如何分布？火山岩领域能不能形成规模增储？一个个难题，不断激发着油气勘探工作者乐观前行的信念和决心。继坳陷层发现整装连片大中型腰英台油田后，该区部署实施三维地震 $425km^2$，与此同时，勘探工作者潜心研究这一时期大庆油田徐家围子断陷层天然气勘探成果，全面深化了松南探区深层天然气资源条件、储层条件、气藏分布规律等方面认识，以断陷层的构造稳定区为突破口，精细评价长岭断陷层大型基底隆起、地层超覆尖灭、火山岩体三位一体的复合圈闭，并初步形成了断陷层目标勘探评价体系。2005 年，在对长岭断陷层整体评价的基础上，经过多轮的优化解释，断陷层地质结构逐步清晰，优选出 4 个火山岩圈闭。可是井位究竟先部署在哪一个圈闭？这口井无疑承载着每一位勘探工作者多年的梦想，牵动着勘探系统每一个人的心，如果成功，将势必极大鼓舞整个勘探队伍的士气。经过反复论证与审查，勘探工作者率先瞄准了腰英台深层达尔罕断凸带的最前缘，因为该区构造背景完整、圈闭面积大、形态好，且紧邻生烃中心，是油气长期运移的有利指向区。经中国石化总部决策层同意，2006 年优先风险探索营城组大型穹窿状火山岩体，部署腰深 1 井，完钻井深 3750m（营城组未穿）。

腰深 1 井在钻进过程中，现场一次又一次传来振奋人心的消息，白垩系青山口组、泉头组、登娄库组砂泥岩段、营城组火山岩段不断钻遇良好油气显示，其中营城组火山岩段中途测试获日产 $20.5\times10^4m^3$ 的高产天然气流，完井系统测试单井气产量 $(5.73\sim17.69)\times10^4m^3/d$，日均无阻流量达到 $30.0\times10^4m^3$，“火山岩出大气了！”科研工作者无不喜极而泣，东北油气分公司火山岩领域勘探取得重大突破，松南发现大型火山岩气田。

继腰深 1 井营城组火山岩取得重大突破之后，为了尽快弄清火山岩特殊储层的气藏特点和产能情况，科研工作者不分昼夜地开展腰深 1 井的单井评价研究，深入分析该区火山岩成藏模式，随后在腰深 1 井南北部署腰深 101 井和腰深 102 井，分别试获高产油气流。为了进一步提高产能、加快开发步伐，开展了不同井型试验，2007 年在腰深 1 井以北部署

1 口大斜度开发井腰平 1 井，该井营城组试获日均无阻流量 $100\times10^4m^3$。

松南气田营城组火山岩气藏类型为构造背景下的岩性气藏（图 6－2），气藏平均有效厚度 155m，孔隙度均值为 8.7%，气体组分甲烷含量 62%～76%，二氧化碳含量 16%～22%，氮气含量 4%～17%，相对密度为 0.74～0.81g/cm^3，地层压力系数为 1.18，地温梯度为 3.366℃/100m，属于常温常压混合天然气藏。2007 年底，松南气田腰深 1 井区营城组火山岩提交天然气探明地质储量近 $440\times10^8m^3$，其中烃类气储量近 $340\times10^8m^3$，二氧化碳气储量近 $100\times10^8m^3$。同年，中国石油长深气田在该区营城组火山岩提交天然气探明地质储量 $533\times10^8m^3$，两个气田火山岩探明天然气地质储量近千亿立方米，抒写了松南断陷层天然气勘探的新篇章。

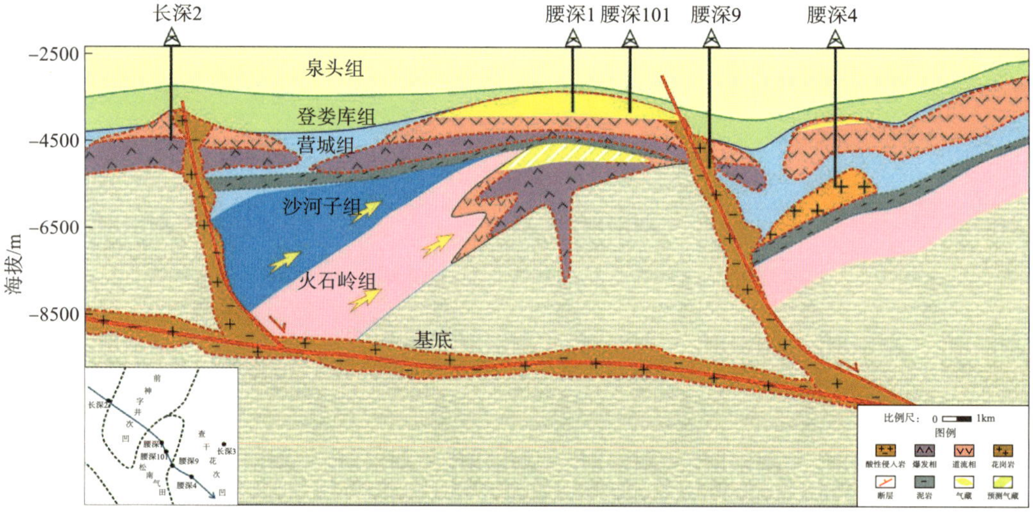

图 6－2　松南气田营城组火山岩气藏剖面

松南气田发现之后，东北油气分公司在长岭断陷提出“十一五”末火山岩探明天然气储量千亿立方米的目标，松南断陷火山岩勘探随即进入“东进、南扩、西探索”的整体部署阶段。该阶段地质认识不断深化，总结出断裂活动对火山岩形成具有重要控制作用，火山岩岩相控制了油气富集与高产，即爆发相、喷溢相储层物性好，有利于油气富集高产。该时期在长岭断陷整体刻画出 15 个火山机构，面积 300km^2，天然气地质资源量 $2000\times10^8m^3$，又一个千亿立方米大气田“呼之欲出”。然而，2008—2010 年，围绕营城组有利火山机构先后部署了腰南 1、腰深 2、腰深 3 等 12 口探评井，仅腰深 2 井和腰深 3 井试获工业天然气流，其余探井的实施结果却给了勘探工作者“当头一棒”，多口探井产量低、含水高，想再拿下一个千亿立方米大气田的美梦落空。

三、越险阻，精准剖析定烃源

从松南气田火山岩气藏的发现到火山岩气藏快速评价扩大场面的屡屡失利，对火山岩气藏的探索陷入低谷，部署进入全面停滞状态。然而火山岩气藏剩余资源潜力大，实现火山岩领域的再次突破成为东北油气勘探工作者孜孜以求的梦想。此时，科研人员意识到火山岩基础研究仍然薄弱，断陷层结构认识有待深化，优质储层的主控因素不清，断陷期古地貌及原型盆地恢复急需加强。

不驰空想，不骛虚声，勘探工作者始终以求真的态度潜心研究、排除万难，针对长岭地区断陷层沉积期火山活动频繁，整个断陷期具有“水火交融”的复杂特点，2010 年以后，以中国石化科技部项目、油田事业部重大勘探导向项目、公司重点专题研究项目为抓手，开展四个重新认识，即重新认识长岭断陷盆地结构、断陷成因机制、构造演化对地层充填的控制作用、原型盆地恢复等工作。科研人员通过对火山作用、沉积作用及对沉积充填模式的深入研究，进一步明确长岭断陷充填特征，确定烃源岩及有效储层的分布，取得了多个方面的重要进展。

（一）精细刻画断陷结构，重新认识生烃洼陷

1. 深化了长岭“复式断陷”结构认识

通过构造演化分析，明确了长岭断陷为多应力机制控制下的多沉积中心复式断陷（图 6-3）。长岭断陷沙河子组、营城组两套地层于断陷中东部继承性较强，西部变化较大。受北北东向孙吴—双辽断裂带影响，长岭断陷主要发育北北东、北西向以及近南北向三类断裂，发育西、中、东三个洼陷带，长岭断陷为非单一简单断陷，而是由多个主次级断陷组成的复式断陷群，铲式正断层控制的半地堑结构是主要断陷结构类型。剖面上表现为复式箕状断陷组合，形成凹凸相间构造格局；平面上表现为以反向及同向多种组合方式排列的半地堑，呈现出断陷群复杂的构造格局。断陷早期在左行张扭应力场作用下，沙河子期具有分割独立到营城中期统一、营城晚期局部填平最终连为一体的演化过程，且营城期地层分布受火山机构影响较大。营城组内部地层从营一段至营四段，地层沉积中心逐渐向西迁移，具有后展式沉积分布特点。

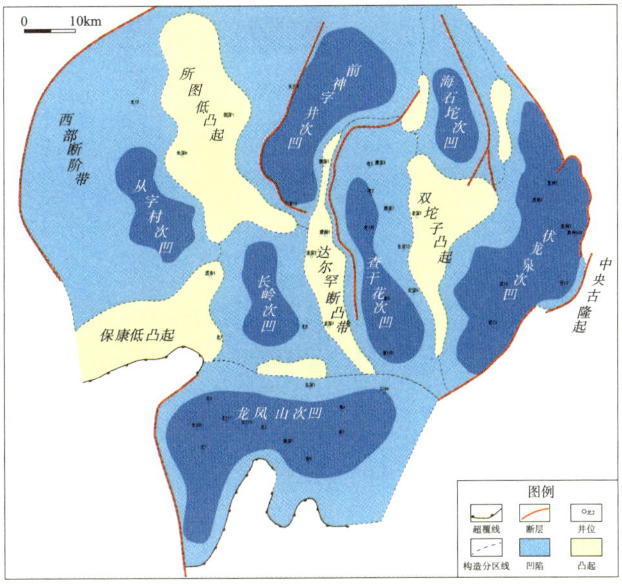

图 6-3 长岭断陷复式断陷结构图

2. 建立断陷沉积充填模式

以地层分布为主线，建立了“沉积充填为主、火山岩同期异相”的充填模式（图 6-4）。长岭断陷层发育 2 个火山作用旋回（火石岭组、营城组）和 3 个沉积作用旋回（沙河子组、营二段、营四段），深洼区以碎屑岩沉积充填为主，火山岩多发育在斜坡区。火石岭组发育于断陷盆地形成初期，伴随火山喷发，为断陷早期充填，与下伏地层呈不整合接触，火山岩以喷溢相的中基性火山岩为主，喷溢的岩浆在流动中呈层状分布，形成局部火山台地。沙河子组沉积时期，裂陷形成，火山作用处于间歇期，属于湖扩阶段，湖盆中央发育暗色泥岩，边部发育砂泥岩互层。营城组沉积时期湖盆逐渐扩大，以砂泥岩沉积为

主，在构造活跃部位火山岩发育，其营城早期湖扩阶段，火山作用强，发育大套火山岩夹湖相碎屑岩；营城晚期，火山作用剧烈，发育大量火山机构，局部发育火山堰塞湖暗色泥岩。

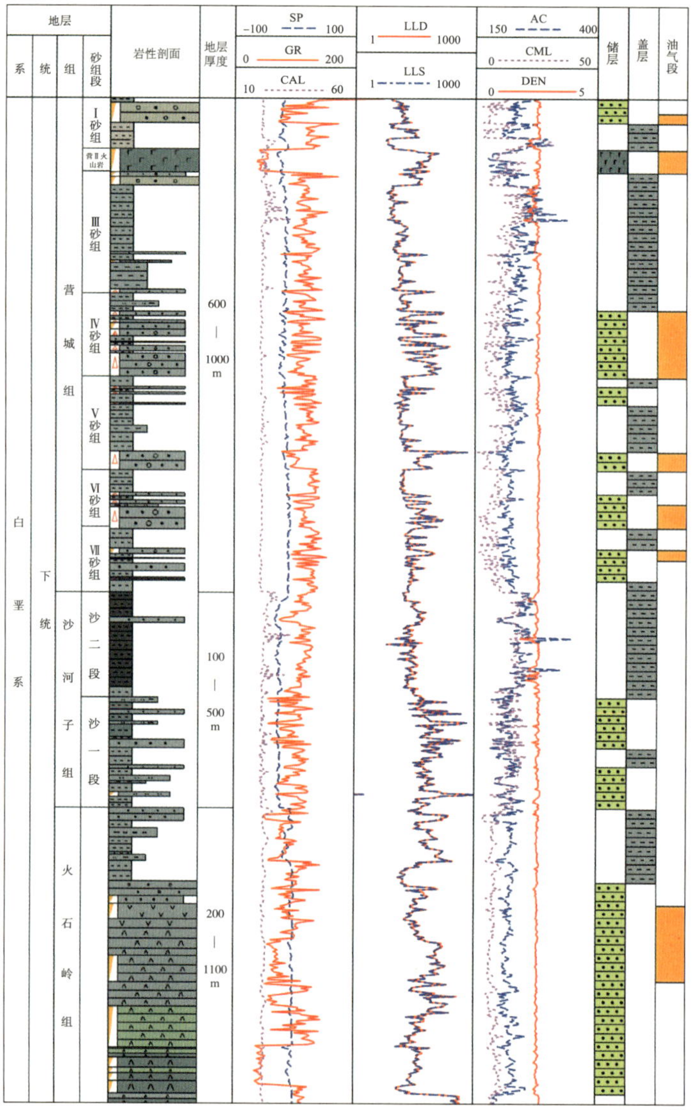

图 6－4　长岭断陷龙凤山气田断陷层综合柱状图

3. 建立烃源岩地震识别模式

2013 年，在重新认识长岭断陷结构的基础上，科研人员以“千锤万凿出深山”的执着，透过二维大线和新三维地震资料，撩过遮眼云纱重新落实生烃洼陷，打破了多年来一个“大长岭”的认识，提出沙河子组时期为多个独立的单断箕状断陷，呈现出“凹隆相间”格局的新认识（图 6－3），长岭断陷南部新发现龙凤山生烃次凹，利用地震追踪与地球物理手段，刻画出长岭断陷两套主力烃源岩的分布范围，确定了沉积中心分布位置，并结合烃源岩地球化学特征对烃源岩进行了综合评价。长岭断陷发育沙河子组、营一段两套烃源岩层系，北 2 井实钻沙河子组 241m 半深湖—深湖相暗色泥岩，烃源岩地球化学指标优于营一段，地震波组表现为中—强振幅，连续性好的反射特征。

（二）古构造恢复是基础，关键期特征定成藏

找到了主力烃源岩，不代表找到了油气，那么生成的油气会跑到哪里聚集呢？以中国石化重大先导项目为依托，科研人员重新侦查12口火山岩探评井失利原因，经过层层剥茧抽丝，终于发现重要线索，成藏期无构造背景和供烃条件（圈—源匹配关系）差是营城组火山岩失利的最主要原因。勘探工作者意识到恢复成藏期古构造对油气勘探将具有重要意义，随即开展了营城组、沙河子组、火石岭组各时期的盆地构造格局和特征的分析，并对主要油气成藏时期的古构造特征进行深入剖析，明确了盆地现今残余地层分布、古火山分布、沉积环境及断裂分布等古构造恢复关键参数，通过三维剥蚀量恢复、TSM盆地模拟等技术手段，结合压实校正、基底沉降校正，确定关键时期古构造特征，为火山岩油气藏的探索提供重要支撑。

第二节　擒气龙　龙凤山绘制新篇

油气勘探是一个从认识到实践、再认识到再实践的不断超越的过程。一代又一代勘探人就是在这种不断赓续的探索中，在不同时期，对待同一个油气藏、同一种勘探类型不断地解放思想、革新认识。龙凤山气田火石岭组火山岩的发现正是勘探人勇于打破固有思维、大胆创新的成果。

一、转认识，坚定再战火山岩

龙凤山气田区域构造位置属于松辽盆地长岭断陷南部龙凤山次凹斜坡带，其北部与长岭次凹相接，东部与东岭构造带相连，西部与保康凸起毗邻，勘探面积约400km^2。受早期基底拆离断层与一系列近南北向断层所控制，火石岭初期火山大规模喷发，多个火山机构相互叠置呈现洼隆相间地形，中后期碎屑岩沉积填平补齐，局部仍有小规模火山喷发，到了火石岭末期，构造高部位地层遭受风化淋滤，地层被严重剥蚀，构造高部位仅残余火山岩地层，低部位为火山岩和碎屑岩地层。火石岭期整体表现为南高北低的单斜构造形态，北部地层厚度最大，最厚可达1100m。沙河子期为断陷强烈伸展扩张阶段，同沉积正断层活动强烈，北部断裂拉张，形成沉积中心。营城期断裂活动加剧，多条同沉积断层致使东部断陷基本形成，营城末期，受燕山三幕构造运动的影响，营城组及其以前地层褶皱隆升，使得南部与西部隆起抬升，形成鼻状构造背景，营城末期局部地层遭受剥蚀。登娄库时期，断裂活动基本停止，西部隆升逐渐变缓，构造活动变弱，进入坳陷沉积时期，断陷盆地基本定型。泉头组至姚家组为典型坳陷沉积，断裂活动较少。嫩江明水期，湖盆萎缩，在全区压扭应力作用下，局部构造发生反转，形成现今的构造格局。

本区的油气勘探工作始于20世纪90年代，长期以来，二维测线犹如“雾里看花”，对断陷结构及地层充填特征认识不清。2012年，勘探工作者转变思路，在重新认识长岭断陷结构的基础上，抓住关键地质问题，拨开重重迷雾，发现龙凤山沙河子组生烃洼陷，刻

画龙凤山构造圈闭部署北2井，该井在下白垩统营城组率先试获天然气流，打破了长岭断陷层天然气勘探的僵局，发现龙凤山气田碎屑岩气藏。北2井证实龙凤山次凹发育沙河子组优质烃源岩，烃源岩面积300km^2，最大厚度500m，天然气资源规模$1290\times10^8m^3$。

从北2井看到了胜利的曙光，但同时也揭示出断陷层的复杂性，如断裂及岩性的复杂性、储层的非均质性等棘手问题。可是无论眼前的困难多么复杂，都无法挡住勘探工作者前进的步伐。可用资料少、现有二维地震剖面品质差，要想深化认识，迅速实施三维地震成为当务之急的突破口。于是，在东北深冬的采集现场，到处可见与时间赛跑的地震采集人员、顶着风雪现场查看第一手资料的科研人员。与此同时，勘探决策层果断同意探索龙凤山圈闭高部位有利储层，部署北201井。2014年5月初，北201井传来喜讯，营城组第一测试层压后日产气$2.5\times10^4m^3$、日产油5m^3，这让每一位勘探工作者欢心鼓舞、斗志昂扬。同年9月，北201井再传捷报，营城组第三测试层压后获得日产天然气$6\times10^4m^3$、日产油35m^3的高产油气流，实现了长岭断陷层致密碎屑岩勘探的战略性突破，有专家说“这是东北局整合重组后最振奋人心的消息”。

龙凤山构造北201井的突破无疑再次唤醒了沉寂多年的长岭断陷，让沉睡在地下的油气开始涌动起来。在松南断陷早期探索火山岩发现以后的几十年间，国内外火山岩理论不断丰富、地球物理技术迅速发展、深层改造技术不断突破，让东北勘探人又重新燃起深层火山岩油气勘探突破的希望，同时也更加坚定了勘探将士向深层进军的信心。

科研人员砥志研思，系统分析了以往火山岩勘探部署中的成败得失，直面中基性火山岩典型火山机构特征不明显、刻画困难的问题，开展了一轮又一轮的“碰撞”，穷尽录井、测井、地球物理各专业资料，对大量岩芯和岩屑进行复查。首先开展钻井岩电特征对比，结合古生物、锆石测年等资料，建立了断陷地层格架及地层充填模式，进一步明确了火石岭组火山岩地层分布特征：火石岭早期火山喷发频繁，以中基性火山岩为主，发育多个独立或者相互叠置的火山隆起，形成洼隆相间的地形；晚期以碎屑岩沉积为主，披覆于火山岩地层之上，地层厚度受断层的影响，从南向北逐渐增厚。

通过解剖松南断陷层已发现油气藏特征，取得了四方面重要认识，即营城、沙河子组生烃中心控制油气藏的分布；登末、嫩末两个成藏关键期古构造背景决定了原生油气藏富集区；泥岩盖层与晚期断裂的组合控制保存条件，决定了主要富集层系；储层物性是决定产能的关键因素。以此认识为指导，进一步深化火石岭组火山岩油气藏成藏主控因素分析，同时期转变两个重要认识，一是转变了火石岭组火山岩储层物性差的认识，即松南断陷中基性火山岩经历风化淋滤和断裂改造，储层物性受埋深影响较小，可存在构造裂缝及溶蚀孔隙，3500m以下仍可能发育好的储层；二是转变了火石岭组火山岩油气成藏条件差的认识，即火石岭组上部覆盖沙河子组主力生烃层系，内部发育潜在烃源岩，位于古构造背景之上、与烃源岩侧向对接有利的火石岭组火山岩，是发育上生下储（侧向对接）、自生自储油气藏的有利区。成藏认识的转变无疑为长岭断陷火石岭组火山岩勘探注入了一针强心剂。

围绕龙凤山鼻状构造背景，应用多种地震属性刻画火山通道，火山通道呈南北向展布，岩浆沿断裂上涌，于火石岭组形成火山机构，地震反射特征具有斜列强反射、内部呈现中—强振幅、斜交、中高频特征，不同于邻井北2井和北201井营城组溢流相玄武岩和安山岩的地震反射特征，在紧邻生烃洼陷的斜坡带上，刻画出火山岩分布，有利区主要为爆发相火山岩。同时，火石岭组火山岩之上覆盖着沙河子组厚层泥岩，这一套厚层泥岩既是烃源岩也是火山岩气藏的直接盖层，它全区分布稳定，最大厚度可达 400m，平均厚度超过 20m，垂向上能够有效封堵油气。此外，本区断陷层主力烃源岩在泉头末期至姚家末期达到排烃高峰，而有利圈闭是在火石岭期形成，营城组沉积末期经历构造运动，并在登娄库末期进一步定型，即圈闭的形成时间早于生排烃高峰时期，具有较好的时间匹配关系，可有效捕获油气成藏。扎实的地质研究进一步解放了研究人员的思路，提振了部署的信心，优选有利火山机构部署北 203 井。北 203 井在火石岭组钻遇 142m 火山岩，岩性为灰色凝灰岩，测井解释孔隙度 7.1%～10.9%，渗透率 0.14×10^{-3}～$0.59\times10^{-3}\mu m^2$，压裂后测试获日产气 $8200m^3$、日产油 $0.26m^3$。

北 203 井火石岭组火山岩虽未能获得工业突破，但是进一步证实了科研人员对于深层火山岩成藏模式认识的正确性，进一步证实了深层火山岩的勘探潜力，鼓舞了勘探士气。

二、显神威，精细雕刻露真颜

北 203 井火石岭组火山岩虽然见到了好的线索，但由于存在火山岩体边界模糊、难于描述、埋深较大等难题，火石岭组火山岩整体评价再度陷入困境。龙凤山次凹火石岭组中基性火山岩属于多点喷发、多期次喷发的火山群，而且夹杂碎屑岩成分，容易形成火山角砾等火山沉积岩，造成火山岩相非常复杂。同时，火石岭组火山岩机构小且与碎屑岩叠置，导致地震反射特征杂乱，火山机构内幕总体地震反射弱，储层预测多解性强。那么，火山岩成因复杂、成分多变、机构小且与碎屑岩叠置等一系列难题，使得常规的三维地震描述火山岩机构和内幕储层预测方法不再适用，急需建立合理的火山岩地质—地球物理方法，提高火山岩识别精度，攻克火山岩内部有效储层预测的难题。

火山岩的成分差异主要引起介电参数的异常，并且受喷发时期不同源头岩浆成分差异的影响，岩性解释量版往往随着区域变化而存在差异。为了明确火山成因差异，区分特征分类研究的方向和手段，研究人员需要首先开展火山岩岩性、岩相、储层的研究，构建合理的火山岩地震地质识别模式。同时，从微观和宏观两个方向思考地球物理预测方法解决难题。一方面考虑到火山机构的几何特征是识别火山包络的重要因素，它不同于层状沉积的碎屑岩地层，火山岩的厚度往往受古地形控制，具有与晚期地层呈现角度不整合的特点；另一方面考虑到，岩石的组成又可以分为骨架、基质和孔隙流体等，结合测井曲线和岩芯实验工作，明确机构内火山岩的矿物组分特征，确定敏感参数，成为预测火山内幕的主要方法。

基于以上分析，科研人员创新提出中基性火山岩“三定三识”地震地质综合识别技术，“三定”为依据已知钻井由微观到宏观逐步解析定岩性、定岩相、定储层，明确了火石岭组火山岩具有多机构、多期次、叠合发育的特点，细化火山岩储层评价，建立火山岩地震地质识别模式；“三识”为在火山岩地震地质模式指导下识包络、识格架、识有效储层，基于地震属性分析、聚类融合、叠前叠后反演，形成了火山岩“三识”地球物理技术，由粗至细逐步依据地震方法预测有效储层。

地质研究上迅速开展单井岩芯薄片鉴定、地层横向对比等工作：首先通过开展北 203

井单井火山岩岩性鉴定取得重要认识，薄片鉴定火石岭组发育英安岩岩屑、长石晶屑，且呈凝灰结构，岩性确定为凝灰岩；通过连井横向对比，发现北 201 井与北 203 井火山岩测井曲线响应特征相似，打破了北 201 井原有火石岭组碎屑岩地层认识，认为北 201 井底部亦钻遇火石岭组火山岩地层。火山岩顶底面的地震反射特征和湖盆内致密的泥岩地震反射特征非常相似，所以传统上仅仅通过地震反射特征方法识别火山包络存在很大的多解性。研究人员在挖掘火山机构地震属性与碎屑岩的差异基础上，优选地震属性融合，然后通过地震反演去除掉泥岩的多解性，逐步识别出准确的火山机构顶底包络，通过不断丰富完善火山岩地震相识别技术，重新标定火山岩顶部地震反射界面，重新刻画火山岩体（图 6－5），在北 203 井火山岩发现时隔三年之后，于新的火山机构构造高部位部署北 213 井评价火山岩油气藏的商业产能。

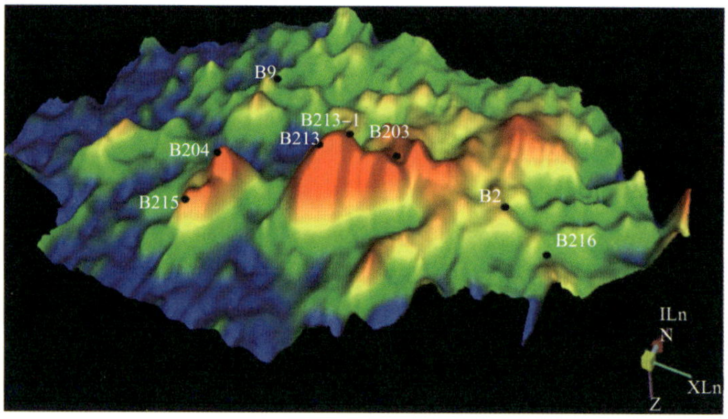

图 6－5　龙凤山气田火石岭组火山机构分布图

北 213 井火石岭组钻遇火山岩总厚度 437m，发现了 214m 厚的气测显示，气测全烃最高达 16.6%，测井解释气层厚度 144m，大套的油气显示和大段的气层让这片数九寒天中的东北黑土地蓄势待发，随时准备迸发出汹涌的气流来打破这沉闷漫长的冬季。2018 年 3 月，北 213 井火石岭组火山岩试获日产气 $6.2\times10^4m^3$、凝析油 $23.9m^3$，首次实现了松南断陷火石岭组新层系和火山岩新类型的商业突破。

北 213 井火石岭组火山岩突破后，面对火山岩气藏储层非均质性强、机构识别难度大、内幕反射复杂等特点，勘探开发进一步面临巨大挑战。在研究方面，科研人员突出气藏主控因素和有效储层形成机理研究，在成藏模式、储层机理、地震识别上取得了三个新认识，首先，在成藏模式方面，针对复杂改造型断陷盆地，创新形成了以主成藏期为关键节点、各成藏要素联动演化的“四元耦合”控藏新模式，有效指导了勘探实践；在储层机理方面，通过宏观—微观多尺度综合分析，首次提出了中基性火山岩“孔隙＋缝网”复合型有效储集空间类型，有效地支撑火山岩高效勘探；在地震识别方面，探索形成了机构模型约束下的中基性火山岩储层地震识别技术，为火山岩快速建产提供有力技术支撑。

三、探评滚，一体推进快建产

火石岭组火山岩气藏获得商业产能后，如何实现储量的快速动用、产能建设及效益开发，成为摆在科研工作者面前的一道又一道难题。为了研究上不走重复路、不干重复活，实现储量的高效动用，东北油气分公司大刀阔斧、大胆创新，立即组织精干力量，整合专业资源，成立了勘探开发一体化研究团队，实现勘探开发资料、认识共享，实现了勘探开发地质研究一体化、评价部署一体化，形成了专业力量合力，打破思想及认识上的壁垒，实现了协同破冰前行。研究人员整体刻画评价龙凤山气田火石岭组中基性火山岩油气藏，强化火山岩体刻画和有利储层预测技术，围绕火石岭组火山岩，落实有利面积 100km^2，天然气资源量 542×10^{8}m^3，勘探大胆向东西两侧甩开评价，优先在与烃源岩侧向对接的有利圈闭上部署探评井 4 口，迅速扩大了勘探成果。一体化推进过程中，按照“整体优化、加快部署、勘探见显示、滚动即跟进”的部署原则，快速形成了北 213 区块、北 216—北 218 区块两个产建区，实现了火山岩气藏的整体控制和商业发现，落实含气面积 37.8km^2（图 6－6），提交天然气探明地质储量 138.9×10^{8}m^3。综合评价龙凤山气田火石岭组火山岩气藏为中深层、中—低孔隙度、低—特低渗透率中型致密凝析气藏。

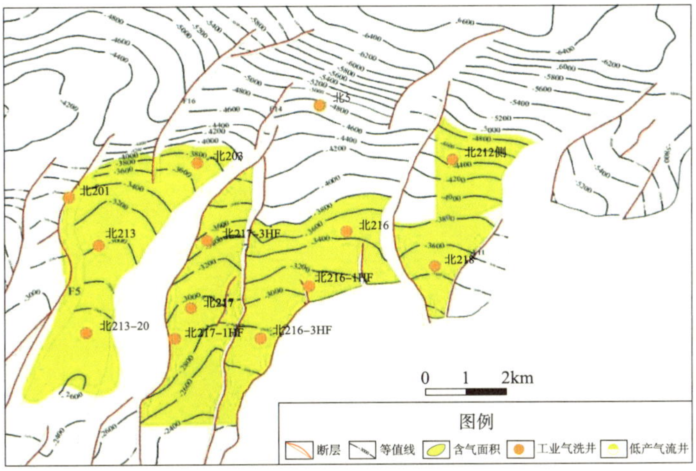

图 6－6　龙凤山气田火山岩含气面积

经过两年的评价研究，丰富和完善了“四元耦合”控藏模式，即深洼区生烃中心提供油气成藏的物质基础和动力条件；成藏期古构造背景决定了油气汇聚的主要方向；稳定泥岩与晚期弱构造活动形成了较好的保存条件，决定了油气主要富集层系；“岩相—溶蚀—裂缝”共同控制有效储层分布，决定了油气富集程度。同时，进一步证实了龙凤山气田火石岭组具有“火山岩多期次喷发、多机构叠合连片，主体区整体含气、构造—储层甜点富集”的特点。随着研究的不断深入，勘探科研人员也越陷越“深”，他们又对临近烃源岩洼陷区的火山岩机构“蠢蠢欲动”。根据火山机构的构造位置、与烃源岩的关系、储盖特征等成藏条件，提出将龙凤山构造带火山岩体分为高、中、低位体三种类型，其中，高位火山岩体离生烃洼陷较远，高部位火山岩储层经受风化淋滤作用，原生孔和次生孔发育；中位火山岩体与沙河子组主力烃源岩直接侧向对接，火山岩受排烃期酸性流体溶蚀易于发育次生孔隙，盖层和供烃条件都比较优越；低部位火山岩体，位于沙河子组烃源岩之下，与火石岭组烃源岩侧向对接，油气主要靠砂体横向输导或者侧向运移，气藏异常高压，保存和充注条件优越。

2020 年，临近深洼低位火山机构，优选部署北 212 侧井和北 5 井，再一次双双获得突破。北 212 侧井在 4732.9～4767.10m 压裂试气获得工业气流，北 5 井更是在 5002～5349m 深层压裂获得工业气流，洼陷区新落实天然气资源量近 400×10^{8}m^3，进一步证实了低位火山岩体同样具有较好的成藏条件。

2019—2021 年间，龙凤山气田火山岩累计建成产能 2.23×10^{8}m^3，其中，北 217—4HF 井火石岭组 3228～4893m 火山岩井段压裂后，压力 15.4MPa，获得日产气 15.8×10^{4}m^3，日产油 43.28m^3 的高产油气流。

四、筑基石，多地开花育新机

龙凤山火石岭组火山岩气藏的发现，无疑成功地开启了深层火山岩再次快速发展的大门。勘探工作者又放眼于整个松南探区，寻找新的储量接替阵地。松辽盆地南部火石岭组火山岩广泛发育，是一套潜力很大的勘探层系。在对火山岩成藏特征差异性的认识指导下，火石岭组火山岩气藏的面纱正在徐徐揭开，“北上”长岭断陷查干花次凹、“南下”梨树断陷北部斜坡带陆续获得油气勘探突破（图6－7），火山岩气藏勘探沉寂数载后再度放出耀眼光芒。

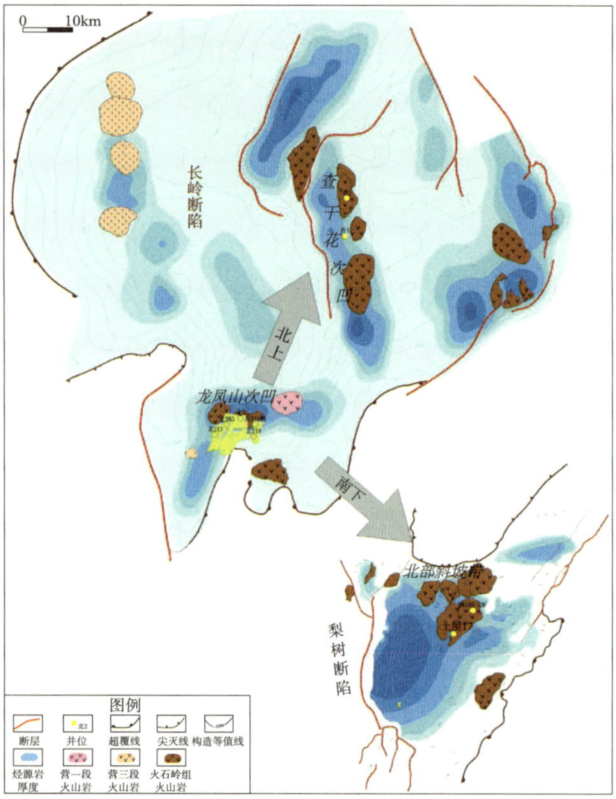

图6－7　松南地区主力烃源岩与火山岩圈闭叠合图

“北上”长岭断陷查干花次凹：科研工作者乘势而上，以断陷层“四元耦合”控藏模式为指导，借鉴龙凤山气田高、中、低位火山岩气藏成藏模式特征，对照梳理查干花次凹火山岩勘探评价关键问题，系统开展近年来营城组失利井解剖，结合地震老资料处理解释，认为营城组之下存在新的成藏组合，提出“源储对接供烃、构造背景控藏、火山机构控储、有效储层控优”的新认识，以此为指导，在火石岭组落实5个火山机构，面积110km^2，天然气地质资源量580×10^8m^3，部署4口探井相继获得油气突破，其中查2井获得日产10.99×10^4m^{3}高产天然气流，实现了龙凤山气田以外新区带火石岭组火山岩的再次重大突破，为分公司成功开辟了又一个500×10^8m^{3}级增储新阵地，同时也加快了松南同类型火山岩领域的勘探，进一步夯实了“十四五”增储上产资源基础。

“南下”梨树断陷北部斜坡带：“北上”的同时，科研工作者在梨树断陷开始了火山岩研究的“四重奏”，即重新认识火山岩展布范围，重新落实火石岭组成藏期古构造，重新刻画控沉积断层、分析主力供烃窗口，重新分析火山岩有利储层地震相。研究认为梨树断陷北部斜坡带火石岭组火山岩连片分布、受后期构造活动改造较弱、与洼陷带主力烃源岩侧向对接，识别刻画了12个火山岩圈闭，面积达137km^2，天然气资源量近600×10^8m^3。按照火山岩“源储对接供烃、构造背景控藏、有效储层控富”成藏模式，重新评价八屋地区难升级储量，预探低部位火山岩含气性部署十屋17井，一体化评价中高部位含气规模部署2口开发评价井。十屋17井获得日产气1.3×10^4m^3，证实梨树断陷低位火山岩体同样具有较好含气性，SN167－2HF获得日产气5.2×10^4m^3，证实了梨树断陷北部斜坡带火山岩具备商业开发条件。

松辽盆地南部火石岭组火山岩分布范围广、剩余资源潜力大，成为东北探区勘探开发的新领域。三年间，中国石化在松辽盆地火山岩领域累计新增天然气三级地质储量近 $800\times10^{8}m^{3}$、凝析油地质储量近 $1300\times10^{4}t$。

全区开展新一轮火石岭组火山岩勘探目标的精细刻画，在梨树断陷、长岭断陷新落实火山岩圈闭天然气地质资源量 $1500\times10^{8}m^{3}$。随着龙凤山次凹、查干花次凹、梨树断陷北部斜坡带等地火山岩气藏勘探相继获得突破，松南深层火石岭组火山岩勘探的大幕正式拉开，成为公司长远发展的重要接替领域。

第三节　谋发展　多举措闯出新路

地质认识、地球物理技术、管理模式的创新进步，是勘探突破源源不断的动力。在面对深层火山机构识别难度大、甜点识别难度大、火山岩储层非均质性强等难题时，探索并形成了火山岩勘探的重要地质理论和地球物理关键技术。针对龙凤山气田高效开发存在的瓶颈问题，探索了一条“科研—生产—管理”地质工程一体化高质量运行的新路子。

一、强基础，创新认识找方向

（一）四元耦合控藏定方向

龙凤山气田火石岭组火山岩主要为岩性地层油气藏。通过开展构造、烃源岩、储层、圈闭及油气充注等各成藏要素时空配置动态演化研究，认识到火山岩油气成藏受多种因素共同控制。围绕生烃中心，建立了以主成藏期为关键点的“生烃灶—成藏期古构造—断盖保存—有效储层”联动演化的“四元耦合”控藏模式（图6-8），有效地指导了松南探区火山岩的勘探实践。

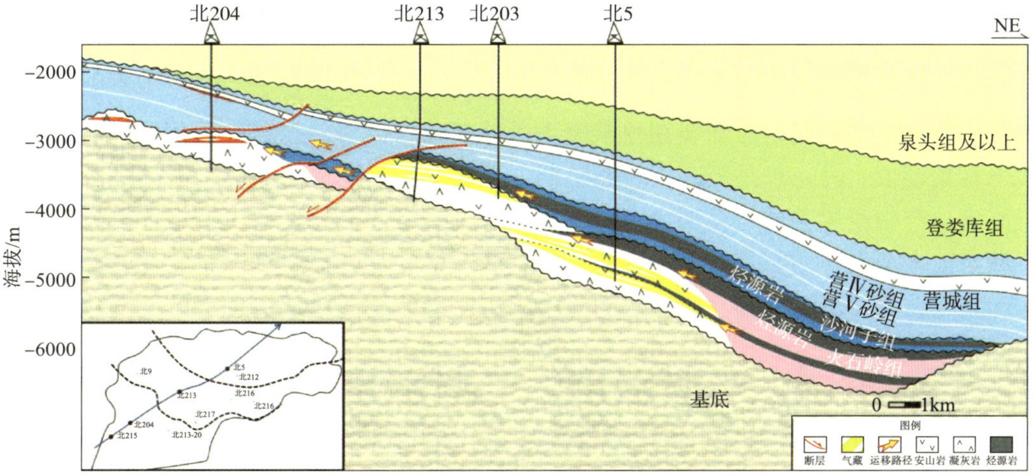

图6-8　龙凤山火石岭组火山岩成藏模式

1. 深洼区生烃中心提供油气成藏的物质基础和动力条件

充足的油源供给是火山岩成藏的必要条件，如松辽、渤海湾、准噶尔等发育火山岩的主要陆相含油气盆地，火山岩多与沉积岩（烃源岩）共生或相邻，近乎同期发生的源储配置对火山岩成藏十分有利（邹才能，2008；张光亚，2010）。龙凤山气田发育沙河子组和火石岭组两套烃源岩，其中沙河子组烃源岩是主力烃源岩。烃源岩的有机质类型和热演化程度控制了油气的相态和分布。沙河子组烃源岩有机质丰度高、有机质类型为Ⅱ型、处于成熟到高成熟演化阶段，具备产油和产气的优越物质条件；登娄库组沉积初期，龙凤山气田烃源岩镜质体反射率 R_o 高值区达到成熟阶段，大量石油开始生成，并发生第一期油气的广泛充注；登娄库组沉积后期地层整体抬升遭受剥蚀，烃源岩生烃演化停滞；到了泉头中期，龙凤山气田烃源岩达到二次生烃条件，油气生成并发生第二期充注；泉头组沉积中期到青山口组沉积期，干酪根逐渐从生油为主向生气为主转变，同时生成的石油也逐渐开始裂解成气，大量天然气在构造较低的部位聚集成藏，第二期油气成藏结束。龙凤山气田火山岩油气主要富集在北 213 井区、北 216 井区以及北 215 井区，沙河子组优质烃源岩为火石岭组火山岩油气成藏提供了丰富的油气来源。各井供烃窗口高度与气层高度呈现出正相关关系，供烃窗口高度越大，气层高度越高，源储配置关系决定了油气捕获概率。

2. 成藏期古构造背景决定了油气汇聚的主要方向

在现今构造之前所形成的或继承性发展的古隆起、古背斜等构造统称为古构造，是古油气运移的主要方向。龙凤山次凹总体上呈“西南高、东北低”的特征，西南部发育继承性鼻状构造，北东走向，向深洼延伸，形成于营城组沉积末期（秦都，2016）。龙凤山次凹主成藏期构造背景主要受控于断坳转换期即登娄库末期的构造运动，形成的古构造面貌决定了油气的主要汇聚方向。依据流体包裹体及埋藏史，确定长岭断陷主要存在三期油气充注：第一期发生在登娄库末期，表现为局部充注；第二期发生在泉头期—青山口期，为长岭断陷的主充注期；第三期发生在嫩江期之后，表现为持续充注特征。龙凤山气田在登娄库末期形成了四个鼻状古构造背景，此时，龙凤山火山岩圈闭初步定型；在泉头组主成藏期，自北部生烃中心生成的大量油气在流体势的作用下，沿着鼻状构造脊向高部位火山岩储集体运聚，古构造控制了油气的主要汇聚方向。

3. 稳定泥岩与晚期弱构造活动形成了较好的保存条件，决定了油气主要富集层系

松南断陷不同活动期断裂与泥岩盖层组合控制了油气主要富集层系，主要有两种组合形式：一种是断陷期发生的断裂在登末停止活动或减弱，与直接盖层匹配，控制了营城组及以下富集层位；另一种是断陷期、坳陷期、反转期持续活动的断裂，断穿高度控制油气上升高度，与中浅层盖层组合形成了登娄库组—泉头组油气富集层位。在火石岭组火山岩油气藏之上主要发育两套盖层：一套是作为区域盖层的青山口组和泉头组泥岩，平面上分布较为稳定；另一套是作为直接盖层的沙河子组厚层泥岩，单层厚度大，分布稳定，既是源岩，也是直接盖层。龙凤山气田火石岭组火山岩气藏主要受第一种断盖组合形式控制，断陷期发生的断裂在登末活动减弱或趋于停止，与沙河子组泥岩盖层匹配，有效封堵油气，控制了油气在纵向上的主要富集层系。

4. “岩相—溶蚀—裂缝”共同控制有效储层分布，决定了油气富集程度

火山岩气藏产能与储层物性正相关，有效储层的发育程度直接控制了油气的富集程

度，纵向上分布在近火山口相和近源相带的构造高部位，平面上邻近生烃中心富集。

凝灰岩、火山角砾岩和安山岩是有利岩性，火山机构控制岩相分布。火山口—近火山口相带火山角砾岩与火山熔岩原生孔隙更为发育。一方面，火山口塌陷作用与隐爆角砾岩的发育，使得此处原生粒间孔更为发育；另一方面，近火山口相熔岩上部亚相占比大，原生气孔与冷凝收缩孔发育程度相对较高。近源相带爆发相次生溶蚀孔隙发育，主要受早期成岩风化淋滤作用与排烃期酸性流体溶蚀作用影响，火山岩储层暴露时间越长，风化壳厚度越大，次生溶蚀孔隙的发育程度越高；排烃期酸性流体注入对火山岩储层进行溶蚀改造，为油气聚集提供了大量空间，距离生烃主洼越近、酸性流体注入规模越大，次生溶蚀孔隙越发育。裂缝能够有效改善储层的渗流能力，其形成主要受构造部位与火山机构相带控制。构造高部位为应力释放区，断裂发育程度高，利于构造缝网形成，火山岩储层渗透率从构造低部位到高部位明显增大；火山口—近火山口相带的塌陷作用、隐爆构造与冷凝收缩作用，均利于原生粒间缝形成，导致近火山口位置火山岩储层渗透性显著改善。龙凤山气田火石岭组火山岩平面上多个火山机构叠置连片，火山岩整体含气，优质含气层段主要集中分布在各火山机构的中上部。

（二）三元控储寻甜点定目标

依据松辽盆地深层火山岩岩性岩相分类标准（王璞珺，2008），龙凤山气田火山岩储层岩性以爆发相的凝灰岩和溢流相的玄武岩、安山岩以及火山沉积相的沉凝灰岩和沉火山角砾岩为主。火山岩孔隙度主要介于1%～10.7%，有效储层孔隙度中值6.4%，渗透率主要介于（0.01～0.5）$\times 10^{-3}\mu m^2$ 之间，有效储层渗透率中值 0.127 $\times 10^{-3}\mu m^2$，表现为中—低孔、低渗—特低渗型储层。

“四元控藏”模式的建立为火山岩勘探指明了航向，然而高产的目标落在哪里？研究人员在对已知油气藏精细解剖和储层成储模式研究的基础上，进一步明确了“三元控储”的认识。

1. 断裂控岩相分布

松辽盆地地壳具有明显的基底和上叠双层结构特征，中生代火山岩是在基底构造单元发育起来的演化产物（李锦轶，2004）。松南地区受以燕辽构造带为代表的华北北缘和以大兴安岭构造带为代表的中亚造山带两个构造带共同控制。中生代火山岩分为西、东、南3个带，其中松南地区属于南部火山带，呈北东向展布，晚侏罗世到早白垩世是松南地区火山岩和侵入岩岩浆活动的高峰期，此时两个造山带均处于不稳定状态。随后逐渐趋于稳定，岩浆作用减弱，在白垩纪早期（130～120Ma）受到太平洋板块俯冲的影响使该区地壳减薄，在伸展机制作用下形成大量侵入岩。

基底断裂既控制断陷盆地断陷发育，也是深源岩浆上涌的主通道（赵文智，2008）。松南地区的基底断裂主要有东西向断裂、南北向断裂以及北东向断裂、北西向断裂。受早期基底拆离断层与一系列近南北向断层所控制，在早白垩世火石岭组沉积时期，伴随断裂活动，岩浆沿基底拆离断层上涌，大规模喷发，形成相互叠置的火山机构，火山口通常沿深大断裂分布。龙凤山气田火山岩的发育与深大断裂密切相关，深大断裂决定了其有效储层的空间分布范围。本区火山岩主要沿北东向和近南北向深大断裂展布，表现为近火山口相带和近源相带的爆发相与溢流相叠置，存在多个喷发中心，形成复合火山机构，近火山口相带以火山通道相、溢流相夹爆发相为主，近源相带以爆发相夹溢流相为主，远源相带主要为火山沉积相，爆发相在断裂附近更为发育。

2. 岩性岩相控储

岩性和岩相是影响龙凤山气田火山岩储集性能的重要因素，其岩性是影响火山岩储层好坏的直接因素，无论是原生孔隙还是次生孔隙，在一定程度上均受岩性的影响，而岩性组合主要受亚相控制。

龙凤山气田不同火山岩亚相的岩性组合显示，溢流相的上部亚相中含有气孔安山岩和致密安山岩，其中有利岩性（气孔安山岩）的厚度比例达到92%；爆发相的热碎屑流亚相含有火山角砾岩、凝灰岩、致密火山角砾岩与致密凝灰岩，其中有利岩性（火山角砾岩）的厚度比例大于80%；而爆发相的空落亚相含有火山角砾岩和凝灰岩、致密凝灰岩和致密火山角砾岩，其中有利岩性（火山角砾岩和凝灰岩）的厚度比例大于65%。统计结果显示，溢流相的上部亚相和爆发相的热碎屑流亚相以及空落亚相这三类亚相中有利岩性占比最高。

龙凤山气田火山岩相包括4相5亚相。4相为火山通道相、爆发相、溢流相和火山沉积相，5亚相为火山通道相的隐爆角砾岩亚相、爆发相的热碎屑流亚相和空落亚相、溢流相的上部亚相和下部亚相、火山沉积相的含外碎屑火山碎屑沉积亚相。在这5类亚相中，上部亚相和热碎屑流亚相以及空落亚相发育的储层物性条件好。火石岭组（9口井）测井孔隙度数据显示，上部亚相的测井孔隙度为3.1%~11%，平均为7.7%；热碎屑流亚相的测井孔隙度为5.5%~9.7%，平均为7.85%；空落亚相的测井孔隙度为3.4%~9.1%，平均孔隙度为6.2%。

3. 溶蚀孔缝控富

流体作用、风化淋滤作用及裂缝是影响和控制龙凤山气田火山岩优质储层发育的主要因素，溶蚀孔缝共同作用为油气提供储集和运移空间，是富集的关键。

（1）有机酸的溶蚀作用。成岩后期随着烃源岩在热演化过程中，有机质通过脱羧基生成各种有机酸，进入火山岩储层使介质环境由碱性变为酸性，使前期形成的在碱性环境中稳定的碱性长石斑晶、方解石等矿物发生溶蚀，产生各种蚀变矿物和溶孔溶缝。

龙凤山地区处于盆缘斜坡区，热碎屑流亚相的安山质凝灰岩叠加有机酸溶蚀，形成中孔型储层；储集空间以有机酸溶蚀孔隙为主（图6-9）。由北204井至北203井（距离烃源岩距离由远及近），孔隙度由2.92%变化至7.96%，溶蚀孔面孔率由0.22%变化至1.6%。

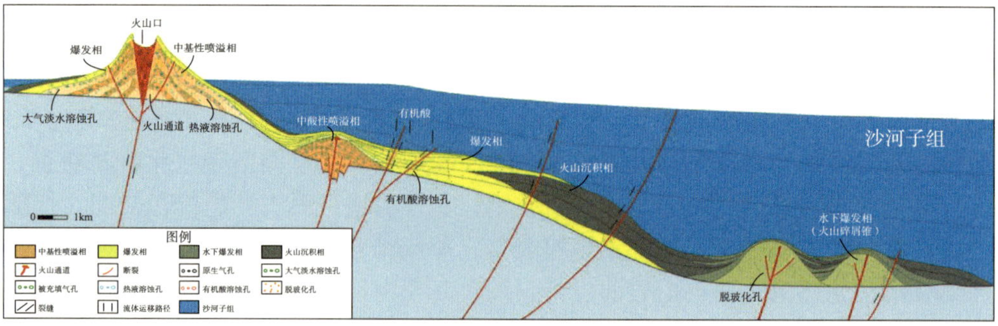

图6-9 火山岩三元控储模式图

(2) 风化淋滤溶蚀作用。风化淋滤主要发育于不整合面、火山喷发旋回和喷发期次界面。喷发旋回和期次的间歇期存在一定时期的暴露，发生风化淋滤作用和流体的溶蚀作用，对储层产生一定程度的改善。统计火石岭组火山岩气层分布与距火山岩顶界面距离关系，气层、差气层主要分布在火石岭组顶界面 100m 以内。统计储层物性与距火山岩顶界面距离关系，具有随距火山岩顶界面距离的增大，火山岩储层的孔隙度呈现逐渐降低的趋势。这是由于越靠近火山岩顶界面，其遭受的风化淋滤作用与溶蚀作用越强，对储层的改造程度越大，使得孔隙变得连通，使之成为有效的储层。

(3) 裂缝的改善作用。构造运动使得非常致密的火山岩产生了许多裂缝，本区构造裂缝形成的主期也是本区的主要成藏期（王璞珺，2008），二者同步，构造活动有利于火山岩储层和火山岩油气藏形成。火石岭组火山岩发育多种成因的裂缝，其中，原生裂缝在近火山口相带最为发育，次生构造缝的形成受构造—应力的耦合，邻近断层位置，构造微裂缝发育程度高，裂缝主要在断层附近伴生、侧接带及斜坡带分布。同时，薄片显示裂缝周围常常伴随着溶蚀作用，裂缝密度与溶蚀孔面孔呈正相关的线性关系，构造裂缝和溶蚀孔隙的共同作用既形成了油气储集空间又成为有效的运移通道。

二、识内幕，相控模型解症结

火山岩与围岩地层接触关系复杂，且火山岩储层非均质性强，纵、横向岩性、岩相、物性变化大，因此地震预测识别难度较大，尤其火山机构包络面的准确识别和内幕有效储层的识别预测是制约着火山岩油气勘探的关键问题。经过对松辽盆地南部火山岩多年的地球物理勘探技术总结，形成了火山岩包络面地震识别和内幕有效储层识别技术，在指导火山岩油气藏勘探中发挥了重要的作用。

（一）找差异，地震属性识包络

在地震反射上完整的火山机构常表现为特殊的构型，如席状、透镜状、丘状、蘑菇状等，与沉积岩地层存在明显差异，反射特征的差异是利用地震资料判断火山岩最直观的证据（王璞珺，2015）。常规的地震反射特征识别主要依据有两方面，一是火山机构的地震结构形态：剖面上火山岩整体外形为穹窿状、丘状、蘑菇状、钟状；顶包络多为强反射；水平切片似环状。二是与围岩地层接触关系：与侧向地层呈角度不整合；上覆地层披覆于火山机构之上或呈平行不整合接触；与下伏地层呈整合或不整合接触。但由于火山机构顶包络与湖盆内泥岩地震反射特征非常相似，所以常规包络识别方法存在多解性。因此，挖掘火山机构在地震属性上与碎屑岩的差异，优选地震属性融合，然后通过地震反演方法去除泥岩的多解性，逐步识别出火山机构顶底包络，是目前行之有效的方法。

具体实施有三个主要步骤：①优选敏感属性。提取不同算法的纹理属性进行对比分析，优选能够表征火山包络的纹理属性算法；提取不同频率段的单频属性对比分析，优选能够表征火山包络的地震分频属性。②融合优势属性。将这两种相对敏感的地震属性进行聚类融合（梁正中，2019），以放大火山包络的特征。③去除泥岩多解性。泥岩在融合属性上表现为与火山包络相似的特征，在有实钻井的前提下，通过常规叠后波阻抗反演预测出低波阻抗泥岩，并从融合属性中去除泥岩分布，得到相对准确的火山包络。

以龙凤山气田北213井区的火山机构为例，其顶面强包络较易识别，内幕成层性好，易被误识为碎屑岩，其底包络不清晰，而到北203井区附近则为杂乱反射，顶底包络均较难确定。通过在目的层段提取不同频率段的单频属性体并进行对比分析，北213井区火山机构在10Hz单频体上显示效果最好，频率越高、火山机构包络越不清晰。在单频属性体分析基础上，对纹理各种算法的计算结果进行对比分析，纹理对比属性相较其他算法的属性能够较好地区分火山岩与上覆碎屑岩反射产生的顶界面、与基底的底界面。为了突出火山包络界面信息，将这两种相对敏感的地震属性进行聚类融合，放大火山包络的信息，火石岭组的顶底包络均较为清晰，且上部营城组顶部的溢流相火山岩也较为清晰。然而，火山岩顶包络附近还存在疑似火山包络的红色条带，实钻揭示是烃源岩。烃源岩为泥岩，在有实钻井的前提下，通过常规反演低阻抗较容易预测，因此开展了叠后波阻抗反演，预测出火山岩顶部的烃源岩分布范围，从融合属性中去除烃源岩分布，降低多解性（图6－10），得到相对准确的火山包络（图6－5）。

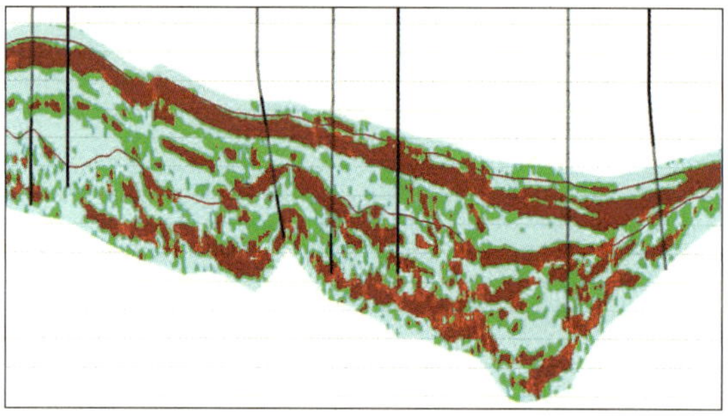
(a)去泥前

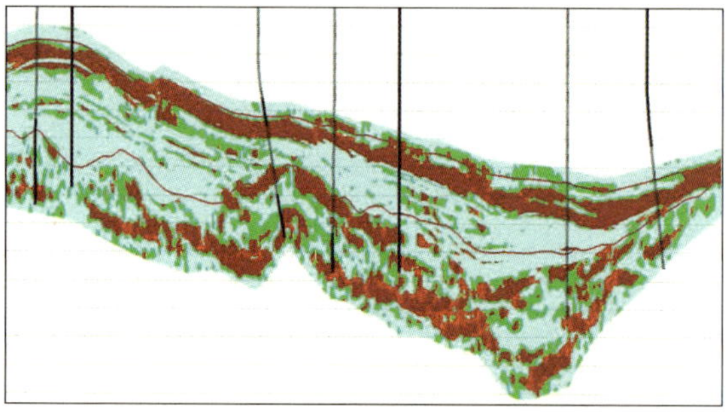
(b)去泥后

图6－10　去泥前后融合属性剖面

（二）提精度，相控反演找储层

火山岩是一种地下岩浆喷发出地面经过冷却固结形成的岩石，重力分异作用不明显，其基质结构复杂，孔隙类型多样，既有近似球形的火山气孔，又有冷热不均形成的冷凝缝，还有由于矿物抗风化能力差异较大形成的孔隙。因此，地震上预测火山机构内幕储层需要开展两项工作，一是开展储层物性预测，二是开展裂缝预测，将二者进行有效结合，才能宏观预测储层发育带，提出有利目标。

1. 火山岩相控储层反演

由于火山喷发的特殊性，必须考虑火山机构内幕构成与碎屑岩等时沉积的差异，因此常规反演建模方法不适用。不少学者提出体控建模方法（代春萌，2018），主要基于火山包络顶底和期次界面的精细解释，期次内幕采用局部加权插值算法，更符合火山岩地层非均质性强、岩体之间独立分布的特点。但对于叠置连片中基性火山岩，期次内幕在地震上横向追踪解释非常复杂，期次结构解释不准确会直接导致预测结果错误，因此选取了相控储层反演方法。

相控储层反演技术是利用叠前地震道集数据，综合地质、测井等信息，利用岩石物理分析的各种不同岩相与各岩石物理参数之间的关系，采用贝叶斯分级技术对不同的岩相进行“相”分类，然后将不同“相”的岩石物理参数特征和概率统计关系代入叠前同时反演过程中，最终在“相”趋势模型约束下反演出弹性参数（曹磊，2021）。

通过岩石物理分析优选出密度是最能反映储层物性的弹性参数（图6－11），因此在长岭龙凤山火石岭组，开展相控储层反演技术应用，得到密度数据体，表征火山岩内幕储层预测，预测符合率在龙凤山气田达到82%（图6－12）。

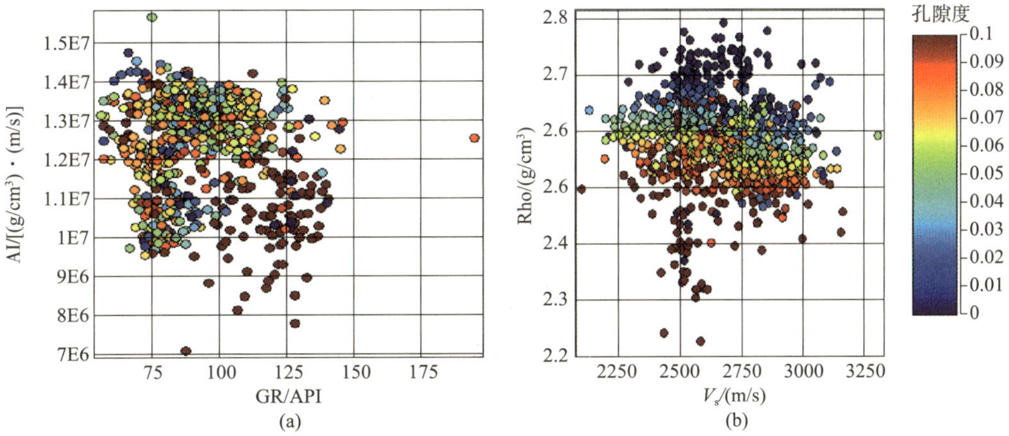

图6－11　伽马与波阻抗（a）以及伽马与密度（b）交会分析

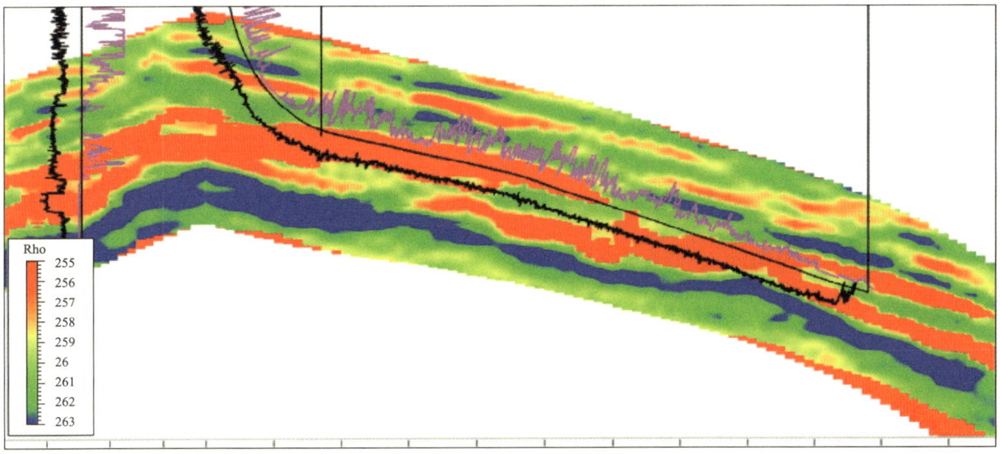

图6－12　相控储层反演密度剖面

2. 火山岩储层裂缝预测

近年来，针对火山岩裂缝的地震识别和描述形成了多种方法技术，包括利用本征相干、曲率、蚂蚁体、最大似然等叠后属性技术，以及基于地震振幅、速度等属性随方位各向异性变化的叠前方位各向异性裂缝预测技术（李瑞磊，2012）。通常叠前方位各向异性数据按照方位角范围对地震道集进行扇区划分，按照不同方位范围叠加得到不同的方位道集，对其分别进行振幅或AVO分析，得到不同方位角振幅或AVO梯度的椭圆拟合，进而通过椭圆的长轴方向判断裂缝方向。OVT域五维地震道集在常规地震叠前道集基础上增加了方位角信息，方位信息更加丰富，椭圆拟合结果更为准确，更有利于进行裂缝预测（印兴耀，2018）。

针对火山岩内幕储层预测裂缝，本征相干等算法计算结果能够反映断层展布，粗略预测断层形成过程中产生的构造缝发育带，但对裂缝检测效果不理想；曲率、蚂蚁体、最大似然等算法受深层地震资料信噪比低影响较大，计算式选择参数对结果影响比较大、多解性强，对裂缝检测效果也不够理想。因此采用叠前方位各向异性预测裂缝。对研究区 OVT 数据提取各向异性梯度属性能够表征裂缝的发育密度，与成像测井解释的裂缝密度基本吻合（图 6－13），为火山岩钻井压裂设计提供了有效参考。

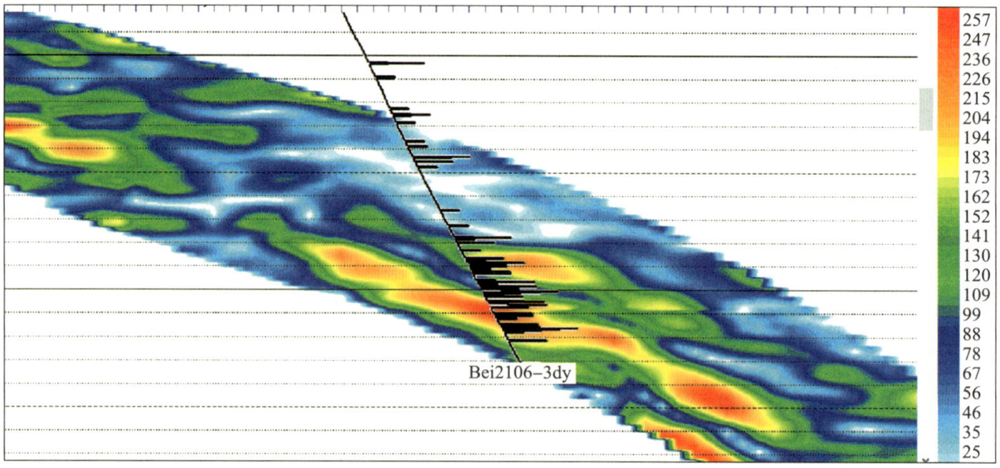

图 6－13　方位各向异性度预测裂缝剖面（黑色为裂缝密度曲线）

解剖已钻井，细化火山岩储层地质评价，明确火石岭组火山岩岩性、岩相，基于地震属性、反演等地球物理方法，开展火山岩有效储层定量预测研究，逐步解决火山机构识别、内幕格架及有效储层预测问题，在松南断陷火山岩评价过程中取得了较好的应用效果，支撑了松南气田高效建产，在龙凤山气田显著提高了有效储层预测精度，支撑火山岩水平井平均钻遇率达到 70%。

三、一体化，打造管理新标杆

（一）新机制，引领走出新路子

中国石化东北油气分公司持续加强管理体系和管理能力建设，坚持以问题为导向，针对龙凤山低品位气田高效开发存在的瓶颈问题，探索形成了"科研—生产—管理"地质工程一体化高度融合的运行新模式，成立了龙凤山气田高效开发项目部，为东北油气分公司首个涵盖气藏、钻井、压裂、投产全链条一体化的组织机构。

项目部从全公司范围内抽调气藏地质、钻井工程、压裂采气等各专业技术人员，由项目部统一管理和考核。项目部不设基层科室及单位，打破专业壁垒，按扁平化组织管理模式高效运行，每个办公室均涵盖气藏工程、钻井工程、压裂采气三大专业科研技术人员，以便实现快速融合。

项目部根据考核指标将工作任务直接分解到个人，量化到井位、SEC 储量、产量、钻完井周期等，制定全年运行大表，开展对标对表，层层传递工作压力，全员科研任务目标意识更加明确，在方案编制→钻井实施→压裂试气→气井投产等关键环节一体化协同攻关，整个过程明确总责任人和各专业责任人，各环节按照时间节点完成，施工现场科学高效管理，气井试气后制定合理工作制度投产，实现全链条的闭环管理，着力打造新形势下的管理示范区。

围绕“产量和效益”指标建立三维绩效考核管理模型，实行多维度考核，激发团队内生动力。建立以“271”为原则的绩效考核机制，鼓励前20%、狠抓后10%，注重日常绩效反馈与绩效改进，帮助员工提升能力，同时通过考核管理，探索实行“能进能出”机制，实现正向激励和反向倒逼双管齐下，始终保持项目部创新活力。制定《龙凤山气田高效开发项目部绩效考核管理办法》，加大奖励“产量”“效益”指标占比，形成按业绩贡献决定奖金的分配机制，依据贡献大小合理拉开差距，鼓励广大科研人员甘坐“冷板凳”、勇闯创新“无人区”，将项目部打造成为分公司科技引领区。

（二）新模式，激发气藏新动力

（1）井位部署阶段：多专业协同攻关基础研究，提高方案和井位质量，为气藏高效开发奠定坚实基础。

一体化充分交底，方案可实施性强：气藏地质在以往地层格架精细对比、岩相精细预测、有效储层精细描述以及产能精准预测的基础上，针对可能导致钻井、压裂施工风险的地质因素进行重点论述；预测地层压力确保安全钻进，不发生井漏、井涌；预测常导致井壁垮塌特殊岩性的分布确保井壁稳定；预测储层物性及地层裂缝展布提示压裂改造风险等。

一体化优化提升，方案针对性强：围绕水平段长度、有效储层钻遇率和投资效益等方面开展一体化迭代优化设计，最大限度实现提高有效储层钻遇率、储量控制程度和开发效益。依据气藏储层非均质性强、厚度薄、地层产状变化快特点及前期钻完井施工经验优先确定水平段降斜角度10°以内、降斜全角变化率1.5°/30m以内的井眼轨迹一体化设计原则，然后以先地下、再地面的顺序依次进行优化。重点针对地层产状和有效储层厚度变化，优先确定水平段靶点数量、全角变化率、井斜变化幅度等参数；水平段确定以后，以水平段入靶角度为依据，结合造斜段全角变化率倒推靶前距，优选井口位置。

钻井液及井身结构优化，提高储层保护针对性：针对不同气藏类型，开展封堵性数模分析，得出不同储层与封堵材料的颗粒级配。同时，迭代优化不同加重材料，由难溶的重晶石（酸溶率4.3%）优化为碳酸钙（酸溶率98.5%），再优化为目前的可溶盐（可完全溶解）加重，充分保护储层。针对性优化井身结构，建立地层三压力剖面，以地层压力系统为主要依据，不断消除或弱化工程毕封点。火山岩水平井井身结构分三个阶段逐步迭代优化，目前技术套管封固营城组及上部地层，为火山岩储层保护提供空间，水平井全部推广超低密度氮气泡沫水泥浆体系配套一次性固井工艺技术，实现固井过程中的储层保护，并逐步向全过程、全周期储层保护转变。

（2）随钻跟踪阶段：科学优化井身轨迹，实现优快清洁钻井，切实提高储层钻遇率，为针对性储层改造奠定坚实基础。

一体化实施跟踪，提高轨迹优化灵活性：随钻中依据实时钻录井资料与设计及邻井对比进行跟踪分析，实时修正地质模型，融现场实时资料与地质认识为合力，共同提高储层钻遇率。通过实钻岩性组合与三维地震资料结合，实时修正地质模型，对井身结构、井眼轨迹、配套提速技术等关键部分进行微调。通过地质工程一体化随钻跟踪调整，2021 年气藏钻遇效果稳步提升，火石岭组火山岩水平井平均水平段长度 1229m，平均气层钻遇率 68.3%，较区块前期提高 15.9%。

科研现场无缝衔接，提高轨迹优化及时率：设计与现场、地质与工程人员组建一体化项目群，实时共享数据、资料和认识，各方优势互补一体化跟踪分析。进入水平段前，地质工程联合进行现场技术交底，使现场施工人员对储层段施工整体认识、整体把握，并从现场施工方面做好充分准备。水平段施工过程中，通过随钻跟踪分析实时动态对地质变化情况进行推演预判，一体化对各种不同的可能性进行充分计算模拟，指导井轨迹整体优化调整。

优快钻井一体化攻关，大幅降复杂提钻速：结合气藏高效开发需求，开展地层可钻性实验，为实现优快钻井提供数据支撑。在实验数据的基础上，结合不同类型气藏地层钻头失效形式，确定不同地层钻头主体结构特征，同时优选高效异形齿、深脱钴 PDC 钻头，提高行程钻速。配套大扭矩螺杆增加机械参数，采用“三高一大”（高钻压、高转速、高泵压、大排量）施工参数，配套大尺寸适应钻具。根据不同气藏不同井区不同目的层位特点，制定针对性防漏堵漏技术措施，降低了复杂时效。通过不同井区、不同漏失情况的研判，建立了不同井区的漏失压力剖面，结合防漏堵漏配方的迭代优化，确定了随钻防漏、以不同粒度碳酸钙颗粒为基础的级配随钻堵漏、桥联 + 化学固结的提高地层承压能力的多种防漏堵漏技术。平均单井复杂时间由 2020 年的 3.53d，降低到 2021 年的 2.07d，取得良好效果。

压裂工程提前介入，提高储层改造针对性：进入目的层后，地质工程结合地层破裂压力、钻时及钻井液漏失情况对储层裂缝发育情况进行综合预判，结合气测、随钻伽马变化，对储层甜度进行预分类，为后期压裂甜点选择及储层改造方案设计提供地质依据。

针对气藏特征，目前已形成三套配套体系，一是针对低部位火山岩气藏，其特点为埋藏深、储层温度高、储层致密，液体设计重点优化体系耐温能力，通过优化稠化剂用量，研发高温有机硼锆压裂液体系，形成耐温 180℃ 高温低伤害压裂液体系；二是针对泥质含量高，易发生黏土膨胀伤害储层，优化形成强抑制压裂液体系，防膨率达到 80% 以上；三是针对气候特征，满足冬季极寒条件下施工需求，形成一剂多效压裂液体系，全程在线实施，免配液，实现越冬生产，大幅提升生产作业时效。

（3）完井测试阶段：认识储层特征，优选高效压裂改造完井方式，为储层改造提供完好井筒环境。

储层特征再认识，优选地质工程双甜点：甜点优选从过去的“地质定点、工程微调”，转换为“地质、工程背对背选点，一体化再优选”的迭代优化模式。地质方面完善三维地质模型，对储层进行分类和地质甜点优选，初步设计需改造井段。工程方面建立储层地应力剖面，同时结合录井、岩石可压性、钻井机械钻速进行工程甜点优选。地质工程“面对面”根据“争议点”开展再优化，以“产能释放、工程可行”为原则对“争议点”进行微调。选点综合原则为“地质产能可释放、工程改造体积大”，地质以“高声波、低中子、低密度、高电阻、高气测”为原则，优选地质甜点；工程以“低破裂、高脆性、快钻速、高气测”为原则，优选工程甜点。反复针对争议点进行调整优化，形成地质工程“双甜点”。

一体化完井配套工艺优选，实现储层改造提速提效：气藏地质与压裂人员全面对接，结合完井初始测井资料，优选高效低成本完井方式。地质工程人员结合储层物性及周边井压裂施工的变化规律，预测井口施工压力，指导套管及套管头选型，为后续压裂充分改造提供保障。钻井压裂全面融合，引入趾端滑套代替水平井第一段油管射孔提速提效，在射孔位置的套管段预置趾端滑套，直接通过管内加压，延迟打开滑套，既实现了井筒试压又简化了油管射孔的烦琐工序，大幅提高施工效率，实现提速增效。同时将钻塞、通井、刮管等井筒处理工序由作业队施工转交给钻井队施工，由原钻机进行钻—通—刮一体化井筒处理，提高井下复杂情况处理能力，单井缩短整体工程周期3d。有效为储层改造提供优良的井筒环境，保证压裂改造顺利实施。

（4）储层改造设计实施阶段：全面精细优化方案设计，优化部署现场实施方案，助力储层改造提质提效。

迭代优化方案设计，提高储层改造经济性：压裂方案从如何提升压裂效果优化迭代到如何提升经济可采储量。对甜点改造需求进行定量描述，对于高需求的储层，可进行密切割、高砂液强度或者造长缝等，以提高该区甜点的横、纵向改造范围。同时结合应力差异、脆性差异以及改造需求，对优选的甜点进行段簇结合及施工参数设计，结合施工难点及储层敏感性优化压裂液体系，结合储层改造思路及改造需求，优选配套压裂工艺措施。通过建立裂缝扩展模型，模拟甜点压裂裂缝形态及储层改造体积，气藏结合“三维地质模型”及“裂缝扩展模型”，搭建气藏数值模型，对各段簇组合方案的初期产能、稳产能力、长期累产及采出程度等开发指标进行预测，结合内部收益率及投资回报期等经济评价结果，评价方案的可行性，对甜点进行再优选、方案设计再优化，全面围绕“高品质、高收益”反复进行迭代优化，充分提高储层改造设计经济性。通过压裂工艺优化、投入产出的反复迭代测算，最终形成“高初产、长稳产、高收益、高回报”的储层改造方案，最大化提升单井的经济可采储量。

结　语

总之，松辽盆地南部火山岩气藏具有产层厚度大、单井产量高、储量规模大等特点，龙凤山气田火山岩领域的成功，证实了深层火山岩与上覆主力烃源岩侧向对接，具备有利的成藏条件。中国石化东北油气分公司火山岩领域有利勘探面积1058km^2，天然气资源量3605×10^8m^3，剩余资源量2612×10^8m^3，是未来增储上产重要领域，展示了深层上生下储型的火山岩油气藏具有良好的勘探前景。

北217－4HF井压裂后获日产天然气16×10^4m^3、日产凝析油43m^3高产油气流，该井创造了龙凤山中基性火山岩气藏水平段最长、气层钻遇率最高、压后产能最高等多项纪录，它是气藏地质、钻井、压裂、采气工程等多专业联合攻关的智慧结晶，更是龙凤山地区勘探思维转变、地质认识及管理模式创新、关键技术引领、配套工程工艺技术进步等多因素共同作用的结果，它将会激励一代又一代勘探工作者以“油气为梦梦为马，吾尽吾心亦无悔，不负韶华勘探人，何用扬鞭自奋蹄”的雄心壮志投身到一个又一个未知的领域去探索，为保障国家能源安全开辟更广阔的空间。

第七章　北部湾盆地海上涠洲油田的发现

北部湾盆地是我国南海北部新生代陆内裂谷盆地（朱伟林，2010；李春荣，2012），1977 年湾 1 井突破了该盆地的出油关，打开了勘探局面。经历几十年的油气勘探，在北部湾盆地涠西南、乌石、福山等凹陷内发现了一系列油气田和含油气构造，成为南海北部陆架之上一个重要的油气生产区。涠洲油田位于北部湾盆地涠西南凹陷西南缘 D 洼，2003 年之前其被认为缺乏形成油气田的烃源条件。2003 年，中国石化上海海洋油气分公司申请获得了涠西探区探矿权，开启了从勘探到重大发现的艰难探索历程。

“十二五”期间，涠西探区勘探初期，中国石化上海海洋油气分公司实施二维、三维地震，钻探探井 4 口。进入“十三五”，在中国石化总部“推进海域”资源战略指导下，上海油气分公司坚持“以资源为基础，突破为关键，储量效益为中心”的油气勘探规划指导思想，紧密围绕“加快自营，推进合作”的油气勘探部署思路，在积极推进东海盆地西湖项目合作，形成新的油气开发基地的同时，主攻北部湾涠西探区，力争油气突破。在此勘探战略思想的指导下，奋战在涠西探区的油气勘探工作者以锲而不舍的精神和敢于创新的工作方法，持续攻关油气成藏关键难题，使涠洲油田逐渐揭开了神秘面纱。虽历经首钻失利及十几年备受挫折的困境，但大家始终坚定信心，终于取得涠 4 井日产超千吨油的特高产工业油气流的重大突破，正是由于这种不唯固知、精细严谨地执着探索，发现了中国石化第一个中深海自营油气田，开启了中国石化中深海自营油气建产的希望之路。

第一节　盆地边缘寻油田　多年求索迎曙光

一、借源占高盼突破，初战未捷陷迷茫

北部湾盆地是发育在南海北部大陆边缘的新生代沉积盆地，其北邻粤桂隆起，东、南靠海南隆起区，西接莺歌海盆地，总面积约 $3.9\times10^4 km^2$（杨希冰，2016）。盆地所处海域水深 0～55m，属于亚热带气候，常年高温多雨，台风季节一般在 8～10 月。盆地基底主要由古生界变质岩、碳酸盐岩及中生界碎屑岩组成。盆内主要沉积充填新生代地层，由下往上依次发育古新统长流组、始新统流沙港组、渐新统涠洲组、中新统、上新统和第四系（图 7－1）。古近系以陆相充填为主，新近系以后则以海相沉积为主。盆地类型为大陆伸展型，自北而南由北部坳陷、企西隆起、中部坳陷、徐闻隆起、南部坳陷五个二级构造单元组成，北东向的企西隆起、徐闻隆起将北部湾盆地分割为隆坳相间的构造格局，主要凹陷包括涠西南、乌石、迈陈、海中、福山、雷东、海头北、昌化、乐民（胡望水，2011）。

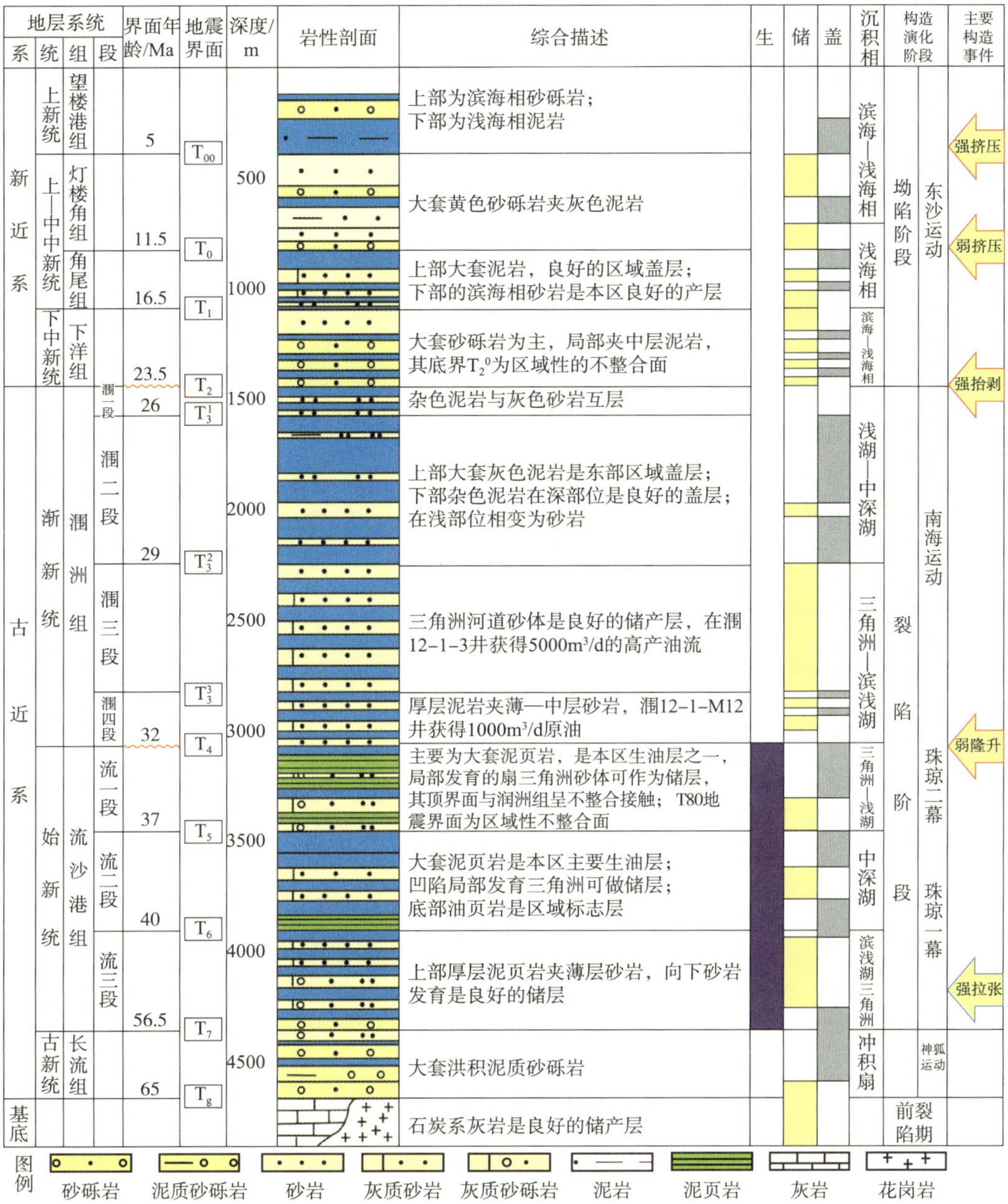

图 7－1　涠西南凹陷综合地层柱状图

北部湾盆地油气勘查始于 1957 年，迄今为止大致经历了地质调查及初探、自营勘探、合营勘探、自营勘探开发四个阶段。1957—1965 年为地质调查及初探阶段，在涠洲岛上钻探涠浅 1 井，揭示了古近系和石炭系；在福山凹陷和临高凸起上钻探了 5 口浅井，揭示了新近系海相地层和古近系涠洲组及白垩系；期间开展了航空磁测及海上地震试验工作。20 世纪 70 年代自营勘探阶段，原地矿部第二海洋地质调查大队在北部湾盆地开展地震、重力、磁力等工作，1975 年 5 月原石油工业部在盆地南部福山凹陷钻探福 1 井，发现了流沙港组一段发育烃源岩，展现了盆地良好的油气勘探前景。1977 年 8 月原石油工业部南海石油勘探指挥部于涠西南凹陷涠 11－1 构造上钻探湾 1 井，该井在流沙港组发现 13.98m 油层，测试日产油 28.8m^3，天然气 9490m^3，突破出油关并发现流沙港组在涠西南凹陷有良好生烃条件。1979 年 4 月乌石凹陷东北部乌石 16－1 断背斜构造钻探湾 11 井，8mm 油嘴，日产油 56.1m^3，天然气 2693m^3，证实乌石凹陷流沙港组具有生烃条件。1980—1988 年对外合作勘探开发阶段，我国与法国道达尔公司合作进行地震及钻探工作，至 1985 年底，道达尔公司在盆地内共钻探井和评价井 14 口、生产井 4 口，新发现了涠 10－3 油田和涠 12－3 含油构造；同时，日本出光、美国宾斯、美国太阳、英国石油（BP）等国外石油公司也在北部湾盆地进行勘探，但未发现油气层。1987 年后转入自营勘探开发并举阶段，中海油在北部湾盆地先后发现了涠 6－1、涠 10－3N、涠 11－4N、涠 12－1 等油田或含油构造（李凡异，2011）。截至目前，北部湾盆地已发现油气地质储量近 6×10^8t，其中，大于 0.5×10^8t 的油气藏 3 个，$(0.1\sim0.5)\times10^8$t 油气藏 14 个（杨希冰，2016），油气主要分布在涠西南、乌石、福山、迈陈等凹陷（李友川，2020）。

虽然北部湾盆地勘探历史较短，总体勘探程度较低，但勘探成效显著，具有广阔的油气勘探前景。同时，曲折的勘探历程也启示我们，盆地油气地质条件复杂，油气田的发现不可能一蹴而就，只要坚定信心，在确认富生烃凹陷后，不受前人和外国油公司勘探失败的影响，敢于重新认识，坚持勘探，就一定能找到油气田。

涠西南凹陷是北部湾盆地北部坳陷内的一个三级构造单元，位于北部湾盆地西北缘，北邻万山隆起，南邻企西隆起，西南与海中凹陷连接，其间以涠西南低凸起相隔，由 3 条主要断裂带控制，是一个典型的北断南超箕状断陷。该凹陷呈北东向展布，长约 135km，宽约 22km，面积约 3800km^2（金秋月，2020），流沙港组在涠西南凹陷广泛发育且厚度大，最厚可达 2500m，暗色泥页岩占该组段的 50% 以上，流沙港组二段是该区的主力烃源岩（杨希冰，2018）。它是北部湾盆地公认的勘探程度最高、油气发现最多的富烃凹陷（朱伟林，1998、2004；黄保家，2012），勘探前景广阔。20 世纪 70 年代自营勘探阶段，原地矿部第二海洋地质调查大队在北部湾盆地 1：50 万地震的基础上对涠西南凹陷进行了 1：10 万地震测线加密，1977 年原石油工业部南海石油勘探指挥部于涠西南凹陷涠 11－1 构造上钻探湾 1 井，这是涠西南凹陷的第一口探井，并在始新统流沙港组一举突破了出油关，自此开启了涠西南凹陷找油征程。然而纵观涠西南凹陷 30 多年的油气勘探历程，却也不是一路坦途，20 世纪 80 年代对外合作勘探开发阶段经历了勘探前景不被看好，外国公司纷纷退出合作的窘境。20 世纪 80 年代末期转入自营勘探开发并举阶段，中海油逐步扭转了涠西南凹陷的勘探局面，相继在涠西南凹陷中发现了一批含油构造和具有较高商业价值的油气田，展现了良好的勘探潜力（金秋月，2020）。尤其是涠西南凹陷东部主凹，目前已整体进入高成熟勘探开发阶段，发育的 A、B、C 三个生烃洼陷为该凹陷东部建成年产 300×10^4t 原油开发基地奠定了坚实的资源基础。反观同处于涠西南凹陷西缘的 D 洼却境遇坎坷，2003 年之前被认为资源及勘探潜力堪忧而放弃。

涠西南凹陷西缘 D 洼位于中国石化上海分公司 2003 年通过“申请在先”获得的涠西探区内，该探区呈南北窄长条状，面积约 1728km^2，有效勘探范围主要涉及涠西南凹陷主凹西缘及海中凹陷中部，距北海市最近距离约 100km，探区内海底地形较平坦，海水北浅南深，水深一般 30～50m。2003 年前中海油已完成 1km×2km 二维地震勘探，20 世纪 90 年代在构造高带钻探的 3 口井勘探效果欠佳，仅涠 10－4－1 井在基底风化壳内见油气显示，推测主要原因是缺乏烃源。

中国石化上海分公司获得涠西探矿区后，迎难而上。为尽快搞清探区内构造特征，争取早日上钻，2004 年在探区完成 1525km 二维地震勘探，测网达到 1km × 2km ~ 2km × 4km，并于当年底完成构造解释。尽管二维地震勘探让探区勘探蓝图初步显现，但地质人员深知该区断裂发育，构造复杂，面临极大勘探风险。因此，2005 年区域地质研究和三维地震解释“双管齐下”。一方面，通过区域地质研究认为涠西南凹陷主要烃源岩始新统流沙港组沉积时期，在 1 号断裂下降盘发育一个范围广泛、统一的沉积—沉降中心，而后由于 2 号断裂等作用，使之分割成 A、B、C、D 洼，且围绕 A、B、C 洼的三个成藏体系已被油气勘探所证实，而探区内围绕 D 洼的成藏体系尚待油气勘探证实。就区域位置而言，探区中北部临近涠西南凹陷 A、C 生烃灶，成藏条件有利，应首先考虑距这两个生烃灶近的有利圈闭上钻。另一方面，探区中北部通过实施 550km^2 三维地震勘探及精细构造解释，在近涠西南凹陷 A、C 洼西运聚指向区发现了一批断块、断鼻圈闭。2006 年，通过石油地质条件综合研究和圈闭评价，基于“借源占高”的勘探思路，优选距离 A、C 洼较近的北部断阶带涠 10 – 5S 断鼻构造作为首钻目标，该目标成藏模式可类比涠西南凹陷 1 号断裂下降盘断阶带的涠 10 – 3 油田，据此设计实施了涠 1 井（图 7 – 2），寻求油气突破。然而，该井终未见油气显示，以落空而告终。

初战涠西，“东部借源”折戟而返，涠 1 井钻探证实了离中国石化涠西探区较近的涠西南凹陷 A、C 洼油气难以侧向运聚到涠 10 – 5S 构造。勘探工作者陷入了迷茫，涠西南凹陷西南缘石化探区的“源”在哪儿？涠西探区下一步勘探又将去向何方？这一地区的勘探一度陷入了沉寂。

二、下洼探索寻自源，再战烃源喜忧半

涠西初战虽未捷，但对勘探研究人员来说，探井没有空井，每一口探井都向油气发现和突破逼近了一步，每一口探井都是重要的勘探成果。

涠西探区第一轮风险勘探借源失利后，中国石化继续加大对该区科技及勘探先导项目投入。2007—2008 年，研究人员充分利用探区内钻井、岩屑和岩芯化验分析及测井资料，深化探区地质综合研究，聚焦失利井分析，认为涠 1 井失利是由于其所在涠 10 – 5S 构造埋藏浅，致自身烃源岩热演化程度不高，未能有效供烃，另外，该构造距东部涠西南凹陷 A、C 洼水平距离大于 20km，其间有浅洼、断层及构造阻挡，加之目的层流沙港组三段近源扇三角洲砂岩储层非均质性强，油气侧向运移能力欠佳，致井区难以捕获油气。

既然 A、C 洼“借源”面临诸多挑战，那能否找到可兼顾他源和自源的“双源”有利目标呢？带着这个问题，勘探人员利用两年的时间，基于 550km^2 三维地震重处理资料再解释再认识，认为涠西探区 2 号断裂洼槽带受控于 2 号断裂，是涠西南凹陷东部同处 2 号断裂下降盘的 B、C 主洼西南延伸段，因此，两者主要烃源岩层系流沙港组沉积环境可以类比，据此推测探区内也应发育半深湖—深湖相暗色泥岩，具备“自源”条件。另外，从成藏条件来看，探区 2 号断裂洼槽带具有“双源”供烃的有利条件，区带内既可能有 D 洼“自源”供烃，同时东侧又临近 C 洼（距离小于 10km），处于 C 洼有效供烃范围内，区带内发育有涠 10 – 10M、涠 10 – 10N 等背斜、半背斜构造圈闭，这些圈闭油源断裂发

育，具有良好的垂向输导条件。2011年，基于“重回洼槽，寻找烃源，近源富集”的勘探思路，优选探区2号断裂洼槽带介于D洼、C洼生烃中心之间的涠10－10M构造，井点设计时即充分考虑能兼顾涠洲组、流沙港组两套勘探目的层系的圈闭高点，目的是明确该构造在古近系流沙港组—涠洲组的含油气性，又能进一步探索探区古近系流沙港组烃源岩，建立有机地球化学剖面。在涠10－10M构造高部位部署钻探了涠2井（图7－2）。

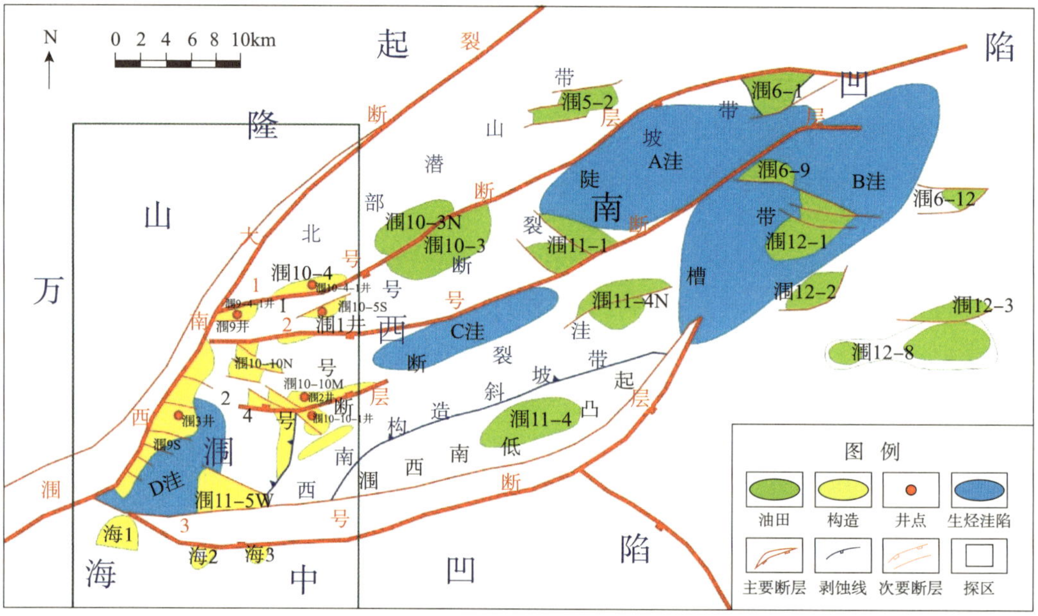

图7－2　涠西探区2004—2011年井位部署

然而，越是想临渊钓鱼，鱼儿越是不咬钩。涠2井完钻深度2430m，完钻层位为长流组，该井未有任何油气显示，钻后分析也是让研究人员喜忧参半。喜的是该井证实了探区2号断裂洼槽带流沙港组二段发育与涠西南凹陷主洼同样的半深湖—深湖相烃源岩，暗色泥岩百分含量大于90%，揭示岩性主要为灰色、褐灰色泥岩，且流沙港组二段下部钻遇近60m沥青质页岩，且实钻有机地化指标达到好的烃源岩评价标准，其中，平均有机碳含量4.0%，平均生烃潜量22.5mg/g，有机质类型多为混合型（II_1）。忧的是钻后结合地震资料进行失利原因分析，认为主力烃源岩流沙港组沉积时期，涠西南大断裂南段及1号断裂活动较强，控制了涠西南凹陷东、西两个沉积中心，其中，西部沉积中心即位于涠西南大断裂下降盘的D洼，东部沉积中心位于1号断裂下降盘即涠西南凹陷A、B、C主洼所在位置。涠2井所在的涠10－10M构造介于涠西南凹陷D洼、C洼之间，尽管该构造处于“双源”有利位置，但通过钻后构造精细解释发现，该构造与东部C洼之间间隔一个小次洼致未能对其有效供烃，而该次洼埋藏浅、生烃量有限导致侧向、垂向运移动力不足；同时，由于涠10－10M构造本身处于2号断裂洼槽带较高部位，埋藏浅导致井区流沙港组二段烃源岩尚未进入生油窗。而涠2井失利也从另一个侧面说明涠10－10M构造西侧、处在探区内的D洼也未能对其有效供烃。

探区内的D洼到底有没有生烃潜力？难道涠西探区“自源”探索就此失败了？

三、坚信自源终有获，三战寻源迎曙光

涠2井钻后科研人员并没有轻言放弃，而是继续强化探区基础研究，重新对D洼生烃潜力进行评估。研究认为D洼在流沙港组沉积期受涠西南大断裂中南端控制，是一个独立于涠西南凹陷主洼的生烃洼陷，该时期探区内的D洼与涠2井属同一沉积环境，区内沉积中心近涠西南大断裂中段下降盘，且涠2井钻井已经证实流沙港组发育半深湖—深湖相优质烃源岩，D洼较涠2井埋藏更深，目前已进入成熟生烃阶段，可为探区供烃。通过层层梳理，大家对探区“自源”勘探更加笃定。同时，评价优选出了D洼中的涠9S构造，认为该构造处于D生烃洼陷之中，属于源内成藏，油源条件有利，为一完整的断鼻构造，且靠近万山隆起物源区，推测该部位发育（扇）三角洲砂岩储层，涠洲组、流沙港组目的层埋藏深度适中、物性条件较好，加之多条断层沟通烃源与砂体，可构成良好的垂向输导体系。由此，上海分公司决定再接再厉，继续在涠9S构造上实施涠3井。

涠3井完钻深度为3502m，完钻地层为长流组。该井上部目的层涠洲组未有任何油气显示，而下部目的层流沙港组地质录井也仅发现8层气测异常层，荧光干照无显示，滴照乳白色或淡乳白色，A/C反应中—快，气样点火助燃，呈蓝色、橘黄色火焰，见槽面有50%的气泡和深褐色油膜条带，振动筛被原油污染，流沙港组第一测试层经三开二关测试，测试结论为致密油层。

涠3井虽未获油气突破，却揭示了流沙港组上百米厚的优质有效烃源岩，尤其证实了涠西探区D洼与涠西南凹陷主体富洼一样也发育高效油页岩。该井钻遇近400m厚的流沙港组地层，且均为半深湖—深湖相，暗色泥页岩百分含量大于90%，平均有机碳含量2.7%，其中，流沙港组底部钻遇近20m厚的油页岩，平均有机碳含量大于3.5%，平均生烃潜量10.9mg/g，平均氯仿沥青“A”含量4150×10^{-6}，有机质丰度评价为好，有机质类型多为混合型（$Ⅱ_1$），目前已进入成熟阶段。通过油源对比，涠3井原油与流沙港组泥岩具有亲缘关系。

三战涠西，证实了涠西南凹陷西缘D洼流沙港组发育半深湖—深湖相优质烃源岩，改变了以往探区为滨浅湖相，而深湖相烃源岩不发育的认识，证实了“凹缘小洼陷不是没有潜力，小洼陷也可能是小富洼”，同时，也更加坚定了涠西探区“自源”油气勘探突破的信心。至此，上海分公司在北部湾盆地边缘经过多年探寻，终于迎来了涠西探区油气突破的曙光。

第二节　近源寻脊定目标　涠洲油田大突破

一、近洼追砂描圈闭，首钻日吐千吨油

涠西南凹陷西缘涠3井见到了涠西探区油气突破的曙光，研究人员兴奋之余，却不得不面对勘探战场的转移。该井所处区带的北部目标离生烃中心较远，而南部目标虽处D洼生烃中心，但目的层流沙港组的储层条件以及涠洲组的垂向输导条件存在不确定性，研究

人员一边评估该区带勘探风险，一边考虑下一个勘探方向。

自 2012 年开始，上海分公司利用涠 3 井揭示的宝贵烃源岩资料，结合二维、三维地震，以“成盆—成烃—成藏”为主线，以“区域—区带—目标”为研究序列，通过整体研究实现了探区认识的转变，明确了探区勘探潜力，树立了“转战”信心。

重新认识烃源及资源潜力，明确涠西南凹陷西缘的 D 洼发育优质有效烃源岩，探区具备持续勘探的资源基础。涠西探区所属北部湾盆地北部坳陷在古近纪区域右旋拉张背景下，沉降、沉积中心总体由北向南迁移迭加，盆地走向相应由北北东—北东—东西向逐步转化，其中，始新世断陷扩张期北部坳陷沉降、沉积中心位于涠西南大断裂中南段至 1 号断层下降盘一带，该时期北部坳陷为统一湖盆，经历了湖盆扩张、鼎盛到萎缩的过程，是北部湾盆地湖相烃源岩发育的主要时期，正是这一认识奠定了涠西南凹陷西缘 D 洼与海中凹陷流沙港组烃源岩一体化评价的基础，通过“井—震—相”联合研究，落实了涠西探区半深湖—深湖相位于涠西南凹陷西缘 D 洼及海中凹陷洼槽带。油气源对比认为涠西探区目前发现的原油均为成熟原油，与流沙港组烃源岩具有亲缘关系。通过建立海上少井地区烃源岩及资源潜力评价技术，重新评价涠西探区烃源及油气资源潜力，确定了 D 洼有效烃源岩的展布范围和资源规模，认为涠西探区可达中—高资源丰度，具备 D 洼东部斜坡构造带发现规模储量的资源潜力。

类比涠西南凹陷油气富集规律，重新认识区带及目标潜力，明确 D 洼东部斜坡构造带上延伸至 D 洼供烃中心的构造脊是油气规模运聚有利区，D 洼东部斜坡构造带发育多个构造脊，构造脊上发育一批断块、断鼻构造圈闭，尤其是涠西南低凸起西斜坡南段基底背景呈鼻状隆起，其上发育一向西倾覆并受断层控制的近东西伸展的鼻状构造——涠 11－5W，这种近源输导脊上发育的有利圈闭是勘探突破口。该构造带纵向上发育三套储盖组合，有利于油气多层系富集：第一套为古近系始新统流沙港组储盖组合，流沙港组二段生成的油气可初次运移至下部流沙港组三段储层中聚集成藏；第二套为古近系渐新统涠洲组储盖组合，流二段主力烃源岩生成的油气向上可运移至涠洲组三段物性较好的储层中，上部与涠洲组二段泥岩发育段形成良好的储盖组合；第三套为新近系中新统下洋组—角尾组储盖组合，下洋组和角尾组底部发育中高孔中高渗海相砂岩、砂砾岩储层，以角尾组泥岩为区域盖层。涠 11－5W 构造圈闭面积约 15km^2，估算圈闭资源量大，勘探突破的可能性很大。

两大认识转变预示着“转战”时机已经成熟，上海分公司做出了由 D 洼洼槽带走向斜坡带的战略转移决策，按照“近源寻脊”思路锁定 D 洼斜坡构造脊上的涠 11－5W 构造圈闭为此轮风险勘探突破主攻方向。

2015 年 1 月上海分公司在涠 11－5W 构造西断块部署实施风险探井涠 4 井，该井位于 D 洼东部斜坡构造带涠 11－5W 构造西块高部位，其钻探目的：第一，探索油气运移指向区古近系流沙港组—涠洲组的含油气性；第二，验证探区内反射层地质属性、砂体预测结果；第三，获取探区有关地球物理参数及石油地质方面的评价参数。部署依据主要有五点：第一，紧邻 D 洼供烃中心，且本地已具备供烃能力；第二，构造背景有利，长期处于近源构造脊油气运移有利指向区；第三，具有多套储盖组合，目标处在储层及含油气预测有利区；第四，涠 11－5W 西块受反向断层和顺向压扭性断层控制，侧向封堵条件有利；第五，涠 11－5W 西块构造类型为断鼻，构造在渐新统涠洲组—基底发育，形态完整，为涠 11-5W 构造面积最大的块，圈闭面积 8~14km²。为实现多目的层立体勘探，涠 4 井设计为 46.81°的大斜度井。该井最终通过了中国石化专家论证会审查。

乘风破浪会有时，涠 4 井石破天惊。2015 年 11 月涠 4 井开钻，钻至涠洲组二段便开始出现气测异常，钻探进入涠洲组三段后油气显示极为活跃，大家仿佛在混沌的迷雾中发现了一道曙光，果然，在接下来涠洲组三段的中下部钻揭 101m/3 层油浸砂岩，荧光干照呈亮白色（面积 60%），滴照呈乳白色（反应中等），气测录井全烃含量 47%（背景值 0.37%），槽面显示见 60% 气泡及少量油花，电测综合解释油层 79.3m/5 层，油水同层 11.8m/1 层，油层单层最大厚度达 56m（视厚），岩性主要为细砂岩。同时，在涠洲组四段至流沙港组钻进中也发现了共计 72m/11 层良好油气显示。

2015 年 12 月至 2016 年 1 月勘探二号自升式钻井平台相继完成了涠洲组三段两层测试，其中，对涠洲组三段第一测试层射开厚度 37.5m（垂厚 25.9m），19.05mm 油嘴，经三开三关测试，试获最大日产量：原油 1458m^3，天然气 $7.2\times10^4m^3$；对涠洲组三段第二测试层射开厚度 26.3m（垂厚 18.2m），19.05mm 油嘴，经三开三关测试，试获最大日产量：油 1349m^3，天然气 $7.6\times10^4m^3$。

涠 4 井古近系渐新统涠洲组三段两层测试均试获上千吨特高产工业性油气流，创下中国石化海上单井日产最高纪录，至此，涠西探区历经十余年终于实现了中国石化海域自营油气勘探零的突破。

二、整体评价主脊块，快速圈定富集区

涠 4 井的突破，开启了涠洲油田勘探实践新征程。钻后通过成藏条件深化研究，明确了该井所处的涠 11-5W 构造在东西向上为发育于涠西南低凸起西部倾末端的鼻状隆起构造脊，南北向上为受两条断层夹持的断垒，具备整体成藏条件：以 D 洼流沙港组成熟烃源岩为油源，涠洲组三、四段砂岩为主要储层，涠洲组一、二段泥岩为盖层，构造上倾方向由断层形成有效遮挡；渐新世，受涠西南低凸起持续抬升影响，构造内部被两条断层切割形成多个断块，涠 4 井所处的西断块处于鼻状构造中低部位，进而认为处于该井构造上倾方向的各断块可整体成藏。

基于此，勘探工作者乘胜追击，围绕斜坡主脊带，以"快速评价主脊块，整体探明储量规模"为目的，按照"评价主脊块，兼探新层系"原则，在涠 11-5W 构造较高部位的南、北两个断块分别部署钻探两口评价井，以期快速探明储量规模。

然而，北块评价却遇"当头棒"。涠 5 井全井段未见荧光显示及明显气测异常。尤其对于该井涠洲组主力层的失利，勘探工作者百思不得其解，唯有再度俯身对油藏"抽丝剥茧"。通过加强对失利井的分析，认为北块涠 5 井失利主要原因是主脊北侧高部位涠洲组一段、二段区域盖层遭受构造抬升剥蚀殆尽，涠洲组三段高效砂岩输导层与下洋组海相砂砾岩呈削截状直接接触，且高部位断层断距小，致断层两侧砂—砂对置，未能形成有效遮挡，油气向上层系泄漏。而通过加强各断块成藏条件精细对比，认为主脊部位南块处于油气优势运聚指向区，高部位区域盖层具有一定残余厚度，控圈断裂可对油气形成有效遮挡，南块油气富集条件有利，鉴于此上海分公司决定继续评价主脊南块。

果然，主脊南块涠6井不负众望，再立新功。该井涠洲组三段地质录井中发现了共计97.7m/15层油气显示层，其中，油砂细砂岩12.3m/1层，油浸细砂岩34.6m/4层，电测综合解释油层55.6m/5层，单层最大厚度25.9m，属中孔中渗油层。自2016年7月19日至2016年8月18日用勘探七号钻井平台对涠6井涠洲组三段进行了两层测试作业，其中，第一测试层射开厚度15.0m，19.05mm油嘴试获折算日产原油682.2m^3、天然气4.68×10^4m^3，为高产油层；第二测试层射开厚度21.9m，19.05mm油嘴，试获最大日产量：原油300.9m^3、天然气0.6×10^4m^3，为高产油层。同年，上海分公司向国家储委提交了探明储量。值得一提的是，流沙港组作为兼探层，在流沙港组二段钻揭新油层，地质录井中发现共计4m/2层油气显示层，旋转井壁取芯干照荧光暗黄色，发光面积30%～90%，滴照乳黄色，电测综合油层3m/2层，电缆地层测试泵抽5h油量稳定，证实了流沙港组也是探区重要的潜在勘探目的层系，进一步拓展了勘探领域。

为加快涠洲油田经济有效开发步伐，上海分公司一方面提前介入开发工作，围绕涠洲油田滚动扩储，另一方面继续向斜坡主脊东高带扩展勘探，寻找新的含油气区块，扩大涠洲油田及周边储量规模。

开发早介入，滚动扩规模。基于800km^2逆时偏重处理三维地震和360km^2高密度三维地震构造精细解释成果，分别在涠4井和涠6井两口高产井的邻块部署实施了两口滚动评价井，以期进一步扩大涠洲油田储量规模。2016年，在涠6井邻块上钻涠6-2井，主力层段涠洲组三段地质录井中发现共计43.1m/4层油气显示层，其中，油砂细砂岩9.1m/1层，荧光砂岩34.0m/3层；电测综合解释涠洲组三段油层15.4m（斜厚）/1层，油水同层2.0m（斜厚）/1层，含油水层19.2m（斜厚）/3层；测试获低产油流，9.53mm油嘴，日产油25.9m^3，无地层水产出，东断块油气成果实现了涠洲油田含油气范围的进一步扩大。2019年，上海分公司优选处于D洼生烃中心至涠4特高产井之间的西二块为有利目标，认为该断块是近源第一排断块圈闭，油气富集，为进一步扩大储量规模，钻探了涠4-1井。但该井扩展评价未达预期效果，涠洲组仅见12m/5层荧光显示，测井解释油层1.8m/1层，油水同层2.1m/1层。钻后分析认为，该井进入涠洲组后气测值明显升高，尤其是涠洲组三段砂体，其气测值升高的同时，组分齐全，说明井点部位油气发生过运移；涠洲组主力层未获预期效果的主要原因为井区所处的西二块为单斜断块，井上证实该区涠洲组一段、二段区域盖层发育，涠洲组三段发育厚层高效砂岩输导层，但断块上倾方向相交的两条控圈断层断距小，并且断层两侧形成砂—砂对置，侧向封闭能力有限导致油气不富集。同时，上海分公司加快勘探开发一体化步伐，对涠洲油田开展早期总体开发方案论证，至此，该油田进入了早期开发准备和滚动勘探评价新阶段。

扩展主脊高，培育新规模。为了加快推动涠洲油田经济有效开发，勘探上聚焦增储区带，以扩大涠洲油田储量规模为目标，推进涠西自营开发工作。充分应用钻井地质资料，继续深化失利井分析，研究认为北块涠5井尽管失利，但涠洲组发现储层残余沥青，指示油气过路，有利区指向斜坡主脊东高带的涠11-5M构造，认为D洼生成的油气沿油源断裂进入下组合流沙港组、中组合涠洲组、上组合下洋和角尾组优势输导层，可沿构造脊向高部位优势运聚形成多层系油气富集带。基于此认识，在涠11-5M构造部署实施了涠8井，该井于2019年5月开钻，完钻井深1890m，完钻层位为前古近系。该井自上而下钻遇地层有中新统角尾组、下洋组，始新统流沙港组、长流组以及基底。首次在新近系中新统获得发现，角尾组及下洋组见多层油气显示，测井解释油层 1m/1 层，油水同层 1.7m/1 层，可疑油层 24.05m/13 层，证实油气已从 D 洼运移至斜坡高带，而下组合始新统流沙港组、长流组失利也从侧面说明油气主要富集于区域盖层下、基岩侧向遮挡的斜坡主脊上有效圈闭内。通过以上整体评价，认为涠洲油田及其周边平面上具明显油气富集差异，纵向上油气主要在涠洲组三段富集，呈“断裂沟源、断脊运移、差异封堵、纵向叠置、横向连片”的复式油气聚集特征（图 7－3）。

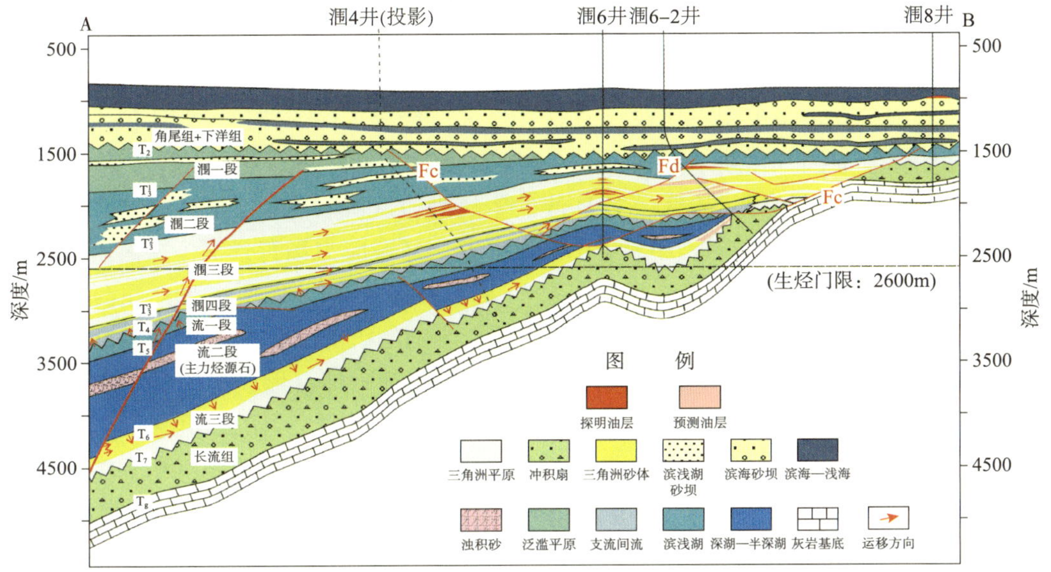

图 7－3　涠西探区东部斜坡带油气输导体系及成藏模式图

三、涠洲油龙水中现，有望建成海上田

通过勘探开发一体化评价，明确了涠洲油田及其周边具备千万吨级储量规模，涠 4 井、涠 6 井突破后上海分公司向国家储委提交了五百多万吨探明储量。涠洲油田属于中高孔中高渗、中浅层—中深层油藏，高产、高丰度的油田，其油气层厚、储层物性好、原油品质佳、可采指数高，是效益建产区。但前期的勘探证实了涠洲油田及其周边各个断块油气富集差异大，断块成藏复杂。通过深化各断块控富因素研究并以此为指导在涠洲油田及其周边落实优选了一批扩储目标，认为涠洲油田上下及周边有再找一个涠洲油田的潜力，涠洲油田及周边仍是当前扩储的有利阵地。目前，正在按照三个层次推动涠洲油田勘探开发进程。一是以“预探流沙港组，评价涠洲组”论证一口预探井及一口评价井，以期进一步夯实探明储量基础；二是加紧在涠洲油田南边即 3 号断裂下降盘海中凹陷论证一口风险井，推动涠西探区新区油气再突破，有望再准备出一个千万吨级规模接替阵地；三是积极开展涠洲油田早期总体开发方案论证，为涠西探区尽快建成北部湾海域石油开发基地奠定基础。

第三节　突破传统现潜力　关键技术助发现

一、盆缘小洼潜力大，走滑挤压油气佳

（一）南北联通广湖盆，边缘孕育小肥洼

早期勘探活动认为，涠西南凹陷断陷期形成了A、B、C、D四个次洼，其中A、B、C为深湖相沉积，已证实为3个富生烃洼陷。而D洼位于盆地边缘，为滨浅湖沉积相，其本地资源潜力有限，这也是中国石化获得D洼探矿区后勘探工作前期仍以此认识指导部署而未打开局面的主要原因。在新增探井、高密度三维地震资料基础上，中国石化上海分公司开展了新一轮成盆、成烃深化研究，对D洼的生烃潜力认识取得了突破性进展。最新原型盆地研究表明，在古近纪至新近纪持续“右旋拉张”区域应力场背景下，探区所处的北部坳陷在中、晚始新世先后经历了“珠琼一幕”及“珠琼二幕”强烈拉张，涠西南大断裂和1号断裂作为北部坳陷的控坳断裂，控制了整个坳陷的沉降沉积中心沿两条断裂走向分布，深湖—半深湖沉积环境在涠西南凹陷、海中凹陷连为一体，形成“广盆深水”的统一湖盆。D洼处于涠西南大断裂和1号断裂之间的转换带，为两个主沉积沉降中心之间的过渡带。对D洼的认识，从早期认为它是涠西南主洼的一部分，为滨浅湖沉积，本地资源潜力有限，转变为现在的D洼是海中凹陷的北部次洼，发育深湖相烃源岩，从而实现涠西探区从无源到自源的认识飞跃，这也是发现涠洲油田的最根本原因。

涠西南凹陷D洼烃源岩主要为流沙港组烃源岩。流沙港组沉积于裂陷盆地的湖相环境中，整个沉积过程经历了水进到水退的完整旋回，在流沙港组二段沉积末期古湖泊面积及古水深达到鼎盛时期。流沙港组烃源岩发育油页岩和泥页岩两种类型优质生油岩，其中优质的油页岩，即总有机碳含量大于3.5%，有机质类型为Ⅰ～$Ⅱ_1$型的富有机质页岩（于水等，2020）的发育对油气生成具有重要贡献，是D洼形成富生烃洼陷的重要物质基础。

流沙港组二段油页岩形成需要4方面条件：①富营养化的湖盆；②温暖湿润的气候；③还原性水体环境；④适中的地层沉积速率。其中，富营养化的湖盆和温暖湿润的气候主要控制有机质的高效产生，还原性水体环境和适中的地层沉积速率主要控制有机质的高效保存（于水等，2020）。

湖盆的富营养化程度主要受控于物源区母岩类型与物源输入规模（李登华等，2014；刁帆等，2014），流沙港组二段沉积时期湖盆的富营养化主要与凸起区花岗岩物源携带的营养物质输入有关（于水等，2020）。D洼流沙港组沉积时期主要发育万山隆起和企西隆起2个物源区，企西隆起和万山隆起均发育中古生界花岗岩基底，花岗岩物源区在流沙港组二段沉积时期发生风化剥蚀，经水体搬运后在D洼沉积，岩浆岩中的花岗岩与其他岩石类型相比，所含磷（P）、铁（Fe）、钼（Mo）等营养元素是最丰富的（田景春和张翔，2016），此类营养经风化溶解随雨水、河流流入D洼湖盆，为流沙港组二段沉积时期藻类勃发提供营养物质。

不同的孢粉组合反映不同的植物群落，不同的植物群落对应不同的气候环境，因此可

以通过孢粉植被的分析来恢复古气候环境。流沙港组二段沉积时期淡水疑源类光面球藻（Leiosphaeridia）和粒面球藻（Granodiscus）繁盛，而海相的钙质超微、有孔虫和沟鞭藻类等化石却未有见及，这一特征在涠4井、涠5井和涠6井中均有发现，推测其沉积环境为淡水湖泊。古植被以生长于温带、暖温带地区的一些常绿阔叶落叶成分为主，基本上都为少量或零星出现，如山毛榉科、胡桃科、阿丁枫科、榆科的一些分子，主要为栎粉（Quercoidites）、栗粉（Cupuliferoipollenites）、枫香粉（Liquidambarpollenites）、榆粉（Ulmipollenites）、山核桃粉（Caryapollenites）、胡桃粉（Juglanspollenites）等，裸子类则以广布于亚热带—暖温带地区的山地针叶植物松科常见，但丰度和分异度也不高；蕨类稀少，仅见零星的水龙骨科孢子分布。综上所述，D洼在流沙港组二段沉积时期可能为温暖、潮湿的亚热带型气候。

微量元素含量及特定元素比值能较好地反映沉积环境信息。流沙港组二段泥岩Sr/Ba比值平均值分别为0.16、0.19，均小于0.5，故属于淡水介质环境；两者的V/(V+Ni)比值平均值分别为0.81、0.75，均大于0.46，属于还原环境。因此，判断流沙港组二段烃源岩发育于还原性较强的淡水沉积环境。此外，流沙港组二段薄片样品见大量草莓状黄铁矿，同样指示硫化、具较强还原性的古沉积环境，为泥页岩中高丰度有机质的保存奠定基础。

一般来讲，沉积速率过快有机质被稀释、过慢有机质被氧化，都会导致TOC下降，沉积速率为30~150m/Ma（也有学者研究认为是20~80m/Ma），烃源岩的有机质丰度相对最高，有利于形成高质量烃源岩（谢树成等，2007；秦建中等，2009）。利用D洼涠西南大断裂下降盘流沙港组二段沉积厚度进行沉积速率计算，沉积速率为17~147m/Ma，平均值为54.7m/Ma，具备优质烃源岩发育的沉降背景。

钻井资料揭示，涠西探区始新统流沙港组以大套的灰色、深灰色、褐灰色泥岩、页岩为主。钻井统计结果表明：流沙港组二段主力烃源岩层段泥岩发育且质纯，厚度最大可超过400m，泥地比高；同时有钻井在流沙港组二段下部揭示近60m的沥青质页岩（油页岩）。地震相特征明显，其中流沙港组三段、流沙港组一段具强反射、连续性中—好、中频的特点，流沙港组二段整体与涠西南主洼高效烃源岩地震相特征一致，为弱反射地震特征，其中油页岩层段表现为强反射。D洼洼槽带内流沙港组二段主力烃源岩有机地化指标好，热演化程度高—适中，埋深普遍达到生烃门限，处于生烃高峰期，资源丰度达到中等—高水平，为典型的“小而肥”富生烃洼陷。

（二）走滑挤压来强化，顺断厚砂拦油坝

区域上，北部湾盆地发育碎屑岩和碳酸盐岩基岩两大类储集岩。前期盆地勘探证实，古生界石炭系碳酸盐岩风化壳，新生界古近系长流组、流沙港组和涠洲组陆相砂岩以及新近系下洋组、角尾组海相砂岩中均见到工业性油气流。探区内有利储层发育段以渐新统涠洲组为主，同时在始新统流沙港组和中新统下洋组、角尾组等地层中都有不同程度的储集层发育。流沙港组二段主力烃源岩生成的油气可通过油源断裂、断—砂、不整合等输导方式，在流沙港组三段+流沙港组二段、涠洲组三段+涠洲组二段、下洋组+角尾组这三套较好的储盖组合聚集成藏。涠洲油田位于涠西南凹陷西南缘D洼东部斜坡带，是一个以渐新世涠洲组为代表的复杂断块油田，总体具有“断裂沟源、断脊运移、差异封堵、纵向叠

置、横向连片”的复式油气聚集特征。

大量勘探实例证实，紧邻生烃凹陷的斜坡构造脊是油气优势运移区，是油气勘探的重要领域。涠西探区D洼东部斜坡带自南向北发育南、中、北三条构造脊，按照近源寻脊的思路，部署风险探井涠4井突破后发现了涠洲油田。涠洲油田位于南部构造脊，涠西南凹陷D洼的油气由断层、涠洲组三段高效输导砂体、构造脊组成的“层、面、体”高效输导系统，阶梯式运移至斜坡上倾方向复杂断块群形成涠洲油田。

涠洲油田是D洼东部斜坡带复杂断块油藏，油田所属的涠11-5W构造被Fd、Fb、Fc、3号断裂分隔成东、西、南、北4个断块。纵向上，涠洲组三段是该构造油藏的主力油层段，涠洲组四段、流沙港组二段、下洋组和角尾组是次要的油层段。油源分析明确了涠洲油田的油气主要来源于D洼流沙港组二段烃源岩，Fd断裂南倾，伴生的调节断裂北倾，并且切割成熟烃源岩面积大，非常有利于油气垂向运移，油气沿断裂向上运移之后，首先汇聚在涠11-5W构造下倾方向的构造脊位置，之后再沿着砂岩输导层继续向高部位运移。砂岩输导层是油气横向长距离运移的主要通道，其输导能力通常取决于砂岩的几何发育程度和砂岩的物性。厚度大、分布广以及物性好的砂岩是优势的输导层。涠洲组三段砂岩层是区域盖层（涠洲组一段、涠洲组二段泥岩）之下第一套主力砂岩层，河道砂体十分发育，并具有厚度大、砂地比高、单层厚度大的特点，埋藏深度为中浅层—中深层，物性达到中高孔—中高渗水平。涠洲组三段砂岩层是涠洲油田优势的砂岩输导层，具有纵向厚度大、横向平面分布广以及孔渗性能好的特点，这也是油气主要富集在该层位的重要原因。

平面来看，四个断块油气富集差异明显，西块涠4井和南块涠6井富集，北块涠5井失利，东块涠6-2井油气层薄少。位于低部位西块上的涠4井油气显示井段最长、油气显示层位最多，向高部位南块涠6井油气显示层位变浅。4个断块油气富集差异明显。那么到底为什么在同一构造背景下各个断块富集差异如此大？为什么涠4井涠洲组三段砂地比达60%，向东上倾方向Fd顺向断层砂对砂情况下仍能形成富集成藏？这与反向断层控制的传统复杂断块油藏富集认识相矛盾。断层到底如何控制油气富集？带着这个问题，研究人员放大视野，分析周边莺歌海等区域应力及成藏特征并类比研究后提出走滑挤压控制模式。Fd断层既是涠洲油田油源断层，同时也作为涠11-5W构造主要的控圈断层，其性质和形成演化过程对该构造东、西、南、北四个断块油气的平面分布格局有重要的控制作用。Fd断层西段近东西向分布，整体表现为涠西南走滑断裂派生的次级伸展断裂性质。新近纪盆地整体进入坳陷阶段，期间发生构造反转，这一构造反转在海中凹陷内涠西南断裂的西段特征明显。构造反转阶段，在近北西—南东向挤压应力作用下，分布于涠西南凹陷与海中凹陷结合部位的北西向隐伏断裂发生左旋走滑，Fd断层受此作用影响，发生同向走滑剪切，由东西走向向近北西走向演变（图7-4）。综上所述，Fd断层的形成及演化受两大走滑系统共同影响，在北东向右行走滑系统作用基础之上叠加北西向左行走滑系统作用，断裂的性质由伸展断裂向走滑剪切性质演变。流体包裹体分析方法和油藏饱和压力法相结合，确定涠11-5W构造成藏时期为中中新世—现今，该阶段Fd断层左旋走滑剪切并切割Fc断层，西块和东块交汇区域经汇聚作用形成增压叠加区，北块和南块经离散作用形成释压叠加区。涠11-5W构造增压区和释压区均有油气突破，但增压区的汇聚作用使其保存条件要明显优于释压区，从而造成油气富集程度明显差异。位于增压区的涠4井油气显示井段最长、油气显示层位最多，且涠洲组三段测试最高日产油达到特高产；位于释压区的涠6井油气显示仍较丰富，但相较于涠4井却稍逊一筹，涠洲组三段测试仍获高产，还有一个原因是涠6井南侧高部位依靠3号断层下降盘涠一、二段大套泥岩整体封堵。由此可见，西块的涠4井之所以创下中国石化海上单井测试日产最高纪录，增压区保存条件好是其重要保障。Fd和Fc为涠11－5W构造主要的控圈断层，其中Fc为反向断层，而Fd为顺向断层。反向断层自身就具有较强的侧向封堵能力，有利于油气富集。Fd顺向断层两盘涠洲组三段厚层砂岩砂对砂，涠洲油田之所以能获得目前的勘探成果，北西向断层（如Fd）走滑挤压作用对断块封堵能力的提升起到了关键作用。

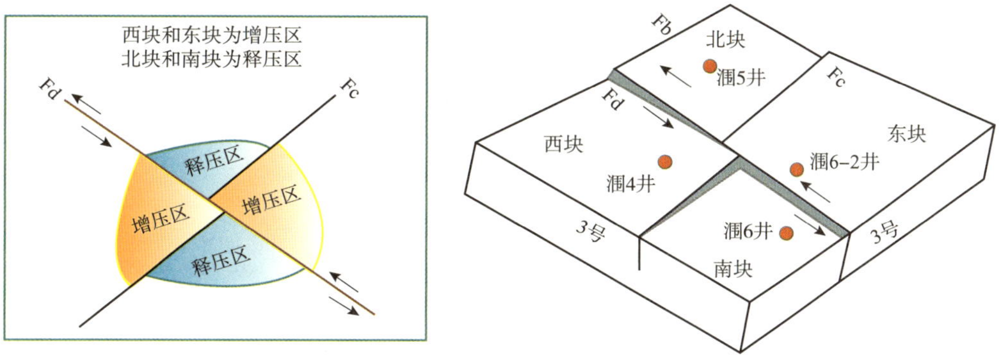

图7－4　涠洲油田复杂断块应力环境及控断控封模式图

另外，涠11－5W构造油气平面上差异富集同时受区域盖层的封盖能力所控制。由于高部位区域盖层涠洲组二段剥蚀严重，且涠洲组三段直接与上覆下洋组砂砾岩地层接触，T2不整合面缺乏有效盖层遮挡，造成油气不能成藏，这是北块涠5井失利的主要原因。

二、地震勘探破难题，钻井工程助发现

（一）海域地震强保障，火眼金睛寻目标

海上地震勘探工作与陆上的地震勘探存在巨大差别，海上地震数据采集通常采用采集船拖曳震源和电缆来实现（王学军等，2017）。受海上环境条件限制，地震采集难以实现陆上可控震源激发的方式，同时震源和拖缆沉放在一定深度的水下，拖缆受水流影响，电缆漂移严重，使得在地震采集方面，拖缆采集方位角窄，单边放炮且缺少近偏移距数据，面元受拖缆间距限制，无法实现小面元采集（马灵，2012）；原始地震资料方面，发育复杂的鬼波、多次波和噪声等，给海洋地震勘探带来诸多的限制（表7－1）。

涠洲油田为典型的海域复杂断块型油藏，小断裂发育，地层破碎，构造样式复杂，油气勘探难度大。自进入涠西探区以来，地震勘探技术的发展和应用为涠洲油田的发现提供了重要的保障。在涠西探区勘探的不同阶段，分别完成二维、常规三维、高密度三维地震采集、处理与解释，依托高精度地震勘探技术的发展及与生产的充分结合和应用，精细落实了探区的断裂、局部构造，开展了储层及含油气预测，对于涠洲油田复杂断块油藏的落实与发现起到了关键作用（图7－5）。

表7-1　海上拖缆与陆上三维地震观测系统主要参数对比

项目类别		海上拖缆三维	陆上三维
采集参数	方位角	难以经济高效实现宽方位	可经济高效实现宽方位
	放炮模式	单边放炮	中间放炮
	0～200m 近偏移距	缺失	有
	面元大小	最小 6.25m×12.5m	不受限
	覆盖次数	常规 40～80 次	常规大于 100 次
激发	激发方式	气枪震源	炸药或可控震源
	有效最低频率	6～7Hz	2～3Hz
	鬼波影响	受影响	不受影响
接收	检波器类型	水检（单分量）	陆检（三分量）
	鬼波影响	受影响	不受影响
	接收状态	动态接收	固定点接收

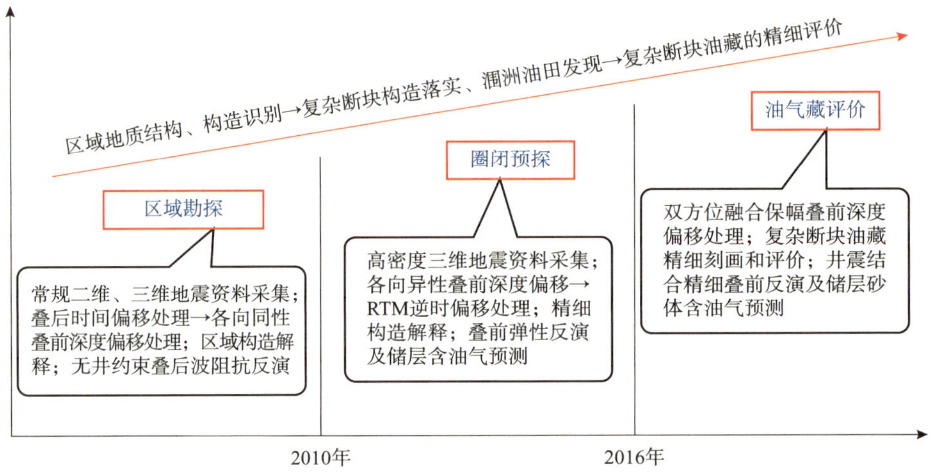

图7-5　涠洲油田不同勘探阶段地震勘探技术发展及应用历程

1. 高密采集提精度，目标成像更清晰

受海洋特殊的地震勘探环境限制，海上拖缆地震采集的模式决定了观测系统受揽数、揽间距、炮间距等条件的限制，从而限制了地震采集中的观测系统排列片段横纵比、面元尺寸、覆盖次数等，在勘探的不同阶段，通过优化地震资料采集参数，逐步提高了原始地震资料的品质，支撑了勘探进程。

在区域勘探阶段，为了建立探区区域地质结构，2004 年，实施二维地震采集、处理与解释，落实了区域断裂及构造特征认识。在区域构造认识及综合评价基础上，2005 年，开展了双缆双震源常规三维地震采集，优选有利区带，有力推动探区断裂及构造的发现。但研究发现，复杂断块区地震波场复杂，断裂和地层成像不清晰。

随着勘探进入圈闭预探、发现阶段，需要通过高精度三维地震勘探技术解决区域勘探中地震资料存在的问题。通过高密度三维地震采集，优化观测系统，电缆数量由 2 条增加到 8 条，电缆长度由 4050m 增加到 6000m，面元网格由 6.25m×25m 缩小至 6.25m×

18.75m，采集方向改为与多数断层垂直的南北向（韩文攻等，2017）。高密度三维资料经处理后，钻探目标的复杂断裂成像更清晰，复杂断块构造的地震识别精度有效提高，助推了涠洲油田的钻探及发现。

2. 关键技术巧应用，融合处理提品质

同陆上地震勘探相比，海上采集环境多变，受潮汐、海浪等各种海上因素影响，噪声复杂，有效信号弱。由于海水面、海底都是强反射界面，海洋勘探中多次波能量非常强，并且存在鬼波及气泡震荡，使海洋地震资料的处理工作面临众多特殊的难题。

如何让已采集的地震资料揭露地质结构的真实面容，提高资料信噪比、成像精度，成为地震资料处理工程师首要攻克的难题。根据不同勘探阶段对地震资料的要求，处理工程师开展了地震资料的处理技术攻关，从叠前时间偏移处理，到叠前深度偏移和海洋地震资料逆时偏移处理，再到双方位融合保幅叠前深度偏移处理的技术创新与应用，处理工程师通过物探—地质一体化的集中攻关，巧用“多次波去除、鬼波压制、精细速度建模、双方位保幅融合处理”四项关键技术，逐步形成了海域复杂断块三维地震叠前深度偏移融合处理配套技术（表7－2），复杂断块构造逐步露出真容。

表7－2　涠洲油田地震勘探技术攻关及应用历程

勘探阶段	时间	解决的问题与效果				待解决的问题
		采集	处理	解释	预测	
区域勘探	2004—2010年	常规二维、三维地震资料采集	叠后时间偏移处理→各向同性叠前深度偏移处理	落实区域和探区地质结构，构造格局建立，探区断裂、构造识别	无井约束叠后地震波阻抗反演预测储层，支撑区域沉积相研究	复杂断块区地震波场复杂，信噪比低；断层和圈闭精细落实困难；储层预测多解性大
圈闭预探	2011—2015年	高密度三维地震资料采集	各向异性叠前深度偏移处理→RTM逆时偏移处理	精细构造解释，精细落实探区断裂、构造特征，发现涠洲油田	叠前弹性反演及储层含油气预测，精细预测主力勘探层系砂体展布及含油气性	油田区次级断层不清晰，地层产状杂乱，无法满足断块油藏精细评价要求；少井区预测精度不够
油气藏评价	2016—2021年		双方位融合保幅叠前深度偏移处理	涠洲油田复杂断块油藏精细刻画和评价，精细刻画油田区低序级断层，精细解析断裂特征、构造样式、应力机制	井震结合精细目标处理与叠前反演及储层砂体含油气预测，精细描述储层砂体及预测含油气范围	中组合不同类型构造样式对油气藏的控制作用需深化研究；下组合钻井资料少，地震分辨率低，预测精度不够

关键技术一：多次波去除。针对海上资料多次波发育并且能量强的问题，通过多次试验性处理，确立了浅水去多次方法＋波动方程去多次方法＋高精度变换去多次方法＋去近道多次方法的一套多方法相结合的组合去除多次波思路，实现了对水层相关多次波、自由表面多次波、层间多次波的合理压制，消除了受多次波影响形成的构造和振幅假象，地层和断块产状更合理。

关键技术二：鬼波压制。针对海洋资料鬼波效应，处理工程师们通过针对鬼波产生机理的深入分析，以及大量分析试验工作，创新性提出鬼波压制与零相位处理技术以及 Q 补偿技术相结合的适用性组合技术，有效解决了鬼波问题，在恢复地震子波频带宽度的同时适当拓宽地震频带，提高地震分辨率，为精细构造解释和储层预测奠定了基础。

关键技术三：精细速度建模。涠洲油田区断层发育密度大，地震波场复杂，速度横向变化较大，地震处理工程师通过采取从时间到深度、从浅至深、非线性网格层析与速度扫描相结合的速度建模方式，结合井震对比分析，逐步迭代速度模型，并通过处理和解释的一体化，结合地质认识，采取科学的质量监控手段，准确描述速度空间变化细节，建立了符合地下构造变化特征的高精度速度模型，较好地解决了小断层准确归位和地层连续性问题。

关键技术四：双方位保幅融合处理。为了充分挖掘两次采集的三维地震资料信息，地震处理工程师创新性地开发了双方位保幅融合处理技术，充分挖掘不同时期采集资料的方位优势，使得不同方向的两组断层成像均得到较好的改善。融合处理后的地震数据品质明显改善，信噪比提高，波组关系清晰合理，断层断面波清晰，交切关系明确，地层连续性提高，相互接触关系明晰（图 7 -6），为后续的资料解释和地质研究等工作提供了很好的资料基础。

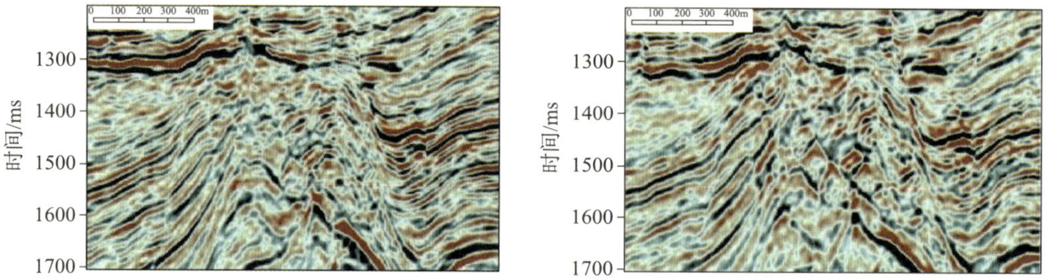

(a)常规三维地震处理剖面　　(b)高精度融合处理地震剖面

图 7 -6　常规三维地震处理与高精度融合处理剖面效果对比

3. 处理解释一体化，复杂断裂露真容

涠洲油田为复杂断块油藏，断裂多期次发育，形态复杂多样，多级断裂交错切割，断块构造精细落实难度大，断裂形成的应力机制及控圈与控藏作用不清。地球物理工程师经多年一体化攻关研究，地震处理与地震解释充分融合，地震解释与油藏评价相结合，建立了海上复杂断块油藏地震精细解释策略和技术，使复杂断块油藏逐步露出真容。

为了改善地震资料成像质量，地震处理与解释相融合，开展针对性精细目标处理，提升复杂断块的小断层成像精度及地震波组反射特征，支撑了对于不同级别断裂，及层间小断层、层位与砂体刻画与识别，减少了构造解释以及储层描述的多解性，保证了复杂断块油藏的精细刻画。

为了厘清不同断裂的应力机制及控圈与控藏特征，地震解释与油藏精细评价相结合，从区域应力场分析入手，分析走滑背景下不同级别、不同性质和不同方向断裂的控藏作用，以及对不同断块油藏富集差异的影响，从而落实了构造与断裂特征，储层描述更趋合理，理清了涠洲油田复杂断块油藏的特征（图 7 -7）。

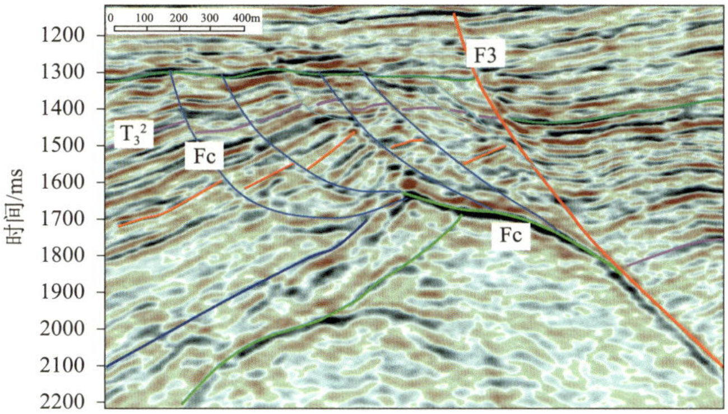

图 7－7 涠洲油田“似花状”断裂样式剖面

4. 多种技术齐应用，地震预测助发现

涠洲油田断块油藏油水关系复杂，精细储层和含油气预测是油藏评价的关键。

在海洋地震勘探中，受海洋特殊环境条件影响，海洋地震资料在保幅性上与陆地资料相比有一定的差距，预测难度增大。另外，海洋勘探程度较低、钻井资料欠缺，进一步增加了储层预测和烃类检测的难度。

随着勘探的深入，钻井数量逐步增加、地震资料品质逐步提高，以及更精细化的地震解释成果和地质认识提升，上海海洋油气分公司逐步改进预测思路和方法，提高预测精度和效果，形成了适合涠洲油田复杂断块油藏的多方法储层和烃类（含油）预测技术。

针对涠洲油田储层与油藏的特点，地震预测工程师在深入分析不同目的层系储层发育特征的基础上，开展了多种针对性方法技术的尝试（扈玖战等，2017）。

在储层砂体预测方面，涠洲油田主力目的层涠洲组三段为三角洲平原分流河道砂沉积，砂体埋藏较浅，厚度大，砂地比高，通过岩石物理分析（图 7－8），涠洲组三段砂泥岩纵波阻抗值有较好的区分性，砂岩阻抗偏低，泥岩阻抗总体偏高，因此通过叠后纵波阻抗反演，可以定性到半定量预测砂岩发育情况和展布趋势。

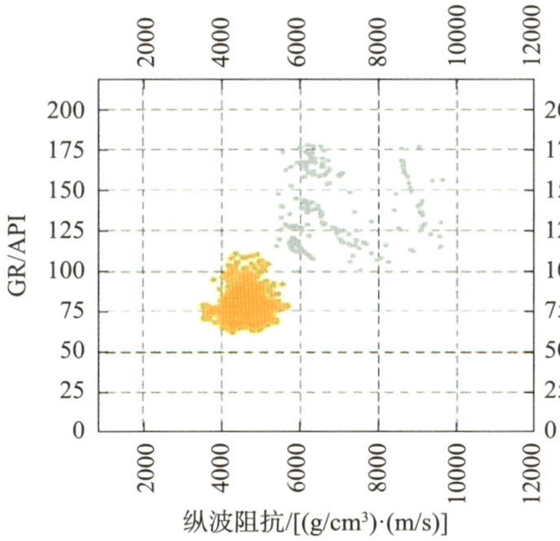

(a)涠洲组三段纵波阻挠

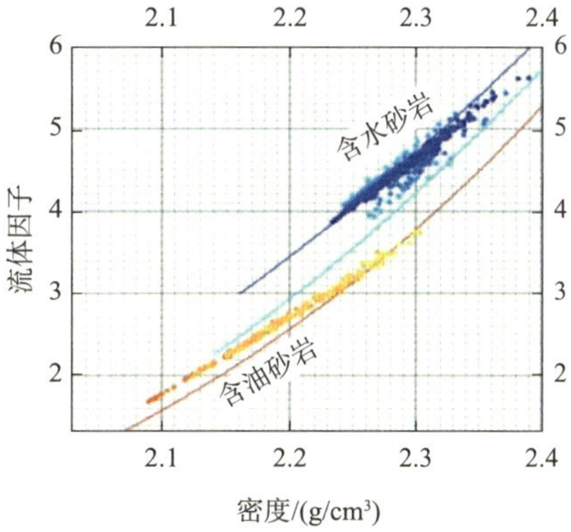

(b)涠洲组三段流体因子

图 7－8 涠洲组三段岩石物理分析模板

在含油气预测方面，叠前弹性阻抗反演、吸收分析技术、振幅随偏移距变化（AVO）分析技术等，均为识别油气的敏感属性技术，但受地震属性对油藏敏感度低的影响，单一预测方法多解性强，故采用多种技术相结合的方法开展油气预测。

预测技术一：叠后波阻抗反演技术。主要采用稀疏脉冲反演算法，具有较强的适用性，可以用于油气勘探和开发的各个阶段。根据岩石物理分析，波阻抗可以有效区分砂泥岩，较好地预测目的层段砂岩发育情况和展布趋势。由此，地质沉积工程师通过已知钻井岩性、单井相、古地貌恢复等结合地震反演预测砂地比分布，推测探区沉积相（图7－9、图7－10）。

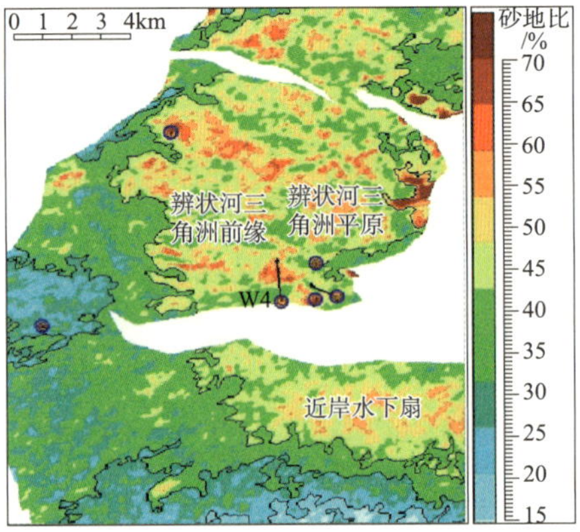

图7－9　涠三段砂地比分布及沉积相平面预测

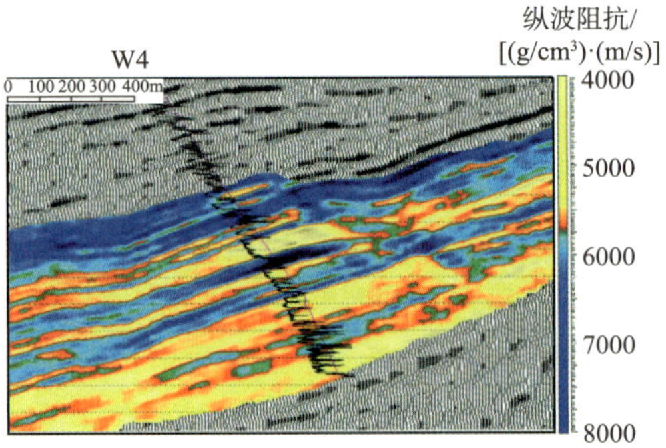

图7－10　叠后波阻抗反演预测涠洲组砂体

预测技术二：流体因子预测技术。利用叠前道集数据、速度数据和井数据（横波速度、纵波速度、密度及其他弹性参数资料），通过使用不同的弹性阻抗方程近似式反演求解得到与岩性、含油气性相关的多种弹性参数。利用反演结果提取有效的流体识别因子，开展含油气性预测，在涠洲油田取得了较好的应用效果［图7－11（a）］。

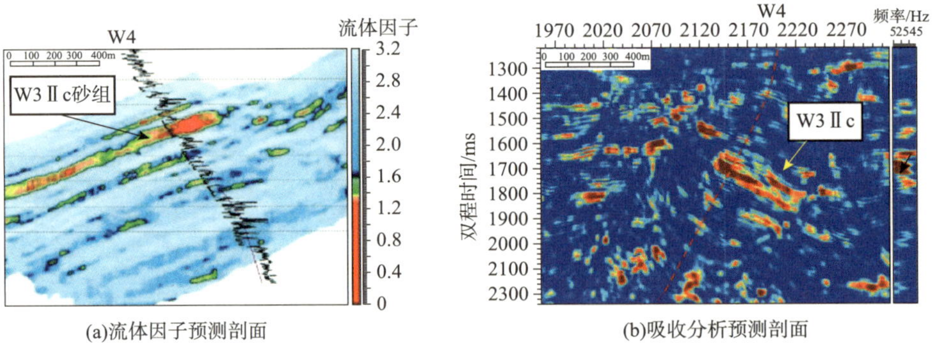

(a)流体因子预测剖面　(b)吸收分析预测剖面

图7－11　流体因子及吸收分析技术预测储层含油性

预测技术三：吸收分析技术。地球物理油气预测技术的发展和应用表明，地层吸收特性是识别储层和油气藏的有效指标之一。基于地层吸收特征分析的油气预测技术可以在少井或无井情况下利用地震信息进行油气预测，吸收分析技术较其他地震属性具有更高的流体敏感性，使得流体刻画的信息更丰富，能有效预测砂体内部的含油气区域，为井位部署起到指导性作用［图7－11（b）］。

综上所述，通过不同勘探阶段地震勘探技术的攻关探索和应用，形成了一套针对海上复杂断块油气藏的地震勘探技术系列，包括高密度地震采集技术、双方位保幅融合处理技术、复杂断块精细解释技术、多方法储层油气预测技术。

（二）技术创新促高效，精细措施保安全

北部湾盆地油气藏具有断裂分割严重、油气分布散、断块规模小的特征。复杂的地质条件和海上油气开发的特殊性，抬高了北部湾油田前期勘探发现与后期油田开发的成本，导致了勘探与开发工作相互制约，小规模的油气资源难以有效地动用。经过多年的理论研究和探索，工程上集中攻关形成一系列针对涠洲油田复杂断块的钻井工程关键技术，有效保障了涠洲油田的勘探工作，为后续开发做好了充分的技术储备。

1. 统筹规划降成本，精益技术助开发

涠洲油田这种以零散断块分布为特征的小规模油田若采用常规的油气田勘探开发思路，将面临前期投入高、后期效益低的难题。为进一步降低作业成本，工程师们认真贯彻勘探开发一体化思路，根据海洋钻探作业特点，紧密结合生产需求，开展了相关配套技术研究，首次在涠洲油田涠6井使用了泥线悬挂系统（图7－12）。该系统的使用可以使探井被临时弃置，而在周边控制储量满足经济效益的条件下，即可将探井转变为开发井。

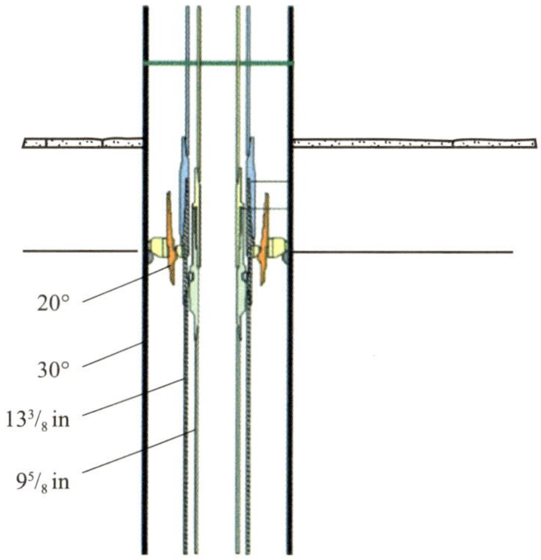

图7－12　涠6井使用的泥线悬挂系统结构

降低投资是复杂断块油田开发的关键，使探井有效转化为开发井生产有利于复杂断块油田开发，而预钻井及井口回接技术则开拓了一个有效降本的新途径。在钻井作业期间，各开次完钻后泥线悬挂器随套管下入泥线，该系统与套管对接后组成从钻台至井底的流体循环通道。当预钻井完钻后，依次拆除泥线以上各层套管并安装防腐帽，起到压力屏障并保持回接螺纹可靠性的作用。当有开发需求时，可事先下入海底基盘，就位导管架，取出防腐帽并回接各开次套管至工作平台，恢复井筒的完整性。

2. 滚动勘探增产量，井筒安全作保障

2003年，中国石化上海油气分公司从熟悉的东海地区进入到北部湾涠西新区进行勘探作业，十多年以来，该区域的钻井工程技术一直在不断摸索提升。在早期的钻井过程中遭遇了一些难题，尤其以井壁失稳问题最为突出。自营井勘探以及中海油在涠洲海域先前的钻井经历表明，影响该区域钻井效率的主要是涠洲组与流沙港组地层井壁失稳问题，轻则造成起下钻作业遇阻，重则引起卡钻，甚至井眼报废的复杂情况。涠西探区中的涠1井、海1井、涠2井、涠3井等前期钻井均未能有效解决此类问题（图7－13）。涠4井虽然获得重大发现，但在作业过程中也出现了较为严重的井眼垮塌。针对该区块涠洲组及流沙港组井壁失稳问题，上海油气分公司工程院联合中国石化工程总院，从地质学、岩石力学、钻井工艺、油田化学等多个学科开展研究，共同攻关解决了井壁稳定技术难题。

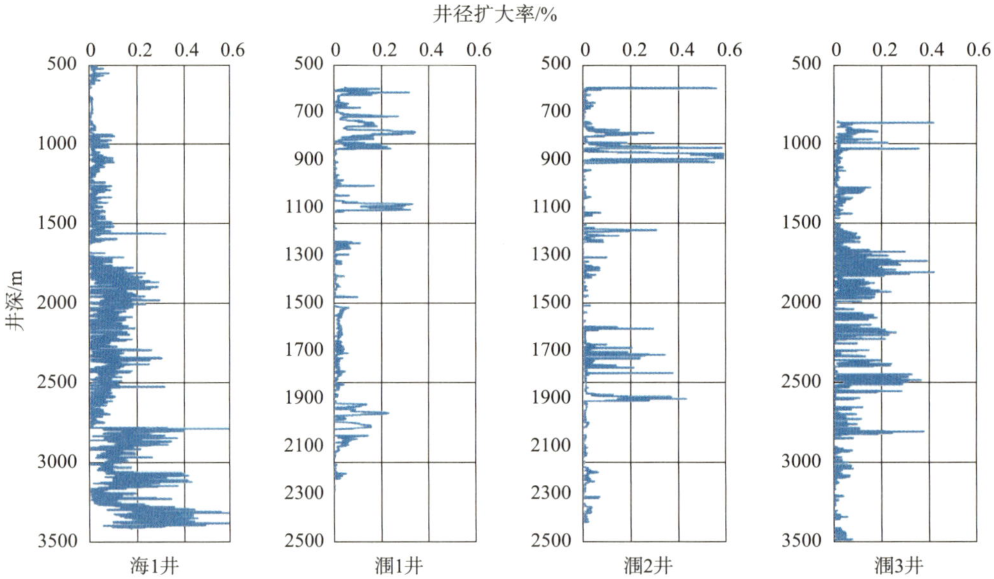

图 7－13　涠西探区前期钻井井眼扩大率

从已钻井矿物成分来看，涠洲组二段至流沙港组二段硬脆性泥页岩中非膨胀性黏土矿物如伊利石、高岭石和绿泥石含量较多，容易碎裂分散，引起垮塌；从地应力分布来看，由于受到不同地质年代区域应力的影响，涠西地区纵向上存在不同方位的应力场，影响着井壁纵向上的应力变化，该区域上部层段的水平地应力较小，而下部水平地应力增大，且最大水平地应力与最小水平地应力比值较大，地应力不均衡，增加了井壁垮塌的风险；同时，由于地应力的作用，地层微裂缝发育，断层破碎带多，更增大了井壁垮塌的可能性。

正是基于对涠西地区井壁失稳机理的认识，上海海洋油气分公司形成了针对该区域的井壁稳定控制技术，与三维地质模型相结合，提出了基于井筒安全的定向井轨道设计方法，开发了“最佳井口位置”优选软件，在考虑不同地层坍塌压力玫瑰云图的基础上，采用安全的钻入角度穿过目标层；泥页岩地层井壁失稳最突出的表现是“坍塌周期”，因此上海海洋油气分公司研究了考虑力学效应、化学效应和泥页岩强度变化影响的泥页岩中井眼稳定综合模型的求解程序，通过计算得到综合情况下井壁坍塌周期，确定了安全钻井所需的合适的泥浆密度；由于涠洲组二段页岩地层地应力较大，当用较高密度钻井液平衡应力时，附加的压差又使层理、缝隙开启，加速了滤液的侵入和压力的传导，因此涠 7、涠 8 井采取了“物化封固井壁阻缓压力传递，加强抑制水化，化学位活度平衡，合理密度有效应力支撑”的“多元协同”稳定井壁技术措施来保证井筒安全（邱康等，2016）。

3. 聚焦提速再攻坚，多重措施提时效

在确保井筒安全的前提下，钻井时效是影响勘探进度的另一个重要因素。为实现钻井提速，降低成本，2016 年以后各作业井针对不同的复杂地层条件，对钻头选型、钻具组合、井身结构进行了全面优化。

钻头选型方面：针对早期已钻井机械钻速低、钻头磨损大的问题，基于主成分分析和模糊优选理论，综合考虑地层特性、钻头磨损特征、技术经济指标、评价指标权重、评价指标规范化处理等问题，在涠西地区建立一种基于主成分分析和模糊优选理论的多系统层次的钻头选型方法；结合涠西探区岩石力学特征与抗钻特性规律，从钻头轮廓线优化、布齿方式优化、水力优化、齿形改进四个方面对钻头进行了优选，提出了涠西探区钻井的钻头优选方案。

钻具组合优选方面：涠西探区角尾组和下洋组相对疏松，造斜较为困难；进入涠洲组存在易垮塌泥岩，若井斜较大，则易形成岩屑床，携砂困难，钻具摩阻大，井眼控制难；部分区域深部地层倾角大，地层可钻性低。针对以上特征，结合定向井工具的特点对钻具组合进行了优化。对于直井及常规二维定向井，采用螺杆钻具组合搭配扭冲工具，结合了马达高转速与扭冲平稳扭矩的特点，形成了一套常规马达+扭冲工具的复合提速技术（林雍森等，2020）。对于复杂的三维定向井，用旋转导向工具配合超级马达，在提高机械钻速的同时能够使井眼轨迹更加平滑规则，保证井眼轨迹的控制效果。

井身结构优化方面：根据井身结构设计原则和已钻井资料，结合涠西探区的地层岩性分析、井壁稳定性分析、三压力剖面及风险分析，对井身结构进行了进一步优化，确保优快完成钻井任务的同时，又能达到地质目的。当地层无明显异常压力及其他地质风险，启用备用井眼的概率较低时，将井身结构由三开井身结构优化为二开井身结构，$12\frac{1}{4}$in 井眼缩小为 $9\frac{1}{2}$in 井眼，不仅节省了套管、钻井液及固井材料，机械钻速也因为钻头尺寸的缩小而能够得到适当加快，提高了作业效率（图 7－14）。

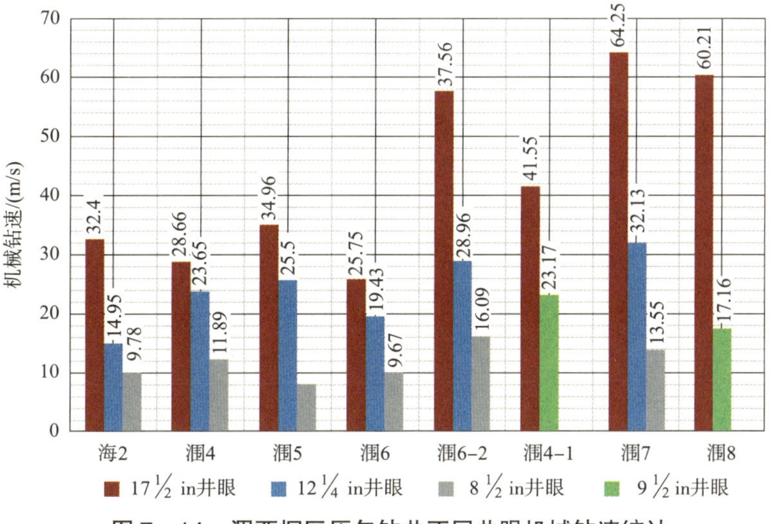

图 7－14　涠西探区历年钻井不同井眼机械钻速统计

目前，相关技术已经在涠西自营井探井及评价井中得到全面推广应用，钻井时效较前期已钻井有了明显提升，钻井周期明显缩短，复杂事故率降到 0。

4. 践行“钻、完”融合，释放核心效能

涠西地区勘探过程中以最大限度释放储层效能为目标，以钻完井过程储层保护为理念，基于对目标区块的地质认识，通过对储层潜在损害因素、外来损害因素的研究及油气层敏感性的评价分析，提出了钻井、完井施工全过程中的储层保护技术要求。

在钻井方面，考虑到储层保护的需求，钻井液体系中引入“成膜封堵”概念，对前期已钻井使用的氯化钾－聚合醇钻井液进行了改进，把各种大小可变形颗粒及胶体封堵材料复配，发挥协同效应，提高封堵性，得到低渗透率的滤饼，进而减少滤液渗入微裂缝的数量和深度。体系中使用的各种粒度超细碳酸钙作为刚性封堵材料，对封堵起到架桥作用；采用的沥青类处理剂 DYFT 作为软化封堵材料，通过形成良好的泥饼，提高与裂缝的联结力；利用聚合醇的浊点效应，当温度超出其浊点后，聚合醇从溶液中析出，形成乳化油滴，在井内压差的作用下被挤入井壁孔隙或裂缝，起封堵作用；同时利用钾离子置换泥岩晶格中的其他离子，降低泥岩的水化膨胀趋势。

在完井方面，为最大限度释放储层效能，准确获得储层产能、温压及流体等资料，针对不同地层及井筒条件，优化测试工艺和测试方案。由于涠西测试层岩性为砂岩，渗透性大，压实性差，因此测试采用 TCP + APR 负压射孔联作测试工艺，同时根据地层压力、油气显示特性、储层性质、工艺状况等因素确定测试压差，确保储层顺利诱流、严防地层出砂。涠 4 井、6 井、6－2 井采用袖套式复合射孔测试联作作业，储层保护效果显著，产能得到了有效释放，多口井成功测试获日产超千吨油的特高产工业油气流。

结　语

回首往事，从获得涠西探矿权到涠洲油田的发现，历时整整 13 年。三上三下愈挫愈勇的艰难探索、持续攻关终获特高产油气流，勘探工作者收获了成功的巨大喜悦和对油气勘探事业强烈的成就感。有几点感受值得总结：

（1）坚定信心，相信“油气在勘探家的头脑里”。反复的挫折只能说明没有找到适合研究区油气勘探对象的成藏评价体系和适用的配套技术，只有深入失利剖析，不断总结经验教训，持续探索，才能逐步逼近勘探对象的地下油气富集规律而获得突破。

（2）技术有效、方法适用，才能支撑加快认识地质规律的进程。涠洲油田断层破碎，受海上地震采集的局限性制约，复杂断块圈闭落实难度大，储层和油气预测多解性强，通过攻关探索逐步形成了一套针对海上复杂断块油气藏的地震勘探技术，有力保障了勘探突破。

（3）对面积小、处在盆地边缘的探区勘探，要立足于盆地研究，大处着手，小处着眼，从盆地到凹陷、区带、区块，加强类比分析，才能避免瞎子摸象、以偏概全的错误认识。

（4）老探区必须要有新思维，敢于打破固有思维和经验，才能在久攻不克的探区取得新的突破。涠洲油田的发现就证实了盆地边缘次洼同样也可能形成小而肥的富烃洼陷，也更加坚定了海中凹陷的勘探信心。

涠洲油田涠洲组油气层厚，储层物性好，原油品质佳、可采指数高，通过评价扩储、甩开预探、风险勘探“三步走”实施方案，先实现涠洲油田及其周边效益开发，再通过预探和风险勘探准备 2 个规模储量阵地，推动建成中国石化首个中深水（30～50）$\times 10^4$t 自营油气田。

涠洲油田的发现，对海域同类型盆地的勘探同样具有重要借鉴意义。在未来海域区块的招投标过程中，加强同类型边缘次凹勘探潜力认识，积极进行区块矿权登记，拓展中国石化海域勘探的空间，不断开启海域勘探新的征程。

第八章　四川盆地深层和常压页岩气田的发现

四川盆地是我国西南部的一个大型盆地，也是页岩气和常规油气的聚宝盆（蔡勋育等，2020；郭旭升等，2021）。2012 年涪陵焦石坝地区焦页 1HF 井钻获高产气流，实现了中国石化海相页岩气勘探重大突破，一举使我国成为了除北美以外首个实现页岩气商业开发的国家。“十三五”期间，乘着焦石坝商业发现的东风，风险勘探显示出高质量发展态势，相继发现了涪陵高压、威荣深层、南川常压等大型页岩气田，累计探明地质储量约万亿立方米，实现了页岩气跨越式的增长。

第一节　历经艰辛勇勘探　缚住页岩气巨龙

页岩气总是令人着迷！它是以游离态与吸附态为主、少量溶解态且赋存于富有机质页岩层段中的天然气。一般具有自生自储或源—储一体、大面积连续分布、储层低孔低渗、单井无自然产能或低产，需通过增产改造才能获得工业气流等特点。页岩气透露出与众不同的个性！它跟常规天然气具有明显的差异性（表 8－1）。页岩气藏分为不同类型，按照沉积相，划分为海相、陆相和海陆过渡相页岩气藏；按照埋藏深度，划分为超深层（≥4500m）、深层（≥3500m）、中深层（＜3500～2000m）和浅层（＜2000m）页岩气藏；按照压力系数大小，划分为超高压（≥1.8）、高压（＜1.8～1.3）、常压（＜1.3～0.9）和低压（＜0.9）页岩气藏（据国家标准 GB/T 26979—2011《天然气藏分类》）。

表 8－1　页岩气与常规气的差异性

对比内容	页岩气	常规气
赋存岩性	页岩	砂岩、灰岩、白云岩
赋存状态	游离气、吸附气、溶解气	游离气
储层物性	特低—超低渗透	高—低渗透
富集特点	不运移原地成藏、生储一体	经运移后在圈闭富集
空间分布	与页岩共生	源外低势区（圈闭）
保存条件	好—较好	好
开采方式	水平井、压裂改造	多为直井、自喷
生产特征	开采寿命长	初期产量高、生产周期 8 年左右

中国页岩气特色突出。与北美相比，中国海相页岩气分布领域广，具有页岩时代老、热演化程度高、多期次构造改造、保存条件与埋深差异大等特点（蔡勋育等，2021）。我

国页岩气勘探开发面临 4 方面的重大挑战：深层页岩气地应力高，页岩脆性降低，压裂难度大；低压和常压页岩气单井产量低，一般小于 $5\times10^4m^3/d$；陆相页岩气储层相变快，黏土含量高，尚未形成适应性工程工艺技术；页岩气开发成本普遍较高。

中国石化页岩气家底厚实、资源量基本盘牢靠。拥有页岩气矿权 10 个，总面积 $2.07\times10^4km^2$（含常规增列矿权 6 个，面积 $1.32\times10^4km^2$）；开采矿权 4 个，面积 $1299km^2$。据 2015 年全国油气资源动态评价，中国页岩气地质资源量 $121.86\times10^{12}m^3$、可采资源量 $21.81\times10^{12}m$。据 2019 年中国石化“十三五”页岩气资源评价，中国石化探区内页岩气地质资源量为 $28.69\times10^{12}m^3$，可采资源量 $5.48\times10^{12}m^3$，分布以四川盆地为主，其中，四川盆地及周缘页岩气地质资源量为 $16.55\times10^{12}m^3$，占比 58%；从地层看，海相志留系深层、常压、超深层页岩气地质资源量为 $11.64\times10^{12}m^3$，侏罗系、二叠系、寒武系新层系为 $4.9\times10^{12}m^3$；从埋深看，3500m 以浅、3500～4500m、4500m 以深的面积分别为 $6.3\times10^4m^3$、$2.6\times10^4m^3$ 和 $6.9\times10^4km^2$。

四川盆地是我国页岩气开发的主战场，具有构造单元多、分区分块的特征（图 8－1）。烃源层系多，发育震旦系陡山沱组、寒武系筇竹寺组/牛蹄塘组、奥陶系五峰组—志留系龙马溪组、泥盆系—石炭系、二叠系、三叠系和侏罗系等 7 套页岩层系，目前五峰组—龙马溪组、二叠系、侏罗系为页岩气主力层系。四川盆地页岩气具有海—湖相多领域、多类型的特点，既有海相领域的涪陵焦石坝高压型（以焦页 1 井为例）、长宁—威远与威荣深层型（以威 201 井、威页 1 井和丁页 2 井为例）、南川—彭水常压型（以焦页 10 井为例）等页岩气藏（郭旭升等，2014；武恒志等，2019；方志雄，2019；何希鹏等，2020），又有井研—犍为新层系（以金页 1 井为例）、盆外的中扬子宜昌斜坡新区页岩气藏；还有二叠系海相或海陆过渡相新层系、下侏罗统陆相新层系（以涪页 10 井和普陆 1 井为例）页岩气藏。

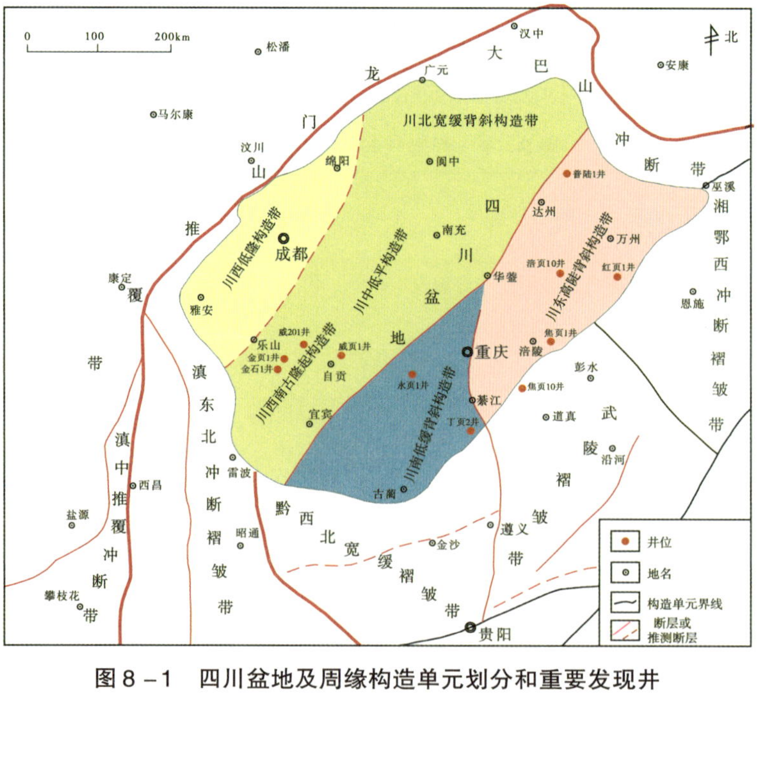

图 8－1　四川盆地及周缘构造单元划分和重要发现井

在四川盆地这个主战场，“十三五”期间中国页岩气进入创新突破与发展快车道，页岩气已成为天然气增储上产重要领域（赵全民等，2019），探明地质储量较“十二五”末增长 2.3 倍，在全国天然气产量占比由 3.6% 增至 8.9%（陈尚斌等，2010）。“十三五”期间中国石化页岩气勘探开发取得突破性进展，页岩气产量实现了跨越式增长。这些辉煌战绩的取得是不容易的。

一、历程曲折屡跨越，涪陵发现举世惊

中国石化页岩气勘探始于 2009 年（蔡勋育等，2021），先后经历了选区评价（2009—2010 年）、勘探评价（2010—2012 年）、开发评价与规模建产（2013 年至今），其历程曲折而又荡气回肠。

（一）页岩气勘探摸索起步，征战彭水初露曙光

页岩气勘探开发一开始就与常规油气很不相同，具备“而今迈步从头越”的豪情！

2009 年 5 月，中国石油化工集团公司在江苏省镇江市举行了“中国石化页岩气选区评价”工作部署会，标志着中国石化开始介入页岩气领域的勘探。借鉴北美页岩气勘探开发经验，建立了中国南方页岩气选区评价体系及标准，优选出页岩气勘探有利区。2010 年 5 月部署实施首口页岩气井——宣页 1 井，同年 12 月优选上扬子地区黔南坳陷实施黄页 1 井，2011 年 5 月在中扬子地区湘中坳陷实施湘页 1 井。有勘探专家形象地说“宣页 1 井是找到页岩，没有找到页岩气；黄页 1 井、湘页 1 井是发现了页岩和少量页岩气”。

一时间，经历了重重困难、万般曲折，中国南方复杂构造区是否有页岩气、页岩气是否是能源陷阱等疑云骤起。2011 年底，强化保存条件和热演化程度评价，优选出彭水区块桑柘坪向斜上奥陶统五峰组—下志留统龙马溪组黑色页岩实施了彭页 1 井；2012 年 6 月彭页 HF－1 水平井测试获页岩气产量 $2.52\times10^4m^3/d$，实现四川盆地外围常压页岩气勘探突破。

通过勘探实践和相关研究，认识到保存条件对页岩气富集具有重要影响，页岩气勘探重点向四川盆地及周缘聚焦，明确了部署方向。

（二）聚焦四川盆地海相，勘探首获重大突破

自 2010 年以来，通过一轮又一轮的勘探评价，正式揭开了笼罩在页岩气上的层层迷雾，迎来柳暗花明的时刻。

根据前期的勘探评价与地质认识，优选四川盆地涪陵焦石坝地区进行页岩气勘探。研究认为该区五峰组—龙马溪组为黑色、灰黑色硅质、碳质富有机质页岩，局部夹含粉砂质页岩，属于深水陆棚沉积相（郑和荣等，2013），有机质含量高，预测优质页岩厚度为 30～50m，热演化程度适中，评价为Ⅰ类勘探有利地区。焦石坝构造为一个宽缓的箱状断背斜，相对稳定，保存条件较好，高点埋深在 2500m 左右，具有较好的页岩气地质条件和工程技术条件，综合评价页岩气成藏富集条件优越，确定为页岩气的重点突破目标。2012 年 2 月部署实施了焦页 1 井，该井在五峰组—龙马溪组底部揭示 38m 厚的优质页岩（TOC ≥2%），页岩有机质类型以Ⅰ型为主；R_o 平均为 2.65%，处于过成熟阶段，以生成干气

为主。储集空间以有机质孔隙为主，孔径为 2 ~ 300 nm，即以纳米级孔隙为主（龙胜祥等，2017）；孔隙度 3.4% ~ 6.98%，渗透率具有水平渗透率高、垂直渗透率低的特点，平均水平渗透率为 $0.25 \times 10^{-3} \mu m^2$，垂直渗透率为 $0.0032 \times 10^{-3} \mu m^2$。页岩脆性矿物含量高，石英含量大于 40%，具有较好的可压性。含气量高达 $5.19 m^3 / t$。页岩气组分以甲烷占绝对优势，平均含量达到 98% 以上，不含硫化氢和一氧化碳。压力系数达 1.55，保存条件优越。焦页 1HF 井完钻井深 3653.99m，水平段长 1007.9m，在水平段中的志留系龙马溪组页岩见良好显示，全烃最高达 30.95%。

2012 年 11 月，焦页 1HF 井水平段分 15 段进行大型水力加砂压裂，试气获 $20.3 \times 10^4 m^3/d$ 高产气流，实现了中国石化海相页岩气勘探战略性重大突破（郭旭升等，2014、2020；郭彤楼等，2014；王志刚，2015、2019；蔡勋育等，2021）。2013 年国家能源局批准设立重庆涪陵国家级页岩气示范区；2014 年在涪陵页岩气田提交了页岩气探明储量 $1067.5 \times 10^8 m^3$，成为中国首个商业开发的页岩气田。“十三五”期间持续加大涪陵页岩气田勘探评价，相继在江东、平桥、东胜—平桥西区块实现规模增储，新增探明储量 $4120.43 \times 10^8 m^3$。截至 2020 年，涪陵页岩气田累计探明储量 $7926.41 \times 10^8 m^3$，成为我国最大页岩气田。

（三）涪陵气田高效建产，立体开发突显成效

有效采出页岩气是我国一项开天辟地的大事件。巨大惊喜之际，如何开发涪陵页岩气田呢？从 2013 年伊始，仅焦页 1 井的情况下怎么开发、单井能不能稳产 1 年？如何规模效益开发，遵循什么样技术流程、标准或规范？当时国内没有可参考、借鉴的先例，国外技术规范也很零星。但是，这难不倒中国石化油气工作者，再难也不是难题、再苦也不算艰苦。面对诸多困难挑战，中国石化持续加大科技攻关力度，历经认识创新、技术攻关、艰苦创业，快速成功地实现规模效益开发。

在涪陵页岩气田的开发评价、规模建产、成功商业开发过程中，创新形成了 3500m 以浅的海相页岩气高效开发五大配套技术体系（王志刚等，2019），走出了一条理论创新、技术自主、装备国产、绿色发展的勘探开发一体化发展之路，促进了中国非常规油气产业的发展（蔡勋育等，2021）。主要体现在：

在地质理论认识创新方面，在涪陵页岩气田焦页 1 井获得商业性突破后，通过对四川盆地及其周缘多口井的解剖分析，郭旭升等（2014）提出了复杂构造区海相页岩气“二元富集规律”认识，即深水陆棚优质泥页岩发育是页岩气“成烃控储的基础”，良好的保存条件是页岩气“成藏控产”的关键；建立了焦石坝页岩气藏“阶梯运移、背斜汇聚、断—滑控缝、箱状成藏”的高产富集模式（郭彤楼等，2014）；认为富有机质泥页岩的发育程度、保存条件、天然裂缝的发育和泥页岩的可压裂性等是下古生界海相页岩气富集高产的主控因素（郭旭升等，2014）。“十三五”期间，通过持续攻关，进一步深化了对四川盆地及其周缘海相页岩气富集高产主控因素认识，并逐步认识到“沉积是基础，保存是关键，压裂是核心”。马永生等（2018）提出优质页岩甜点段具有高 TOC、高脆性、高孔隙度、高含气性的特征，是富集高产物质基础；保存条件是复杂构造区页岩气地质评价的关键因素。可压裂性评价识别工程甜点、明确水平井穿行层位、采用适应性压裂工程工

艺，是获得页岩气高产的核心。纳米级储集空间与赋存状态决定了页岩气具有特殊的渗流特征。

在页岩气开发技术政策方面，涪陵页岩气田属于典型的自生自储式连续型页岩气藏，五峰组—龙马溪组一段页岩可细分9个开发小层，其中，1～5小层属于下部气层、6～9小层为上部气层；基于地震反演技术为主的页岩气“甜点”预测效果较好，与实钻吻合率达到90%以上。同时，结合涪陵开发实践和富集主控因素的认识，建立了海相页岩气开发地质评价体系与参数标准，有效指导了页岩气开发选区评价。通过“四个结合”即地质评价与产能测试、现场试验与产能评价、技术方案与经济评价、国外经验与生产实践结合，创建并逐步完善页岩气开发技术政策（沈金才等，2018）。涪陵页岩气田以下部气层①～③小层为主力气层部署焦石坝一次井网，井距600m。一期产建完成后，通过采用微地震监测、动态分析、压后反演、数值模拟等多种技术相结合，认为区块下部气层600m井距储量总体动用不充分。2017年部署下部气层加密井4口，开展不同分区、不同水平段长以及不同井距的评价试验。通过优化水平井穿行轨迹、水平段长度、井距等参数，先导试验井取得了较好的测试产量，加密井平均测试产量 $21.9\times10^4m^3/d$，平均 EUR 为 $1.1\times10^8m^3$。

在水平井优快钻井与采气工艺技术方面，根据自主创新的山地丛式水平井交叉布井模式，盲区面积减少了85.7%，实现储量控制程度最大化。在快速钻井技术上，研发关键钻井提速工具，以及降摩阻减扭矩的长水平段轨迹控制技术。在长水平段固井技术上，研发了弹韧性水泥浆体系与长水平段水平井固井综合配套技术。通过钻完井工艺不断优化，结合水平井一趟钻技术，涪陵页岩气田钻井周期由89d降至56d，降低了37%，成效显著。通过快速移动钻机及设备配套技术等的研发和集成配套，形成了国内首套复杂山地环境页岩气“井工厂”高效钻井模式，成效明显。针对长水平井分段压裂，通过对压裂改造机理、工艺技术模式和现场实践的不断认识总结，将改造理念由“SRV最大化”逐步转变为目前的“SRV最大化、复杂度最大化、加砂强度最大化”。同时，将“高密布缝+暂堵转向+强化支撑”的新一代压裂技术应用在涪陵页岩气田的开发调整、深层和常压储层之中，其加砂强度等工艺参数显著提升，单井测试产量、EUR得到明显改善。同时，自主研制了全方位整体移运自走式钻机、世界首台3000型压裂泵车、5000型电动压裂车、连续油管作业车、带压作业车等配套大型装备，并全部实现国产化，有力保障了山地环境下长时间、高压力、大功率压裂施工。全电驱压裂设备及配套技术推广应用后，压裂生产运行效率提高近一倍，目前日均压裂平均6段，最高8段，创国内最高纪录；设备减少占地面积23.07%，后期单井可节约成本超过200万元。自主研制的8kN测井牵引器、专用PDC钻头和耐油螺杆、耐高温高压易钻桥塞、140MPa多级射孔工具串等关键工具和材料，实现规模应用，单井压裂综合费用相比初期降低30%左右。在上述基础上，根据页岩气井生产特征，优化形成了气井采气工艺分类方案。针对初始返排低、递减快的一类气井以及初始返排高、递减快的二类气井，依次采用优选管柱、气举和增压开采工艺控制递减；针对初始返排低、递减慢的三类气井，依次采用优选管柱、柱塞/泡排和增压复合工艺控制递减；针对初始返排高、递减慢的四类气井，依次采用优选管柱、柱塞/泡排和复合工艺控制递减。通过全面推广应用排采措施和增压开采，有效延缓老井递减，一期老井综合递减率 20.8%，较自然递减率 41.1% 减少 20.3%，单井平均 EUR 增加 $0.15\times10^8m^3$ 以上，采收率提高 1.3%。

在页岩气立体开发调整技术方面，涪陵页岩气田的生产动态好于开发方案设计的预期，但是，上部气层和下部气层井间的储量动用不充分，证明立体开发是可行的。2018 年以来，已实施的该技术具体包括：在开发层系上，按上部气层和下部气层两套层系开发（图 8-2）。在水平井段穿行位置上，上部气层控制⑧小层底上、下 5m 内；井网加密穿行以①小层为主，结合现有井穿行层位错层调整。在水平井方位上，按照垂直最大主应力方向进行南北向部署。在水平段长度上，以 2000m 为主，结合地面平台适当调整。在平台参数上交叉布井 + 单向布井，尽可能利用老平台。在井距上，同一层系为 300m，上、下部气层投影井距为 150m。通过焦石坝立体开发调整，大幅度提升气田采收率。实施立体开发后，加密井 92 口，平均测试产量 $23.8\times10^4m^3/d$，单井 EUR $0.95\times10^8m^3$；上部气层井 44 口，平均测试产量 $17.3\times10^4m^3/d$，平均单井 EUR $0.8\times10^8m^3$；整体采收率从 12.6% 提升至 23.3%；近期已启动三层立体开发评价试验，整体采收率有望提升至30%～35%；远期通过多层立体开发最大限度地提高储量动用，可提升至 50%。此外，还可以最大限度提高储量动用率、充分利用单一井场多层布井，减少土地占用、地面设施投入提高施工效率，提升总体开发水平和效益。“十三五”期间，涪陵页岩气田在全面开展立体开发调整的同时，创新形成了立体开发调整提高采收率技术体系。

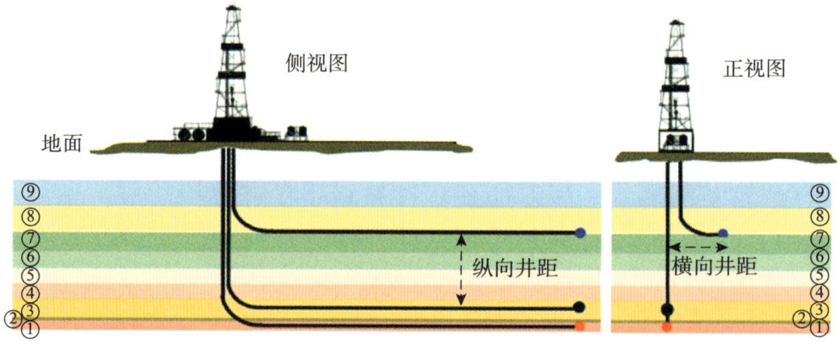

图 8-2　涪陵页岩气田立体开发模式图

总之，2015 年建成涪陵国家级页岩气示范区和 $50\times10^8m^3$ 产能，2018 年 3 月涪陵页岩气田累计建成 $100\times10^8m^3$ 产能。2019 年 11 月，焦石坝一期产建工程获国家优质工程金奖，入选新中国成立 70 周年百项经典工程。2020 年底，涪陵页岩气田累计建成产能 $140\times10^8m^3$ 左右；产量由 2015 年的 $31.6\times10^8m^3$ 上升到 2020 年的 $78\times10^8m^3$，增加了 1.5 倍，累计产气 $369\times10^8m^3$，实现气田持续快速上产。

涪陵页岩气田具有无可比拟的两个优越地质条件，一是具有深水沉积、厚度较大的优质页岩，二是发育独特、宽缓、面积较大的箱状断背斜，保存条件优越。

涪陵举世瞩目，但第二个涪陵在哪里？由于四川盆地及周缘中国石化探矿权或区块存在“边、散、碎”特点，这些区块页岩气富集条件差异大、多位于深层和复杂构造带；加之海相超深层、深层和常压以及陆相、海陆过渡相领域的页岩气地质资源量占比大至 62.8%，超过五峰组—龙马溪组海相中浅层领域的资源量。为此，再找到类似 3500m 以浅、页岩气禀赋极好的第二个涪陵难度增大。面对区块无优势、页岩气地质复杂、增储上产压力空前大等挑战，如何杀出一条光明路?

在这个关键时刻，中国石化在北京组织召开“页岩气新区新层系勘探研讨会”，明确“拓展志留系，攻关寒武系，重新评价认识侏罗系，探索二叠系，研究盆外地区”页岩气勘探工作思路。2013 年开始，中国石化瞄向了涪陵之外的丁山与威远深层、南川—武隆常压和新区新层系，启动了页岩气风险勘探，力争取得更多商业发现。

二、战略构想定大局，风险勘探指方向

战略构想是风险勘探灵魂、战略布局是风险勘探关键。2013 年中国石化提出了“发现第二个涪陵页岩气田”的战略构想。通过一路风险勘探这个“关键招”“撒手锏”，我们脚踏实地、步步辉煌!

（一）拓展志留系，探明深层与常压气田

在涪陵页岩气田商业发现后，中国石化沿着深层、常压两条主线加快风险勘探的节奏，力争勘探大突破、大场面。首先，我们率先走向了深层页岩气。通过地质研究、选区评价，优选丁山、威远—荣县、永川、东溪深层页岩气有利目标，2013 年在丁山—东溪构造带部署丁页 2 井，目的层埋深 4250 ~ 5000m，世所罕见；2014 年在威远隆起南部部署威页 1 井，目的层埋深 3550 ~ 3880m；2 口风险井均在当年取得深层页岩气重大突破，发现国内首个深层页岩气田——威荣页岩气田。进一步，通过对威荣页岩气田深层条件下的吸附/解吸、应力敏感、气液相渗等渗流实验和理论研究，建立了单井可采储量预测经验方法（郭建林等，2016；杨波等，2016；刘杰等，2018；贾爱林等，2019；熊小林等，2019），形成了深层页岩气开发技术政策优化技术。在威荣深层页岩气突破后，在永川地区针对 4000m 深层持续开展攻关评价，部署的永页 1 井取得突破，发现了永川页岩气田。与此同时，在丁页 2 井突破埋深 4000m 的基础上，部署的深层攻关试验井——东页深 1 井测试获31. 18 $\times 10^4 m^3/d$ 高产气流。通过规模增储、技术创新，大胆地部署 4500 ~ 5000m 超深层攻关试验井——綦页深 1 井。其次，深层页岩气重大突破后，我们又马不停蹄地走向常压页岩气。通过三维地震攻关、地质评价，从四川盆地的盆缘南川区块至盆外的 14 个残留向斜等常压区，提出了平桥南斜坡、东胜南斜坡、阳春沟构造带以及武隆、松坎向斜Ⅰ类区，以及桑柘坪、道真向斜Ⅱ类区。2015 年在武隆向斜部署隆页 1 井，2017 年在盆缘南川平桥南斜坡部署焦页 10 井，令人高兴的是，均取得常压页岩气勘探突破，发现了南川常压页岩气田。

综上，深层、常压页岩气相继突破，实现“走出涪陵”战略。

然而，深层、常压页岩气仍将是下一步攻关突破的重点领域，并且已有的勘探开发实践表明，深层与常压页岩气富集高产规律、地质工程双甜点预测和低成本高效开发的工程工艺技术亟待攻关突破（顾志翔等，2017；何骁等，2020；彭勇民等，2020；梁兴等，2020）。

此外，攻关寒武系是指针对寒武系陆内拉张槽和被动大陆边缘两种类型富有机质页岩，提出构造相对稳定、热演化程度较低的井研—犍为、资阳—东峰场、宜昌斜坡和雪峰隆起西北缘是下步勘探有利区，力争重大突破。在井研—犍为区块已取得了重要突破，其中，金石 1 井 2012 年直井压裂测试页岩气 2. 88 $\times 10^4 m^3/d$，2014 年钻探的金页 1HF 压裂

测试产量 $5.95\times10^4m^3/d$。与此同时，针对四川盆地外围寒武系，结合甜点段评价研究，加大黄平—凯里区块矿权协调力度，择机部署实施庄页1井，以期取得突破。

（二）新层勘探重要突破，实现“走出海相”战略

通过加强层序地层学、岩性组合、沉积相、页岩纹理与纹层发育的差异性以及有机碳含量、矿物成分的差异性等基础研究，对四川盆地侏罗系湖相、二叠系海陆过渡相的页岩气形成条件、甜点区与甜点层段优选取得新认识，提出勘探有利目标。

针对侏罗系陆相页岩，四川盆地川东高陡褶皱带拔山寺向斜发育下侏罗统自流井组东岳庙段、大安寨段、凉高山组等多套含油气页岩层系。在涪陵地区大安寨段原有6口评价井的试采分析基础上，明确大安寨段油气藏类型；同时加快涪页4井东岳庙段复查评价，明确元坝地区自流井组大安寨段、涪陵地区自流井组大安寨段和东岳庙段是下步勘探有利层系；并借鉴海相页岩气勘探成功做法，优选岩性相对稳定、成熟度相对较高的东岳庙段，从地质、工程一体化角度部署实施一批风险探井，例如涪页10井、普陆1井等（图8－1），取得了一批勘探重大突破和新发现。2018年，涪页10HF风险勘探井进行32段压裂，测试获日产油 $17.6m^3$、日产气 $5.6\times10^4m^3$，取得四川盆地侏罗系东岳庙段陆相页岩油气重大突破，落实东岳庙段页岩气资源量 $5830\times10^8m^3$、石油资源量 1.68×10^8t。通过该井证实东岳庙段泥页岩厚度较大，其中东一亚段富有机质页岩厚度28.0m，TOC为1.5%～2.0%，孔隙度为5.0%～5.5%，含气量为 $2.5\sim3.0m^3/t$，为甜点层段。与五峰组—龙马溪组海相页岩相比，陆相页岩泥质矿物含量远高于石英等脆性矿物，具有“低杨氏模量、低抗拉强度、泥岩破裂以单一斜面剪切缝为主”的特点。采用“超密布缝体积改造、防嵌入高强度覆膜支撑剂、强效疏水抑敏压裂液”的压裂工艺，取得良好效果。

对于二叠系页岩，四川盆地发育川东北吴家坪组海相和川南龙潭组海陆过渡相两种类型泥页岩沉积，它们是勘探开发潜在层系。通过地质评价，提出川东北是吴家坪组深水陆棚优质页岩有利区，川南綦江—赤水地区是龙潭组海陆过渡相煤系泥页岩有利区，并初步优选出红星等有利目标，部署实施一批风险探井，例如红页1井等（图8－1）。2020年，在鄂西渝东地区部署实施的红页1HF井在吴二段深水陆棚相含气页岩层系测试获日产气 $8.9\times10^4m^3$，取得四川盆地二叠系海相页岩气勘探重要突破，落实资源量 $5084\times10^8m^3$。通过红页1HF井钻探证实，吴家坪组二段岩性以硅质、碳质泥页岩夹灰岩为主，吴二段优质页岩连续厚度19.1m，平均有机碳含量8.8%，孔隙度5.6%，整体具高TOC、高孔隙度的特征；孔隙类型以有机孔为主。与五峰组—龙马溪组相比，吴二段页岩TOC含量高，优质页岩厚度薄，硅质、碳酸盐含量高，黏土矿物含量低，具有较好的页岩气源储配置和可压性工程技术条件。此外，四川盆地南侧部署实施的山页1井龙潭组煤系地层气测显示活跃，也展示出一定的勘探潜力。

（三）研究盆外地区，实现“走出四川盆地”战略

中扬子宜昌地区志留系底界整体为一向北西抬升的单斜构造，构造相对简单，保存条件相对较好。宜志页1HF井钻探揭示，五峰组—龙马溪组下部以深水陆棚沉积为主，其中优质页岩厚19.6m，有机碳含量平均3.19%，R_o 平均1.96%～2.49%；以有机质孔隙为

主，平均孔隙度3.9%，平均含气量$3.02m^3/t$。受早期宜昌隆起的影响，该地区优质页岩厚度较焦石坝地区明显减薄。宜志页1HF井压裂后测试，火焰高1.5m，有望实现中扬子新区页岩气勘探新突破、“走出四川盆地”的战略部署。此外，自然资源部部署实施的鄂宜页2井试气长度610m，分10段压裂，总液量$14973.4m^3$，获产量$3.15\times10^4m^3/d$，取得了勘探突破。

值得一提的是，除宜昌斜坡新区外，通过东北梨树断陷白垩系、桂中石炭系页岩气形成条件、甜点层段与甜点区优选新认识，部署了梨页1井、宜页1井，落实梨树断陷下白垩统营城组一段陆相页岩、宜州区块北部石炭系鹿寨组海相页岩的含气性和资源潜力。

至此，页岩气勘探领域不断拓展，中国石化“走出涪陵、走出海相、走出四川盆地”三大战略转变基本实现。

下面以涪陵商业发现后的页岩气风险勘探为主线，重点阐述四川盆地深层页岩气田、常压页岩气田的发现、理论和技术创新认识。

第二节　创新认识闯禁区　川南深层新突破

中国石化深层页岩气风险勘探始于2013年，在此之前仅美国在Haynesville、Delaware、Mancos/Hillard等部分盆地和地区开展了勘探，国内尚未针对性开展深层页岩气勘探工作。四川盆地虽有个别埋深超过3500m的页岩气井，如阳101井（2011年）、来101井（2012年）等在龙马溪组有所发现，但测试产量较低，未形成商业产能，并且没有针对深层页岩气开展专项研究和部署。

一、集中攻关探深层，盆内盆缘双突破

（一）调研摸底深层，坚定探索信心

受美国页岩气革命的影响，中国石化从2009年开始了页岩气的研究和探索，2012年焦页1HF井试获高产工业气流，实现涪陵中深层页岩气勘探突破（郭旭升，2014），极大鼓舞了页岩气大发现的信心，提出了“发现第二个涪陵页岩气田”的战略构想。

为了迅速摸清中国石化探区页岩油气资源“家底”，指导页岩气风险勘探，组织开展了四川盆地及周缘页岩气调查评价和资源摸底，并专门编制了《中国石化页岩油气资源评价及选区专项技术方案》。在此方案的指导下，中国石化在川的油气分公司开展了各自矿权的海相页岩气资源摸底调查。通过资源评价发现，虽然四川盆地及周缘五峰组—龙马溪组深水陆棚相优质页岩广泛发育，资源丰富，勘探潜力巨大，但在中国石化矿权内，绝大部分资源分布在埋深大于3500m的区域，深层页岩气资源约占总资源的78.6%。

当时北美深层页岩气尚处于勘探早期阶段，国内更没有深层页岩气勘探开发经验可以借鉴，中国石化敢为人先，勇于探索，以高度的责任感和紧迫感，围绕国家能源发展战略，不等不拖不靠，迎难而上。于2012年底调整了页岩气的勘探思路，提出了“聚焦大川南、整体评价、规模效益、突破深层”的发展战略部署。

（二）强化区带评价，锁定勘探目标

2013 年初中国石化展开了针对四川盆地及周缘五峰组—龙马溪组深层页岩气选区评价工作，建立了页岩气资源评价和选区评价的方法和标准，从构造特征、保存条件、储层厚度、地化特征、资源量、可压性等方面开展了系统的目标评价和选区工作。通过对各区的构造位置与形态、目的层埋深、有利沉积相带、主要烃源岩层系厚度、品质及分布的对比分析，以页岩品质为基础、以保存条件为核心、以经济性为前提，对四川盆地中国石化矿权范围内五峰组—龙马溪组的目标进行优选，形成了盆缘、盆内两个深层页岩气战略选区方向（图 8 – 3），发现了荣昌—永川、威远—荣县、焦石坝深层、丁山、南天湖、赤水、仁怀、平桥等 10 余个有利区，最终优选焦石坝深层、威荣、永川、丁山、南川、仁怀为第一批深层页岩气勘探目标。

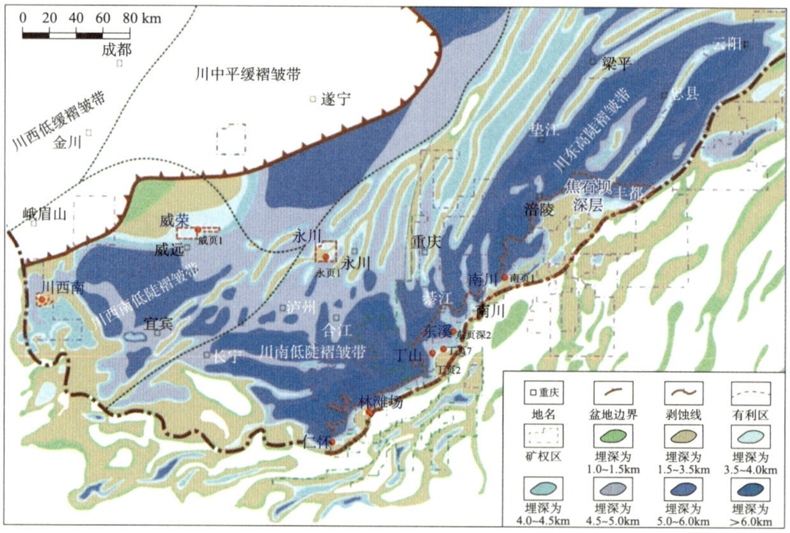

图 8 – 3　中国石化川南地区页岩气勘探部署

针对优选出的目标，中国石化提出了强化技术攻关，盆缘、盆内两个区带并进，分三个层次推进的战略规划。第一层次：甩开勘探，焦石坝深层加快甩开深层勘探步伐。第二层次：风险勘探，一是丁山构造深层在利用老井的基础上加快风险探井实施，力争取得新区深层勘探突破；二是荣昌—永川、威远—荣县、南川、仁怀区块风险探井部署，力争早日实施。第三层次：积极准备，加强建南、赤水、盐井、五指山、镇巴、南江等地区基础研究工作，进一步优选目标，成熟一个部署一个。2013 年率先在丁山地区利用老井隆盛 2 井加深部署第一口深层页岩气探井丁页 2 井，正式拉开了深层页岩气风险勘探的序幕。

（三）推进风险勘探，深层喜获突破

1. 走出中深探深层，盆缘区带首突破

为了落实盆缘地区五峰组—龙马溪组深层页岩气资源潜力，力争实现新的突破，于 2013 年在丁山鼻状构造轴部的低缓部位，利用老井（隆盛 2 井）加深实施风险探井丁页 2HF 井。隆盛 2 井是以探索石牛栏组礁滩相为目的的常规探井，具备加深探索深层页岩气的条件。

2013年6月导眼井于4418m完钻，首次获得了盆缘川南地区深层页岩气完整的岩芯实物资料。通过详细实验分析，提升了深层页岩气地质认识，随后实施了1034.23m水平井（丁页2HF井），之后借鉴涪陵焦石坝的中深层压裂经验，分12段进行大型水力压裂测试，获稳定测试产量$10.42\times10^4m^3/d$，率先实现了深层页岩气勘探突破。丁页2HF井不仅是中国石化第一口埋深超过4000m的页岩气探井，也是国内当时埋深很大的页岩气探井（垂深4418m），该井的成功证实了深层页岩气巨大的勘探潜力，引领和示范作用突出，对国内深层页岩气勘探具有重要的指导意义。

然而，尽管丁页2HF井取得了深层页岩气勘探突破，但是在当时技术条件下未能解决好深层页岩气压裂所面临的施工压力高、复杂缝网形成难度大、加砂难度大、长期导流能力维持难度大以及裂缝纵横向延伸困难等诸多难题，也带来了深层页岩气压裂设备、压裂试气工具、压裂工艺技术、压裂液体系等多方面多领域的挑战。

丁页2HF井的突破极大鼓舞了深层页岩气勘探的信心，2013年9月中国石化分别在重庆南川和四川古蔺部署了盆缘区带深层页岩气的风险探井南页1井（4465m）和仁页1井（4250m）。两口探井均钻遇龙马溪组优质页岩，但由于盆缘保存条件的变化，最终未获得突破，深层页岩气风险勘探第一轮探索陷入困境。

2. 勇敢挑战新禁区，威荣永川新突破

面对盆缘区带深层页岩气勘探困境，中国石化敢于直面挑战，开启了以盆内深层页岩气风险勘探为主的第二轮探索。通过开展川南地区沉积相带及评价参数的系统编图、突破区地质条件类比，测井建模、二维地震解释以及优质页岩分布预测等工作，克服了无钻井、无露头、资料匮乏等诸多困难，于2014年3月，在威荣、永川地区分别论证部署了深层风险探井威页1（HF）井和永页1（HF）井。通过精心组织和精细管理，威页1井至2015年3月于井深3580m完钻，获取了盆内深层页岩气完整岩芯实物资料。随后论证部署了1050m水平井——威页1HF井，完井后对水平段实施了16段42簇泵送桥塞分段压裂，在井口套压26.2MPa下，试获$17.5\times10^4m^3/d$的高产工业气流，无阻流量$22.00\times10^4m^3/d$，发现了五峰组—龙马溪组深层页岩气藏，实现了盆内深层页岩气勘探重大突破（唐建明等，2021）。永页1井按相同的流程实施，2015年5月导眼井3926m完钻，其后侧钻永页1HF井，水平段长1500m，完井后对水平段实施了23段、62簇压裂。2016年2月在井口压力20.4MPa下，试获$13.66\times10^4m^3/d$稳定高产工业气流，无阻流量$20.72\times10^4m^3/d$，实现了永川地区深层页岩气勘探重大突破。两口井测试后及时进行了试采，结果表明，威页1HF（累产$1578.41\times10^4m^3$，258d）、永页1HF井（累产$2354.81\times10^4m^3$，258d）分别达到邻区中深层页岩气井中－高产井的水平，突显出深层页岩气良好的商业价值。

盆缘丁山、盆内威荣与永川深层页岩气风险勘探的重大突破，拓展了页岩气勘探新领域，进一步证实了深层页岩气良好的地质条件和资源潜力，展现了深层页岩气良好发展前景，同时也更加坚定了中国石化对深层页岩气的勘探信心。

（四）整体评价部署，高效商业发现

为进一步提高单井产量和EUR，把勘探突破转化为商业发现，中国石化启动了威荣、永川整体评价工作。

威荣地区按照“整体部署、分步实施、评探结合、落实资源、优化工艺、评价产能”的工作思路，2015 年 10 月部署实施了 144km^2 三维地震勘探工作；2016 年 5 月，在三维地震资料落实了“甜点”区的基础上，部署了 5 台 10 井评价井（组），以进一步查清页岩气储层分布、落实资源、评价产能。实施过程中，坚持思路创新、技术创新，通过狠抓储层精细评价、科学优选水平井靶窗、多学科协同精确控制水平井轨迹、以提高有效改造体积为核心强化压裂工艺攻关，搞清了储层、优选了靶窗、突破了瓶颈。至 2017 年 3 月，整体评价取得重大成果：5 口评价井相继完成压裂测试并获得高产（图 8－4），平均单井测试产量 $17.24\times10^4m^3/d$，特别是威页 23－1HF 井（3823m）在井口压力 35.4MPa 条件下，测试产气 $26.0\times10^4m^3/d$，无阻流量 $38.0\times10^4m^3/d$，首次实现了盆内深层页岩气重大商业发现。

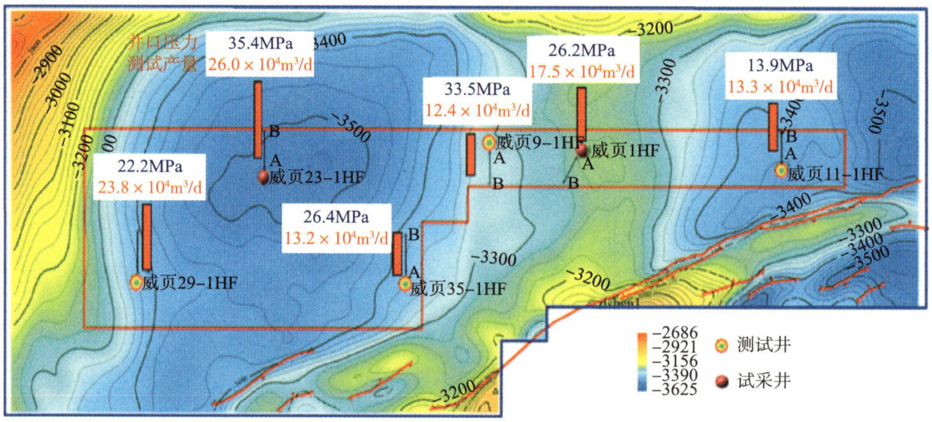

图 8－4　2016 年威荣页岩气钻井分布及成果

威荣地区通过整体评价，深化了地质认识，推进了测井建模、地震预测等工作，加快了储量计算、气藏工程及开发概念设计研究。2018 年 3 月，威荣地区向自然资源部提交《威荣页岩气田五峰组—龙马溪组一段（$O_3w－S_1l^1$）新增页岩气探明储量报告》并获得评审通过，成功提交了我国第一个千亿立方米级深层页岩气探明储量，成为中国页岩气探明储量超过万亿立方米的里程碑事件，获中国地质学会 2018 年度“十大地质找矿成果奖”。同年 8 月正式获批启动威荣页岩气田产能建设，使其成为中国第一个实现规模商业开发的深层页岩气田。

永川地区在永页 1HF 井实现勘探突破后，中国石化按照“深化研究、整体部署、先易后难、分步实施”的思路开展整体评价，于 2015 年 10 月部署实施三维地震 120km^2，以地震“甜点”预测为支撑，在永川南区部署实施永页 5－1HF 评价井，并在永页 1 井平台实施井组评价（1 台 4 井）。2019 年永川探区永页 1 井区提交五峰组—志留系龙马溪组一段探明地质储量 $234.53\times10^8m^3$，成为中国第二个提交深层页岩气探明储量，并实现商业开发的深层页岩气田。

（五）深化评价认识，助力深层开发

威荣、永川深层获得商业发现后，于 2018 年、2019 年先后编制气田开发方案。按“整体部署、先易后难、分步实施、效益开发”的原则与思路开展产建工作，计划于 2022

年底完成全部产能建设。

在威荣、永川深层页岩气产建过程中，围绕高产稳产目标组织研究攻关。评价上开展了以水平井靶窗优选为核心的储层精细评价工作（武恒志等，2019）。通过开发小层划分、有利微相及岩相识别、岩芯纹层级描述，由粗到细、好中选优，寻找页岩优质储层，并突出工程甜点的评价。预测上以岩石物理分析为基础，井震结合，精细刻画甜点分布。钻井上准确把握产建区工程地质条件，推广应用钻井新技术、新工具、新参数。压裂改造上转变深层页岩气压裂理念，聚焦提高有效改造体积，优化形成压裂新工艺。管理上依托信息平台，地质—物探—工程一体化信息共享、密切结合，压实“现场→项目部→分公司”“三层次”主体责任，助力深层页岩气低成本效益开发。

（六）持续攻坚克难，产能再创新高

在盆内威荣、永川深层页岩气商业突破后，中国石化攻坚克难，持续在盆缘区带开展深层页岩气攻关。为加快深层页岩气勘探步伐，于 2016 年底—2018 年初先后在丁山部署实施丁页 4 井（3731m）、丁页 5 井（3818m），东溪部署实施东页深 1 井（4228m）等 3 口深层页岩气井（图 8－5）。丁页 4HF 井水平段长 1234m，压后测试产量达到 $20.56\times10^4m^3/d$；丁页 5HF 井水平段长 1520m，压后测试产量达到 $16.33\times10^4m^3/d$；东页深 1HF 井水平段长 1452m，压后测试产量达 $31.18\times10^4m^3/d$。实现了盆缘区带深层页岩气产能新突破，新发现东溪深层页岩气区。

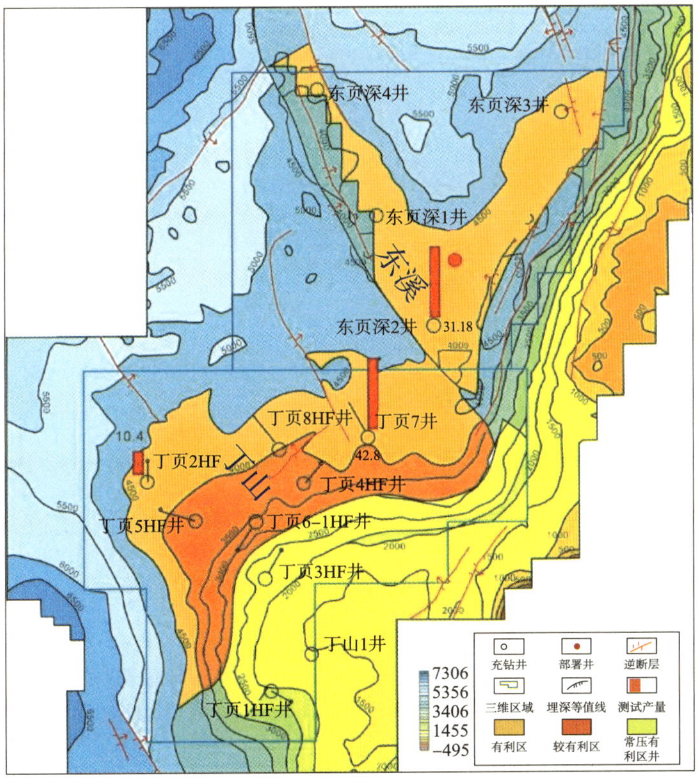

图 8－5　丁山—东溪地区勘探开发形势图（测试产量单位为 $10^4m^3/d$）

2019—2022 年，为扩大成果，整体控制盆缘区带深层页岩气富集区，探索不同构造样式的高产富集条件，持续开展深层页岩气压裂工程工艺技术攻关，先后部署实施了林页 3 井（林滩场，4109m）、东页深 2 井（东溪，4223m）、丁页 7 井（丁山，4120m）、石页 1 井（石龙峡，4613m）等探井，并在东溪设立了深层页岩气试验区。其中东页深 2 井、丁页 7 井分别获得 $41.20\times10^4m^3/d$、$42.80\times10^4m^3/d$ 的高产工业气流，证实了不同构造部位的含气性，测试产能再创新高，并进一步落实了盆缘区深层页岩气资源规模潜力，丁山—东溪两个千亿立米米级深层页岩气田整装探明的条件日趋成熟。

2021 年，基于取得的评价认识和工程工艺技术的进步，为持续扩大含气面积，中国石化对 4500～5000m 超深层领域部署了攻关试验井，准备探索超深层页岩含气性、产能及工程工艺技术适应性，推动整个四川盆地龙马溪组超深层页岩气勘探，目前已部署实施綦页深 1 井，设计井深 4911.00m，吹响了向 5000m 超深层进军的号角。

二、深化研究强基础，理论认识再创新

（一）地质特征摸清楚，工程实施有侧重

分析四川盆地深层页岩气基本特征，结合威荣、永川、丁山等深层页岩气勘探开发实践，认识到深层页岩气有以下三个方面的特点（表 8－2）。

表 8－2　深层与中深层页岩气地质工程条件对比

类别	区块	深层			中深层
		威荣	永川	丁山—东溪	焦石坝主体
地质参数	深度/m	3550～3880	3700～4200	3500～4500	2300～2900
	优质页岩厚度/m	27～37	26～39	28.9～36.11	38～44
	含气量/(m^3/t)	6.5～8	4.99～9.6	4.18～6.69	4.74～5.69
	硅质含量/%	36.15～39.3	43.25～49.06	37.8～50.3	43.78
工程参数	杨氏模量/GPa	19.7～23	18.4～31.2	21.4～42.4	35～48
	泊松比	0.21～0.25	0.19～0.23	0.19～0.26	0.19～0.24
	垂向应力/MPa	81.8～97.7	75～115	88～111	55.2～69.6
	最大水平应力/MPa	88.6～108.4	80～125	86.5～123	55.8～66.6
	最小水平应力/MPa	75.4～93	70～105	71.7～105	50～62
	水平应力差/MPa	12.1～19.6	10～20	14.8～18	6～8.5
	应力差异系数	0.15～0.22	0.14～0.3	0.16～0.2	0.1～0.11

一是深层页岩的形成条件与中深层相似，同样具有良好的物质基础，即形成页岩气藏的厚度、有机碳含量（TOC）、矿物组成上基本相似，同一沉积环境下的页岩 TOC 差异不大，脆性矿物含量亦有相似的变化规律。

二是深层页岩气优质页岩孔隙度、含气量都要高于中深层，孔隙度、含气量随埋深的增加而增大。相同相带内页岩孔隙度、含气量与成岩演化过程中的埋深及保存条件关系密

切。在相似地质条件下，埋深越大保存条件往往越好，游离气逸散受限，表现出“三高”（压力系数高、游离气占比高、含气量高）特点。如丁山深层丁页5井（3818m）地层压力系数为1.47，游离与吸附比为71.5：28.5。

三是与中深层页岩相比，深层页岩工程地质条件复杂，特别是应力特征和可压性特征与中深层差异特别大。随着埋深的增加，一方面页岩力学性质中的杨氏模量参数急剧减小（表8-2），导致力学脆性指数降低，塑性增加，可压性变低；另一方面三向应力（垂向应力、最大主应力、最小主应力）随着埋深的增加而增大，导致页岩高地应力、高破裂压力，水平两向应力差值增加，这共同引起压裂改造的施工压力大、加砂难度大、难以形成复杂缝、改造体积有限、有效导流能力难以保持等一系列问题；同时四川盆地不同地区受地史时期以来不同的构造抬升的影响，使得不同改造程度地区的应力状态和地应力梯度存在明显差异性，且差异还特别大，如古构造周缘型的威荣地区受加里东期古隆起的控制，地应力梯度明显较控盆断裂周缘型（盆缘构造带）的丁山低，应力状态总体为拉张走滑态、走滑态两种，改造施工时压裂液易横向扩展，从而易引起套变、压窜等意外情况影响气井产量；丁山地区现今仍持续受雪峰隆起、黔中隆起挤压应力影响，深层和浅层的地应力梯度差异明显（图8-6）。

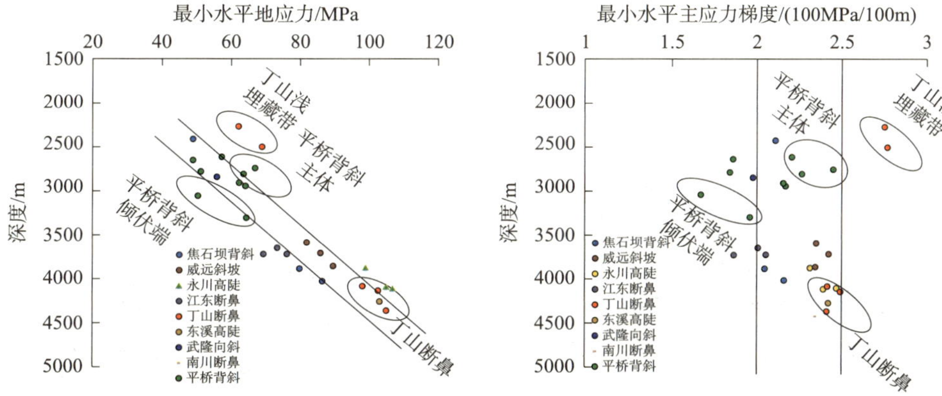

图8-6 不同地区不同埋深应力特征

总之，深层页岩气整体上具有“一有、两优、四高”特征，即物质基础有保障，孔隙性、含气性更优，高地应力、高破裂压力、高水平应力差、高塑性的地质、工程特征，制约气井高产的关键因素在于如何克服深层工程地质条件带来的困难。因此需要持续深化深层页岩气地质及工程甜点的认识，进一步明确富集高产主控因素，优化评价方法、攻关工艺技术方能促进高质量勘探和效益开发（郭旭升等，2020；何骁等，2020）。

（二）三元三控超压富气，实验模拟破岩造缝

1. 深层页岩气超压富气机理

围绕页岩气富集规律问题，许多学者针对涪陵页岩气田富集模式进行了较为深入的研究，一致认为保存条件是关键（郭旭升等，2014；郭彤楼等，2014）。郭旭升等（2014）在前期认识的基础上，结合焦石坝地区勘探开发成果，总结页岩气富集规律，提出了四川盆地南方海相复杂构造区页岩气“二元富集”理论，有效指导了四川盆地特别是盆缘地区

的勘探实践。但深层页岩气，特别是一些超深的过路井发现龙马溪组页岩埋深达6000m依然发育高孔优质储层，其机制机理不清，为此在“二元富集”理论的基础上进一步深化研究，提出了深层页岩气“超压富气机理”新认识（郭旭升等，2020）。新认识包括深层深水陆棚相页岩孔隙发育与保持机理、深层页岩气赋存机理两部分。

1）深层深水陆棚相页岩孔隙发育与保持机理

研究发现，“石英抗压保孔”和“储层流体超压”联合作用是深层页岩孔隙得以发育和保持的关键。与中深层页岩气相似，深层页岩气同样具备富集高产的基本地质条件。盆缘丁山地区实钻井揭示，保存条件较好的丁页4、丁页5、东页深1等井深层页岩气层压力系数分别为1.45、1.47、1.85。平均孔隙度分别为5.90%、4.78%、6.34%（表8-3），有机质孔发育，面孔率高，一般为10%~40%（图8-7、表8-3）。平均含气量分别为5.17m^3/t、6.16m^3/t、5.06m^3/t；总体具有“高地层压力系数、高孔隙度、高含气量”的“超压富气”特征。

表8-3　深层与中深层页岩气井目的层段关键参数对比

井名	焦页1井	东页深1井	丁页5井	丁页4井	威页1井	永页1井
埋深/m	2415	4228	3818	3731	3580	3941
孔隙度/%	4.65	6.34	4.78	5.90	4.2	5.35
含气量/(m^3/t)	5.85	5.06	6.16	5.17	7.3	6.85
压力系数	1.55	1.85	1.47	1.45	1.94	1.77

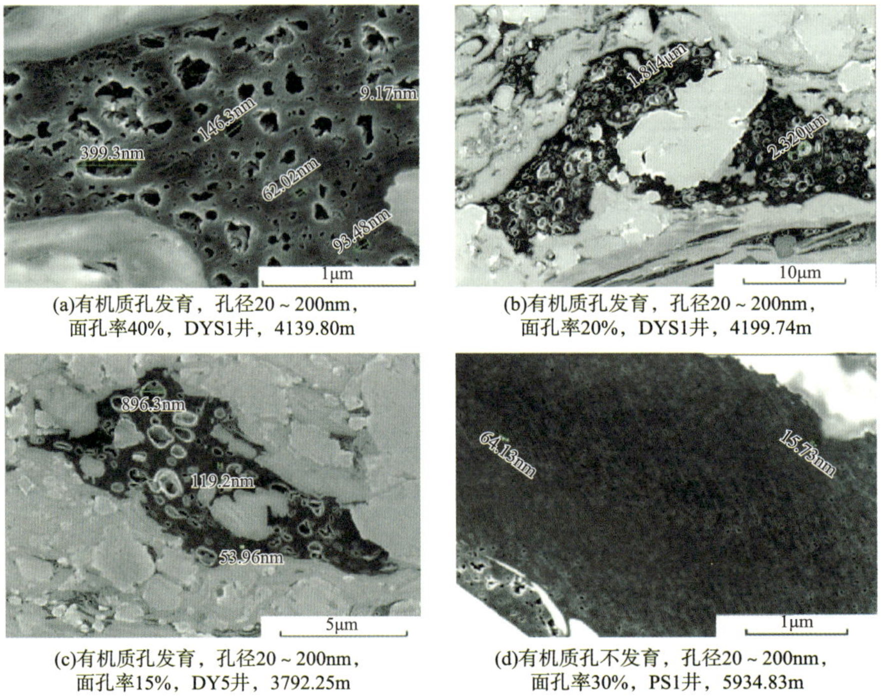

(a)有机质孔发育，孔径20~200nm，面孔率40%，DYS1井，4139.80m

(b)有机质孔发育，孔径20~200nm，面孔率20%，DYS1井，4199.74m

(c)有机质孔发育，孔径20~200nm，面孔率15%，DY5井，3792.25m

(d)有机质孔不发育，孔径20~200nm，面孔率30%，PS1井，5934.83m

图8-7　五峰组—龙马溪组深层页岩气优质页岩储集特征照片

五峰组—龙马溪组优质页岩发育于深水陆棚相环境，页岩层中见大量放射虫、海绵骨针等生物化石，硅质含量高。页岩中孔隙度的发育与硅质矿物含量具有良好的正相关性（图8-8），生物成因的硅质含量是影响优质页岩孔隙度的重要影响因素（郭旭升等，2020）。成岩演化研究表明随着成岩作用加强，深水陆棚相生物成因的硅质（蛋白石A）在埋藏成岩早期会转化成高硬度微晶石英（图8-9），高硬度石英抗压实作用强，为优质页岩储集层早期原油充注以及纳米级蜂窝状有机孔的发育和保持提供了空间和保护，是有机孔得以保存的关键因素（郭旭升等，2020）。因此深水陆棚相生物硅质对于页岩有机质孔的形成、保持具有重要的作用。

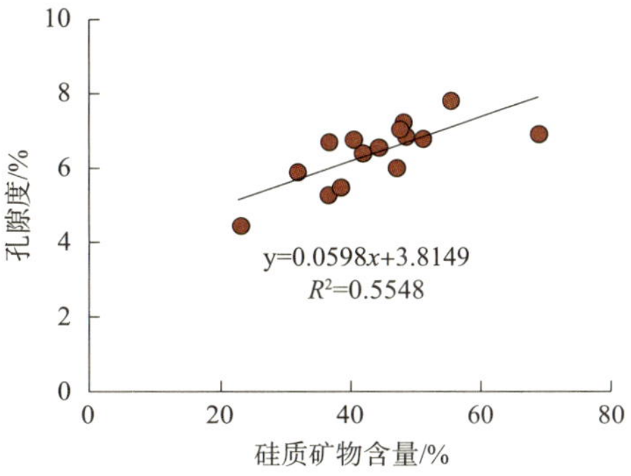

图8-8　东页深1井硅质含量与孔隙度关系

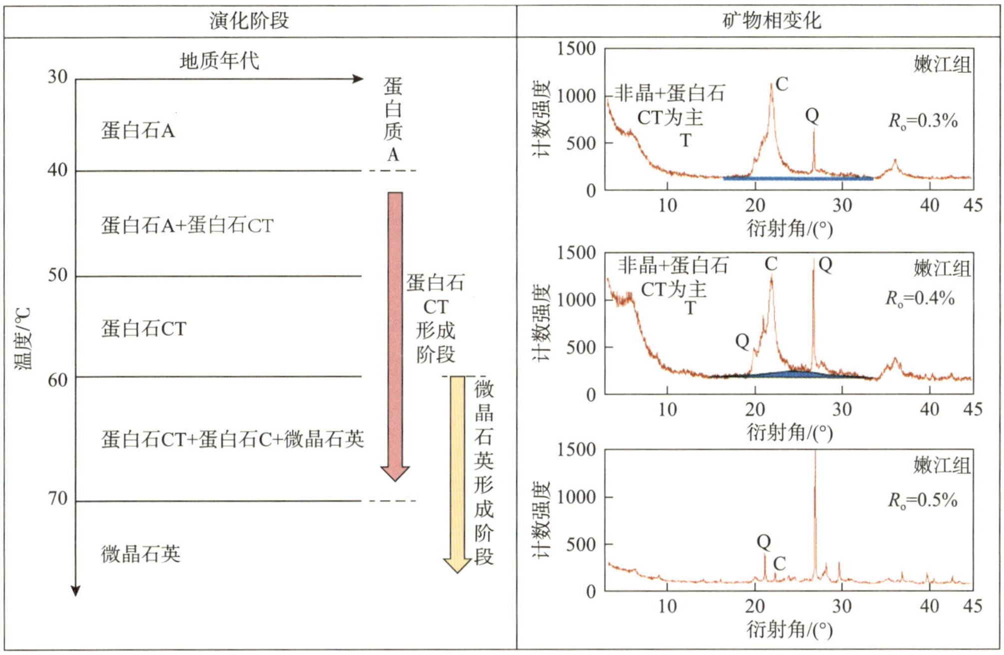

图8-9　蛋白石CT向石英晶体转化演化阶段

C—方英石；Q—石英；T—磷石英

深层页岩储层超压有利于有机质孔的保持，超压对于页岩孔隙的发育与保持具有明显的保护作用，它能抵消部分上覆地层有效应力对页岩储层的机械压实，从而使已形成的有机质孔保存下来，有利于有机质孔的维持。超压页岩气层压力系数高、含气量较高，则孔隙度明显较大（图8-10）；而保存条件较差的井，压力系数、含气量明显较小，孔隙度同样较小；典型的仁页1井，该井保存条件较差，压力系数小于1.0，优质页岩实测孔隙度平均小于1%。这也进一步证实了深层非超压条件下有机孔隙不能有效保存（郭旭升等，2020）。

在“石英抗压保孔”和“储层流体埋深超压”联合作用下，近期发现了普顺1井五峰组—龙马溪组埋深近6000m的优质页岩（5923.5~5967.5m）依然具有高孔、有机质孔发育的特征，优质页岩厚44m，平均TOC为3.66%、孔隙度为5.22%，孔隙结构与中深层、深层相似。

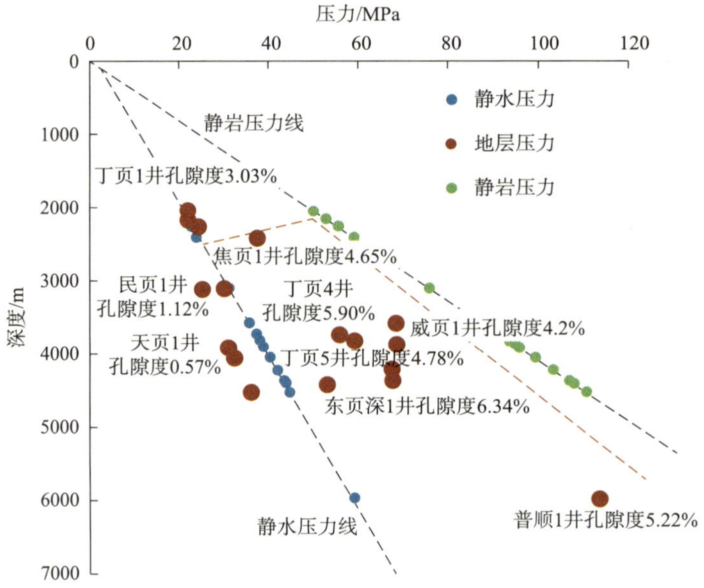

图 8－10　不同井页岩孔隙度与埋深关系

2）深层页岩气赋存机理

研究表明盆内深层深水陆棚相优质页岩气层后期抬升改造弱，剥蚀量少，保存条件好，普遍具有高压—超高压特征。深层页岩气在超压情况下，以游离气为主，利于产出。焦页 1 井模拟不同埋深及不同压力系数下吸附气和游离气的变化规律表明，五峰组—龙马溪组页岩随着埋深增加，吸附气呈现先增大，在埋深 1000m 后明显减小的趋势；而游离气量则表现出随着埋深、压力系数增大而不断增大的趋势（图 8－11）。表明埋深越大，越有利于游离气的富集；压力系数越大，游离气量越大、游离与吸附比越高。在有利保存条件下，页岩中的游离气比例随埋深和地温增大而增加，深层页岩中的游离气占比高，有利于开发产出。

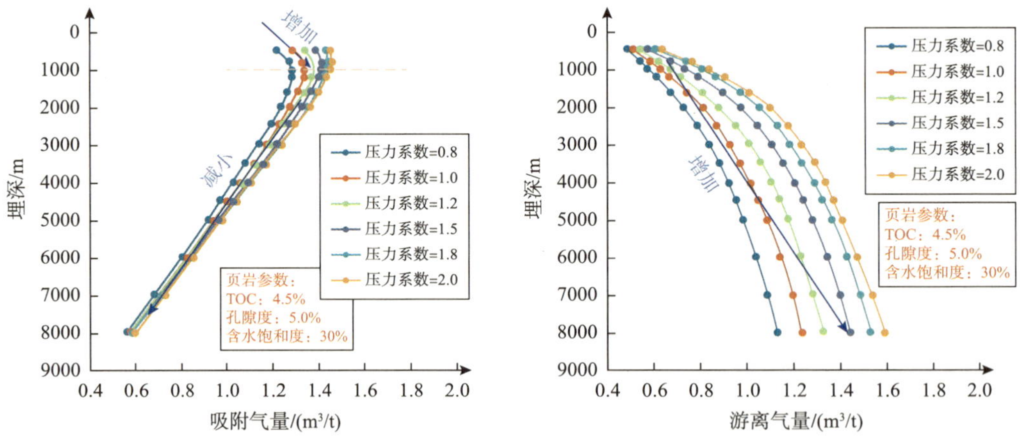

图 8－11　不同埋深下页岩吸附气－游离气变化曲线

2. 深层页岩气富集高产主控因素

四川盆地深层页岩气的勘探实践表明，深层页岩气随着埋深的增加，构造抬升、断裂作用对页岩顶底板、自封闭性及盖层的影响有限，保存条件大多数情况下已不是深层页岩气富集的主控因素。深层页岩气面临的是复杂的演化史（沉积埋藏史、成岩演化史、孔隙演化史、生烃史和成藏史），以及页岩气埋藏深度增加所导致的地层压力变化、页岩岩石物理性质由脆性向塑性转换等一系列的复杂问题，为此提出了深层页岩气“相带控源、适演控富、优储控产（三元三控）”富集高产新认识（唐建明等，2021；魏力民等，2020），明确了富集高产主控因素。

1）有利相带控源

有利沉积微相是页岩气富集和高产的物质基础。优质相带包含两层含义：一是有利的沉积微相，二是优势的岩石相，两者有机统一，才是优质相带。有利的沉积微相不仅控制着页岩气烃源灶的形成演化及分布，也控制着以有机孔发育为特征的页岩气优质储层的分布，其核心是高有机碳含量。页岩气要获得高产必然需要好的压裂效果，而压裂效果则是由岩石相决定的，其核心就是高脆性。

四川盆地龙马溪组有利沉积微相为生物硅质深水陆棚微相（焦石坝）和含钙硅质深水陆棚微相（威远、长宁）（表8－4）。硅质页岩总有机碳含量平均在4%以上，孔隙度达5%以上；实验分析表明，有机孔孔隙所占总孔隙的比例高达73%～87%，说明生物硅质和含钙硅质深水陆棚沉积微相是龙马溪组页岩气形成富集的重要基础（史洪亮等，2019）。同时富有机质硅质深水陆棚沉积微相对应的岩石相分别为富碳高硅页岩岩石相（焦石坝）与富碳含钙高硅页岩岩石相（威远、长宁），两类岩石相基于岩石力学参数（杨氏模量、泊松比）计算的脆性指数均较其他微相高，对应的水平主应力差异系数均较其他微相低（表8－4），表明以优质相带为基础的页岩更易被压裂，更易形成网络裂缝，也更易获得高产。

表8－4　川南（威荣）龙马溪组页岩微相参数统计

沉积微相	岩石相	TOC/%	孔隙度/%	脆性矿物/%	脆性指数（岩石力学）	水平主应力差异系数
含钙黏土质深水陆棚	中碳含钙高黏页岩岩石相	1.8	3.4	51.45	0.36	0.18
钙质黏土质深水陆棚	高碳中钙中粘页岩岩石相	2.72	4.82	58.42	0.44	0.16
含钙硅质深水陆棚	高—富碳含钙高硅页岩岩石相	2.85	5.13	53.78	0.44	0.13
生物硅质深水陆棚	富碳高硅页岩岩石相	4.58	6.15	60.45	0.48	0.1

2）适宜演化控富

页岩演化包括了地质过程中的成岩演化与构造演化两部分。成岩演化又可分为有机质生烃演化和储层孔隙演化。构造演化主要指页岩层系的埋藏与抬升过程，构造演化控制成岩演化。页岩储集空间、资源储量、岩石物理性质等均受到一定演化条件的控制，适宜的演化条件是页岩气富集高产的重要保障（庞河清等，2019），主要体现在以下三个方面：

一是持续深埋藏作用为页岩气的形成提供资源保障。持续埋藏作用将会引起页岩中有机质成熟生烃、岩石压实与矿物转化及岩石孔隙空间等一系列变化，而页岩气的资源量则受有机质成熟阶段、生烃潜力和页岩物性（孔隙度、渗透率）的控制，川南地区龙马溪组深层页岩经过长时间持续深埋作用，热演化程度高，经历了液态烃裂解成气，烃类气体集中大量生成阶段，为页岩气的形成提供资源保障。

二是适宜的生烃演化控制着页岩气的储集空间。通过对川南龙马溪组页岩基质孔隙类型研究及其构成测算，结合页岩地球化学条件及孔隙演化特征分析认为，在地史时期川南龙马溪组页岩孔隙度演化经历了压实、生烃、超压、溶蚀（成岩）等多重作用，生烃作用中的热演化程度为最重要的因素。处于生气高峰期的富有机质页岩对孔隙度具有明显的增加效应。通常情况下，随着成熟度升高，页岩孔隙度会出现先增大、后减小现象。生烃过程形成的有机质纳米孔隙是深层富有机质页岩孔隙度增加的主要因素。随着 R_o 增大，气态烃大量生成，有机质孔空间增多，极大增加了页岩中—微孔的孔体积（图 8－12）。

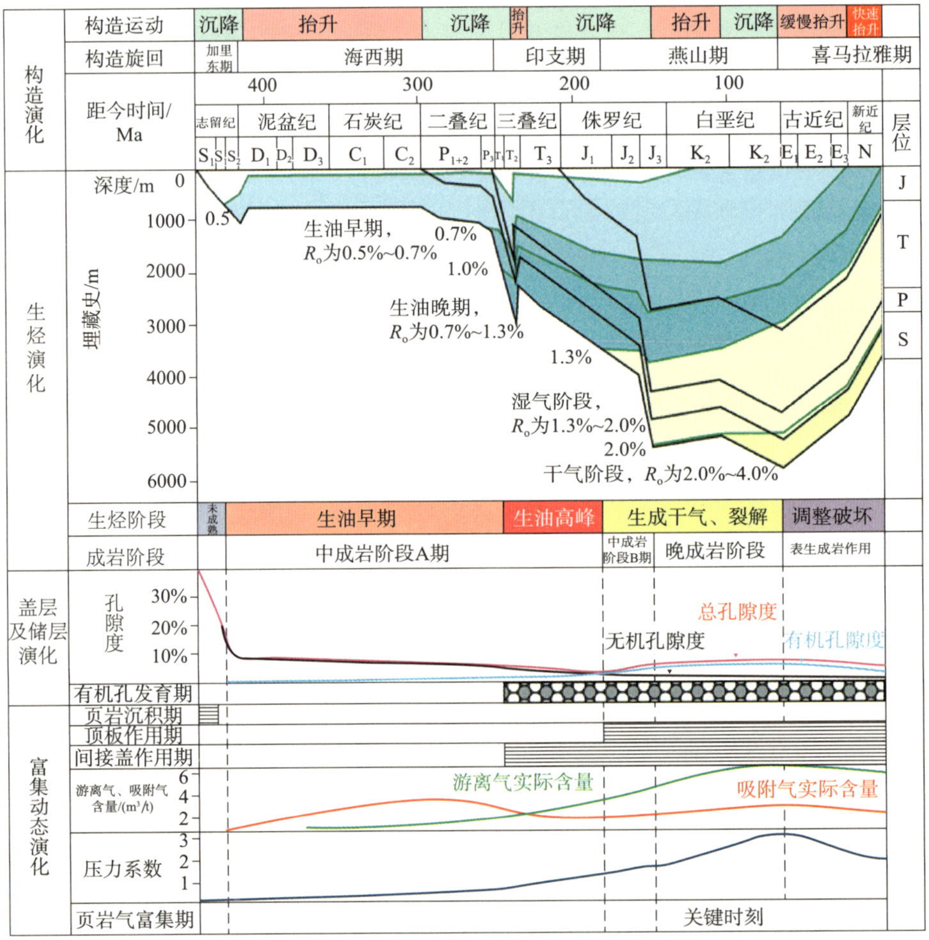

图 8－12　威荣页岩气田龙马溪组页岩成藏要素演化匹配关系

三是适宜的构造演化（适时、适度抬升）有利于页岩气富集高产。抬升时间和抬升幅度控制了页岩气藏能否保留至今，抬升较早导致页岩停止生气过早，且抬升剥蚀改造持续时间过长，导致经历长时间的逸散，含气性更差。页岩在达到最大埋深后，进入抬升阶段，生烃作用降低乃至逐渐停止，作用在页岩的有效应力（包括上覆载荷压力及孔隙流体压力）发生较大改变，孔隙亦发生复杂的演化。一般而言，页岩层系被抬升到较浅位置时，页岩的超低渗透性导致地层超压，可能形成天然裂缝系统，改善储层渗流能力。从威荣、永川地区勘探开发实践来看，五峰组、龙马溪组底部发育高角度裂缝，其他层位不发育；水平裂缝纵向上分布较广，龙马溪组下段均有发育，底部最发育。统计现有生产数据发现，当水平井穿行位置与高角度裂缝发育层位一致时，页岩气井产量最高（图 8－13）。除了有机碳含量、矿物组成等因素的影响之外，适度抬升形成的天然裂缝系统对页岩气的富集与高产具有重要作用。

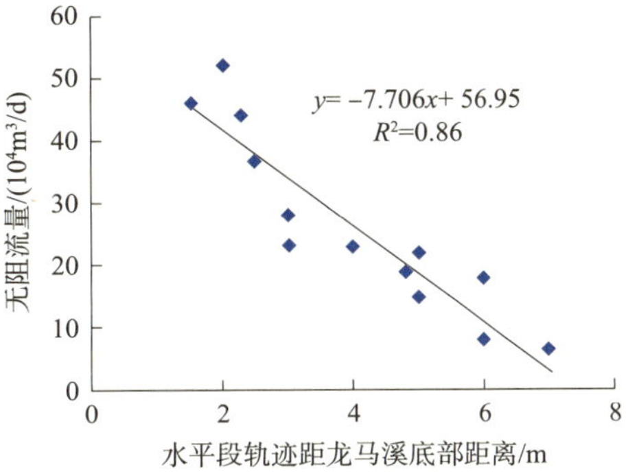

图 8－13　川南龙马溪组水平井穿行位置与无阻流量关系

3）优质储层控产

优质储层是深层页岩气富集的主要层段。优质储层具有高孔隙度、高含气量、高储量丰度的特点。优质储层（Ⅰ类储层）比较好储层（Ⅱ类储层）孔隙度大 1/6，含气量多 1/3，单位体积（m^3）页岩中的页岩气储量高 1.7～2 倍，是页岩气富集程度最高的层段。

同时优质储层也是深层页岩气压裂后高效渗流的通道。一是优质储层脆性高，应力低，两向应力差小（表 8－5），容易充分改造形成复杂缝网；二是优质储层天然微裂缝更加发育，压裂效果更好，导流能力更高。如永川地区，微裂缝相对发育（图 8－14），有利于压裂形成更大的有效改造体积（E－SRV）和较为复杂的人工缝网系统，进而提高单井产能并获得高产。

表 8－5　永川地区岩芯地应力实验结果

小层号	垂直应力/MPa	最大水平主应力/MPa	最小水平主应力/MPa	水平应力差/MPa
7	93.19	97.72	86.16	11.56
6	94.10	99.06	88.94	10.12
5	95.01	100.95	82.30	18.65
4	95.95	99.85	89.82	10.03
33	95.09	100.70	90.59	10.11
31	95.84	100.78	91.09	9.69
2	96.10	100.12	92.01	8.11
1	95.84	101.2	89.27	11.93

3. 深层页岩气非线性破裂机理

为了指导深层页岩的压裂改造，从深层页岩力学及脆性研究入手，深化深层页岩裂缝起裂规律认识，模拟原位地层条件下裂缝扩展形态，形成了深层页岩非线性破裂机理新认识。

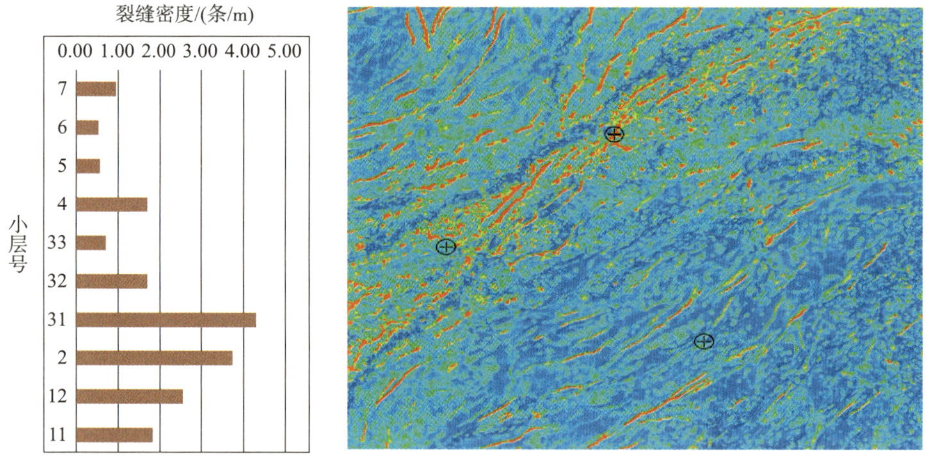

图 8－14　永川南区纵向各小层裂缝发育情况及③小层裂缝密度预测

1）深层页岩非线性破岩特征

为了研究深层高温高压环境可能对页岩力学性质的影响，使用 GCTS 岩石三轴力学实验系统，采用大型物模手段开展了龙马溪组页岩高温高压三轴应力实验（表 8－6）。实验结果表明：一是随着围压的增大页岩应力应变关系的非线性特征越来越明显（图 8－15）；二是加载 140℃高温后，页岩的塑性变形占总变形的比例增大，页岩的强度略有降低，非线性特征局部显现（图 8－16）；常温下，到达峰值压力时，页岩瞬间破坏，显现劈裂多缝特征（图 8－17），残余应力高；高温时，达到峰值压力前的塑性变形持续显现，剪切缝破坏显著，残余应力低。

表 8－6　龙马溪组露头页岩实验参数设置

编号	围压/MPa	温度/℃
1	40	常温
2	40	常温
3	40	140
4	40	140

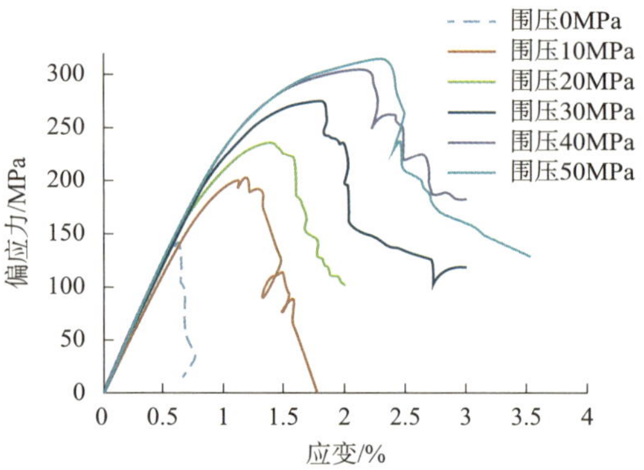

图 8－15　随着围压增大的应力应变曲线变化趋势

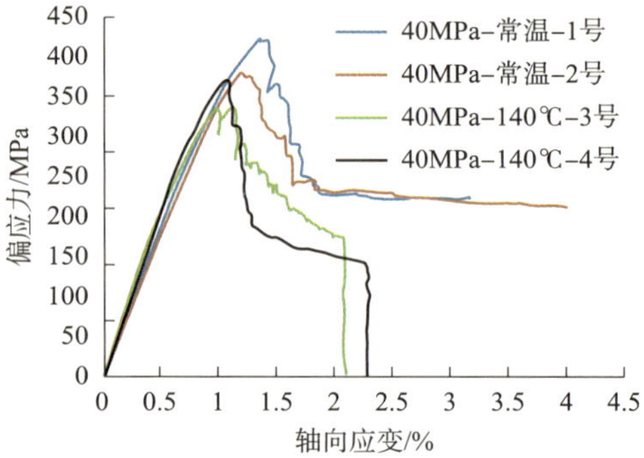

图 8－16　应力—应变实验曲线

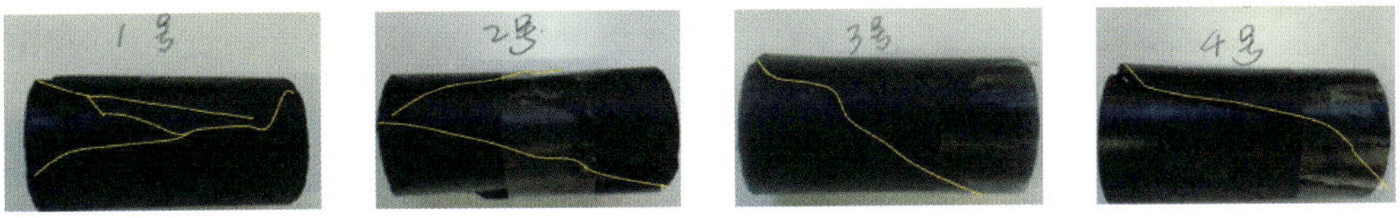

图 8-17　实验后岩芯示意

1、2 号为常温岩芯实验，3、4 号为加高温岩芯实验

2）深层页岩复杂缝网形成机理

依据垂深 3500m 以深深层页岩的两向应力差异在 8MPa 以上以及压裂施工采用滑溜水和胶液的实际情况制定了如表 8-7 所示的物理模拟实验方案，方案中考虑了水平应力差在 8MPa 以上和小于 8MPa 两种情况，压裂液黏度考虑了 3mPa·s 的滑溜水和 30mPa·s 的基液，同时还考虑了模拟加入 100 目粉陶的情况。

表 8-7　物理模拟实验方案

岩芯	水平应力差/MPa	排量/(mL·min^{-1})	压裂液黏度/(mPa·s)	备注
1#	6	40	3	光井筒
2#		40	30	
3#	9	40	3	
4#		40	30	
5#	9	40	3	
6#		40	30	
7#	6	12	3	100 目粉陶暂堵剂
8#	9	12	3	100 目粉陶暂堵剂
9#	7	30	3	井筒割缝
10#	6	30	3	
11#	9	30	3	

通过上述 11 组岩样的物理模拟实验的总结分析，得到如下认识：

一是深层页岩压后裂缝形态受层理影响大。根据层理影响程度的不同，可形成三种裂缝形态：单一横切缝、单一层理缝以及伴随层理开启的台阶状缝网。当岩样层理不发育或者层理胶结较高时，易穿透层理形成单一横切缝。当近井筒层理发育且层理胶结强度较弱时，主裂缝易沿层理面起裂并扩展。在适中层理胶结条件下，主裂缝扩展过程中压裂液易沿层理滤失，层理面发生剪切滑移，在缝高上呈台阶状（图 8-18）。

二是两向应力差影响裂缝复杂性。在应力差 4~8MPa 条件下基本沿最大地应力方向起裂、逐渐扩展，先形成开度较大的主裂缝，延伸过程中主裂缝沟通上下层理面，并与周围天然裂缝交互作用形成网缝。在应力差 >8MPa 条件下页岩容易沿层理缝起裂、滤失、扩展，裂缝形态相对单一。

三是前置低粘滑溜水压裂时压裂液容易在近井筒进入层理并沿层理起裂延伸，起裂压力及延伸压力较高，缝宽小，加砂难度大。前置中、高黏液体压裂时，近井筒裂缝沿最大地应力方向起裂延伸，控近扩远效果明显。

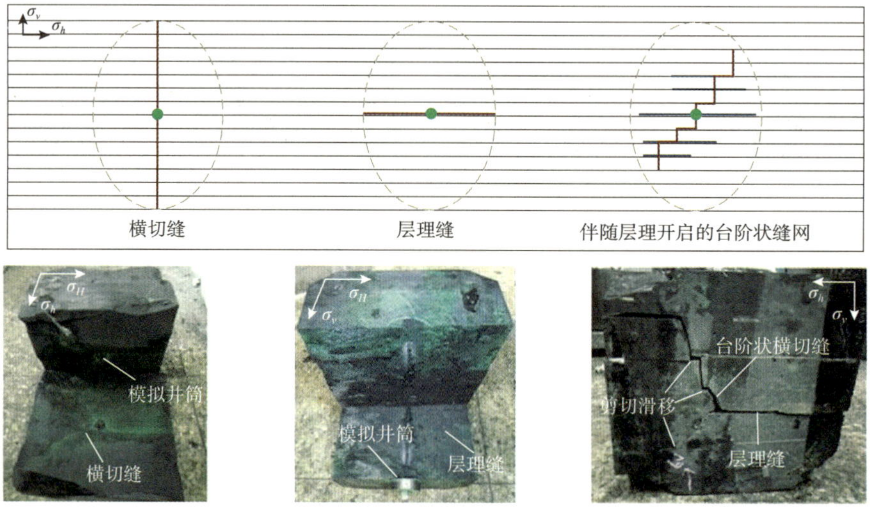

图 8－18　深层页岩压后裂缝典型形态

三、创新技术提质量，高效勘探有保障

（一）储层分类细描述，分级评价定靶窗

1. 精细储层描述及分类分级评价技术

针对深层页岩储层非均质性强的特征，建立了多尺度多视域储层精细描述技术，精细刻画深层页岩储层宏观、微观及层间变化特征，为储层精细表征和甜点评价提供了依据。

首先在纵向上从层、小层及测井微层多尺度对页岩储层特征进行描述，然后从岩芯尺度对纹层特征进行定性描述，最后采用微纳米 CT、氩离子抛光结合场发射扫描电镜对岩芯样品的微观储集空间进行多视域定性定量表征，最终实现页岩储层多尺度、多视域精细刻画（图 8－19）。通过储层精细表征，结合钻、测井资料，将川南深层五峰组—龙马溪组一段划分为 9 层 14 个小层。进一步突出了深层页岩储层纵向上的差异，为储层分类、富集分级评价奠定了基础。

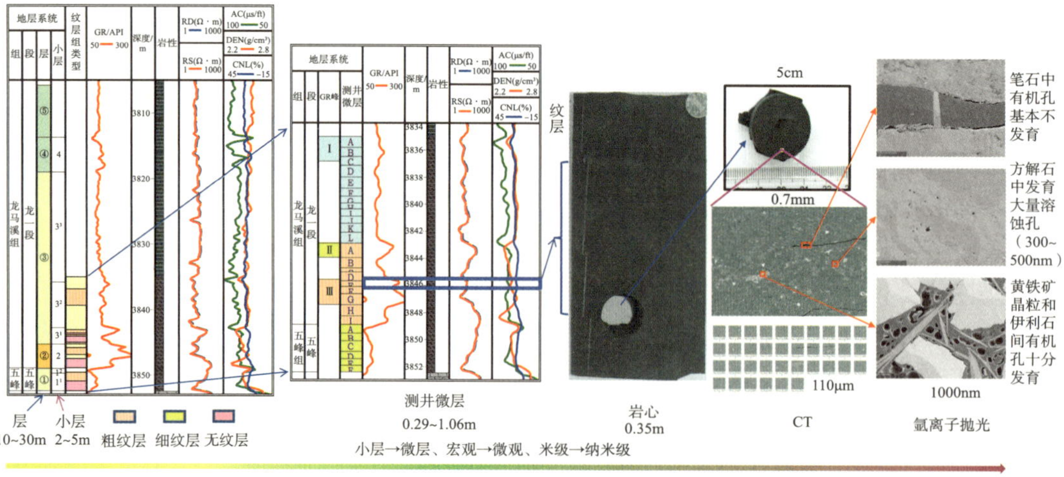

图 8－19　多尺度多视域储层精细描述技术流程

基于储层精细描述，建立了有机质＋矿物组分“三端元”页岩岩石相分类方案，对储层进行分类，并建立了储层地质模型。首先根据有机质含量将页岩划分为富、高、中、低四种类型；再根据黏土含量、碳酸盐矿物含量和硅质含量三端元参照沉积岩命名原则进行命名，确定岩石相。

以威荣深层页岩为例，以岩石相分类为基础，通过储层差异性精细刻画，建立了深层页岩储层地质模型，五峰组—龙马溪组一段共划分三类七种储层类型（表 8－8）。

表 8－8　威荣五峰组—龙马溪组岩石相类型划分

<table>
<tr><th>小层、微层</th><th>沉积微相</th><th>岩石相类型</th><th>钙：黏土：硅</th><th>TOC/%</th></tr>
<tr><td>⑤～⑨</td><td>黏土质、钙质黏土质深水陆棚微相</td><td>中、低有机质黏土质页岩相</td><td>0.2：1.3：1.0</td><td><2</td></tr>
<tr><td>4</td><td rowspan="2">钙质黏土质硅质（混合）深水陆棚微相</td><td rowspan="2">高有机质混合页岩相（龙马溪组）</td><td rowspan="2">0.9：1.0：1.0</td><td rowspan="5">2～4</td></tr>
<tr><td>3^{3}</td></tr>
<tr><td>3^{2-2}</td><td rowspan="3">黏土质硅质深水陆棚微相</td><td rowspan="2">高有机质硅质—黏土质页岩相</td><td rowspan="2">0.6：1.4：1.0～0.4：0.6：1.0</td></tr>
<tr><td>3^{2-1}</td></tr>
<tr><td>3^{1-2}</td><td>高有机质黏土质—硅质页岩相</td><td>0.2：0.7：1.0</td></tr>
<tr><td>3^{1-1}</td><td>硅质深水陆棚微相</td><td>富有机质生物硅质页岩相</td><td>0.2：0.5：1.0</td><td rowspan="2">>4</td></tr>
<tr><td>2</td><td>钙硅质深水陆棚微相</td><td>富有机质钙硅质混合页岩相</td><td>0.6：0.7：1.0</td></tr>
<tr><td>1^{1}</td><td>黏土质硅质深水陆棚微相</td><td>高有机质混合页岩相（五峰组）</td><td>0.8：0.8：1.0</td><td>2～4</td></tr>
</table>

在深化储层特征及品质影响因素认识基础上，优选 TOC、含气量、有机质孔占比、脆性矿物、黏土矿物 5 个参数作为地质品质评价参数，并引入脆性指数（BI）、水平应力差异系数作为工程品质评价参数，建立了川南五峰组—龙马溪组深层页岩气储层精细评价指标体系，并采用灰色关联分析方法开展储层富集分级评价。首先建立多参数关联矩阵，确定各参数在储层评价中的权重分配，然后明确各类储层的综合评价指标值（Q）差异性，最后建立分级标准（$Q>0.7$ 为 A 级，$0.7>Q>0.5$ 为 B 级，$0.35<Q<0.5$ 为 C 级，$Q<0.35$ 为 D 级），对储层进行分级评价。威荣地区评价结果显示生物硅质储层最优，钙硅质混合储层次之（图 8－20）。

2. 靶窗优选及轨道设计技术

基于深层页岩储层分类、富集分级评价方法，开展页岩储层“好中选优，优中找富，富中识甜”研究，明确水平井穿行靶窗及轨道位置，夯实了提高单井产能、实现深层页岩气高质量勘探和效益开发的基础。

通过开发小层划分、有利微相及岩相识别、岩芯纹层级精细描述，由粗到细、好中选优，聚焦地质工程双“甜点”层段、细化评价参数，在优质页岩中寻找优质储层，研究发现龙马溪组底部 $2-3^{1}$ 小层高伽马页岩段岩性、电性与上下页岩层差异明显，储层评价指标总体最优，优质储层具有“五高两低”特征：高 TOC、高有机孔隙、高含气量、高脆性、高裂缝密度、低黏土、低地应力差异系数；测井响应具有“三高两低”特征：高 GR、高电阻、较高声波、低密度、低中子；地震上具有强波谷、强波峰、低阻抗的响应特征。通过分析研究川南地区前期勘探开发资料，发现水平井轨迹穿行层位地质品质、工程品质与测试产量具有明显的正相关关系，最终依据储层分类、富集分级评价结果，将储层等级

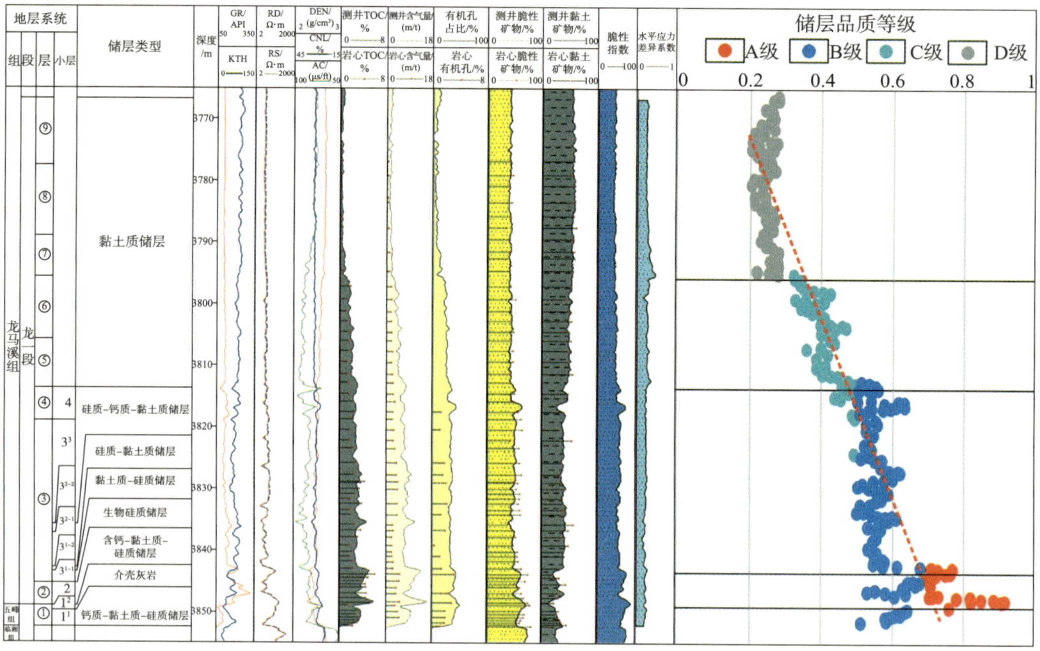

图 8 –20　川南威荣地区威页 23 –1 井储层品质综合评价

评为Ⅰ类储层的 2 – 3^1 小层确定为威荣区块水平井穿行最优靶窗，轨道位置为 2 – 3^1 小层的中间基线，垂直位移 ±2m，水平位移 ±20m。

（二）地球物理显神威，“甜点”预测更精准

1. 测井评价技术

1）地质约束下复杂矿物组分定量评价技术

深层页岩气储层矿物组分复杂，基于传统体积模型或地质统计模型难以准确评价纵向上的矿物含量变化，为克服测井解释的多解性，达到准确评价的目的，在深层页岩气测井定量评价中，采用了基于岩芯实验分析数据建立的地质约束最优化模型，该模型充分发挥了测井理论的预测作用与地质分析的指导作用，使测井矿物组分计算结果的准确率达到 98% 以上，为后续测井处理解释奠定了基础。

2）基于干黏土骨架的页岩孔隙度校正及评价技术

为解决由不同实验室或不同方法对同一页岩岩芯样品的孔隙度测量差异（最大可达 3 倍），以及岩芯测量的孔隙度难以与测井解释结果吻合的问题，建立了基于干黏土骨架的页岩孔隙度校正及评价技术。该技术利用相对稳定的沉积环境中，干黏土（不含束缚水）具有稳定测井骨架值这一特性，确定页岩总孔隙度（相当于完全干燥状态下孔隙度），并基于不同测试条件（实验方法）孔隙度差异及其关系，实现了川南地区深层页岩孔隙度统一平台定量评价；并通过优化页岩四孔隙度解释模型，使测井孔隙度与岩芯孔隙度相对误差小于 5%，其结果优于岩芯刻度或体积模型的计算结果。

3）页岩游离气、吸附气含量测井评价技术

针对传统饱和度方程不适应页岩游离气评价难点，为了更精确地评价深层页岩气的游

离气、吸附气含量，通过建立基于吸附相密度及质量守恒原理的游离气含量评价新模型，以及建立模拟地层条件下修正兰氏方程的吸附气评价方法，实现了原地条件下页岩含气量的定量评价，评价结果更接近于地下真实情况，为储层精细评价奠定了坚实基础。

2. 地震双“甜点”预测技术

深层页岩储层由于埋藏深、地震波场传播复杂，对微幅构造、微小断裂解释精度影响大，同时地层压力、应力、脆性、岩石力学等参数复杂多变，精准预测更加困难。针对上述问题，建立了深层页岩气地震资料高保真处理技术、高精度“三品质”深层页岩气“甜点”预测技术，该技术包括储层品质（厚度、有机碳、孔隙度）、工程品质（脆性、地应力、水平应力差异系数）、富集品质（含气丰度、含气量、游离气、裂缝、地层压力）等 11 种参数的地震预测（图 8－21），解决了深层页岩气优质储层预测难题，实现了高精度储层预测，满足了深层页岩气整体评价部署、储量申报、开发方案编制及现场实施的需求。

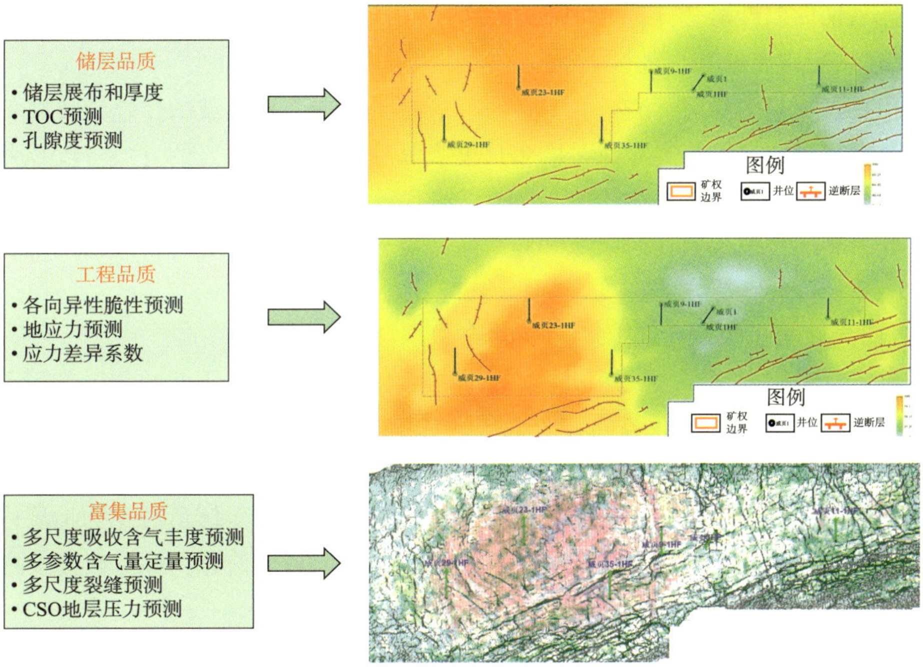

图 8－21　威荣深层页岩气“三品质”地震综合预测

1）“三保三高”地震资料高保真处理技术

该技术采用保 AVO、保频宽、保各向异性、高信噪比、高分辨率、高保真度等地震资料高保真处理技术手段，提高地震资料品质，解决深层页岩气埋深大、地表与地下环境（构造）复杂导致的静校正、各向异性、精确成像、含气性识别等技术难题，以满足高精度页岩储层地震预测的需求，突出“精细”和“针对性”。威荣地区“三保三高”地震资料高保真处理成果表明：构造形态更加合理，深度精度更高，深度误差从过去的 3% 降至 1.5‰；小断层更清晰，断距 10m 以上断层可识别；优质储层地震响应特征突出，频带宽、主频高，为储层分布、厚度、TOC、物性、含气性、脆性、地层压力及地应力预测提供了可靠基础数据。

2）基于VTI介质弹性理论的页岩脆性预测技术

基于Thomsen（2013）VTI介质各向异性参数与速度的关系，建立了隐含了Thomsen各向异性三参数（ε纵波各向异性、γ横波各向异性、δ变异系数）的脆性指数计算公式，进而推导出了VTI介质中水平方向和垂直方向的岩石脆性指数，实现了水平方向和垂直方向的脆性预测，为水平井部署、压裂设计提供了依据。

3）基于HTI各向异性介质理论的地应力预测技术

方位各向异性反演地应力的方法基于Schoengerg线性滑动等效介质理论，将Ruger方位各向异性介质近似反射系数方程表示成六个独立的参数，通过反演六个弹性参数并引入胡克定律来计算地应力。对于宽方位采集地震数据，通过宽方位、各向异性处理流程可获得各个方位角、各个入射角的部分叠加数据体，反演获得纵波阻抗、横波阻抗、密度、法向弱性、切向弱性、HTI介质对称轴方位等参数，以此为基础获得最大主应力方位，并利用法向弱性与切向弱性参数计算出地应力大小及DHSR（水平主应力差异系数）。

4）基于多尺度吸收属性的含气丰度预测技术

页岩中总含气量较高时，岩石密度降低、黏弹性增强，地震波的传播速度降低、能量衰减发生异常。据此，可将地震信号的多尺度吸收属性应用于页岩的含气丰度预测。在高TOC、较厚的页岩地层中，含气量特别是游离气含量更高，地震波传播时发生吸收衰减的可能性更大，利用小波函数在时间域和频率域具有较高分辨率的优势，更精确地检测地震波能量的衰减，以此计算含气丰度，预测的含气量误差小于0.4%。

5）各向异性增强的裂缝五维地震预测技术

随着页岩气勘探向深层领域迈进，页岩储层裂缝发育对工程压裂的积极作用逐渐被体现出来。常规利用振幅或属性各向异性的裂缝预测方法仅能得到界面两侧地层的综合响应，无法确定页岩内部裂缝发育特征，预测精度低。从Rüger（1996）提出的方位AVO近似方程出发，首先推导了方位弹性阻抗方程，将裂缝介质的界面信息转化为地层内部弹性信息，通过傅里叶级数展开剔除各向同性信息，提取各向异性信息，提高裂缝预测精度。

6）深层页岩CSO（clay－silt－organic）地层压力预测技术

考虑生烃物质（有机质）的影响，改进CPS（clay plus silt）湿黏土—砂质混合物泥页岩两相岩石物理模型，建立湿黏土—砂质混合物—有机质三相岩石物理模型即CSO模型，基于CSO模型和等效应力原理，建立高精度压实趋势线，实现地层压力的精确预测，误差为0.97%。

（三）地质工程一体化，现场支撑效果彰

深层页岩气优质储层厚度薄（7～10m），局部微幅构造发育，给水平井钻井带来了极大挑战。为准确控制钻井轨迹，保障优质储层钻遇率和压裂效果，边探索、边实践、边总结，形成了地质—物探—工程一体化轨迹设计、综合调整控制和压裂优化设计等技术，页岩气水平井优质储层钻遇率由53%提高到98%以上，为打成、打好、压好水平井提供了保障，为提升压裂改造效果提供了良好井筒条件。

水平井钻前轨道优化设计：以导眼井储层精细评价和有利区储层精细预测为基础，在

地质、工程评价最优的Ⅰ类储层中，明确水平井穿行靶窗；根据压裂效果数值模拟结果及靶窗内GR曲线的变化特征，确定水平井轨道位置（唐建明等，2021）；根据实测或预测的最大主应力方向，结合构造条件及A、B靶点落差控制，以尽量满足压裂改造及压后排采的要求（与最小主应力夹角≤30°）确定水平井方位；最后再参考储层分布稳定性、避开断层要求、工程实施能力等因素，完成水平井轨道设计和优化。

水平井钻进轨迹控制调整：首先根据批准的水平井钻井方案制定现场跟踪预案，落实水平井造斜段和水平段“两段”式多级精确控制方法、措施和标志参数，设置多个三级预警点随钻进行校验，发现偏差及时调整。现场实施地震＋元素录井＋随钻GR ＋精细建模“四位一体”跟踪调控。采用地震资料随钻时—深转换、井区快速精确成像处理、井区精细解释等手段，实施多级地震预警层控制，包括深度、产状、微幅构造、虚假构造及断层等的校正；采用元素录井，配合随钻GR准确判别穿行层位、断层及地层产状；采用随钻GR实时判断井底地层、计算地层视倾角，及时调整轨迹，保证靶窗内穿行；采用地质精细建模，实时校正钻井地质剖面，为钻头前方地层产状及可能钻遇复杂情况提供预警和调整指引，确保水平井优质储层钻遇率。

地质—工程一体化压裂分段分簇优化设计：以水平井轨迹穿行层位、储层品质及工程品质差异、构造及断裂、裂缝分布等信息为依据进行压裂方案优化设计。充分利用水平井钻井、测井、录井信息，结合水平井轨道旁储集性、含气性、脆性、地应力、裂缝等地震预测成果，对水平段地质品质开展分级评价，并进行地质精细分段；然后以地质分段为基础，以压裂方案基本参数论证为依据，结合地应力参数、杨氏模量、泊松比、力学脆性、固井质量及套管接箍位置，确定最终分段分簇方案。地质—工程一体化的分段分簇设计保证了压裂改造的整体有效性，压裂改造覆盖率由65%提高到85%。

水平井压裂现场监测及压后评价：为保证压裂改造效果并进行压后评估，在压裂施工现场进行微地震、广域电磁法压裂监测（图8－22）。

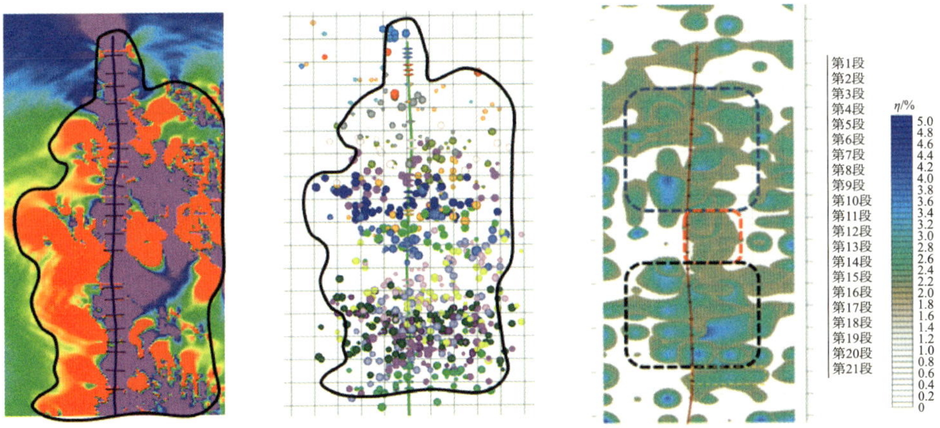

WY23-1HF井压裂模拟结果
紫色代表挤压应变高值区，
红色代表剪切应变高值区

WY23-1HF井实际地表
微地震监测结果

WY43-1HF电磁压裂监测成果

图8－22　微地震和电磁法压裂监测成果

通过微地震监测及广域电磁法压裂监测，可以分段和整体刻画裂缝网络的长、宽、高等几何特征，进一步可估算储层改造体积（SRV）和渗透率模型，将监测结果与压裂曲线结合分析，根据事件的时间分布特征可对压裂效果进行实时评价，如遇异常状况，可为压裂参数调整提供指导意见，保障压裂施工效果。

（四）八年攻坚三阶段，优快钻井提效益

威荣、永川、丁山等深层页岩气区，早期建井都面临埋藏深度大、可借鉴地质资料少、安全高效建井风险大等诸多难题，中国石化集中各方力量从钻井设备工具、提速工艺技术及井工厂施工等方面持续开展钻井提速提效工艺技术攻关。历经8年攻坚，跨越了勘探突破、评价提升和开发赶超三个阶段，最终形成了以“三开结构、PDC钻头＋弯螺杆/旋转导向＋油基钻井液、清水替浆＋一体化通刮洗”为核心的深层页岩气“钻趟模式”精益钻井技术。

1. 深层页岩气井身结构优化技术

针对多产层、多压力系统等难点，以三压力剖面为基础，开展易塌地层井壁稳定性评价，优化井身结构，调整各开次必封点。通过缩小导管和一开段井眼尺寸，表层套管下深由1550m缩减至500m，节约作业时间6～7d，钻井周期降幅最高达38%。

2. 深层页岩气快钻提速推荐做法

针对深层页岩气井岩石可钻性差、高密度条件下钻井周期长、工程风险大等难点，基于地层剖面的硬度、研磨性以及岩石力学可钻性分析，开展破岩工具与提速工艺攻关，形成了各开次提速推荐做法（表8－9）。该方法应用效果明显，钻井周期降幅平均达33%。

表8－9　威荣和永川地区深层页岩气钻井各开次提速推荐做法及效果

开次		完钻地层	推荐做法	效果
导管		沙溪庙组	工程桩机/PDC＋大尺寸螺杆	提速3倍
一开		沙溪庙组	PDC＋单弯螺杆＋扶正器	提速3～5倍
二开		龙马溪组	PDC＋单弯螺杆＋MWD＋尾扶	提速67%
三开	造斜段	龙马溪组	PDC＋旋转导向	提速52.3%
	水平段		旋转导向/PDC＋单弯螺杆＋远端方位伽马	

3. 深层页岩气一趟钻完井技术

针对深层页岩气井高密度泥浆条件下完井周期长的难点，开展高密度下清水替浆工艺、通刮洗联作工艺以及长短起通井技术研究攻关，通过研制井口高压快装接头，优化井下附件和地面联结流程，通刮洗联作等手段，大幅缩短完井时间，单井平均节约作业时间7d以上。

通过技术攻关和钻井实践，基于地质—工程和安全—提速一体化目标，形成了深层页岩气精益钻井技术（睢圣等，2019；胡大梁等，2019），现场施工提速效果显著，截至2021年单井平均钻井周期缩短到73d以内（图8－23），邻区深层页岩气钻井周期同比提前15d以上，其中WY32－3HF井完钻井深5390m、钻井周期48.45d，实现了“50d完钻一口水平井”的突破，有力保障了川南深层页岩气勘探开发安全高效建井。

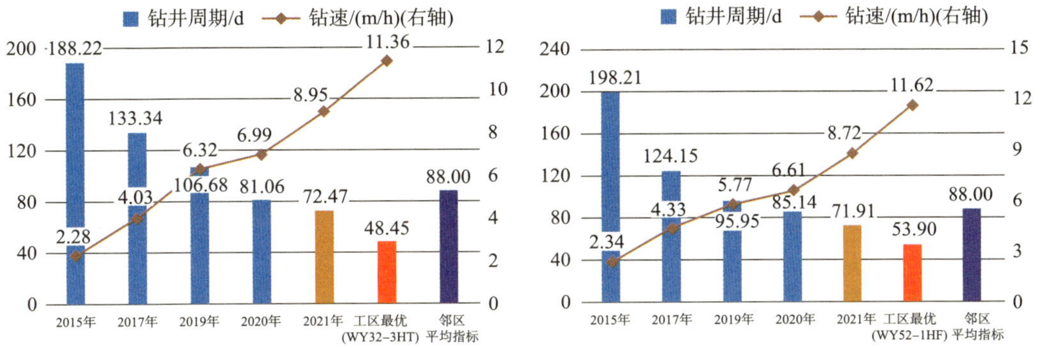

(a)威荣　　(b)永川

图 8-23　不同年度钻井周期和钻速对比

（五）压裂技术屡优化，单井产能创新高

压裂一直是深层页岩气勘探开发最关心、最热门、最关注的主题。深层页岩气压裂面临施工压力高、导流能力维持难、裂缝纵横向延伸短等诸多挑战，导致人工裂缝复杂程度低、高导流裂缝难保持，同时套变、压窜频发，严重影响气井效益。中国石化围绕“如何提高有效改造体积”这一关键问题，历经多轮攻关，取得了深层页岩气压裂工艺技术重要突破。整个攻关过程艰难曲折，历经了探索、试验、定型、突破四个阶段，完成了三代压裂技术迭代，最终形成了以“密切割、大规模、高强度、双暂堵”为核心的第三代深层页岩气压裂技术。

1. 前期摸索

2013 年中国石化在丁山地区丁页 2 井开始了深层页岩的压裂实践。当时采用 105MPa 装备，少段少簇、大孔径射孔、中等液量与胶液和滑溜水组合（降阻率 70%）、全陶粒组合模式、中等排量等技术措施，完成 12 段压裂施工，试获 $10.4\times10^4m^3/d$ 页岩气流。

继丁页 2HF 井之后，中国石化先后在威荣、永川开展了深层页岩气压裂改造试验，以尽可能增大有效改造体积及保持裂缝的长期导流能力为目标，采用“大液量、低砂比、段内少簇、段塞式加砂”压裂工艺，单段 2～3 簇，排量 6.8～$15m^3/min$，用液强度 22～$24m^3/m$，加砂强度 ≤$0.7m^3/m$，综合砂比 ≤3%，威页 1HF 井压后在油压 26.2MPa 下获产 $17.5\times10^4m^3/d$；永页 1HF 井压后在油压 20.4MPa 下获产 $13.66\times10^4m^3/d$，形成了深层页岩气初期压裂主体工艺技术。尽管这批风险探井取得了勘探突破，但是未能解决施工压力高、大排量无法建立、加砂困难、改造体积偏小的难题。

2. 第一代压裂技术

为实现商业产能突破，加快深层页岩气勘探开发步伐，探索形成第一代的压裂工艺技术，在威荣、永川、丁山—东溪地区利用评价井及探井，开始了深层页岩气压裂工艺的关键参数反复探索和针对性试验。

首先在压裂理念上，以深层页岩工程品质特点（力学脆性指数偏低、水平应力及应力差大）为基础，以深层页岩气压裂裂缝形态新认识为指导，以提高有效改造体积为目标，提出了“控近扩远、提高裂缝有效性和分簇改造有效性”的总体思路，以实现单井产能的提高。工艺上聚焦裂缝复杂程度低、裂缝导流能力不够、有效改造体积小的难题，通过提高排量和液体性能，增加裂缝的复杂性；通过提高加砂规模和砂液比，确保压裂裂缝的有效性；通过大液量、大排量、低砂比连续加砂，确保加砂规模，增大改造体积。

WY23-1HF 井采用“超高压（140MPa）、大排量、强加砂、缝口暂堵”等工艺，压后在 35.4MPa 下测试产量 $26.0\times10^4m^3/d$，相比于威页 1HF 井，无阻流量提高 72.73%。丁页 4 井在采用全陶粒支撑剂组合模式和大液量模式后，提高了限压（140MPa），优化“单段 2~4 簇大排量前置胶液 + 高黏滑溜水 + 后置胶液”等措施，压后测试产量达到 $20\times10^4m^3/d$。丁页 5 井沿用丁页 4 井主体技术，适当放大了簇间距、探索了多段“高黏滑溜水 + 胶液模式”、提高了加砂强度（1.81t/m），压后测试产量达到 $16\times10^4m^3/d$。东页深 1 井沿用丁页 5 井主体技术，又应用“密切割布缝模式”，主体应用单段 3 簇和“前置胶液 + 耐高温中黏和高黏滑溜水”，加砂强度提高到 2.3t/m，压后测试产量达 $31.18\times10^4m^3/d$。

在这一轮的压裂技术优化中，盆内深层在 140MPa 超高压压裂试验基础上，优化形成了 105MPa 作业条件下“胶液前置造缝—密集段塞—连续加砂—大排量低粘造复杂缝—尾追大粒径陶粒”的“五段式”压裂模式，奠定了威荣、永川深层页岩气低成本开发的基础。盆缘深层初步形成了“140MPa 装备，二代滑溜水体系（降阻率 80%），多段少簇，大孔径射孔，大液量，大排量，中等强度加砂”的第一代深层页岩气压裂技术。尽管第一代压裂技术，助力了深层页岩气产能突破，但仍存在人工缝网长期导流能力不足、稳产能力差、单井 EUR 偏低、压裂成本高的问题。

3. 第二代压裂技术

为了进一步解决第一代压裂技术存在的问题，从深层页岩力学及脆性研究入手，在深化深层页岩裂缝起裂规律认识，模拟原位地层条件下裂缝发育形态及支撑剂分布状态基础上，优化施工排量和规模，形成了以增加改造有效体积为核心，以提高裂缝复杂性、提高横向覆盖率、提升裂缝导流性和提升裂缝有效性的深层页岩气压裂技术设计思路。

工艺技术上，针对深层页岩气压裂改造体积小、储层改造整体覆盖率低的问题，基于应力干扰分析和有限元模拟，以最大改造体积和提高改造充分性为目标，形成深层页岩气压裂分段分簇优化技术；针对深层页岩气有效体积保持性差，储层改造整体有效性低的问题，基于水电相似原理，建立多级裂缝流动能力优化模型，优化各级裂缝导流能力及铺砂浓度，形成深层页岩气多级裂缝流动能力优化技术，主裂缝导流能力提高到 $5.35\mu m^2\cdot cm$；针对深层页岩气复杂裂缝支撑剂铺置难的问题，基于裂缝延伸及支撑剂运移规律，形成了以“抑制层理缝开启、三超加砂（超低密度、超小粒径、超前加砂）、三级支撑（三种规格支撑三级裂缝）、较大排量和降阻水连续加砂”为主要手段的复杂裂缝支撑剂铺置技术，并形成核心工艺和支撑剂配置方案。针对多簇改造存在非均匀进液问题，自主研发了溶解时间可控的纳米暂堵球及暂堵剂，建立了射孔孔眼冲蚀计算方法，形成了以缝内和缝口相结合的复合暂堵转向压裂技术。

最终，在一系列的压裂攻关试验基础上，形成了以提高有效改造体积为目标、以“少段多簇密切割 + 强加砂 + 复合暂堵转向”为特色的深层页岩气第二代压裂主体工艺。压裂改造覆盖率由前期 65% 提高到 90%，单段平均加砂量达到 $91m^3$，加砂强度提高了 41.4%，微地震事件增加 42%，缝宽扩大有效率提高了 9%。应用于威荣深层页岩气田开发，测试无阻流量从 $(14\sim17)\times10^4m^3/d$ 提高到 $(24\sim43)\times10^4m^3/d$，是前期的 2 倍左右，评估最终可采储量（EUR）由前期的 $0.34\times10^8m^3$ 提高到 $(0.6\sim0.8)\times10^8m^3$，是前期的 1.8 ~ 2.4 倍左右，基本达到了现有经济技术条件下的经济极限产能。

4. 第三代压裂技术

为了保证单井获得高产、进一步提高单井 EUR，实现商业价值。借助新一轮部署实施的东页深 2 井和丁页 7 井开展了第三代深层页岩气压裂技术攻关。

考虑到东页深 1 井压裂成本高、稳产效果不理想，东页深 2 井采用“140MPa 装备 + 密切割多段少簇 + 大液量 + 高排量 + 中强加砂 + 双暂堵”深层页岩气压裂工艺技术，压后在 26.67MPa 条件下获日产页岩气 $41.2\times10^4m^3$。丁页 7 井采用“140MPa 装备 + 密切割 + 大液量 + 高排量 + 中强加砂 + 双暂堵”压裂工艺方案，压裂效果良好，在油压 27.11MPa 条件下获日产页岩气 $42.8\times10^4m^3$。压裂主体工艺施工压力 83 ~ 110MPa，施工排量 16 ~ $19m^3/min$，用液强度 64.5 ~ $65.2m^3/m$，综合砂液比 3.9% ~ 4.0%，加砂强度 2.45 ~ $2.55m^3/m$。

采用“140MPa 装备 + 密切割多段少簇 + 大液量 + 高排量 + 中强加砂 + 双暂堵”深层页岩气压裂工艺技术，单井产能再创新高，初步形成了可复制、可推广的第三代深层页岩气压裂工艺技术，实现深度和产能新突破，进一步增强了拓展深层页岩气资源的信心，展现了深层页岩气勘探开发良好前景。

（六）套变压窜常出现，防治技术待提高

1. 全过程多措施防控套变

威荣深层页岩压裂易套变，前期 6 口勘探评价井，套变 5 口 16 处。针对深层页岩气套管变形的难题，通过开展套变主控因素与变形规律研究，明确了套变的内因是威远 – 长宁一带地处中强地震活动带应力集中区，且处于一个不稳定平衡状态，主因是井周裂缝和岩石矿物变化导致存在应力薄弱面，辅因是固井质量缺陷、井眼全角变化率过大所导致套管应力局部集中、受力不均匀，诱因是改造作业诱发储层薄弱面变形或滑移而导致套管变形（李皋等，2021）。依据套管外载荷反演和储层薄弱面识别，形成提高套管壁厚、降低残余应变、控制井眼轨迹全角变化率、避开薄弱面位置射孔的“提—减—控—避”一体化套变防控方案；技术应用后，水平井段套变率较前期有明显下降，套变率从 2018 年前的 83.3% 降至 2021 年的 40%，但尚未彻底解决。

2. 地质工程一体化治理压窜

威荣已压裂井压窜比例为 22.2%，压窜后严重影响气井生产。通过地质工程分析，压窜主要原因是由于威荣深层页岩气局部天然裂缝发育，井距较近，生产井存在压降漏斗，裂缝形态以主缝为主，裂缝延伸导致极易压窜。通过理论分析、现场摸索，针对不同的情况，制定出不同的压窜防治措施。大裂缝发育区，避开射孔或控制压裂规模；微裂缝发育区，井间交错布缝，100/200 目粉砂暂堵，提砂比降液量，少段多簇，控制缝长；邻井预防措施，暂停作业或提前关井复压；现场处置措施则是减少压裂液规模，或提前暂堵转向压裂，或停止当段压裂施工转入下段压裂。治理后，井间压窜得到了一定控制，但随着压裂规模的逐步增大，压窜现象仍未彻底解决，还需进一步加强地质评价，明确天然裂缝分布特征，优化合理的压裂工艺措施。

（七）“三精”管理全周期，排采优化稳生产

为保障气井 EUR 最大化，基于气液两相渗流理论及生产特征，提出了深层页岩气分

段、分级的排采生产管控措施，建立了全生命周期的“三精”管理模式。一是在排液阶段精细控制，通过开展最佳闷井时间及合理排液制度论证，确定气井最佳闷井时间为7~9d，闷井后采用3mm—5mm—6mm—7mm—8mm—9mm逐级放大的制度排液，见气后控制生产制度在$(6\sim9)\times10^4m^3/d$，确保气井井口压降速度$<0.15MPa/d$；二是在定产降压阶段的精准控产，为保障气井产期稳产及EUR最大化，需控制井口压降速度$<0.06MPa/d$，基于运移规律实验、应力敏感实验、流态诊断与识别和不同生产制度采气效果评价等室内及现场试验，确定气井合理的生产制度为$(5\sim8)\times10^4m^3/d$，最佳下油管时机为井口压力下降至20~25MPa；三是定压降产阶段的精心维护，通过开展排水采气工艺介入时机及措施论证，建立井底积液预警机制，研发平台整体式智能泡排、智能柱塞气举等装置，形成了“强排、泡排、气举”等7项专项处置措施，确保气井连续、稳定生产。

通过上述技术攻关，形成了针对深层页岩气高返排、快递减、平台部署特征的排采稳产技术，提升了智能化管控水平。在威荣、永川、丁山深层页岩气勘探开发中，通过工艺的实施，井底流压梯度由前期的0.41MPa/100m降至0.22MPa/100m，单井日产液量稳定在$10\sim15m^3$，油套压差控制在3.5MPa以内，单位压降产气量由措施介入前的$65.45\times10^4m^3/MPa$增加至$81.23\times10^4m^3/MPa$，产量递减率由措施前40.22%降低至30.65%，单井累计增产天然气约$850\times10^4m^3$，深层页岩气井实现了平稳生产和EUR最大化。

第三节　盆缘南川多坎坷　终擒常压页岩气

通过早期实施的几口不同地区、不同层系页岩气井钻后分析，逐渐认识到中国南方复杂构造区常压页岩气成藏地质条件复杂，与国内外实现商业开发的高压页岩气相比，具有优质页岩厚度减薄、构造复杂、孔隙度变小、地层压力系数较低、地温梯度低、应力差异系数大等六大地质特点，页岩气资源禀赋较差，勘探开发难度更大。同时认识到保存条件和热演化程度是控制中国南方页岩气成藏的关键因素。以此为基础，初步建立了中国南方常压页岩气选区评价体系及标准，优选出四川盆地边缘渝东南地区为志留系页岩气勘探有利区。

一、首战彭水遇常压，残留向斜获突破

2010—2011年，开展页岩气矿权登记，在渝东黔北的油气勘探空白区登记了彭水区块，面积约$7000km^2$，该区遭受了燕山期—喜山期构造运动的强烈改造，构造抬升幅度大，地层剥蚀严重，背斜区已出露寒武系—震旦系，向斜区主要出露三叠系，志留系页岩主要发育于桑柘坪、武隆、道真、湾地等残留向斜内，长期是常规油气勘探的禁区。

2011年底，强化保存条件和热演化程度评价，优选出彭水区块桑柘坪向斜实施了彭页1井，目的层为上奥陶统五峰组—下志留统龙马溪组黑色页岩。该井钻遇五峰组—龙马溪组黑色页岩103m，气测显示活跃；随后侧钻实施彭页HF-1井，水平段长1020m，分12段压裂，地层压力系数0.96，测试日产气$2.52\times10^4m^3$，明确渝东南志留系龙马溪组是页岩气勘探重点领域，并促进了中国石化四川盆地及周缘页岩气勘探开发，获得中国地质学会“十大地质科技进展成果奖”。

此后，为进一步摸清彭水地区志留系页岩气勘探潜力，落实桑柘坪向斜资源，在该向斜相继部署实施了评价井彭页 2HF 井、3HF 井、4HF 井，试获（1.7～3.8）$\times 10^4 m^3/d$ 低产气流。

4 口井的钻探揭示了桑柘坪向斜具备形成页岩气成藏的物质基础，但资源品位差，单井产能低，试采效果不理想，钻采成本高，综合评价没有经济效益，迫使该区的页岩气勘探陷入低谷。

2013 年，针对寒武系页岩气勘探潜力也进行了探索评价。在长生背斜实施长生 1 井，目的层位是下寒武统水井沱组，完钻层位为上震旦统灯影组。该井在水井沱组钻遇深水陆棚相优质页岩 60m，烃源岩条件有利，但 R_o 高达 4.0%，同时发育多条通天断层导致保存条件遭受破坏，页岩几乎不含气，未开展测试。该井再次揭示热演化程度和保存条件是控制页岩气富集的关键，热演化程度适中、远离剥蚀边界、开启性断层不发育的构造稳定区为页岩气勘探有利区。

随后对彭水地区四个残留向斜进行保存条件对比研究，评价认为武隆向斜为四川盆地外第一排残留构造，保存条件相对较好，是页岩气勘探有利目标。在武隆向斜南翼微幅隆起实施隆页 1 井，目的层为五峰组—龙马溪组。2015 年 8 月侧钻实施隆页 1HF 井，地层压力系数 1.08，测试产量 $4.6 \times 10^4 m^3/d$，目前已累产气近 $4000 \times 10^4 m^3$，实现了四川盆地之外常压页岩气勘探重要突破。

尽管彭水区块钻探的探评井单井产量较低，投入与产出差距大，经济效益较差，但其揭示出渝东南地区五峰组—龙马溪组页岩气成藏条件优越，靠近大盆地，保存条件更好，压力系数更高，有望获得高产气流，极大地坚定了常压页岩气勘探信心。

二、聚焦盆缘再求索，常压探明超千亿

（一）二战盆缘皆失利，保存改造是关键

在“靠近大盆地、寻求大发现”思路指导下，2013 年 4 月，基于二维地震资料，优选南川区块南川断鼻实施南页 1 井（图 8－24），目的层为五峰组—龙马溪组，完钻井深 4465m。同年侧钻实施水平井，水平段垂深 4490～4627m，为当时国内最深页岩气水平井，首次采用 140MPa 井口装备，分 15 段压裂，产气呈现段塞流。同年 11 月，优选川南坳陷古蔺斜坡实施仁页 1 井，完钻井深 4250m，五峰组—龙马溪组气测显示差，页岩电阻率低，未测试。

两口走进四川盆地边缘的重点井相继失利，揭示出盆缘地区页岩气成藏条件同样复杂、工程技术亟待攻关。南页 1 井失利主因是受制于当时深层压裂工艺技术的局限性，储层未能实现体积改造。仁页 1 井失利主因是喜山期南北向走滑断层破坏性强，井区保存条件差。尽管两口井未能实现勘探突破，但均钻遇了厚层优质页岩，静态指标较好，坚定了盆缘志留系页岩气勘探信心。

（二）三维地震显神威，平桥东胜目标现

南川地区早期只有二维地震资料，测网密度 2km×4km，地震资料品质差，在工区广泛分布的三叠系—二叠系碳酸盐岩出露区基本见不着波组，严重影响了对该区的构造认识和勘探部署。

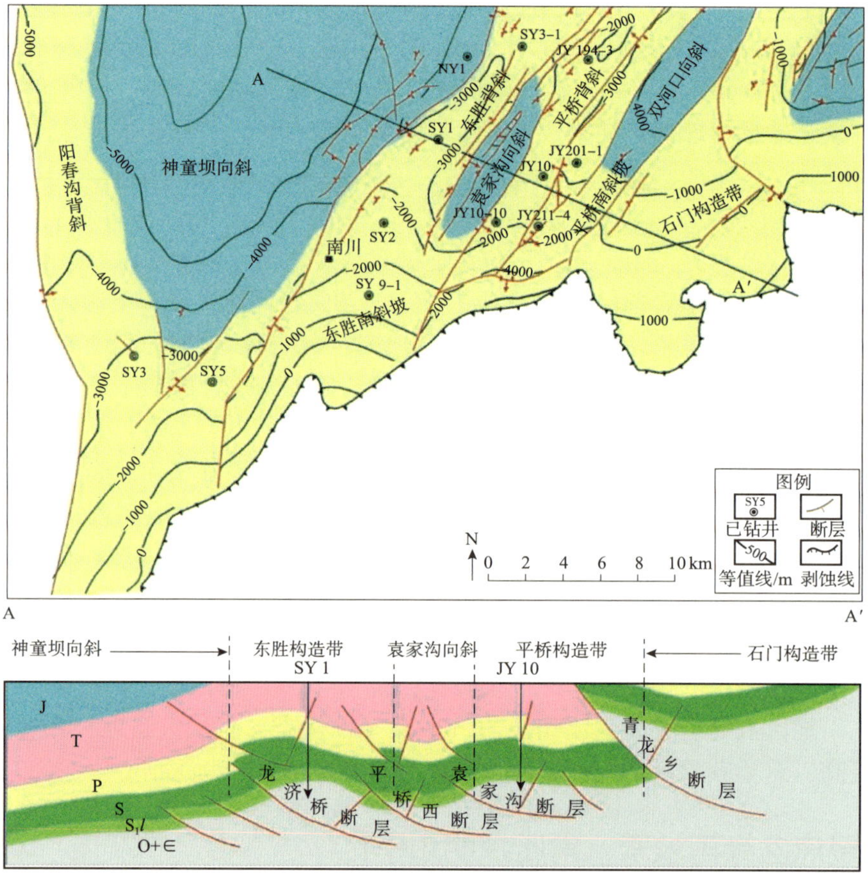

图8－24　南川地区五峰组底面构造与典型地质剖面

2015年底，南川区块部署三维地震263km²，采用30线6炮234道观测系统及最大非纵距5876.4m、横纵比0.77、叠加次数195次采集方法，单炮信噪比明显增高，波组特征清楚，能量强，相位稳定，断点清晰，连续性好。通过优选静校正方法，分步多域去噪，一体化速度建模等处理方法，地震资料成像效果得到明显改善。在原二维地震波组空白区新发现平桥和东胜两个雁列式分布的正向构造带，北部为背斜，南部为单斜，页岩埋深适中，综合评价为有利勘探目标。

2016年4月，在平桥背斜南部实施了焦页194－3井（图8－24），地层压力系数1.32，测试获$34.3\times10^4m^3/d$商业气流，拉开了平桥南$6.5\times10^8m^3$产建序幕。2017年7月，该区提交五峰组—龙马溪组一段页岩气探明储量超$500\times10^8m^3$。与此同时，在东胜背斜实施胜页1井（图8－24），地层压力系数1.3，测试产量$14.36\times10^4m^3/d$，实现了东胜背斜页岩气勘探突破。

南川三维地震的实施，揭开了平桥、东胜构造带的神秘面纱，为勘探发现奠定了资料基础，加快了南川地区勘探开发进程。

（三）断层遮挡利成藏，焦页10井开新篇

2017年，通过地质理论创新和低成本技术攻关实践，逐渐形成了常压页岩气“三因素控

藏”地质认识，研发了常压页岩气地质综合评价技术，建立了背斜型、向斜型、反向逆断层遮挡型等页岩气成藏模式（何希鹏等，2018、2019；方志雄，2019）。在反向逆断层遮挡型模式指导下，优选出平桥南斜坡实施了焦页 10 井（中国石化华东油气分公司，2017）。

焦页 10 井导眼井（图 8－24）于 2017 年 9 月开钻，至 11 月完钻，完钻井深 3433m，揭示五峰组—龙马溪组页岩静态指标较好，含气性较好。为探索斜坡主体区单井产能，向南部斜坡高部位实施侧钻水平井焦页 10HF 井，于 2018 年 1 月完钻，水平段长 1500m，①～③小层穿行率 100%，气测显示活跃，分 21 段压裂，地层压力系数 1.18，获得 $19.6\times10^4m^3/d$ 高产工业气流，套压 14.9MPa，标志着我国常压页岩气勘探取得重大突破，拉开了南川常压页岩气田商业开发的序幕。

焦页 10 井取得的高产突破，不仅开辟了页岩气勘探新区，突破了常压页岩气商业气流关，同时首次证实了四川盆地东南缘斜坡带为常压页岩气高产富集带，推动了页岩气勘探开发向复杂构造区挺进，坚定了常压页岩气勘探信心，对解放中国南方 $9\times10^{12}m^3$ 常压页岩气可采资源具有重要战略意义。

（四）勘探开发一体化，千亿气田现真颜

焦页 10 井获得重大突破后，按照“整体研究、整体部署、分步实施、滚动评价、动态调整”的勘探开发一体化思路，提前开展东胜—平桥区块开发概念设计，勘探井在开发井网上部署，开发井动态录取探评井地质资料，整体部署探评井 10 余口，控制气藏含气边界。

平桥南斜坡从斜坡低部位向高部位整体部署 3 口评价井均获得重要进展（图 8－25）。南部的焦页 10－10 井，距离反向逆断层（龙凤场断层）1.7km，距离剥蚀边界 3.5km，距

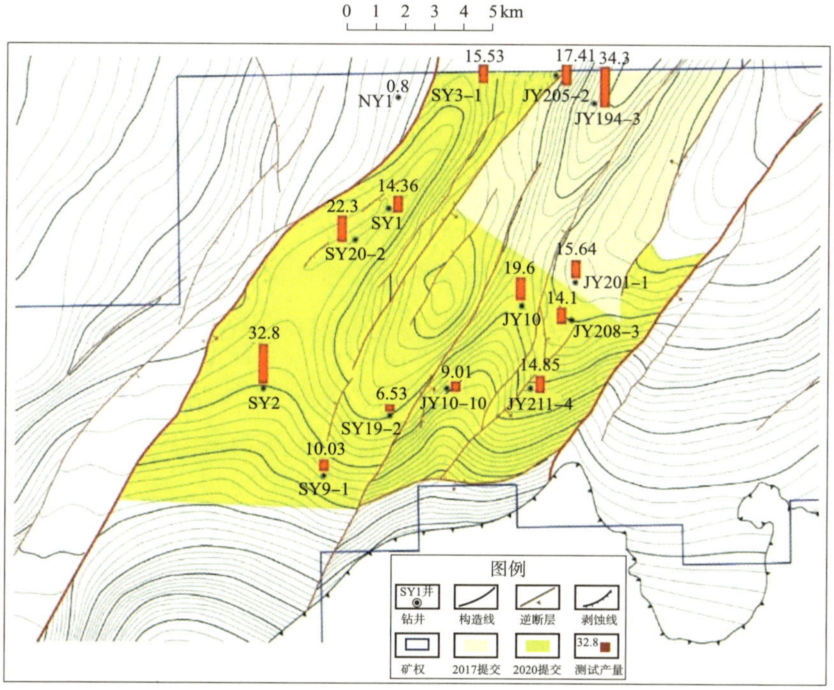

图 8－25 南川地区常压页岩气勘探成果（测量产量单位：$10^4m^3/d$）

离袁家沟断层160m，地层压力系数为1.12，测试日产气$9.01\times10^4m^3$，进一步证实了龙凤场断层和袁家沟断层的封闭性。焦页211－4井和焦页208－3井测试日产气也达（14.1～14.85）$\times10^4m^3$。4口探评井揭示了焦页10井区页岩气藏具有整体含气的特征，增强了快速规模探明的信心。

东胜构造带由中心向北向南滚动评价，取得重大成果。早期实施的胜页1井钻探表明东胜背斜保存条件较好，但地应力较高、物性较差、体积改造难度大，试采效果未达预期，需要进一步优选地应力适中、物性好的区域，同时攻关深层高应力压裂改造工艺，才能实现该区商业开采。2019年，突出保存条件、储层物性、地应力评价，加强储层关键参数预测，优选物性好、埋深适中、地应力小的东胜南斜坡实施胜页2井，地层压力系数1.2，压裂测试日产气达$32.8\times10^4m^3$，刷新了国内常压页岩气产量纪录。此后，相继实施胜页9－1、胜页3－1、胜页20－2等评价井，地层压力系数在1.11～1.32，测试日产气（10.03～22.3）$\times10^4m^3$，落实了东胜气藏含气边界（图8－25）。

同时，为评价上部气层单井产能，实施胜页14－S1、焦页209－S1井两口试验井，主要穿行龙马溪组⑧小层，测试日产气（8.1～12.9）$\times10^4m^3$。通过平桥、东胜探评井的实施，落实了南川气田的气藏边界和上部气层单井产能。

2020年9月，成功提交探明储量近$2000\times10^8m^3$，其中胜页2井区、焦页10井区常压页岩气探明储量$1446\times10^8m^3$，标志着南川常压页岩气田正式诞生，为国内储量规模最大的整装常压页岩气田，千亿气田终现真颜。当年荣获自然资源部“找矿突破战略行动优秀找矿成果”奖，中国地质学会“2020年度十大地质找矿成果”奖。截至2022年4月底，已累计建产能超$20\times10^8m^3$，累产气超$40\times10^8m^3$，建成了国内首个常压页岩气示范基地。

（五）深化认识谋突破，武隆道真迎曙光

在南川页岩气田发现过程中，持续深化复杂构造区页岩气富集规律研究，相继建立高陡背斜型、单斜型、反向逆断层遮挡型、残留向斜等页岩气成藏模式，分别明确了不同类型气藏的页岩气富集规律。

评价认为盆缘广泛分布的残留向斜具有向核更甜、断层遮挡控富规律。在向核更甜认识指导下，2018年优选武隆向斜火炉次洼部署隆页3井，压力系数1.02，测试日产气$7.1\times10^4m^3$，实现新区新发现；同年优选桑柘坪向斜核部部署彭页5井，压力系数1.05，测试日产气$3.5\times10^4m^3$。在断层遮挡控富认识指导下，2019年优选道真向斜断下盘部署真页1井，压力系数1.08，测试日产气$7.5\times10^4m^3$，试采产量和套压相对稳定。2021年，突出增产和降本两条主线，开展隆页1井组低成本攻关，4口井测试日产气（2.5～4.0）$\times10^4m^3$，套压9～12MPa，初步形成以“二开制”井身结构、激进参数配套为核心的优快钻井技术和以“全电动＋密集布缝＋以砂代陶＋高强度加砂”为核心高效压裂缝网改造技术，单井钻采投资控制在3860万元，完成阶段攻关目标。目前，正在隆页5－1、真页1平台开展“一开制”井身结构、长水平段（2500m）攻关试验，力争进一步提产降本增效。残留向斜常压页岩气迎来了商业突破和效益开发的曙光。

三、刨根究底寻规律，技术攻关降成本

（一）六大特点起迷雾，三大难题把路拦

渝东南地区常压页岩气与焦石坝区块高压页岩气相比，两者具有相似的沉积背景、不同的构造改造条件，在沉积建造、构造、储集、保存及赋存、地温场、地应力等方面存在六大地质特点或差异（表8－10）。

一是优质页岩厚度受水体深度和沉积微相控制，由北往南逐渐减薄，TOC含量有所降低。五峰组和龙马溪组沉积早期，焦石坝地区处于深水陆棚沉积中心，优质页岩厚度为35～45m，有机质含量（TOC）为3%～4%；南川地区优质页岩厚度为30～32m，TOC含量为2.9%～3.2%；彭水地区相对更靠近雪峰隆起，距离物源区较近，水体略变浅，优质页岩厚度为24～32m，TOC含量为2%～3%。

二是构造改造作用较强。渝东南构造复杂区经历了多期构造运动强烈改造，受燕山早期北西向挤压隆升和晚期南北向压扭性走滑的影响最为显著，奠定了现今向斜与背斜相间分布的“槽—档”构造格局；自东向西具有递进变形特征，构造变形程度东强西弱，地层倾角东陡西缓，抬升幅度东高西低，地层剥蚀厚度东大西小；勘探类型由紧闭向斜过渡为宽缓向斜再到盆缘斜坡和背斜，气藏调整时间东早西晚，页岩气散失时间变短，保存条件逐步变好。

三是基质孔隙度减小，微裂缝更发育。常压页岩气区优质页岩孔隙度为3.5%～4.5%，比焦石坝地区孔隙度低，向东至彭水一带孔隙度有减小趋势。常压区页岩储层高角度缝及层理缝比焦石坝地区更发育，由盆外向盆内优质页岩段裂缝发育程度和规模逐渐减小，表明常压区构造抬升早，持续时间长，抬升幅度大，应力释放，导致构造缝更发育，层理缝开启程度更高。

表8－10　常压页岩气与高压页岩气地质特点对比

地质特征	常压页岩气	高压页岩气
沉积特征	处于深水陆棚相靠陆方向，优质页岩厚24～32m，TOC含量2.0%～3.2%，石英含量40%～50%，黏土矿物含量30%～40%	处于深水陆棚相靠海方向，优质页岩厚度35～45m，TOC含量3.2%～4%，石英含量40%～50%，黏土矿物含量30%～40%
构造特征	处于盆缘褶皱区，构造抬升较早（距今120～100Ma），改造强烈，地层产状较陡；微幅构造发育，断裂系统复杂且封闭性差异大	处于盆内稳定区，构造抬升较晚（距今80Ma），改造较弱，地层产状较平缓
储集特征	孔隙度3.5%～4.5%，高角度缝及层理缝发育	孔隙度4%～6%，高角度缝相对不发育
保存及赋存特征	压力系数0.9～1.3，吸附气占比高（40%～60%）	压力系数>1.3，吸附气占比低（25%～40%）
应力特征	方位变化快，同一构造相差75°，应力分布范围大（40～100MPa），最大和最小水平主应力差异大，差异系数0.1～0.34	方位变化小，应力适中（50～70MPa），最大和最小水平主应力差异小，差异系数0.11～0.13
地温场特征	地温梯度低，2.4～2.6℃/100m，目的层地层温度80～100℃	地温梯度高，2.6～3.0℃/100m，目的层地层温度90～120℃

四是压力系数和含气量偏低，吸附气占比较高。渝东南地区页岩含气量、游离气占比与压力系数有较强的相关性，压力系数越大，含气量越高，游离气占比越大（图8－26）。

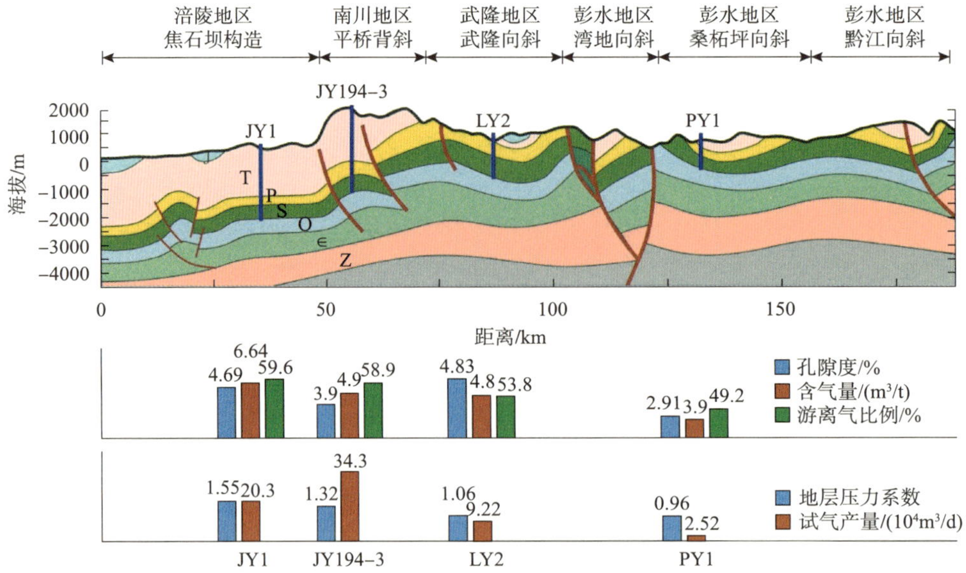

图8－26　涪陵—南川—武隆—彭水地区地质剖面及优质页岩参数对比图

由图8－26可以看到，当压力系数大于1.3时，含气量为4.9～6.64m³/t，游离气占比约60%；压力系数小于1.3的常压页岩气，含气量为3.9～4.8m³/t，游离气占比为44%～58%，即总含气量相对较低，吸附气占比较高。南川地区地层压力系数1.1～1.32，处于高压—常压过渡区，以常压为主，具有由南向北、自东往西保存条件逐渐变好、地层压力系数逐渐增大的规律；彭水—武隆地区地层压力系数则更低，为0.9～1.1。

五是地应力相对较小，但两向应力差异大。渝东南地区受多期构造运动影响，经历了大规模的挤压、抬升、剥蚀，导致应力释放，形成现今地应力小，两向应力差异大，地应力方位变化快。盆缘的南川—彭水地区应力方位变化快，同一构造可相差75°，最大水平主应力为40～100MPa，应力差异系数为0.1～0.34；而盆内的焦石坝等构造应力方位变化小，最大水平主应力为50～70MPa，应力差异系数为0.11～0.13。

六是地温梯度低。根据钻井、测井、微压测试等资料统计，南川—彭水地区页岩埋深为2000～4500m，地层温度为80～100℃，地温梯度为2.4～2.6℃/100m；盆内焦石坝地区页岩埋深为2300～3500m，地层温度为90～120℃，地温梯度为2.6～3.0℃/100m。常压区地温梯度低，表明地层能量和驱动力相对较弱，对页岩气井产量有较大影响。

常压页岩气的六大地质特点，决定了集资源规模大与资源品位差于一体，带来地质理论、勘探开发技术、低成本工程工艺等三大世界级难题：一是常压页岩气富集程度低，富集机理不清，甜点优选难度大，必须攻克高质量勘探技术难题，落实规模储量区；二是常压页岩气赋存方式、渗流机理、生产规律复杂，必须攻克高效开发技术难题，实现气田稳产上产；三是单井产能低，投资成本高，经济效益差，必须攻克低成本工程工艺，实现效益开发。

（二）三因素控藏明规律，四成藏模式指方向

基于常压页岩气地质特点和勘探开发难点，从控制页岩气富集和高产的关键因素入手，通过页岩气聚散机理分析，形成了沉积相供烃控储、构造运动控保定富、地应力场控缝控产的“三因素控藏”地质认识。沉积相供烃控储，即深水陆棚亚相的厚层富有机质泥页岩为页岩气藏的形成提供了烃源和赋存空间，控制了页岩气富集的物质基础；构造运动控保定富，即构造运动控制常压页岩气的保存条件，影响页岩含气量和地层能量，决定页岩气藏的富集程度；地应力场控缝控产，即地应力场控制天然缝发育程度和人造缝复杂程度，是获得高产的保障（何希鹏，2021；何贵松等，2020）。

1. “三因素控藏”地质认识

1）沉积相供烃控储

渝东南地区五峰期—龙马溪期水体深度逐渐变浅，不同地区沉积环境和沉积演化有一定差异，造成地层的岩性、厚度、地球化学、物性、矿物组成、含气量有较大差异。

从沉积建造来看，凯迪阶—鲁丹阶深水陆棚优质页岩厚度由北往南呈减薄趋势，北部平桥背斜厚34.8m，中部平桥南斜坡厚31.0m，南部桑柘坪向斜厚24.0m（表8－11）。有机地球化学分析结果表明，平桥背斜、平桥南斜坡、桑柘坪向斜优质页岩TOC含量和R_o值基本一致，说明3个地区古生物繁荣程度和古生产力相近，沉积有机质丰度相当，经历的最大埋深和最高热演化温度的差异，造成3个地区由北向南生烃强度逐渐降低，先天资源禀赋变差。

表8－11　渝东南地区重点井优质页岩评价参数对比

构造	井号	厚度/m	ω（TOC）/%	R_o/%	孔隙度/%	石英含量/%	黏土矿物含量/%	碳酸盐矿物含量/%	含气量/（m^3/t）	测试产气量/（10^4m^3/d）
平桥背斜	JY194－3	34.8	3.2	2.5	3.6	48.5	33.2	6.8	4.3	34.3
平桥南斜坡	JY10	31.0	3.2	2.5	3.3	48.0	35.0	6.3	4.2	19.6
桑柘坪向斜	PY1	24.0	3.3	2.6	2.9	48.2	27.2	9.9	3.5	2.5

沉积相带对储层物性、含气性亦具有明显的控制作用。平桥南斜坡焦页10井优质页岩孔隙度、页岩比表面积、总孔隙体积与TOC含量相关性分析表明，随TOC含量增大，页岩孔隙度、页岩比表面积、总孔容呈线性增大，表明深水强还原条件下富集的沉积有机质为页岩提供了主要的含气孔隙和比表面积，有机质越丰富，页岩生烃演化过程中形成的有机孔隙和有机成因的比表面积就越发育，越有利于游离气储集和吸附气吸附。含气量与TOC含量也有明显的正相关关系，这与有机质为气源母质，同时生气过程中产生大量的有机质孔隙和比表面积而有利于气体就近储集和吸附有关。

总体上，南川地区优质页岩为深水陆棚相细粒沉积，具有物源较充足，海洋生物繁盛，以及水体安静、还原条件有利于有机质长期连续沉积、埋存的特点，有机质丰度和热

演化程度高（图 8－27），处于生干气阶段，累计生烃强度大，同时页岩生烃演化过程中形成的有机孔隙和有机成因的比表面积丰富，有利于游离气储集和吸附气吸附。因此，深水陆棚相中沉积的厚层富有机质泥页岩为页岩气藏的形成提供了烃源和赋存空间，控制了页岩气富集的物质基础。

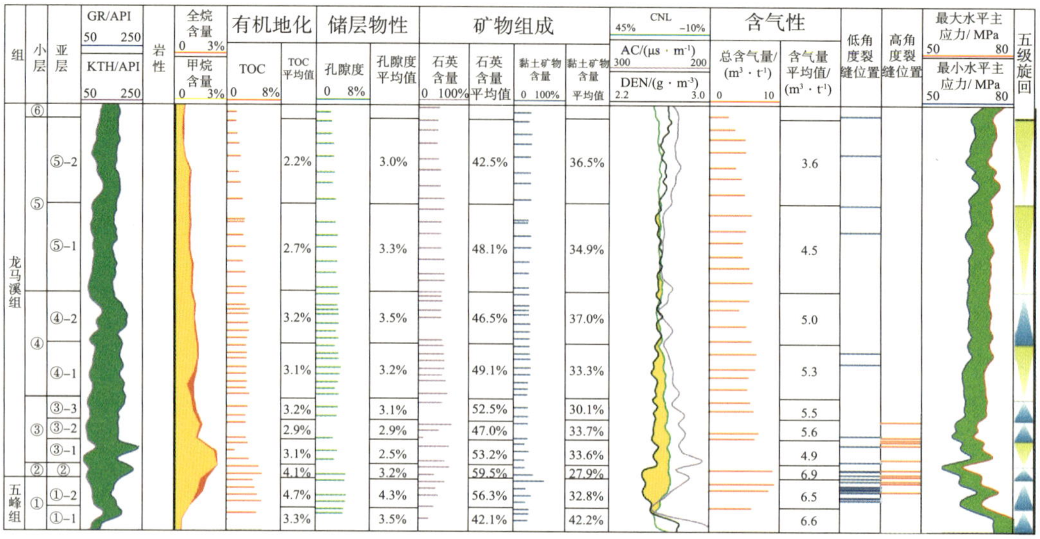

图 8－27　南川地区五峰组—龙马溪组①～⑤小层综合柱状图

2）构造运动控保定富

受雪峰古隆起自南东向北西挤压递进发展的影响，渝东南地区构造变形时间、抬升幅度、变形程度、断裂发育程度、构造样式等有显著差异，表现出不同构造现今保存条件差异较大。盆外的彭水、武隆地区构造抬升时间早，变形程度大，地层剥蚀严重，五峰组—龙马溪组残存于向斜中，页岩气向四周扩散且逸散时间长，保存条件较差，地层压力系数为 0.95～1.08，单井产气量较低（测试日产气 1.7×10^4～$9.2\times10^4m^3$），多数井不能自喷生产，表明地层能量弱，页岩气富集程度低。

盆缘的平桥背斜为受挤压作用形成的北东向长轴断背斜，现今最大主应力方向与边界断层近乎垂直，断层封闭性好，埋深适中，没有地层剥蚀和开启性断层等明显泄压区，页岩气得到较好保存，地层压力系数为 1.30～1.32，单井产气量高（测试日产气 15.4×10^4～$89.5\times10^4m^3$），页岩气富集程度较高；盆内的焦石坝构造主体区构造变形程度弱，地层平缓稳定，断层不发育，地层发育较齐全，保存条件好，地层压力系数约 1.50，单井测试产气量和累计产气量高，页岩气富集程度高。渝东南地区钻井统计结果表明，不同构造样式的保存条件由好到差依次为宽缓背斜（例如焦石坝构造）、高陡背斜（例如平桥背斜）、斜坡（例如平桥南斜坡）、残留向斜（例如桑柘坪向斜），而对于斜坡、残留向斜等目的层已出露地表的构造，页岩气发生了不同程度运移。构造越宽缓、页岩连续分布面积越大、断层发育越少、埋深越大、离剥蚀边界越远，越有利于页岩气保存，地层压力系数越高，单井产气量越高（图 8－28）。因此，构造运动控制了页岩气的保存条件，影响页岩含气量和地层能量，决定页岩气藏的富集程度。

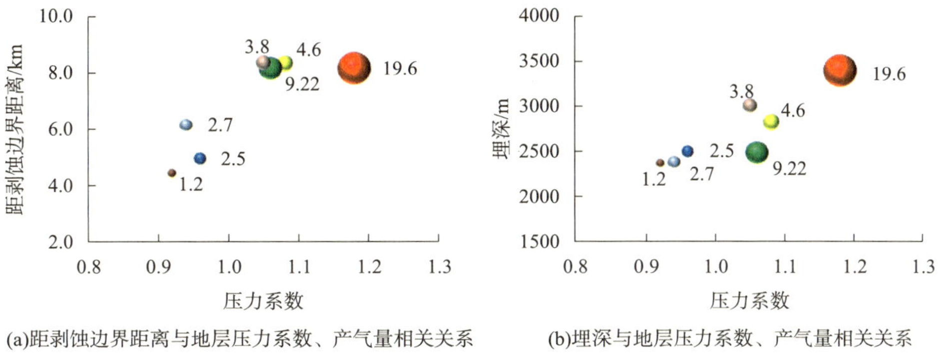

图 8-28　渝东南地区地质参数与地层压力系数、产气量相关关系

图内气泡大小及数据表示产气量的大小，单位为 $10^4m^3/d$

3）地应力场控缝控产

渝东南地区多期构造运动形成了复杂的应力场体系，不同应力场体系下形成了不同的天然裂缝系统。对于保存条件较好的封闭体系，天然裂缝可有效改善储层物性，形成大量裂缝孔隙，促进纳米孔中的页岩气解吸并富集于裂缝沟通的缝孔网络中，天然缝越发育，越有利于获得高产。对于有明显泄压区的开放或半开放体系，天然裂缝则是“双刃剑”，一方面可增大储集空间，另一方面则可形成页岩气高效运移通道，加快页岩气逸散。因此，裂缝的发育程度和规模决定了裂缝的建设性或破坏性，大尺度构造缝发育带和揉皱层的存在将明显破坏页岩气保存条件。平桥南斜坡裂缝以地应力卸载和挤压滑脱产生的页理缝、微裂缝为主，对页岩气储集和保存起建设性作用，同时有利于压裂改造形成网状缝。

地应力大小和方位是影响压裂改造效果的关键因素。平桥南斜坡受晚期构造抬升作用，挤压应力渐次释放，现今优质页岩段地应力大小适中。焦页 10 井页岩埋深 3405m，最大水平主应力为 69～75MPa，两向应力差为 7MPa，应力梯度为 2.0MPa/100m，水平应力差异系数为 0.1，地应力较小，降低了压裂施工难度，增大了施工压力窗口，有利于压裂缝延展形成复杂缝，人造缝与天然缝交割沟通形成了复杂缝（占比 66.7%），储层压裂改造效果好。同时，该构造最大水平主应力方位与构造等值线走向近垂直，有利于缩小水平段高差，减小水平段积液对常压页岩气产能的影响，焦页 10 井水平段方位与最小水平主应力夹角为 5°，进出靶点高差为 -40m。

综上所述，天然裂缝以地应力卸载和挤压滑脱产生的页理缝、低角度微裂缝为主，对页岩气储集和保存起建设性作用；构造抬升卸载使该区地应力减小，两向水平应力差值和差异系数较小，有利于压裂形成复杂缝网。地应力场控制了天然缝发育程度和人造缝复杂程度，是获得高产的保障。

2. 常压页岩气成藏模式

南川地区先后经历多期构造体系改造，构造演化与变形程度、地层抬升剥蚀时间与强度、页岩气聚集与逸散等有显著差异。因此，形成的页岩气藏类型丰富多样，不同类型页岩气藏富集规律亦有明显不同。通过分区研究、典型井解剖，结合压裂实践进行分类评价，依据页岩气聚集、逸散特点和构造样式等，建立了背斜型、斜坡型、残留向斜型、反向逆断层遮挡型四种页岩气藏模式，明确了不同模式聚散规律及有利勘探方向，有力指导了勘探开发部署和工艺对策优选。

1）背斜型页岩气藏

背斜构造改造作用较弱，内部大规模断裂不发育，页岩气保存条件较好，压力系数高，在局部张应力环境下，天然缝发育，页岩气在天然裂缝内具有短距离运移聚集的优势，游离气含量占比高（图8－29）。

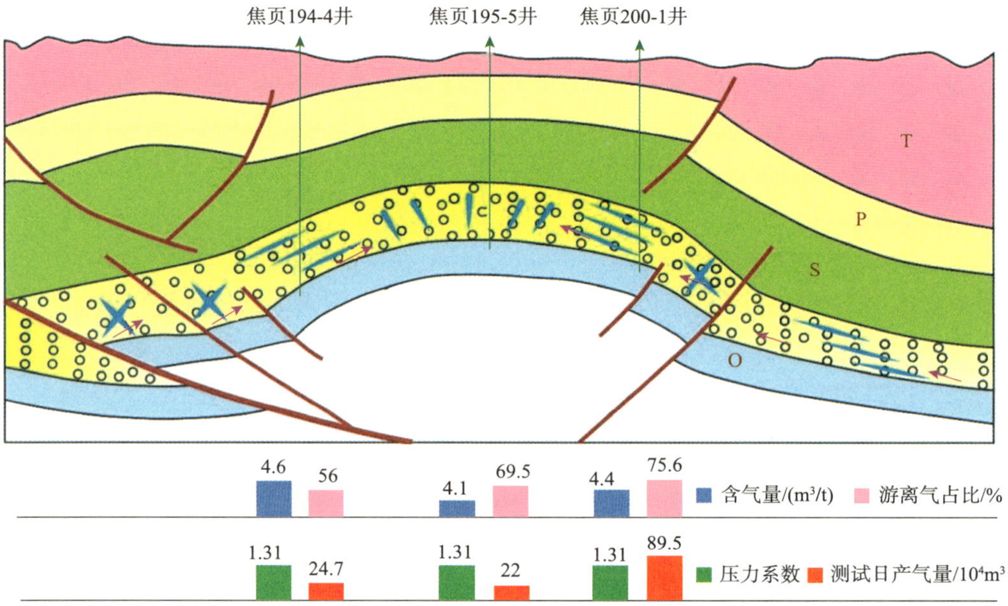

图8－29 平桥背斜型页岩气藏模式图

背斜轴部受纵弯作用影响，应力较强，表现为张性应力场特征，发育向上开口“V”字形劈理缝，物性较好，压裂时人造缝纵向延伸大，横向延伸范围小，体积改造难度大；背斜翼部发育伴生断裂，地应力得到释放，“E”字形层间缝发育，压裂时人造缝与天然缝交割沟通，改造较为充分，易形成复杂缝网，缝网延伸距离较远，改造体积大，更易高产。背斜翼部是页岩气井位部署的首选有利目标，同时，核部通过有效的改造手段，同样可以获得高产。从平桥背斜勘探实践来看，翼部的焦页200－1井地层破裂压力为57.1MPa、施工压力为59.5MPa，测试日产气量为$89.5\times10^4m^3$；核部的焦页195－5井地层破裂压力为80.9MPa、施工压力为75.0MPa，测试日产气量为$22\times10^4m^3$。

2）斜坡型页岩气藏

斜坡构造一般较为宽缓，页岩气易横向顺层迁移，富集主要受侧向断层封堵和目的层剥蚀边界远近控制，斜坡型页岩气藏保存条件较好，地层压力系数中—低。受构造抬升的影响，地应力释放，层面滑动发生顺层剪切，主要发育顺层“E”字形层间缝，压裂易形成复杂缝网，产量中—高。因此，井位部署应优选有断层封堵，且远离剥离边界的有利区，在勘探成功的基础上向剥蚀区逐步拓展。

东胜南斜坡北部通过鞍部与东胜背斜相连（图8－30），属典型的斜坡型页岩气藏。斜坡低部位的胜页2井断层不发育，顺层裂隙发育，储集和保存条件较好，总含气量和游离气占比较背斜区的胜页1井略低，压裂施工难度较小，破裂压力和施工压力中等，微压测试地层压力系数为1.2，测试日产气量为$32.8\times10^4m^3$。

3）残留向斜型页岩气藏

该类型主要分布在武隆、桑柘坪等残留向斜（图8-31），构造作用较为强烈，部分向斜目的层四周出露，受挤压应力作用影响，向斜型页岩气藏易形成“A”字形天然缝，物性较好，页岩气具有环带滞留、向斜中心富集的特点，目的层距离出露区越远、埋深越大，地层压力系数越高，保存条件越好。残留向斜地层压力系数整体较低，一般为0.9～1.1，压裂过程中破裂压力中—低，但最大水平主应力和最小水平主应力差异大，较难形成复杂缝网，单井产量较低。向斜型页岩气藏井位部署应优先考虑向斜核部、埋深适中区。

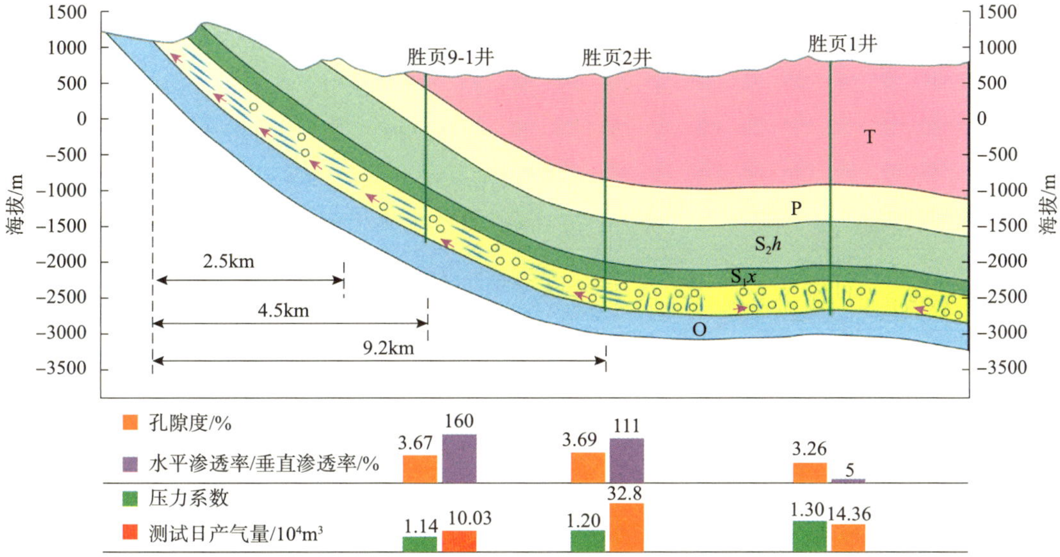

图8-30　东胜构造带斜坡型页岩气藏模式图

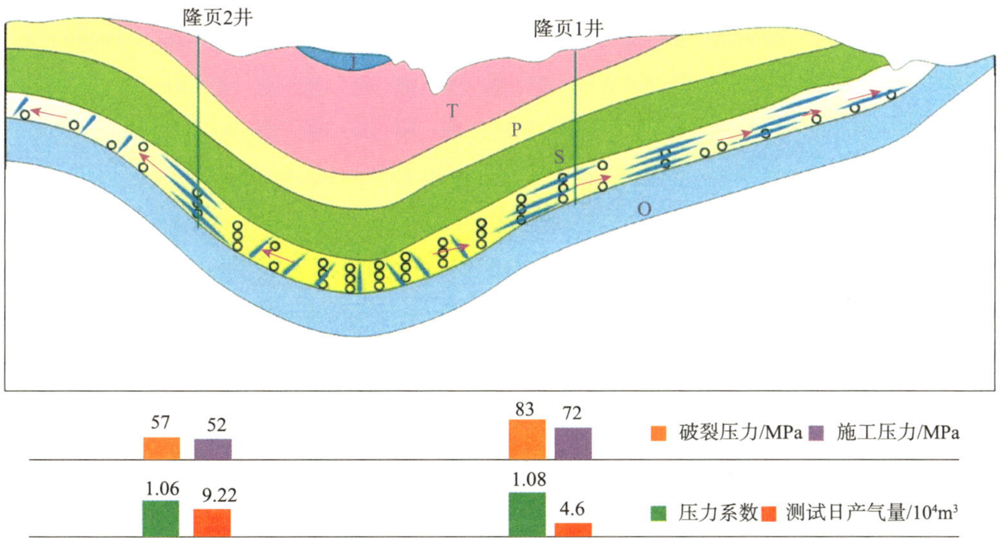

图8-31　武隆向斜残留向斜型页岩气藏模式图

4）反向逆断层遮挡型页岩气藏

该类型在盆缘和盆外残留向斜中均有发育，以道真向斜为典型代表（图8－32），下盘目的层与上盘致密隔层对接，受逆断层侧向封堵，页岩气横向运移减弱，滞留于下盘成藏。该区受燕山早期NW—SE向挤压和燕山晚期SN向走滑作用，形成多期天然缝网交互切割，发育“X”字形剪节理，物性较好，压裂易形成复杂缝网。真页1井试获日产气7.49×10^4m^3，试采日产气稳定在3×10^4m^3，证实反向递断层遮挡型下盘富集程度较高。

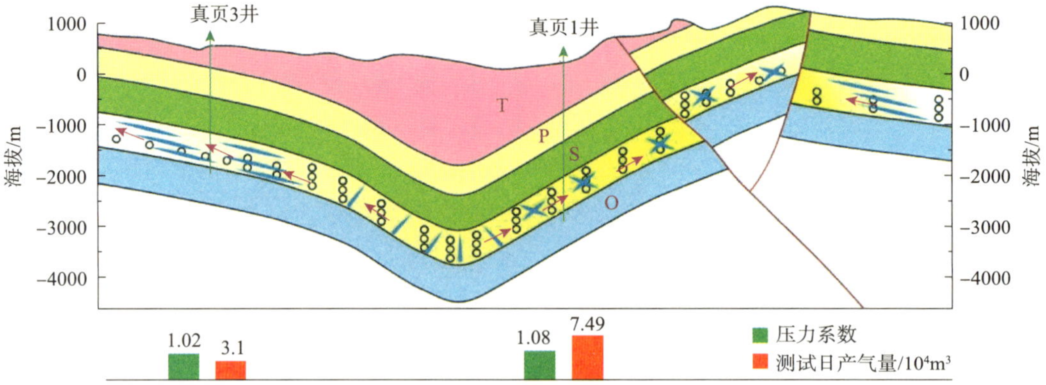

图8－32　道真向斜反向递断层遮挡型页岩气藏模式图

（三）攻坚克难降成本，技术引领提效益

常压页岩气地层能量较弱，气井生产具有初期产量低（试采日产气2.5×10^4～4.2×10^4m^3，平均2.9×10^4m^3）、压力低（套压5.0～12.3MPa，平均8.9MPa）、递减慢（稳产期1～2年，递减率由30%降至15%）、返排高（返排率9.3%～12.7%，平均10.7%）、单井EUR低（0.40×10^8～0.58×10^8m^3，平均0.5×10^8m^3）的特征，属于低品位边际效益资源，单井经济极限投资需要控制在3000万～4500万元，才能实现效益开发，因此大力开展低成本工程工艺技术攻关是实现规模开发的关键。“十三五”期间，华东油气分公司针对常压页岩气地表、地下双复杂，钻井速度慢、周期长，以及人工裂缝复杂程度低，工程建设难度大、投资高等技术和效益难题，紧紧围绕增产和降本两条主线，通过理念、理论不断创新完善，工艺探索实践和综合配套，形成了优快钻完井技术及高效压裂缝网改造技术等低成本技术系列，钻采成本降低35.2%，单井EUR提升66.7%，有力支撑了常压页岩气效益勘探开发。

1. 二开激进促提速，优快钻井显成效

钻完井技术按照“单项攻关、集成配套”的思路，积极攻关实践，针对常压页岩气浅表层缝洞发育、中深部可钻性差等难题，以井身结构创新为基础，以激进参数钻井、地质工程一体化导向、优质完井技术攻关研究为核心，优化“设备、工具、参数”一体化配套和集成应用，创新实践钻完井日费制管理，形成常压页岩气优快钻完井技术系列，钻完井效率明显提升，成本大幅下降。

（1）形成了以“二级结构＋激进参数＋一体化导向”为核心的优快钻井技术。

针对复杂构造区钻井周期长、成井效率低的难题，基于地层压力和漏失特性分析，明确了浅表地层漏失和中深部地层承压能力弱是制约安全成井的核心问题，开展复杂层段防漏、穿漏技术攻关，以低成本优快成井为目标开展井身结构序列优化，创新形成了“导管 + 二开”的三级井身结构，在中国石化页岩气领域首次成功应用，目前已全面推广；更进一步，以三级井身结构为基础，开展“提承压、降密度”技术攻关，创新形成了二级井身结构（图 8 - 33），同类型井实现了开次节省一级，中完减少一次，同时缩小了井眼尺寸，大幅提高了成井效率，并在隆页 5 - 1HF 井首次成功应用。

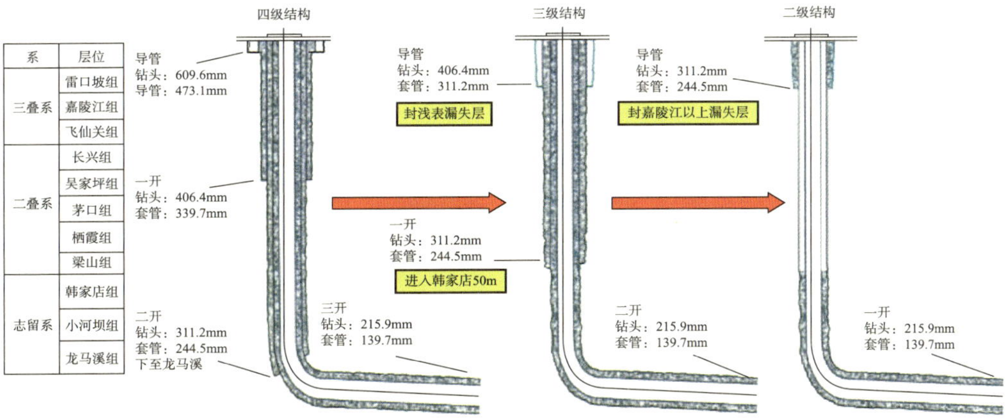

图 8 - 33　井身结构优化示意图

根据地层抗钻特性分析，明确了龙潭、茅口、小河坝组等层位是提速的关键层段，研发了 HD616Y 和 HD516Y 型等 PDC 钻头，关键层段应用试验提速 95% ~ 262%；以最大破岩能量理论为基础，建立了双驱大扭矩螺杆钻进破岩比能参数模型，明确了“增大破岩能量、优化载荷分配、稳定工作状态”是提升破岩效果的首要因素，确定了钻井参数的有效提升范围，钻压由 60 ~ 120kN 上升至 140 ~ 200kN，转速由 40 ~ 50r/min 上升至 70r/min，排量由 28 ~ 30L/s上升至 32 ~ 35L/s，机械钻速提升 34% ~ 220%，最长一趟钻进尺 3006m。

基于靶窗内地质工程参数差异性规律，创新应用伽马、气测等地质参数和钻压、钻时、扭矩等工程参数的双因素判层方法，优化“高效 PDC 钻头 + 螺杆 + BHA”配套工艺，确保轨迹控制能力与指令要求匹配，形成了常压页岩气一体化导向技术，优质页岩钻遇率 94. 5%，复合钻进占比提高至 88%，1500m 水平段最短用时 3. 96d。

（2）形成了以不承压防漏固井为核心的优质完井技术。

针对常压区储层裂隙发育的特点，创新提出了恒注液、变注气泡沫水泥浆固井工艺，形成了分段泡沫水泥浆浆柱结构和动态注入气量方案，解决了环空分段液柱压力控制难题，确保了薄弱地层固井不喷不漏，实现了窄密度窗口不承压防漏固井；结合投球式旁通阀、大排量循环、PDC 扫塞等快速完井工艺和水泥低返、预应力固井、气密封检测等井筒完整性技术创新优化，实现了固井质量优良率 100%、压后井筒完好率 100%，最短完井周期 3d。

（3）形成了钻完井日费制管理模式。

对标国际先进管理模式，创新建立了一个纲领、一个核心、两个配套、一个平台的“1121”日费制管理体系。形成日费制管理试行实施方案，确定日费制管理的工作目标、组织机构及职责划分；建立监督管理制度、形成监督现场管理手册，科学管理日费制监督、规范日费制监督工作程序；配套“日费制项目运行管理制度”+“日费制+合同模板”，保障日费制管理运行、提供日费制管理依据；打造日费制项目信息管理系统，提供信息化手段，实现文档管理与多方共享，提高管理时效。日费制试点工作过程中，有效发挥了甲方在新技术论证、工程设计、成本管控、施工管理、专家支持等全环节的主导作用，技术示范作用突出，实现了“建体系、走流程”的工作目标，具有可复制性和可借鉴性。通过日费制管理与技术融合应用，东胜地区 DP14 平台两口井在生产时效、钻完井周期、复杂处理及平均机械钻速等方面实现了新突破，相比同平台其他井，钻井周期缩短 38.09%，完井周期缩短 40.54%，平均机械钻速提高 12.19%，创造南川页岩气田东胜工区井深超过 5000m 水平井钻井周期最短纪录，生产时效达 96.7%，钻机作业费用节约 156 万元。

通过地质工程一体化攻关，深化学习曲线对标（图 8－34），实现了平均钻完井周期降至 41d，降低 59.8%；平均机械钻速提高至 10.5m/h，提高 64.1%；施工米费降低 35.6%。创下了钻井周期最短 22.22d、全井平均机械钻速最高 17.55m/h、单日进尺最高 712m、水平段进尺最长 4035m 等纪录。

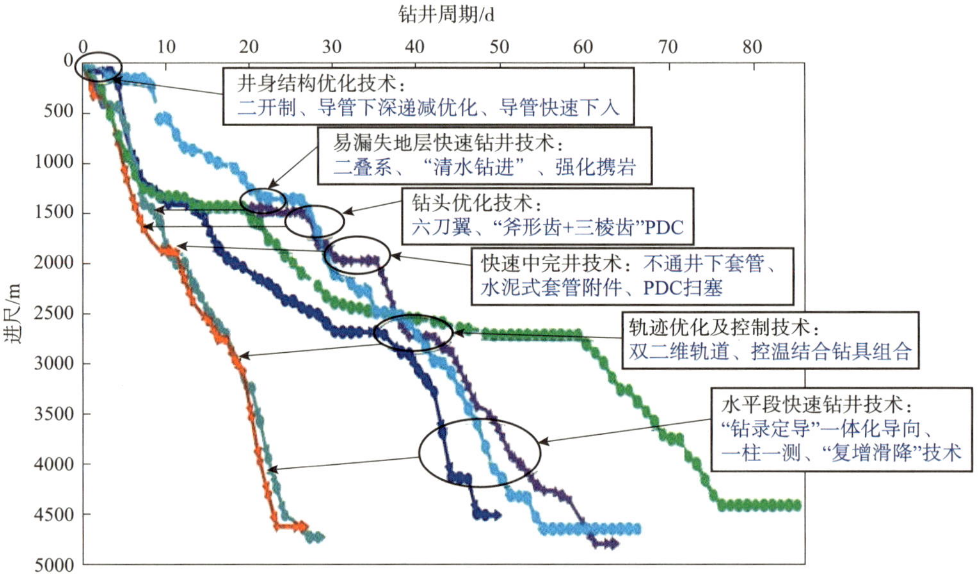

图 8－34　试验井钻井学习曲线

2. 绿色电动引潮流，高效压裂立新功

以提高压后产量、降低压裂成本为核心，以经济性促缝提效为主线，历经引进探索、优化提升、创新集成三个阶段的发展（图 8－35），压裂工艺参数不断提升，配套技术持续升级，形成常压页岩气低成本高效压裂技术 2.0 版本，有效提升了压裂改造效果。

（1）形成了“多簇密切割+双暂堵+高强度加砂”促缝压裂工艺。

针对常压页岩气两向应力差异系数大，难以形成复杂缝网的问题，创建了“基质—裂缝—井底—井口”气水两相数值模型。优化簇间距，有利于促进裂缝复杂化，单段射孔 4～6簇上升至 6～10 簇，段间距从 20～30m 优化为 15～20m，平均簇间距从 23m 下降至 10m，提升了裂缝有效改造体积。

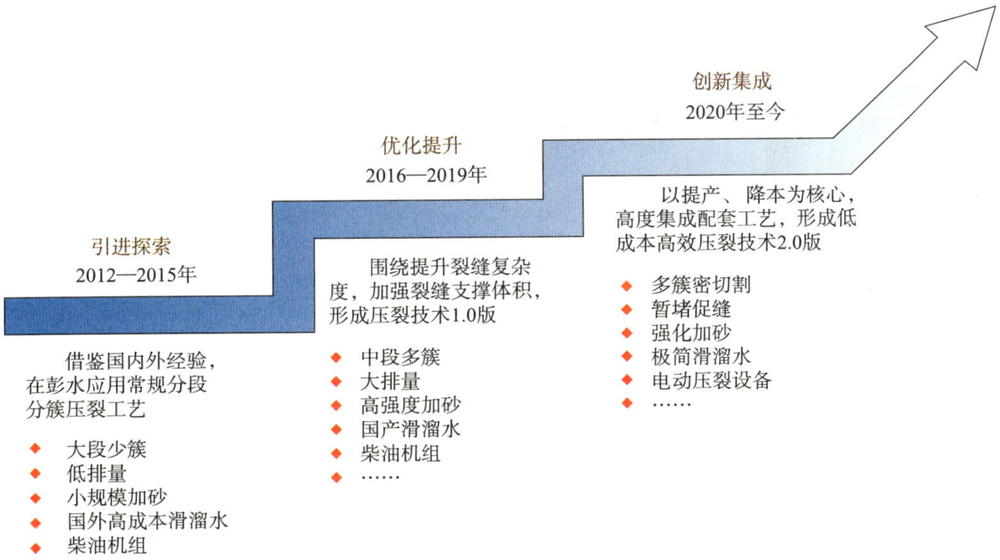

图 8－35　常压页岩气压裂工艺发展历程

针对常压页岩储层非均质性较强、裂缝发育不均匀的特点，基于流固耦合方程，建立了考虑地层—水泥环—套管的水平井分簇压裂起裂有限元模型，通过数值模拟研究分析，采用限流射孔技术，有效改善孔眼进液不均的问题，促使裂缝均衡延伸，总孔数从 48 孔下降至 30 孔，射孔开启率由 50% 上升至 100%，裂缝均衡延伸程度由 68% 上升至 89%。

基于常压区页岩破裂压力低、施工压力窗口大的特点，建立了耦合井筒流场及暂堵球运动的有限元模拟方法，优化投球暂堵工艺；同时开展室内评价研究，优选出高性能缝内暂堵剂，形成了双暂堵工艺。实施暂堵后缝内净压力从 5～10MPa 提高到 10～15MPa，改造体积提升 44%。

针对常压区页岩闭合压力低，建立了高强度连续加砂工艺，通过增大裂缝中支撑剂铺置浓度，增强页岩导流能力，促进页岩气长期稳产，综合砂液比达到 8%～11%，实现了不同尺度裂缝强加砂，加砂强度最高提升到 3.9m^3/m，压后测试产量提高 60% 左右。

（2）形成适应于常压页岩气开发需求的经济性压裂材料体系。

针对黏土矿物以伊利石为主的特点，调整压裂液配方内的助剂种类，以满足液体降阻率为前提，优化减阻剂浓度，逐步形成低成本高效减阻水配方，减阻水体系组分由早期的 4 种，优化为目前的 2 种，减阻剂浓度降低至 0.03%～0.12%，并制定了减阻剂配方优选图版，压裂液成本降低 87.7%。

针对常压区页岩地层闭合压力较低的特点，基于室内导流能力实验模拟与现场实践验证，制定了支撑剂组合评价图版，形成石英砂为主体的“砂陶组合”支撑剂体系，支撑效果和导流能力满足需求，支撑剂成本降低 67.6%。

（3）形成以智能化全电动设备为主的提速提效压裂装备体系。

率先应用全电动压裂装备，通过设备的不断迭代升级（图 8－36），目前已覆盖压裂、供水、配液、供液、混砂、泵注全工序，实现了 24h 不间断作业，引领了国内压裂装备从柴油机组到电动设备的升级。通过高效系统集成，全面升级自动化程度，单井单机组压裂时效提升到 3.6 段/d，最高日压裂 12 段，单井施工费用较柴油机组降低 332 万元，施工费用压减38.9%。

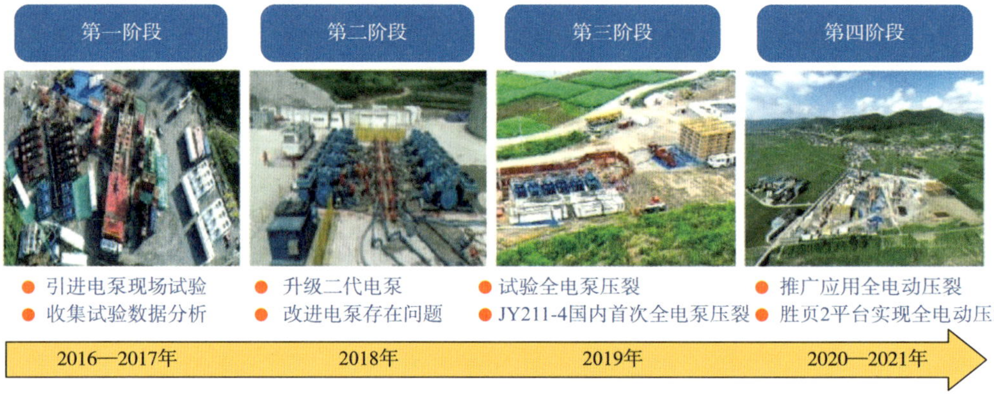

图8－36　全电动压裂发展历程

通过应用低成本高效促缝压裂技术体系，与2016年相比指标实现了“五升一降”：加砂强度提升182.1%，复杂缝网占比提高66.7%，SRV提高164.1%，EUR提高62.5%，压裂时效提高80%，压裂米费降低55.3%（图8－37）。簇间距指标与国外相当，加砂强度、施工排量高于国外。

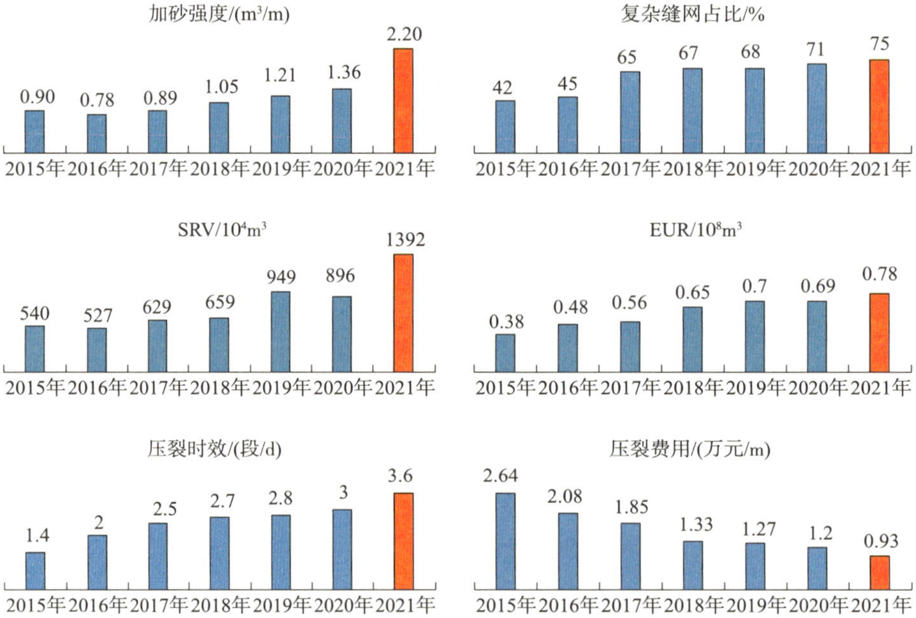

图8－37　不同年度压裂关键参数对比

结　语

回望风险勘探，成就辉煌。“十三五”中国石化加大地质理论、关键技术攻关，实现了页岩气跨越式发展。建成了北美以外最大的涪陵页岩气田，探明并开发了国内首个威荣深层页岩气田、南川常压页岩气田；实现了“走出涪陵、走出海相、走出四川盆地”的战略构想。率先提出“二元富集”理论认识，开展海相页岩气立体开发技术、深层页岩气压裂技术、常压页岩气低成本技术攻关并取得突破，引领了国内页岩气快速发展。

这些成就得益于“一个坚决，三个坚持”，即坚决贯彻习近平总书记关于大力提升国内油气勘探开发力度的重要指示批示精神，坚决贯彻落实中央精神和集团公司党组决策部署；坚持创新引领与技术攻关，确保非常规资源可持续快速发展；坚持两个一体化（勘探开发一体化、地质工程一体化）的运作；坚持低成本理念，实现边际资源有效开发。

这些成就也得益于以提高单井 EUR、效益开发为核心的“六好”做法，即选好区：以富集高产主控因素为主线，建立了地质—工程—经济—环境评价相结合的页岩气目标评价体系和标准，选准甜点目标；部好井：基于构造图、埋深图、孔隙度图、含气量图、压力系数图、曲率图的“六图法”井位目标优选技术，确定最佳井位；穿好层：利用孔隙度、平均孔径、孔隙密度、形状因子、面孔率“五要素”孔隙表征方法 + 水平井地质工程一体化设计，指导穿层；压好缝：综合利用“应力场分析 + 曲率预测 + 微注压降”分析，优化水平井压裂方案，指导压裂设计；降好本：利用低密度三维地震、二开制井身结构与井工厂、多簇密切割与全电动为核心的复杂缝网压裂技术等多项低成本工程工艺技术降低投资成本；管好井：利用“优选工艺管柱、复合排采、井下负压射流排采”高效排水采气工艺技术，指导全生命周期管理。

未来，中国石化将以四川盆地及周缘深层、常压、新区新层系为重点领域，持续大力推进风险勘探，打造国际领先的4000m 以深深层和新区新层系页岩气商业勘探开发技术系列，实现多类型页岩气商业发现和储产量规模增长。

结束语

一、风险勘探实践认识与体会

1998年中国石油化工行业战略重组以来，中国石化大力实施积极的油气资源发展战略，从偏居一隅的东部探区逐渐拓展到广袤的祖国大地上，从以石油资源为主延伸到油气并举、常非并进、深浅兼顾的全面发展，形成了石油稳定发展、天然气快速发展、非常规跨越发展的良好局面，成为保障我国能源安全战略、支撑国民经济高速发展的国家力量。2006年以来，中国石化立足自身资源禀赋特点，保持战略定力，审时度势地全面加强前期准备，大胆地开展风险勘探探索，在海相碳酸盐岩、致密碎屑岩、页岩油气、成熟探区的"三新"领域取得了一个又一个经典的勘探成功范例，创造了一个又一个奇迹，引领指导了相似领域的勘探实践。这些风险勘探成功案例，无不凝聚着这代勘探人乃至几代勘探人的汗水、心血、智慧，更体现了勘探决策者、广大科研人员、工程技术人员攻坚啃硬永无止境的探索精神，解放思想的开拓创新精神，使勘探工作逐步由必然王国走向自由王国。

保持战略定力，谋定而后动，加强宏观把控是风险勘探顺利实施的前提。重组以来，中国石化党组深刻地认识到"谁掌握资源，谁就掌握了生产经营的主动权，就掌握了发展和提高经济效益的主动权"，果断做出了"把油气资源摆在公司发展战略第一位置"的科学决策，明确提出勘探的突破和储量的增长是上游发展和实现资源战略的关键。始终保持战略定力，全面加强勘探工作，给勘探工作营造了一个良好的工作环境，使得勘探工作能够投入更多的精力，大力实施风险勘探，全面拓展资源领域。风险勘探实施伊始，就确立了突出勘探领域的战略引领、统筹兼顾地质风险与资源价值，把海相碳酸盐岩、中西部致密碎屑岩、页岩油气、东部成熟探区的"三新"领域中具有战略、全局、前瞻意义的区带作为风险勘探的主攻目标在宏观上加以把控，持续开展攻关。

充满找油激情，孜孜以求是实施风险勘探的动力源泉。油气勘探是一个对地下未知领域的探索，不可能一马平川，必然是烟云丘壑，跌宕起伏，永远是高潮、低谷，成功、失败，希望、失望，得手、失误，突破、停滞等矛盾相互交织的过程。风险勘探工作是一项富于冒险、富于想象、充满智慧、充满激情的社会性活动，是一个从未知到已知再向新的未知不断求知、求真的过程。"激情、活力与创造"是风险勘探不可或缺的基本素质。在充满激情、活力与创造的实践中，坚持解放思想，用不断超越自我的激情，将坚持探索勇闯禁区贯穿于油气发现的过程中，才能实现"不可思议"的重大突破与发现，才能找到更多、更大的油气田。

思路决定出路，转变思路是风险勘探的有效途径。以往的勘探实践启迪我们，油气首先在地质家的头脑里，地质家要不断解放思想，要用发展的眼光看问题，重新认识自我、重新认识地下、重新认识工程技术进步带来的潜力。老探区深化勘探必须要有新思路，延用老的思维没有出路。P A Dickey 提出了这样的著名观点：“我们经常用老方法在新地区发现石油。有时，我们也用新方法在老地区发现石油，但我们很少用老方法在老地区发现石油。”这句充满哲理的勘探思想曾经引导勘探实现一个又一个重大突破与发现。

认识无止境，创新认识是风险勘探必由之路。油气勘探是一个实践、认识与再实践、再认识的反复过程，理论认识创新是风险勘探的灵魂。固有思维模式是创新精神致命的“杀手”，固有思维模式禁锢人们的思想，勘探工作者要敢于取其精华去其糟粕。近年来，通过认识创新、技术进步，取得了一批重要风险勘探成果。

攻克瓶颈技术，是风险勘探的重要支撑。勘探技术是揭示地下地质特征、了解含油气条件、深化地质认识的重要手段，更是最终获得油气勘探突破发现的重要保障。由于地面、地下地质条件的差异性，不同地区、不同勘探对象的勘探面临不同的技术瓶颈。在勘探过程中只有不断地针对技术瓶颈开展攻关、突破瓶颈、攻克难题，才会不断取得新的发现。因此，瓶颈技术的突破是实现勘探突破，特别是久攻不克地区勘探突破的重要保障。技术进步不仅是实现勘探目标的保障，同时也是提高效益、降低成本的一条有效途径。

二、风险勘探领域与方向

展望未来，油气风险勘探仍然大有可为。根据资源潜力分析和剩余油气资源分布研究认为，未来大型油气田勘探仍要立足大盆地，立足于东部断陷盆地，其中东部断陷盆地的隐蔽油气藏、海相碳酸盐岩、中西部大面积碎屑岩、前陆冲断带、海域、非常规以及新区仍是持续开展风险勘探的领域。

东部断陷盆地隐蔽油气藏领域。东部断陷盆地由于构造、沉积充填的连续性，导致出现了圈闭类型、输导体系、动力结构的连续性特征，从洼陷中心到边缘，油藏类型岩性—构造岩性—构造—地层有序演化，形成纵向叠置、横向毗邻、复式富集的油气成藏特征，呈现满凹含油的趋势。东部断陷盆地普遍具有断裂活动强烈、多物源、近源沉积、岩相和岩性变化大的特点，形成许多与岩性变化和地层超覆有关的非构造圈闭，蕴藏着丰富的油气资源。其中，推进渤海湾、松辽盆地等富油凹陷深层、多样性潜山、页岩油（致密油）以及华北地区中新元古界的勘探是今后一个时期东部断陷盆地风险勘探主要方向。

海相碳酸盐岩领域。海相领域油气资源丰富，海相油气田具有规模整装的特点。近几年勘探成果表明，海相领域正处于油气大发现、大发展阶段，是我国未来油气实现战略接替的重要领域。其中，以下四大领域是未来风险勘探的主要领域和方向：塔里木盆地寒武系盐下台内滩、四川盆地寒武系台内滩、鄂尔多斯盆地奥陶系盐下等领域；四川盆地二叠系栖霞组—茅口组台缘台内滩、四川盆地三叠系白云岩、鄂尔多斯西南缘台缘礁滩等台缘台内多期滩带；塔里木盆地奥陶系古隆起及断裂带、鄂尔多斯南部前石炭系岩溶、四川盆地茅口组岩溶等不整合—断裂岩溶缝洞体；四川灯影组绵阳—长宁槽、塔北裂陷槽、晋陕裂陷槽等中新元古界裂陷。

中西部碎屑岩领域。中国石化矿权区中西部碎屑岩领域主要包括鄂尔多斯、四川、准噶尔、塔里木四大盆地，石油地质资源量 46×10^8t、天然气地质资源量 10.6×10^{12}m^3，石油、天然气探明程度分别为 10%、13%。总体特点是多靠近盆地边缘、深坳部位，地质结构复杂、成藏条件认识不清。其中，准噶尔盆地上古生界、准中下组合，塔里木盆地中生界、志留系，鄂尔多斯盆地南部上古生界，四川盆地川西三叠系须家河组、川东北、川东南等是未来风险勘探的主要方向。

前陆冲断带领域。中国石化探区前陆冲断带面积 $5.29\times10^4km^2$，剩余石油地质资源量 12.3×10^8t、天然气资源量 $2.7\times10^8m^3$，具备形成大油气田的资源基础与条件，石油、天然气资源探明程度小于2%，处于勘探早期阶段。通过加强准噶尔盆地准北、准南山前带，四川盆地龙门山、米苍山—大巴山山前带的风险勘探，力争取得实质性突破，实现战略接替。

海域油气领域。中国石化海域探区主要分布在东海陆架盆地、北部湾盆地、琼东南盆地，石油地质资源量 18×10^8t，天然气地质资源量 $10.8\times10^{12}m^3$，累计探明石油地质储量 0.2×10^8t、探明程度0.9%，探明天然气地质储量 $1454\times10^8m^3$、探明程度1.3%。其中，东海陆架盆地深层、琼东南深水是实施风险勘探的有利方向。

非常规资源领域。中国石化探区页岩气地质资源量 $28.7\times10^{12}m^3$，其中，四川盆地及周缘页岩气风险勘探领域的页岩气资源量为 $9.95\times10^{12}m^3$；截至2020年底，中国石化已累计探明地质储量 $9408\times10^8m^3$，资源探明率3.3%。“十四五”期间，中国石化将主攻四川盆地志留系深层、盆缘复杂构造带志留系常压页岩气领域风险勘探目标。持续开展4500m深层提产降本攻关，实现四川盆地凤来、丁山、东溪、永川、石龙峡等地区页岩气的商业突破；在普顺1井6000m直井压裂试验基础上，开展5000m超深层攻关，为中长期增储做好技术准备。持续开展丁山—东溪区块深层页岩气压裂技术攻关，不断提高新井单井产量，建成规模有效动用的深层页岩气田。持续攻关盆缘常压页岩气领域的保存机理研究和低成本工程技术攻关，实现白马、武隆、桑柘坪和道真向斜等的商业开发和增储目标。力争在四川盆地二叠系等新层系和中扬子新区领域取得商业突破，形成规模增储阵地，具体领域包括四川盆地复兴、元坝、普光侏罗系，中上扬子地区二叠系，南江、镇巴、中扬子地区寒武系等。同时，持续加强外围南盘江—桂中坳陷泥盆—石炭系、松辽盆地南部白垩系、鄂尔多斯盆地奥陶系、华北石炭系—二叠系等领域的评价探索，力争取得新突破。

中国石化探区页岩油地质资源量 90.2×10^8t，目前，已经在济阳坳陷东营凹陷和沾化凹陷古近系、苏北盆地溱潼凹陷和高邮凹陷古近系、四川盆地复兴和元坝地区侏罗系取得页岩油勘探重大突破，但由于我国陆相页岩油地质条件复杂，具有非均质性强、成熟度普遍偏低、原油可流动性差、储层压裂改造难度大的特点，“十四五”期间，将持续加强不同类型陆相页岩油富集机理与分布规律研究，持续攻关页岩油甜点地球物理预测和水平井优快钻完井及高效压裂等关键技术，加大济阳坳陷、苏北盆地、四川盆地新区新层系页岩油勘探力度，不断扩展页岩油储量规模；同时，要加强鄂尔多斯盆地三叠系、南襄盆地、江汉盆地、百色盆地古近系等新区新层系页岩油评价研究，不断拓展页岩油增储新领域。

初步评价中国石化油页岩资源适应于原位开采有利油页岩矿区有11个，以广东茂名地区油柑窝组、新疆博格达地区三工河和上黄山街芦草沟组、鄂尔多斯盆地南部旬邑和富县地区张家滩油页岩原位勘探开发潜力最大。

中国石化煤层气地质资源量 $2.1\times10^{12}m^3$，初步评价川东南綦江、南川以及黔西红果等龙潭组具备煤层气、致密气和页岩气三气立体勘探潜力，是风险勘探突破的现实目标；鄂尔多斯盆地南部彬县—长武、镇泾以及准噶尔盆地北部石英滩等侏罗系低煤阶含煤层系为下步攻关突破有利目标。

中国石化探区油气伴生资源丰富，卤水资源主要分布在四川、江汉、塔里木盆地；氦气资源主要分布于鄂尔多斯盆地东胜气田、松辽盆地梨树和长岭断陷、塔里木盆地顺北油气田、苏北盆地黄桥气田等，具备一定的工业开发潜力；硫化氢集中在四川盆地，二氧化碳主要分布于普光、元坝以及万金塔、黄桥气田等。这些油气伴生资源作为今后发展的方向，可适度择机进行风险勘探。

新区油气领域。所谓新区是指尚未开展实质性勘探的大型含油气盆地，这里特指西藏地区及南海南部深水。西藏地区分布有我国最大的海相中生代含油气盆地（羌塘盆地、措勤盆地）。地质历史时期，与中东大油气区同处于特提斯构造域，沉积有与中东相似的富含油气层系，是我国陆域新区勘探程度最低的地区，也是有希望取得大型—特大型油气发现的新区。南海南部海域共发育 14 个沉积盆地，总面积为 $75\times10^4km^2$，“十二五”研究成果表明，南海南部九段线内的油气总资源量达到 376×10^8t 油当量，表明该地区油气资源潜力巨大、勘探前景光明。近年来，通过系统的油气地质条件研究与油气资源评价，认为南海南部深水区的礼乐盆地、南薇西盆地、北康盆地、中建南盆地等四大盆地总资源量达 111.07×10^8t 油当量，油气资源潜力可观，是未来我国在南海南部油气增储上产的重要发力区。

参考文献

Boccia A. The Trouble With High Risk Exploration [J]. Oil and Gas Briefs, 1996, May (Carlisle Associates).

Capen E C. Dealing with Exploration Uncertainties, in Steinmetz, R., ed., The Business of Petroleum Exploration [J]. AAPG Treatise of Petroleum Geology, Chapter 5, 1992, 29 - 61.

Deng Shang, Li Huili, Zhang Zhongpei, et al. Structural characterization of intracratonic strike - slip faults in the central Tarim Basin [J]. AAPG Bulletin, v. 103, no. 1 (January 2019), 109 - 137.

Loucks R G, Sarg J F. Carbonate Sequence Stratigraphy: Recent Developments and Applications [M]. American Association of Petroleum Geologists, 1993.

Murtha J A. Risk Analysis for the Oil Industry, A supplement to Hart's E&P., 2001, 11 pgs.

Simpson G S, Lamb F E, Finch J H, et al. The Application of Probabilistic and Qualitative Methods to Asset Management Decision Making [J]. SPE Paper 59455, 2000, 10 pgs.

Vail P R, Mitchum R M, Thompson S. Seismic Stratigraphy and Global Changes of Sea Level, Part 3: Relative Changes of Sea Level from Coastal Onlap 1. 1977.

Wu X, Liu Q, Chen Y, et al. Constraints of molecular and stable isotopic compositions on the origin of natural gas from Middle Triassic reservoirs in the Chuanxi large gas field, Sichuan Basin, SW China [J]. Journal of Asian Earth Sciences, 2020, 204.

蔡勋育，刘金连，张宇，等．中国石化“十三五”油气勘探进展与“十四五”前景展望 [J]. 中国石油勘探，2021，26 (1)：31 - 42.

蔡勋育，刘金连，赵培荣，等．中国石化油气勘探进展与上游业务发展战略 [J]. 中国石油勘探，2020，25 (01)：11 - 19.

蔡勋育，赵培荣，高波，等．中国石化页岩气“十三五”发展成果与展望．石油与天然气地质，2021，42 (1)：16 - 27.

蔡左花，冯霞，刘诗荣，等．川西坳陷 XC 构造带雷口坡组顶部风化壳储层预测 [J]. 海相油气地质，2014，19 (04)：50 - 56.

曹磊，张达，李宁，等．马尔可夫随机场反演在火山岩储层预测中的应用 [J]. 石油物探，2021，60 (1)：167 - 174.

曹自成，路清华，顾忆，等．塔里木盆地顺北油气田 1 号和 5 号断裂带奥陶系油气藏特征 [J]. 石油与天然气地质，2020，41 (5)：975 - 984.

陈红汉．油气成藏年代学研究进展 [J]. 石油与天然气地质，2007，28 (2)：143 - 150.

陈敬轶，贾会冲，李永杰，等．鄂尔多斯盆地伊盟隆起上古生界天然气成因及气源 [J]. 石油与天然气地质，2016，37 (2)：205 - 209.

陈尚斌，朱炎铭，王红岩，等．中国页岩气研究现状与发展趋势 [J]. 石油学报，2010，31 (4)：

689 - 694.

代春萌，曾庆才，郭晓龙，等．三位一体火山岩预测技术的建立及应用：以新僵克拉美丽气田为例［J］．地球物理学进展，2018，33（03）：1035 - 1042.

邓尚，李慧莉，张仲培，等．塔里木盆地顺北及邻区主干走滑断裂带差异活动特征及其与油气富集的关系［J］．石油与天然气地质，2018：39（5）：878 - 888.

邓尚，刘雨晴，刘军，等．克拉通盆地内部走滑断裂发育、演化特征及其石油地质意义：以塔里木盆地顺北地区为例［J］．大地构造与成矿学，2020，05 - 15.

刁帆，金凤鸣，郝芳，等．廊固凹陷古近系沙河街组古湖泊环境与有机质富集机制［J］．石油实验地质，2014，36（04）：479 - 486 + 510.

丁蔚楠，赵爽，张虹．川西气田雷四段潮坪相薄储层预测关键技术［J］．天然气工业，2019，39（S1）：123 - 128.

方旭庆．济阳坳陷三合村洼陷油气运移与聚集规律［J］．西安石油大学学报（自然科学版）2015，30（3）：36 - 40.

方志雄．中国南方常压页岩气勘探开发面临的挑战及对策［J］．油气藏评价与开发，2019，9（05）：1 - 13.

高先志，陈振岩，邹志文，等．辽河西部凹陷兴隆台高潜山内幕油气藏形成条件和成藏特征［J］．中国石油大学学报（自然科学版），2007，31（6）：6 - 9.

顾忆，万旸璐，黄继文．“大埋深、高压力”条件下塔里木盆地超深层油气勘探前景［J］．石油实验地质，2019，41（02）：157 - 164.

顾志翔，何幼斌，彭勇民，等．川南—黔中地区下寒武统页岩气富集条件探讨［J］．天然气地球科学，2017，28（04），642 - 653.

郭建林，贾爱林，贾成业，等．页岩气水平井生产规律［J］．天然气工业，2019，39（10）：53 - 58.

郭彤楼，蒋恕，张培先，等．四川盆地外围常压页岩气勘探开发进展与攻关方向［J］．石油实验地质，2020，42（5）：837 - 845.

郭彤楼，张汉荣．四川盆地焦石坝页岩气田形成与富集高产模式［J］．石油勘探与开发，2014，41（1）：28 - 36.

郭旭升，胡东风，黄仁春，等．四川盆地深层—超深层天然气勘探进展与展望［J］．天然气工业，2020，40（5）：1 - 14.

郭旭升，蔡勋育，刘金连，等．中国石化“十三五”天然气勘探进展与前景展望［J］．天然气工业，2021，41（08）：12 - 22.

郭旭升，胡东风，文治东，等．四川盆地及周缘下古生界海相页岩气富集高产主控因素：以焦石坝地区五峰组—龙马溪组为例［J］．中国地质，2014，41（3）：894 - 901.

郭旭升，李宇平，腾格尔，等．四川盆地五峰组—龙马溪组深水陆棚相页岩生储机理探讨［J］．石油勘探与开发，2020，47（01）：193 - 201.

郭旭升．南方海相页岩气“二元富集”规律：四川盆地及周缘龙马溪组页岩气勘探实践认识［J］．地质学报，2014，88（7）：1209 - 1218.

郭旭升．南方海相页岩气“二元富集”规律：四川盆地及周缘龙马溪组页岩气勘探实践认识［J］．地质学报，2014，88（7）：1210－1218.

国土资源部油气资源战略研究中心．页岩气资源动态评价［M］．北京：地质出版社，2017.

韩俊，曹自成，邱华标，等．塔中北斜坡奥陶系走滑断裂带与岩溶储集体发育模式［J］．新疆石油地质，2016，37（2）：145－151.

韩俊，况安鹏，能源，等．顺北5号走滑断裂带纵向分层结构及其油气地质意义［J］．新疆石油地质，2021，42（2）：152－160.

韩文攻．高密度三维地震技术［M］．北京：地质出版社，2017.

郝蜀民，李良，张威，等．鄂尔多斯盆地北缘石炭系—二叠系大型气田形成条件［J］．石油与天然气地质，2016，37（2）：149－154.

何发岐，王付斌，张威，等．鄂尔多斯盆地北缘勘探思路转变与天然气领域重大突破［J］．中国石油勘探，2020，25（6）：39－49.

何发岐，王付斌，王杰，等．鄂尔多斯盆地东胜气田氦气分布规律及特大型富氦气田的发现［J］．石油实验地质，2022，44（01）：1－10.

何贵松，何希鹏，高玉巧，等．渝东南盆缘转换带金佛斜坡常压页岩气富集模式［J］．天然气工业，2020，40（6）：50－60.

何希鹏，王运海，王彦祺，等．渝东南盆缘转换带常压页岩气勘探实践［J］．中国石油勘探，2020，25（1）：126－136.

何希鹏，何贵松，高玉巧，等．渝东南盆缘转换带常压页岩气地质特征及富集高产规律［J］．天然气工业，2018，38（12）：1－14.

何希鹏，齐艳平，何贵松，等．渝东南构造复杂区常压页岩气富集高产主控因素再认识［J］．油气藏评价与开发，2019，9（5）：32－39.

何希鹏．四川盆地东部页岩气甜点评价体系与富集高产影响因素［J］．天然气工业，2021，41（01）：59－71.

何骁，李武广，党录瑞，等．深层页岩气开发关键技术难点与攻关方向［J］．天然气工业，2020：1－7.

何治亮，云露，尤东华，等．塔里木盆地阿－满过渡带超深层碳酸盐岩储层成因与分布预测［J］．地学前缘，2019，26（1）：13－21.

何治亮，张军涛，丁茜，等．深层—超深层优质碳酸盐岩储层形成控制因素［J］．石油与天然气地质，2017，38（4）：633－644.

侯连华，朱如凯，赵霞，等．中国火山岩油气藏控制因素及分布规律［J］．中国工程科学，2012，14（06）：77－86.

胡大梁，郭治良，李果，等．川南威荣气田深层页岩气水平井钻头优选及应用［J］．石油地质与工程，2019，33（05）：103－106，111.

胡望水．北部湾盆地构造迁移特征及对油气成藏的影响［J］．石油与天然气地质，2011，32（54）：920－927.

扈玖战，荆雅莉，徐立显，等．精细构造解释及储层预测技术在龙西地区的应用［J］．石油地球物理勘探，2017，52（增1）：66－72.

华北石油局 华北分公司志编纂委员会．华北石油局　华北分公司志 第二篇［M］．中国石化出版社，1992.

黄诚．叠合盆地内部小尺度走滑断裂幕式活动特征及期次判别：以塔里木盆地顺北地区为例［J］．石油实验地质，601－612.

黄太柱．塔里木盆地塔中北坡构造解析与油气勘探方向［J］．石油实验地质，2014，36（3）：0257－0267.

黄学猛，谢富仁．龙门山构造带的演化历史及构造样式综述［C］．地壳构造与地壳应力文集，2009：16－29.

贾爱林，位云生，刘成，等．页岩气压裂水平井控压生产动态预测模型及其应用［J］．天然气工业，2019，39（6）：71－80.

焦方正．塔里木盆地顺北特深碳酸盐岩断控缝洞型油气藏发现意义与前景［J］．石油与天然气地质，2018，39（2）：207－216

景安语．济阳坳陷埕岛地区下古生界潜山断裂特征及控藏作用［J］．科学技术与工程，2020，20（15）：6011－6017.

李春荣，张功成，梁建设，等．北部湾盆地断裂构造特征及其对油气的控制作用［J］．石油学报，2012，33（2）：195－203.

李登华，李建忠，黄金亮，等．火山灰对页岩油气成藏的重要作用及其启示［J］．天然气工业，2014，34（05）：56－65.

李凡异，张厚和，李春荣，等．北部湾盆地海域油气勘探历程与启示［J］．新疆石油地质，2021，42（3）：337－345.

李皋，李泽，李红涛，等．页岩膨胀对威荣地区套管变形的影响机理研究［J］．地下空间与工程学报，2021，17（06）：2007－2014.

李海英，刘军，龚伟．顺北地区走滑断裂与断溶体圈闭识别描述技术［J］．中国石油勘探，2020，25（03）：107－120.

李基伟，邱康，王治法，等．涠洲油田甲酸盐钻完井液体系适用性评价研究［J］．海洋石油，2019，39（02）：92－95.

李锦轶，莫申国，和政军，等．大兴安岭北段地壳左行走滑运动的时代及其对中国东北及邻区中生代以来地壳构造演化重建的制约［J］．地学前缘，2004，11（3）：157－168.

李良，张威，齐荣，等．连续成藏与非连续成藏过渡带上的气藏分布特征：以鄂尔多斯盆地北部东胜气田为例［M］．石油工业出版社，2021.

李凌，谭秀成，周素彦，等．四川盆地雷口坡组层序岩相古地理［J］．西南石油大学学报（自然科学版），2012，34（04）：13－22.

李丕龙，张善文，宋国奇，等．断陷盆地隐蔽油气藏形成机制：以渤海湾盆地济阳坳陷为例［J］．石油试验地质，2004，26（1）：3－10.

李蓉，隆轲，宋晓波，等．川西坳陷雷四3亚段高频层序特征及控制因素［J］．成都理工大学学报（自然科学版），2016，43（05）：582－590.

李蓉，许国明，宋晓波，等．川西坳陷雷四3亚段储层控制因素及孔隙演化特征［J］．东北石油大学学报，2016，40（05）：63－74，8.

李瑞磊，冯晓辉，等．松辽盆地南部营城组火山岩裂缝的叠前地震识别［J］．成都理工大学学报（自然科学版），2012，39（6）：611－616.

李瑞磊，朱建峰，李忠博，等．东北地区油气富集规律研究与规模增储区带评价［R］．长春：东北油气分公司，2015：12.

李瑞磊，朱建峰，刘玮．松辽盆地长岭断陷火山岩锆石 U－Pb 测年及其地质意义［J］．石油与天然气地质，2015，36（5）：736－747.

李书兵，许国明，宋晓波．川西龙门山前构造带彭州雷口坡组大型气田的形成条件［J］．中国石油勘探，2016，21（03）：74－82.

李素华，卢齐军，许国明，等．川西 XC 地区雷口坡组顶不整合面储层预测方法［J］．石油地球物理勘探，2013，48（05）：793－798，674，854.

李映涛，漆立新，云露，等．塔里木盆地顺北地区中—下奥陶统断溶体储层特征及发育模式［J］．石油学报，2019，40（12）：1470－1484.

李玉喜，乔德武，蒋文利，等．页岩气含气量和页岩气地质评价综述［J］．地质通报，2011，30（2～3），303－317.

李宗杰，杨子川，李海英，等．顺北沙漠区超深断控缝洞型油气藏三维地震勘探关键技术［J］．石油物探，2020，59（2）：283－294.

李宗杰．正演模拟验证叠前弹性阻抗反演在碳酸盐储层预测中的应用［J］．石油物探，2013，52（03）：323－328.

梁兴，徐政语，张介辉，等．浅层页岩气高效勘探开发关键技术：以昭通国家级页岩气示范区太阳背斜区为例［J］．石油学报，2020，41（9）：1033－1048.

梁正中，李宁．地震多属性体融合识别混合岩相火山机构［J］．天然气与石油，2019，37（03）：56－60，105.

林雍森，邱康，褚道余．W4 井大斜度定向井钻井技术研究及应用［J］．海洋石油，2020，40（02）：67－72.

凌云，高军，张汝杰，等．随时间推移地震勘探处理方法研究［J］．中国地球物理学会年刊，2000，36（2）：173－179.

凌云，高军，孙德胜，林吉祥．基于地质概念的空间相对分辨率地震勘探研究［J］．石油物探，2007（05）：433－450.

刘宝增，漆立新，李宗杰，等．顺北地区超深层断溶体储层空间雕刻及量化描述技［J］．石油学报，2020，41（04）：412－420.

刘惠民，刘鑫金，贾光华．东营凹陷北部陡坡带深层砂砾岩扇体成岩圈闭有效性评价［J］．油气地质与采收率，2015，22（5）：7－14.

刘杰，张永利，胡志明，等．页岩气储层纳米级孔隙中气体的质量传输机理及流态实验［J］．天然气工业，2018，38（12）：87－94.

刘军，任丽丹，李宗杰，等．塔里木盆地顺南地区深层碳酸盐岩断裂和裂缝地震识别与评价［J］．石油与天然气地质，2017，38（04）：703－710.

刘鑫金，宋国奇，刘惠民，等．东营凹陷北部陡坡带砂砾岩油藏类型及序列模式［J］．油气地质与采收率，2012（5）：20－23，112.

龙胜祥，彭勇民，刘华，等．四川盆地东南部下志留统龙马溪组一段页岩微－纳米地质特征．天然气工业，2017，37（9）：23－30.

罗阳，王永诗，吴智平，等．青南洼陷构造特征及对油气成藏的控制作用［J］．油气地质与采收率2015，22（2）：55－59.

吕海涛，韩俊，张继标，等．塔里木盆地顺北地区超深碳酸盐岩断溶体发育特征与形成机制［J］．石油实验地质，2012，43（1）：14－22.

马立驰，王永诗，景安语．渤海湾盆地济阳坳陷隐蔽潜山油藏新发现及其意义［J］．石油实验地质，2020，42（1）：13－18.

马立驰．渤海湾盆地济阳坳陷下古生界潜山勘探新认识与新发现［J］．油气地质与采收率，2021，28（1）：10－17.

马立驰．济阳坳陷青东凹陷油藏特征及分布规律［J］．石油实验地质，2014，36（1）：39－45.

马灵．海上地震数据拖缆采集与记录系统设计研究［D］．合肥：中国科学技术大学，2012.

马庆佑，曹自成，蒋华山，等．塔河—顺北地区走滑断裂带的通源性及其与油气富集的关系［J］．海相油气地质，2020，25（4）：1－8.

马新华，杨雨，张健，等．四川盆地二叠系火山碎屑岩气藏勘探重大发现及其启示［J］．天然气工业，2019，39（02）：1－8.

马永生，蔡勋育，赵培荣．中国页岩气勘探开发理论认识与实践［J］．石油勘探与开发，2018，45（4）：561－574.

马永生，蔡勋育，李国雄．四川盆地普光大型气藏基本特征及成藏富集规律［J］．地质学报，2005（06）：858－865.

马永生，傅强，郭彤楼，等．川东北地区普光气田长兴—飞仙关气藏成藏模式与成藏过程［J］．石油实验地质，2005（05）：35－41.

马永生，何登发，蔡勋育，等．中国海相碳酸盐岩的分布及油气地质基础问题［J］．岩石学报，2017，33（4）：1007－1020.

马永生，黎茂稳，蔡勋育，等．中国海相深层油气富集机理与勘探开发研究现状、关键技术瓶颈与基础科学问题［J］．石油与天然气地质，2020，41（4）：655－672，683.

马永生．深层—超深层碳酸盐岩储层形成机理新进展［J］．石油学报，2019，40（12）：1－10.

庞河清，熊亮，魏力民，等．川南深层页岩气富集高产主要地质因素分析：以威荣页岩气田为例［J］．天然气工业，2019，39（增刊1）：78－84.

彭勇民，龙胜祥，何希鹏，等．彭水地区常压页岩气储层特征及有利区评价［J］．油气藏评价与开发，2020，10（5）：12－19.

蒲莉萍，张哨楠，王泽发，等．四川中坝气田雷口坡组成藏条件及油气主控因素［J］．四川地质学报，2014（01）：53－57，63.

漆立新，云露，曹自成，李海英，等．顺北油气田地质储量评估与油气勘探方向［J］．新疆石油地质，2021，42（02）：127－135.

漆立新，云露．塔里木台盆区碳酸盐岩成藏模式与勘探实践［J］石油实验地质，2020（05）：7－10.

漆立新．塔里木盆地顺北超深断溶体油藏特征与启示［J］．中国石油勘探，2020，25（1）：102－111.

漆立新．塔里木盆地下古生界碳酸盐岩大油气田勘探实践与展望［J］．石油与天然气地质，2014，35（6）：771－780.

齐荣．鄂尔多斯盆地伊盟隆起什股壕区带气藏类型［J］．石油与天然气地质，2016，37（2）：218－223.

秦都，黄桂雄，李瑞磊，等．松辽盆地南部断陷层碎屑岩天然气成藏主控因素分析：以长岭断陷龙凤山次凹为例［J］．中国石油勘探，2016，21（3）：52－61.

秦都，李瑞磊，朱建峰，等．长岭地区断陷结构与充填特征研究［R］．长春：东北油气分公司，2016：6.

秦建中，腾格尔，付小东．海相优质烃源层评价与形成条件研究［J］．石油实验地质，2009，31（04）：366－372，378.

邱康，雷新超，贾凤龙，等．氯化钾聚合醇钻井液在涠西区块定向井应用效果分析［J］．海洋石油，2016，36（03）：93－97.

邱楠生，汪集暘，梅庆华，等．（U－Th）/He 年龄约束下的塔里木盆地早古生代构造－热演化［J］．中国科学地球科学，2010，40（12）：1669－1683.

邱中建，龚再升．中国油气勘探 第一卷：总论［M］．北京：石油工业出版社，1999.

屈德纯．中坝气田雷三气藏开发跟踪分析研究［J］．天然气勘探与开发，2004（01）：30－32＋63.

戎嘉余，黄冰．生物大灭绝研究三十年［J］．中国科学：地球科学，2014，44（3）：377－404.

沈金才．涪陵焦石坝区块页岩气井动态合理配产技术［J］．石油钻探技术，2018，46（1）：103－109.

胜利油田石油地质编写组，中国石油地质志（卷6）：胜利油田［M］．北京：石油工业出版，1993.

施和生，王清斌，王军，等．渤中凹陷深层渤中19－6构造大型凝析气田的发现及勘探意义［J］．中国石油勘探，2019，24（1）：36－45.

史洪亮，熊亮，董晓霞，等．川南地区五峰组—龙马溪组下段页岩岩相特征及演化序列差异性成因［J］．天然气工业，2019，39（增刊1）：71－77.

帅德福．济阳坳陷油气勘探［M］．北京：石油工业初版社，2004.

宋国奇，刘鑫金，刘惠民，等．东营凹陷北部陡坡带砂砾岩体成岩圈闭成因及主控因素［J］．油气地质与采收率，2012（6）：37－41，113.

宋明水．济阳坳陷勘探形势与展望［J］．中国石油勘探，2018，23（3）：11－17.

宋明水，茆书巍，林会喜，等．断陷湖盆湖底扇砂岩体沉积特征及主控因素分析［J］．油气地质与采收率，2021，28（3）：1－13.

宋明水，王惠勇，张云银．济阳坳陷潜山“挤－拉－滑”成山机制及及油气藏类型划分［J］．油气地质与采收率，2019，26（4）：1－8.

宋明水，徐春华，等．从烃源灶到油气田运移路径上的圈闭勘探：以济阳坳陷为例［M］．北京：石油工业出版社，2019.

宋晓波，隆轲，王琼仙，等．川西地区中三叠统雷口坡组四段上亚段沉积特征［J］．石油实验地质，2021，43（06）：976－985.

睢圣，沈建文，杜征鸿，等．威荣深层页岩气水平井钻井提速关键技术［J］．第31届全国天然气学术年会（2019）论文集，2019：268－275.

孙晓，李良，丁超．鄂尔多斯盆地杭锦旗地区不整合结构类型及运移特征［J］．石油与天然气地质，2016，37（2）：165－172.

唐华风，孔坦，刘祥，等．松辽盆地下白垩统沉火山碎屑岩优质储层特征和形成机理［J］．石油学报，2016，37（5）：631－641.

唐建明，熊亮，魏力民．威荣深层页岩气田富集机理与高效勘探技术［M］．北京：中国石化出版社，2021.

唐建明，徐天吉，程冰洁，等．四川盆地深层页岩气“甜点”预测与钻井工程辅助设计技术［J］．石油物探，2021，60（3）：479－487.

田景春，张翔．沉积地球化学［M］．北京：地质出版社，2016.

童崇光．四川盆地构造演化与油气聚集［M］．北京：地质出版社，1992.

万天丰，朱鸿．古生代与三叠纪中国各陆块在全球古大陆再造中的位置与运动学特征［J］．现代地质，2007（01）：1－13.

万晓樵，吴怀春，席党鹏，等．中国东北地区白垩纪温室时期陆相生物群与气候环境演化［J］．地学前缘，2017，24（1）：18－31.

王璞珺，陈崇阳，张英，等．松辽盆地长岭断陷火山岩储层特征及有效储层分布规律［J］．天然气工业，35（8）：10－18.

王璞珺，冯志强，刘万洙，等．盆地火山岩：岩性·岩相·储层·气藏·勘探［M］．北京：科学出版社，2008.

王琼仙，宋晓波，王东，等．川西龙门山前雷口坡组四段储层特征及形成机理［J］．石油实验地质，2017，39（4）：491－497.

王学军，等．海洋油气地震勘探技术新进展［M］．北京：石油工业出版社，2017.

王彦青，陈迎宾，胡烨，等．蒸发环境烃源岩生烃能力探讨：以川西坳陷雷口坡组为例［J］．断块油气田，2018，25（04）：426－430.

王毅，杨伟利，张刘平，等．鄂尔多斯盆地油气成藏规律与主控因素［M］．北京：石油工业出版社，2016.

王永诗，郝雪峰，胡阳．富油洼陷油气分布有序性与富集差异性：以渤海湾盆地济阳坳陷东营凹陷为例［J］．石油勘探与开发，2018，45（5）：785－794.

王永诗．济阳坳陷不同领域油气勘探思路与方向［J］．油气地质与采收率，2021，28（5）：1－12.

王永诗，李继岩．济阳坳陷平方王油田碳酸盐岩潜山内幕储层特征及其主控因素［J］．中国石油大学学报（自然科学版），2017，41（4）：27－35.

王永诗，杨贵丽，张顺．青东凹陷油气成藏条件再认识［J］．中国矿业大学学报，2017，46（5）：1116－1125.

王永诗．济阳坳陷不同领域油气勘探思路与方向［J］．油气地质与采收率，2021，28（5）：1－12.

王勇，熊伟，林会喜，等．济阳坳陷下古生界潜山油气藏特征及成藏模式［J］．石油学报，2020，41（11）：1334－1347.

王志刚．涪陵大型海相页岩气田成藏条件及高效勘探开发关键技术［J］．石油学报，2019，40（3）：370－382.

王志刚．涪陵页岩气勘探开发重大突破与启示［J］．石油与天然气地质，2015，36（1）：1－6.

魏力民，王岩，张天操，等．页岩气富集与高产主控因素：以川南地区五峰组—龙马溪组为例［J］．断块油气田，2020，27（6）：700－704.

武恒志，熊亮，葛忠伟，等．四川盆地威远地区页岩气优质储层精细刻画与靶窗优选［J］．天然气工业，2019，39（3）：11－20.

谢树成，殷鸿福，解习农，等．地球生物学方法与海相优质烃源岩形成过程的正演和评价［J］．地球科学（中国地质大学学报），2007（06）：727－740.

熊小林．威远页岩气井 EUR 主控因素量化评价研究［J］．中国石油勘探，2019，24（4）：532－538.

许国明，宋晓波，冯霞，等．川西地区中三叠统雷口坡组天然气勘探潜力［J］．天然气工业，2013，33（8）：8－14.

许国明，宋晓波，王琼仙．川西坳陷中段三叠系雷口坡组—马鞍塘组油气地质条件及有利勘探目标分析［J］．海相油气地质，2012，17（02）：14－19.

许效松，刘宝珺，牟传龙，等．中国西部三大海相克拉通含油气盆地沉积－构造转换与生储岩［J］．地质通报，2004（11）：1066－1073.

杨波，罗迪，张鑫，等．异常高压页岩气藏应力敏感及其合理配产研究［J］．西南石油大学学报（自然科学版），2016，38（2）：115－121.

杨贵丽．青东凹陷走滑构造对油气成藏的控制作用［J］．油气地质与采收率，2014，21（5）：18－26.

杨辉，张研，邹才能，等．松辽盆地深层火山岩天然气勘探方向［J］．石油勘探与开发，2006，33（3）：274－281.

印兴耀，张洪学，宗兆云．OVT 数据域五维地震资料解释技术研究现状与进展［J］．石油物探，2018，57（2）：155－178.

于水，邓运华，李宏义，等．北部湾盆地流二段油页岩形成条件与分布控制因素［J］．中国海上油气，2020，32（02）：24－33.

袁志祥．鄂北塔巴庙、杭锦旗地区古生界天然气勘探前景分析［J］．天然气工业，2001，21（增刊）：5－9.

云露，曹自成．塔里木盆地顺南地区奥陶系油气富集与勘探潜力［J］．石油与天然气地质，2014，35（6）：788－797.

云露．顺北地区奥陶系超深断溶体油气成藏条件［J］．新疆石油地质，2021，42（2）：136－142.

云露．顺北东部北东向走滑断裂体系控储控藏作用与突破意义［J］．中国石油勘探，2021，26（03）：41－52.

张威，李良，贾会冲．鄂尔多斯盆地杭锦旗地区十里加汗区带下石盒子组 1 段岩性圈闭成藏动力及气水分布特征［J］. 石油与天然气地质，2016，37（2）：189－196.

张威，何发岐，闫相宾，等. 大型辫状河席状复合河道岩性圈闭识别描述方法及应用［J］. 石油实验地质，2021，43（03）：432－442.

张威，何发岐，闫相宾，等. 鄂尔多斯盆地北部构造叠置与天然气聚集研究［J］. 中国矿业大学学报，2022，51（04）：71－715.

张光亚，邹才能，朱如凯，等. 我国沉积盆地火山岩油气地质与勘探［J］. 中国工程科学，2010，12（5）：30－38.

张善文. 转变观念在老区勘探中的重要性：以胜利油田东部探区青南油田的发现为例［J］. 石油与天然气地质，2014，35（4）：441－448.

赵全民，张金成，刘劲歌. 中国页岩气革命现状与发展建议［J］. 探矿工程，2019，46（8）：1－9.

赵文智，刘为付，郑德山. 松辽盆地深层火山岩气藏地质特征及评价技术［J］. 石油勘探与开发，2008，35（2）：129－130.

赵文智，邹才能，李建忠，等. 中国陆上东、西部地区火山岩成藏比较研究与意义［J］. 石油勘探与开发，2009，36（01）：1－11.

郑和荣，尹伟，等. 中国中西部四大盆地碎屑岩油气成藏体系［M］. 北京：地质出版社，2016.

郑和荣，高波，彭勇民，等. 中上扬子地区下志留统沉积演化与页岩气勘探方向［J］. 古地理学报，2013，15（5）：645－656.

朱建峰，李忠博，等. 长岭断陷构造演化特征及有利目标评价［R］. 长春：东北油气分公司，2016：12.

朱伟林，米立军. 中国海域含油气盆地图集［M］. 北京：石油工业出版社，2010：144－158.

邹才能，赵文智，贾承造，等. 中国沉积盆地火山岩油气藏形成与分布［J］. 石油勘探与开发，2008，35（3）：257－271.

邹才能，等，中国页岩气形成机理、地质特征及资源潜力［J］. 石油勘探与开发，2010，37（6）：641－652.